银领工程——计算机项目案例与技能实训丛书

# Premiere 视频编辑

九州书源　编著

清华大学出版社

北　京

## 内 容 简 介

本书主要介绍了使用 Premiere Pro CS3 进行视频编辑的基础知识和操作技巧，内容包括：Premiere Pro CS3 基础知识，制作视频的基本流程，编辑素材，为视频添加转场效果，为视频添加特效，为视频添加音频效果，添加调色、抠像与运动效果，添加字幕效果，影片输出以及项目设计案例制作等。

**本书采用了基础知识、应用实例、项目案例、上机实训、练习提高的编写模式，力求循序渐进、学以致用，并切实通过项目案例和上机实训等方式提高应用技能，适应工作需求。**

**本书提供了配套的实例素材与效果文件、教学课件、电子教案、视频教学演示和考试试卷等相关教学资源，读者可以登录 http://www.tup.com.cn 网站下载。**

本书适合作为职业院校、培训学校、应用型院校的教材，也是非常好的自学用书。



**图书在版编目（CIP）数据**

Premiere 视频编辑/九州书源编著. —北京：清华大学出版社，2011.12
银领工程——计算机项目案例与技能实训丛书

ISBN 978-7-302-27079-9

I. ①P… II. ①九… III. ①视频编辑软件，Premiere Pro CS3-教材 IV. ①TN94
中国版本图书馆 CIP 数据核字（2011）第 207592 号

**责任编辑：**赵洛育
**版式设计：**文森时代
**责任校对：**姜　彦
**责任印制：**何　芊
**出版发行：**清华大学出版社　　**地　　址：**北京清华大学学研大厦 A 座
http://www.tup.com.cn　　**邮　　编：**100084
**社　总　机：**010-62770175　　**邮　　购：**010-62786544
**投稿与读者服务：**010-62776969，c-service@tup.tsinghua.edu.cn
**质　量　反　馈：**010-62772015，zhiliang@tup.tsinghua.edu.cn
**印　刷　者：**清华大学印刷厂
**装　订　者：**三河市新茂装订有限公司
**经　　销：**全国新华书店
**开　　本：**185×260　**印　张：**20　**字　数：**462 千字
**版　　次：**2011 年 12 月第 1 版　　**印　　次：**2011 年 12 月第1 次印刷
**印　　数：**1～6000
**定　　价：**36.80 元

产品编号：042587-01

# 丛 书 序

Series Preface

本丛书的前身是“电脑基础·实例·上机系列教程”。该丛书于2005年出版，陆续推出了34个品种，先后被500多所职业院校和培训学校作为教材，累计发行**100余万册**，部分品种销售在50000册以上，多个品种获得**“全国高校出版社优秀畅销书”一等奖**。

众所周知，社会培训机构通常没有任何社会资助，完全依靠市场而生存，他们必须选择最实用、最先进的教学模式，才能获得生存和发展。因此，他们的很多教学模式更加适合社会需求。本丛书就是在总结当前社会培训的教学模式的基础上编写而成的，而且是被广大职业院校所采用的、最具代表性的丛书之一。

很多学校和读者对本丛书耳熟能详。应广大读者要求，我们对该丛书进行了改版，主要变化如下：

- 建立完善的立体化教学服务。
- 更加突出“应用实例”、“项目案例”和“上机实训”。
- 完善学习中出现的问题，更加方便学生自学。

## 一、本丛书的主要特点

### 1. 围绕工作和就业，把握“必需”和“够用”的原则，精选教学内容

本丛书不同于传统的教科书，与工作无关的、理论性的东西较少，而是精选了实际工作中确实常用的、必需的内容，在深度上也把握了以工作够用的原则，另外，本丛书的应用实例、上机实训、项目案例、练习提高都经过多次挑选。

### 2. 注重“应用实例”、“项目案例”和“上机实训”，将学习和实际应用相结合

实例、案例学习是广大读者最喜爱的学习方式之一，也是最快的学习方式之一，更是最能激发读者学习兴趣的方式之一，我们通过与知识点贴近或者综合应用的实例，让读者多从应用中学习、从案例中学习，并通过上机实训进一步加强练习和动手操作。

### 3. 注重循序渐进，边学边用

我们深入调查了许多职业院校和培训学校的教学方式，研究了许多学生的学习习惯，采用了基础知识、应用实例、项目案例、上机实训、练习提高的编写模式，力求循序渐进、学以致用，并切实通过项目案例和上机实训等方式提高应用技能，适应工作需求。唯有学以致用，边学边用，才能激发学习兴趣，把被动学习变成主动学习。

## 二、立体化教学服务

为了方便教学，丛书提供了立体化教学网络资源，放在清华大学出版社网站上。读者登录 http://www.tup.com.cn 后，在页面右上角的搜索文本框中输入书名，搜索到该书后，单击“立体化教学”链接下载即可。“立体化教学”内容如下。

- **素材与效果文件**：收集了当前图书中所有实例使用到的素材以及制作后的最终效果。读者可直接调用，非常方便。
- **教学课件**：以章为单位，精心制作了该书的 PowerPoint 教学课件，课件的结构与书本上的讲解相符，包括本章导读、知识讲解、上机及项目实训等。
- **电子教案**：综合多个学校对于教学大纲的要求和格式，编写了当前课程的教案，内容详细，稍加修改即可直接应用于教学。
- **视频教学演示**：将项目实训和习题中较难、不易于操作和实现的内容，以录屏文件的方式再现操作过程，使学习和练习变得简单、轻松。
- **考试试卷**：完全模拟真正的考试试卷，包含填空题、选择题和上机操作题等多种题型，并且按不同的学习阶段提供了不同的试卷内容。

## 三、读者对象

本丛书可以作为职业院校、培训学校的教材使用，也可作为应用型本科院校的选修教材，还可作为即将步入社会的求职者、白领阶层的自学参考书。

我们的目标是让起点为零的读者能胜任基本工作！

欢迎读者使用本书，祝大家早日适应工作需求！

九州书源

# 前　言

Preface

Premiere 一直是视频处理行业中的佼佼者，其应用领域已深入到广告设计、数码视频处理和视频合成等各种与设计相关的行业，其用户量每年都在增加。同时，随着 Premiere Pro CS3 的推出，其新增的功能使该软件的应用优势更加突出。

## 本书的内容

本书共 10 章，可分为 8 个部分，各部分的具体内容如下。

| 章　节 | 内　容 | 目　的 |
| --- | --- | --- |
| 第1部分（第1~2章） | 启动与退出Premiere Pro CS3、Premiere Pro CS3的工作界面介绍、了解Premiere Pro CS3的功能和特点、掌握Premiere Pro CS3的基本设置以及制作视频的基本流程等 | 了解Premiere Pro CS3的基础知识，掌握Premiere Pro CS3的基本操作 |
| 第2部分（第3章） | 导入素材、剪辑素材、分离素材、创建新元素以及设置素材播放效果等 | 掌握素材的导入与编辑 |
| 第3部分（第4~5章） | 设置转场效果以及添加特效 | 掌握为素材添加特效的操作 |
| 第4部分（第6章） | 处理音频的方法、编辑音频素材、设置音频的切换效果以及添加音频特效等 | 掌握音频素材的应用 |
| 第5部分（第7章） | 应用视频色彩调整类效果、影视合成以及为素材创建运动效果等 | 掌握为素材添加调色、抠像与运动效果的操作 |
| 第6部分（第8章） | 认识“字幕”窗口、创建字幕对象、编辑字幕对象、制作动态字幕以及运用字幕样式和模板等 | 掌握为视频添加字幕的方法 |
| 第7部分（第9章） | 输出影片及参数设置、输出其他常用格式文件等 | 掌握输出视频的方法 |
| 第8部分（第10章） | 旅游宣传视频——“神奇的九寨沟”项目实例的制作 | 巩固前面所学知识，提高使用Premiere进行视频设计的技能 |

## 本书的写作特点

本书图文并茂、条理清晰、通俗易懂、内容翔实，在读者难于理解和掌握的地方给出了提示或注意，并加入了许多 Premiere 的使用技巧，使读者能快速提高软件的使用技能。另外，本书中配置了大量的实例和练习，让读者在不断的实际操作中强化书中讲解的内容。

本书每章按“学习目标+目标任务&项目案例+基础知识与应用实例+上机及项目实训+练习与提高”结构进行讲解。

- **学习目标**：以简练的语言列出本章知识要点和实例目标，使读者对本章将要讲解的内容做到心中有数。
- **目标任务&项目案例**：给出本章部分实例和案例结果，让读者对本章的学习有一个具体的、看得见的目标，不至于感觉学了很多却不知道干什么用，以至于失去学习兴趣和动力。
- **基础知识与应用实例**：将实例贯穿于知识点中讲解，使知识点和实例融为一体，让读者加深理解思路、概念和方法，并模仿实例的制作，通过应用举例强化巩固小节知识点。
- **上机及项目实训**：上机实训为一个综合性实例，用于贯穿全章内容，并给出具体的制作思路和制作步骤，完成后给出一个项目实训，用于进行拓展练习，还提供实训目标、视频演示路径和关键步骤，以便于读者进一步巩固。
- **项目案例**：为了更加贴近实际应用，本书给出了一些项目案例，希望读者能完整了解整个制作过程。
- **练习与提高**：本书给出了不同类型的习题，以巩固和提高读者的实际动手能力。

另外，本书还提供有素材与效果文件、教学课件、电子教案、视频教学演示和考试试卷等相关立体化教学资源，立体化教学资源放置在清华大学出版社网站（http://www.tup.com.cn），进入网站后，在页面右上角的搜索引擎中输入书名，搜索到该书，单击“立体化教学”链接即可。

## ☺ 本书的读者对象

本书主要适用于 Premiere 初学者、视频处理人员和视频广告设计人员，尤其适合作为职业院校和应用型本科院校的教材使用。

## ✉ 本书的编者

本书由九州书源编著，参与本书资料收集、整理、编著、校对及排版的人员有：羊清忠、陈良、杨学林、卢炜、夏帮贵、刘凡馨、张良军、杨颖、王君、张永雄、向萍、曾福全、简超、李伟、黄沄、穆仁龙、陆小平、余洪、赵云、袁松涛、艾琳、杨明宇、廖宵、牟俊、陈晓颖、宋晓均、朱非、刘斌、丛威、何周、张笑、常开忠、唐青、骆源、宋玉霞、向利、付琦、范晶晶、赵华君、徐云江、李显进等。

由于作者水平有限，书中疏漏和不足之处在所难免，欢迎读者朋友不吝赐教。如果您在学习的过程中遇到什么困难或疑惑，可以联系我们，我们会尽快为您解答。联系方式是：

E-mail：book@jzbooks.com。

网　址：http://www.jzbooks.com。

编　者

# 导 读

## Introduction

| 章　　名 | 操 作 技 能 | 课 时 安 排 |
| --- | --- | --- |
| 第 1 章　Premiere Pro CS3 基础知识 | 1．初识 Premiere Pro CS3<br>2．启动与退出 Premiere Pro CS3<br>3．认识 Premiere Pro CS3 的工作界面<br>4．了解 Premiere Pro CS3 的功能和特点<br>5．掌握 Premiere Pro CS3 的基本设置 | 1 学时 |
| 第 2 章　制作视频的基本流程 | 1．学会如何为制作视频做好准备<br>2．了解编辑素材的方法<br>3．了解添加特殊效果的方法<br>4．了解输出视频的操作 | 2 学时 |
| 第 3 章　编辑素材 | 1．掌握导入素材的方法<br>2．掌握剪辑素材的方法<br>3．掌握分离素材的方法<br>4．学会创建新元素的方法<br>5．能够设置素材播放效果 | 3 学时 |
| 第 4 章　为视频添加转场效果 | 1．掌握设置转场效果的方法<br>2．熟悉各类转场效果 | 2 学时 |
| 第 5 章　为视频添加特效 | 1．掌握添加特效的方法<br>2．熟悉各类视频特效 | 2 学时 |
| 第 6 章　为视频添加音频效果 | 1．掌握处理音频的方法和顺序<br>2．学会编辑音频素材<br>3．掌握调节音频的方法<br>4．了解录音和子轨道<br>5．掌握添加音频特效的方法 | 3 学时 |
| 第 7 章　添加调色、抠像与运动效果 | 1．学会应用视频色彩<br>2．掌握影视合成的方法<br>3．掌握为素材创建运动效果的方法 | 3 学时 |
| 第 8 章　添加字幕效果 | 1．认识“字幕”窗口<br>2．学会创建字幕对象<br>3．掌握编辑字幕对象的方法<br>4．了解如何制作动态字幕<br>5．熟练使用字幕样式和模板 | 3 学时 |

续表

| 章　　名 | 操 作 技 能 | 课 时 安 排 |
|---|---|---|
| 第 9 章　影片输出 | 1．掌握输出影片及参数设置<br>2．掌握输出其他常用格式文件的方法 | 3 学时 |
| 第 10 章　项目设计案例 | 制作“神奇的九寨沟”旅游宣传片 | 2 学时 |

# 目　录

Contents

# 第 1 章　Premiere Pro CS3 基础知识

## 学习目标

☑　掌握启动和退出 Premiere Pro CS3 的方法
☑　认识 Premiere Pro CS3 的工作界面
☑　了解 Premiere Pro CS3 的功能和特点
☑　掌握 Premiere Pro CS3 的基本设置

## 目标任务&项目案例

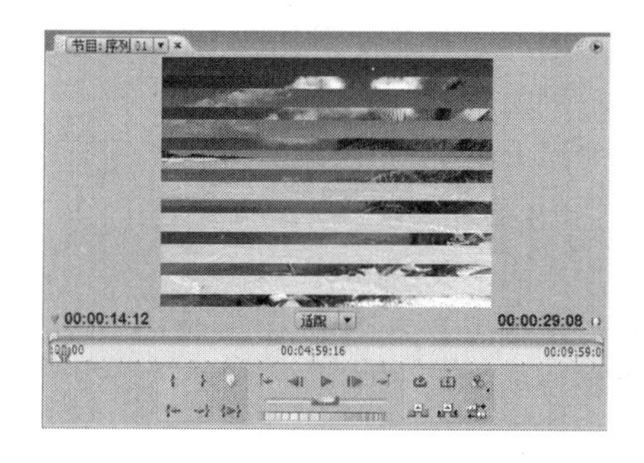


添加特效

预览效果

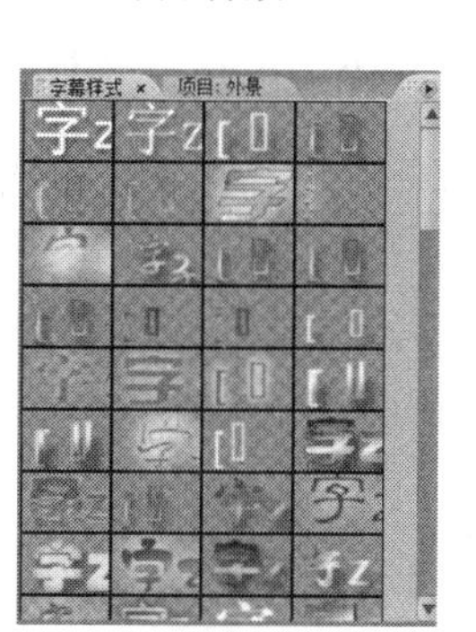


组合面板

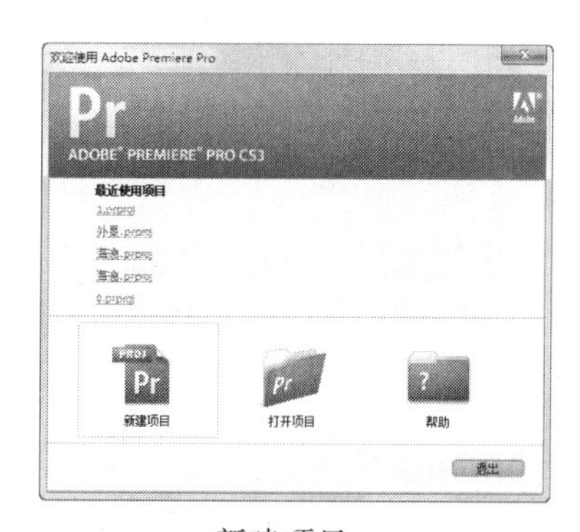


新建项目

Premiere Pro CS3 是影视制作中常用的软件，具有强大的实时视频和音频编辑能力，可以对视频的各个选项进行虚拟控制。本章将具体对 Premiere Pro CS3 的基础知识、启动与退出 Premiere Pro CS3、Premiere Pro CS3 的工作界面、Premiere Pro CS3 的功能及特点，以及 Premiere Pro CS3 的基本设置进行讲解。

# 1.1 初识 Premiere Pro CS3

Adobe Premiere 是一款非常优秀的视频编辑软件，主要用于通过对多轨的影像与声音进行合成与剪辑来制作 Microsoft Video for Windows（.avi）、QuickTime Movies（.mov）等格式的动态影像。它可以将在 3D Studio、Animator 中制作的动态影像或是由摄像机获取的实物影像加以剪辑，让非线性的剪辑作业在 PC 平台上得以实现。

随着多媒体技术在 Internet 领域的发展，在 Web 上出现了很多新的多媒体技术。例如，网上有一种非常流行的多媒体“流”技术（也称为下载即播技术），该技术可使上网用户不用等到多媒体文件完全下载完就开始播放，从而节约了上网时间。经常用到的文件格式有 RealVideo 和 StreamWorks 等，而 RealVideo 则可使用 Premiere 来制作。

## 1.1.1 系统配置要求

Premiere Pro CS3 是一款集视频、音频编辑功能于一体的多媒体编辑软件，在使用该软件进行多媒体处理时，需要占用较多的系统资源。因此，若要使用 Premiere Pro CS3，用户的电脑还需要满足一定的配置要求。

使用 Premiere Pro CS3 对电脑的基本配置要求如下：

- Intel Pentium4/Celeron 及以上处理器或 100%兼容的电脑。
- Microsoft Windows XP 及以上版本的操作系统（支持 32 位版本）。
- DV 制作需要 1GB 内存，HDV 和 HD 制作则需要 2GB 内存。
- 10MB 可用硬盘空间。安装过程中需要额外的可用空间。
- 256 色显示适配卡以及兼容的监视器。
- DVD-ROM 驱动器，制作 DVD 需要 DVD+/-R 刻录机。
- 如果 DV 和 HDV 要传输到 DV 设备上，需要 OHCI 兼容的 IEEE1394 接口。

**提示：**

电脑的性能配置得越高，则软件的运行速度就越快，但是配置过高也会造成资源浪费。

当满足了前面所提到的基本配置要求后，就可以开始安装 Premiere Pro CS3 了。首先将 Premiere Pro CS3 的安装光盘放入光驱中，然后打开光盘文件夹，双击其中的安装文件，再按照提示依次进行操作即可。

## 1.1.2 启动 Premiere Pro CS3

要使用 Premiere，首先需要启动该软件。启动 Premiere 的方法有多种，常用的启动方法介绍如下。

- **通过桌面快捷方式启动：**当成功安装了 Premiere Pro CS3 后，双击桌面上的快捷方式图标，即可启动 Premiere Pro CS3，如图 1-1 所示。
- **通过“开始”菜单启动：**选择“开始/所有程序/Adobe Premiere Pro CS3/ Adobe Premiere Pro CS3”命令，即可启动 Premiere Pro CS3，如图 1-2 所示。

- **通过打开 Premiere Pro CS3 文件来启动：**双击后缀名为.ppj 的文件，也可以启动 Premiere Pro CS3。

图 1-1　通过桌面快捷方式启动

图 1-2　通过“开始”菜单启动

### 1.1.3　退出 Premiere Pro CS3

为了避免占用系统资源，当不需要使用 Premiere 后可退出该软件。退出 Premiere Pro CS3 的方法主要有以下几种：

- 在 Premiere 工作界面中单击标题栏右侧的 x 按钮。
- 在 Premiere 中选择“文件/退出”命令或按 Ctrl+Q 键。
- 按 Alt+F4 键。

在退出 Premiere 之前，如果未对项目所做的修改进行保存操作，则在退出时会打开如图 1-3 所示的提示对话框，询问用户是否保存项目文件。要保存项目文件，则单击 是 按钮；不保存项目文件，则单击 不 按钮；单击 取消 按钮，则不执行退出操作。

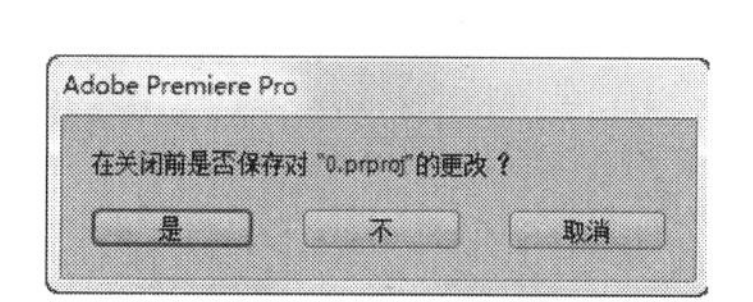


图 1-3　提示对话框

### 1.1.4　应用举例——启动 Adobe Premiere Pro CS3

下面通过“开始”菜单启动 Adobe Premiere Pro CS3，完成后单击 x 按钮退出。

操作步骤如下：

（1）选择“开始/所有程序/Adobe Premiere Pro CS3/Adobe Premiere Pro CS3”命令，启动 Premiere Pro CS3。

（2）在打开的 Premiere 工作界面中单击标题栏右侧的 x 按钮，退出 Premiere Pro CS3。

## 1.2　认识 Premiere Pro CS3 的工作界面

启动 Premiere Pro CS3 后，任意打开一个项目，即可进入 Premiere Pro CS3 的工作界面，如图 1-4 所示。

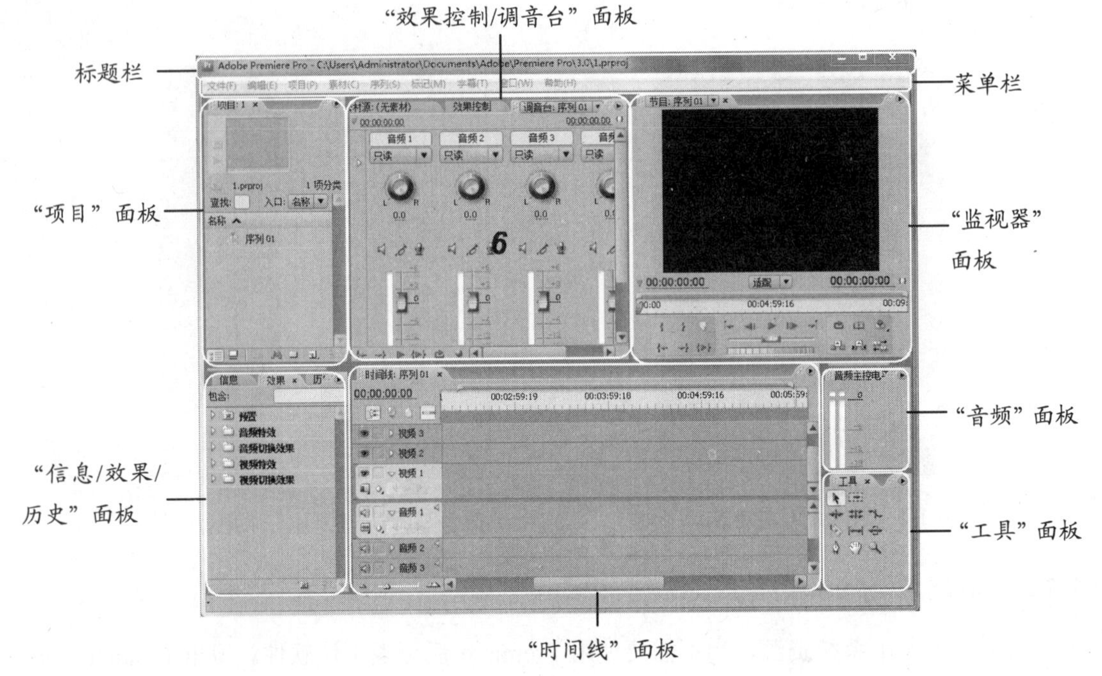


图 1-4　Premiere Pro CS3 的工作界面

下面对 Premiere Pro CS3 工作界面中几个特有的组成部分进行介绍。

## 1.2.1　"项目"面板

"项目"面板主要用来导入以及存放素材，以供用户在"时间线"面板中编辑合成原始素材，如图 1-5 所示。

从总体上看，可将"项目"面板分为上、下两个部分。在下方选择某个素材后，将在上方显示有关该素材的部分信息，如素材格式、画面大小、素材长度以及预览图像等；若为音频或视频素材，还可单击素材缩略图旁边的按钮来播放素材。

图 1-5　"项目"面板

### 1. 按钮含义

在"项目"面板的下方共有 7 个功能按钮，从左到右分别为"列表视图"按钮、"图标"按钮、"自动匹配到序列"按钮、"查找"按钮、"容器"按钮、"新建分类"按钮和"清除"按钮，其含义分别介绍如下。

- **"列表视图"按钮**：单击该按钮或按 Ctrl+Page Up 键，可以将窗口中的素材以列表形式显示。
- **"图标"按钮**：单击该按钮或按 Ctrl+Page Down 键，可以将素材以图标的形式显示。
- **"自动匹配到序列"按钮**：单击该按钮，将打开如图 1-6 所示的"自动匹配到

序列”对话框，在其中可以将素材自动调整到时间线。

- “查找”按钮：单击该按钮或按 Ctrl+F 键，将打开如图 1-7 所示的“查找”对话框，可通过素材名称、标签、备注、标记或出入点等信息在项目窗口中快速查找素材。

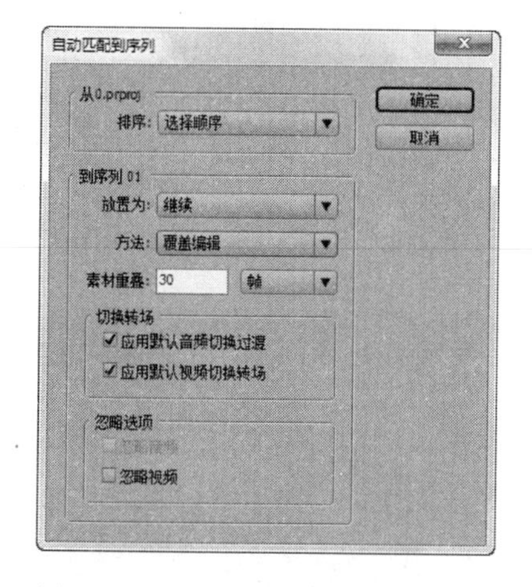


图 1-6　“自动匹配到序列”对话框

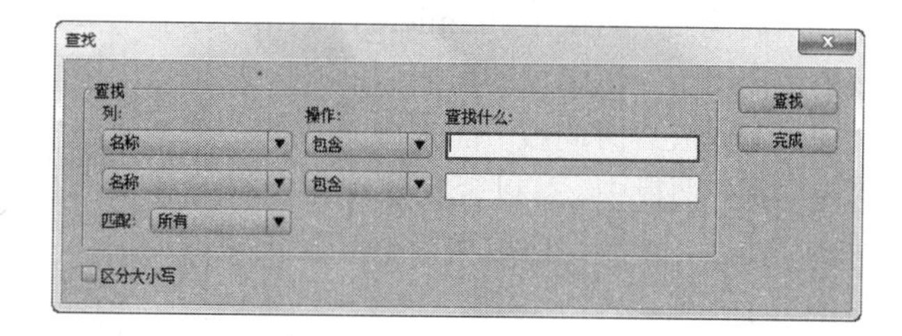


图 1-7　“查找”对话框

- “容器”按钮：单击该按钮或按 Ctrl+/键，可以新建文件夹并更改其名称，如图 1-8 所示。
- “新建分类”按钮：分类文件中包含多项不同名称的素材文件，单击该按钮，将弹出如图 1-9 所示的菜单，选择相应的命令，即可为素材添加相应的分类。
- “清除”按钮：选中不需要的文件，单击该按钮或按 Backspace 键，即可将其删除。

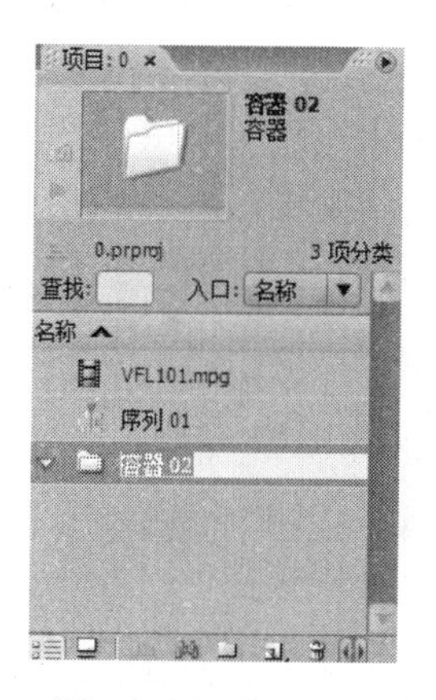


图 1-8　新建文件夹

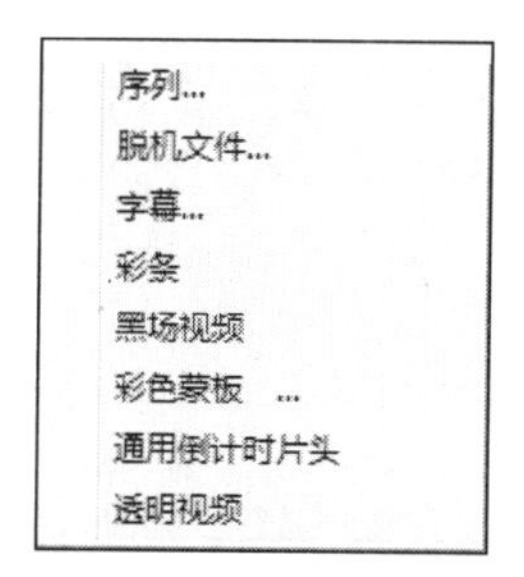


图 1-9　分类菜单

## 2. 显示隐藏的标签

将光标移动到“项目”面板的最右侧，当其变为形状时拖动鼠标，可显示隐藏的多个标签，如图 1-10 所示。

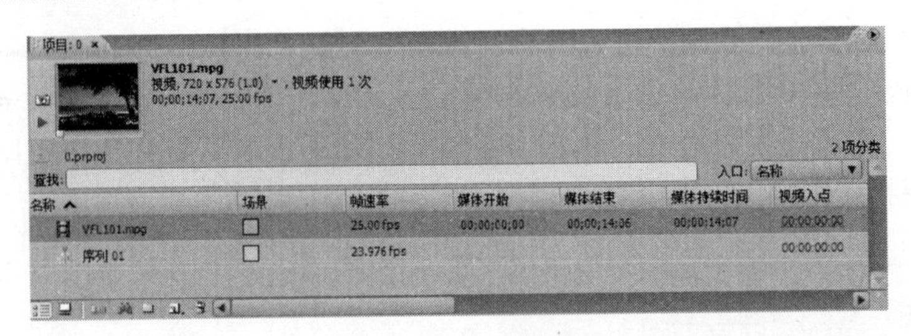

图 1-10　显示隐藏的标签

## 1.2.2　“时间线”面板

“时间线”面板是 Premiere Pro CS3 的核心组成部分，在影片的编辑过程中，大部分工作都是在“时间线”面板中完成的。在“时间线”面板中，可以轻松实现对素材的剪辑、插入、复制、粘贴和修整等操作，如图 1-11 所示。

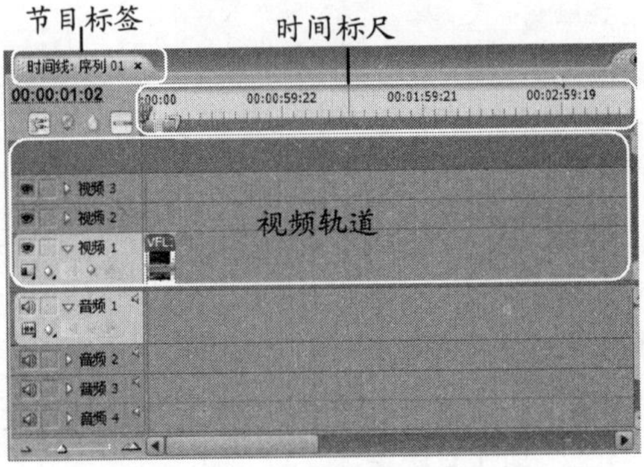

图 1-11　“时间线”面板

下面对“时间线”面板中的各个选项分别进行介绍。

- **按钮**：位于该面板右上角，单击该按钮，将弹出相应的菜单命令。
- **“吸附”按钮**：单击该按钮，可以启动吸附功能。此时，在“时间线”面板中拖动素材，则素材会自动粘合到邻近的素材边缘。
- **“设置 Encore 章节标记”按钮**：单击该按钮，将打开如图 1-12 所示的对话框，从中可设置 DVD 主菜单标记。
- **“设置无编号标记”按钮**：单击该按钮，将打开如图 1-13 所示的“标记”对话框，从中可在当前帧的位置上设置标记。

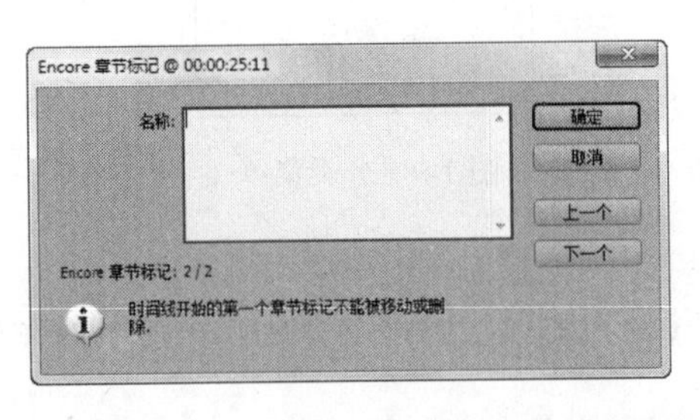


图 1-12　“Encore 章节标记”对话框

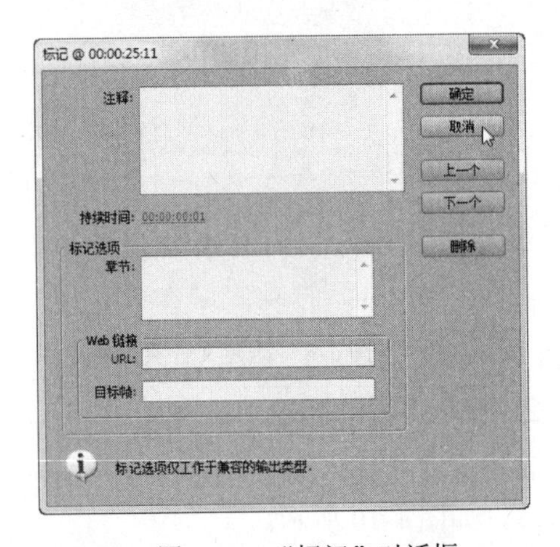


图 1-13　“标记”对话框

- “可视属性”按钮：单击该按钮，可设置是否在“监视器”面板中显示该影片。
- “音频静音”按钮：激活该按钮，表示可以播放声音；反之，则表示静音。
- “折叠/展开轨道”按钮：单击该按钮，可以展开或隐藏视频轨道工具栏或音频轨道工具栏。
- “设置显示风格”按钮：单击该按钮将弹出下拉菜单，在其中可选择显示的样式。
- “显示关键帧”按钮：单击该按钮，可在弹出的下拉菜单中选择显示当前帧的方式。
- “显示波形”按钮：单击该按钮，可在弹出的下拉菜单中根据需要选择音频轨道素材的显示方式。
- “转到下一个帧”按钮：设置时间指针定位在被选素材轨道上的下一个关键帧上。
- “添加/删除关键帧”按钮：在时间指针所在的位置或轨道上被选素材的当前位置添加或删除关键帧。
- “转到上一个帧”按钮：设置时间指针定位在被选素材轨道上的上一个关键帧上。
- ：拖动滑块，可放大和缩小音频轨道中关键帧的显示程度。
- 00:00:06:12：用于显示播放影片的进度。
- 节目标签：单击相应的标签，可在不同的节目间相互切换。
- 时间标尺：对剪辑的组进行时间定位。
- 视频轨道：对影片进行视频剪辑的轨道。
- 音频轨道：对影片进行音频剪辑的轨道。

## 1.2.3　“监视器”面板

“监视器”面板分为“素材源”面板和“节目”面板，分别如图 1-14 和图 1-15 所示，所有编辑或未编辑的影片片段都在此显示。

图 1-14　“素材源”面板

图 1-15　“节目”面板

下面对其中的各选项进行介绍。

- “设置入点”按钮：用于设置当前影片位置的起始点。
- “设置出点”按钮：用于设置当前影片位置的结束点。
- “设置无编号标记”按钮：用于设置影片片段未编号标记。

- “跳转到前一标记”按钮：调整时差滑块到当前位置的前一个标记处。
- “逐帧退”按钮：用于对素材进行逐帧倒播。每单击一次，便会后退一帧播放；按住 Shift 键的同时单击该按钮，可每次后退 5 帧。
- “播放/停止开关”按钮/：单击该按钮，素材会从“监视器”面板中时间标记的当前位置开始播放；在“节目”面板中，按 J 键可进行倒播。
- “逐帧进”按钮：用于对素材进行逐帧播放。每单击一次，便会前进一帧播放；按住 Shift 键的同时单击该按钮，可每次前进 5 帧。
- “跳转到下一标记”按钮：调整时差滑块到当前位置的下一个标记处。
- “循环”按钮：单击该按钮，可不断循环播放素材影片，直至单击按钮。
- “安全框”按钮：单击该按钮，可为影片设置安全边界线，以防止影片画面太大而导致播放不完整；再次单击，则可隐藏安全线。
- “输出”按钮：单击该按钮，可在弹出的下拉菜单中对导出的形式和质量进行设置。
- “跳转到入点”按钮：单击该按钮，可将时间标记移动到起始点位置。
- “跳转到出点”按钮：单击该按钮，可将时间标记移动到结束点位置。
- “播放入点到出点”按钮：单击该按钮，在播放素材时，只在定义的入点和出点之间进行播放。
- “快速搜索”滑块：在播放影片时，拖动中间的滑块，可改变影片的播放速度。向左为倒播影片，向右为正播影片。滑块离中心点越近，播放速度越慢；反之，则越快。
- “微调”：将鼠标指针移动到其上面时，单击并按住鼠标左键不放左右拖动，可仔细搜索影片中的某个片段。
- “插入”按钮：单击该按钮，当插入一段影片时，重叠的片段将后移。
- “覆盖”按钮：单击该按钮，当插入一段影片时，重叠的片段将被覆盖。
- “切换并获取视/音频”按钮：若素材或节目中有声音或画面，单击该按钮可在单独提取声音、画面或两者同时提取之间切换。当切换到状态时，表示提取画面；当切换到状态时，表示提取声音；当切换到状态时，表示提取画面及声音。
- “跳转到前一编辑点”按钮：表示跳到同一轨道上当前编辑点的前一个编辑点。
- “跳转到下一编辑点”按钮：表示跳到同一轨道上当前编辑点的后一个编辑点。
- “提升”按钮：用于将轨道上入点和出点之间的内容删除，删除之后仍保留空间。
- “提取”按钮：用于将轨道上入点和出点之间的内容删除，删除之后不保留空间，后面的素材将自动连接前面的素材。
- “修整监视器”按钮：单击该按钮，将打开“修整”窗口，在其中可修饰每一帧的影视画面效果。

### 1.2.4 “调音台”面板

在“调音台”面板中可以更加有效地调节项目的音频，并可以实时混合各轨道的音频

对象，如图 1-16 所示。其中各按钮的功能与“监视器”面板中的按钮相同，在此不再赘述。单击“录制”按钮，即可录制声音。

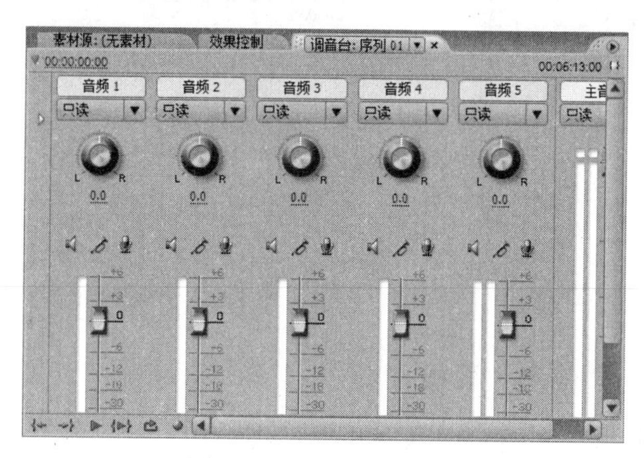


图 1-16　“调音台”面板

## 1.2.5　“工具”面板

“工具”面板主要是用来对时间线中的音频、视频等内容进行编辑操作，其中包括选择工具、轨道选择工具、波纹编辑工具、旋转编辑工具、比例伸展工具、剃刀工具、滑行编辑工具、滑动编辑工具、钢笔工具、抓取工具和缩放工具，如图 1-17 所示。

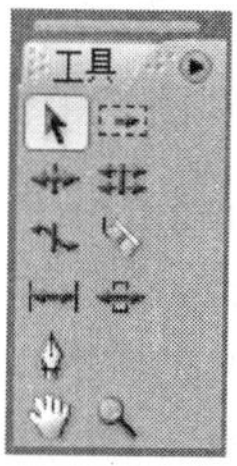

图 1-17　“工具”面板

## 1.2.6　“效果”与“效果控制”面板

“效果”和“效果控制”面板用于效果的添加与设置。

### 1. “效果”面板

在“效果”面板中，存放着 Premiere Pro CS3 自带的各种音频特效、视频特效、音频切换效果、视频切换效果和预置特效。单击左侧的按钮可展开指定的效果文件夹，如图 1-18 所示。

若安装有第三方特效插件，同样会出现在该面板的相应类型文件夹中。

### 2. “效果控制”面板

在默认情况下，“效果控制”面板与“素材源”面板和“调音台”面板位于同一个面板组中。

“效果控制”面板主要用于控制对象的运动、透明度、切换特效的设置，如图 1-19 所示。当为某一段素材添加音频、视频或切换特效后，就可在该面板中对其进行相应的参数设置和添加关键帧，而画面的运动特效也可在这里进行相应设置，该面板会根据素材和特效的不同而显示不同的内容。

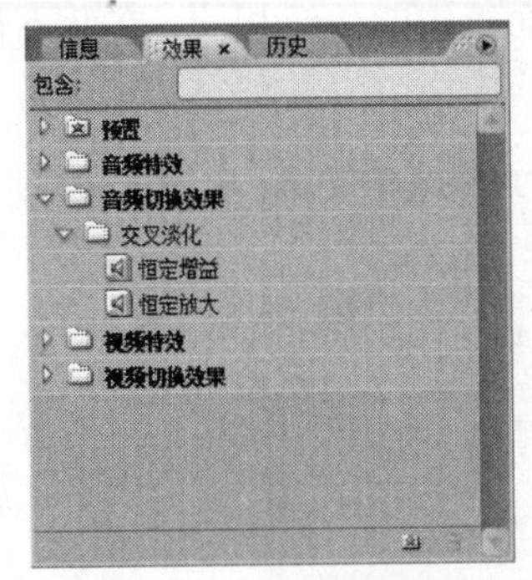


图 1-18 “效果”面板

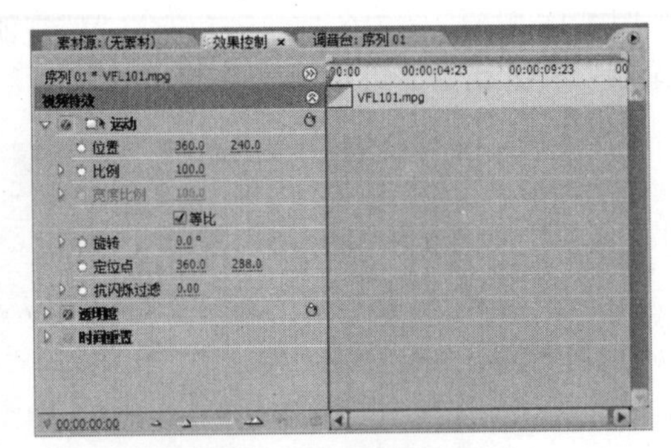


图 1-19 “效果控制”面板

## 1.2.7 “历史”与“信息”面板

下面分别对“历史”和“信息”面板进行介绍。

### 1. “历史”面板

“历史”面板中记录了用户从建立项目以来进行的所有操作，若进行了错误操作，可在该面板中单击选择相应的命令，撤销进行的错误操作，并重新返回到错误操作之前的某一个状态，如图 1-20 所示。

### 2. “信息”面板

在 Premiere Pro CS3 中，“信息”面板是作为一个独立的面板显示的，主要用于集中显示所选定素材对象的各项信息，如图 1-21 所示。不同的对象，其显示的内容也不同。

在默认设置下，“信息”面板是空白的，如果在“时间线”面板中放入一个素材并选中，则“信息”面板中将集中显示该素材的类型、持续时间、帧速率、入点、出点和光标位置等；若选中的是静止的图片，在“信息”面板中将显示素材的类型、持续时间、帧速率、开始点、结束点和鼠标指针位置。

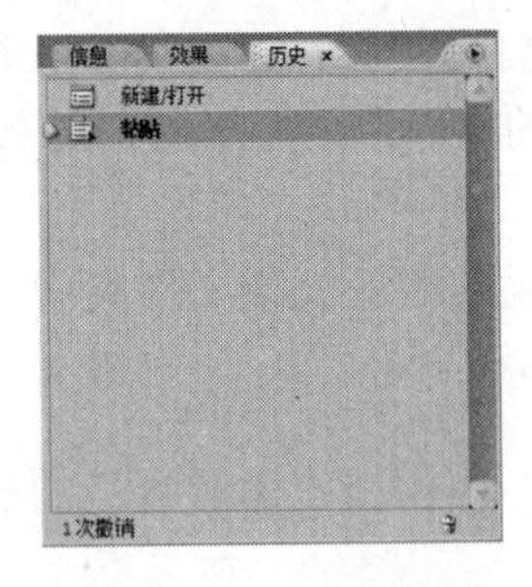


图 1-20 “历史”面板

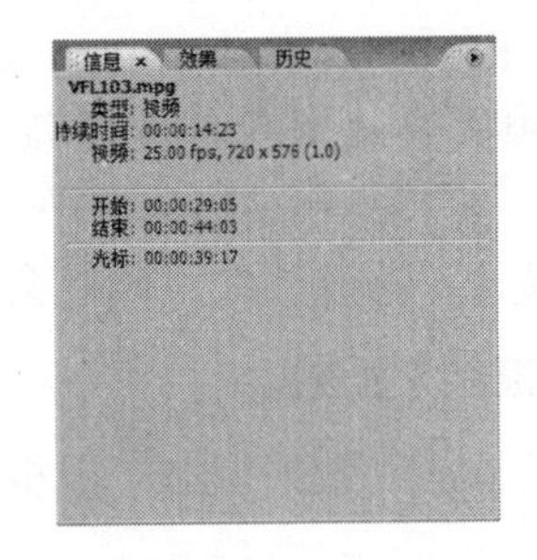


图 1-21 “信息”面板

## 1.2.8 应用举例——添加“百叶窗”切换转场特效

下面通过为打开的视频素材添加切换转场特效，介绍面板的使用方法。

操作步骤如下：

（1）启动 Premiere Pro CS3，在打开的如图 1-22 所示的“欢迎使用 Adobe Premiere Pro”

对话框中单击“打开项目”按钮，打开如图 1-23 所示的“打开项目”对话框，选择“海浪.prproj”素材文件（立体化教学:\实例素材\第 1 章\海浪.prproj）。

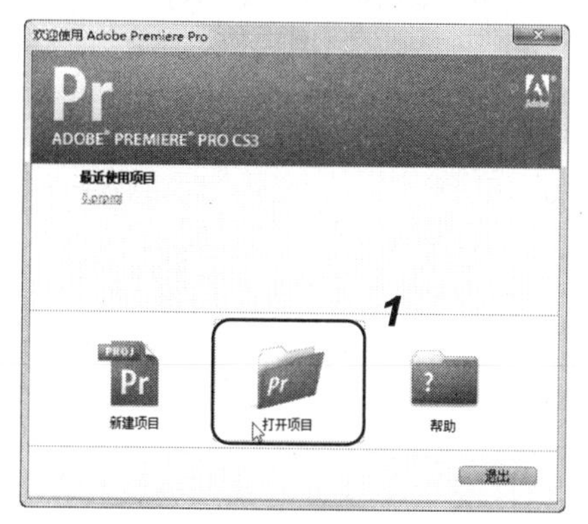


图 1-22　“欢迎使用 Adobe Premiere Pro”对话框

图 1-23　选择项目

（2）单击打开(O)按钮打开项目，在“时间线”面板中的效果如图 1-24 所示。

（3）在“效果”面板中展开“视频切换效果”文件夹，再展开“擦除”文件夹，然后选择“百叶窗”特效，如图 1-25 所示。

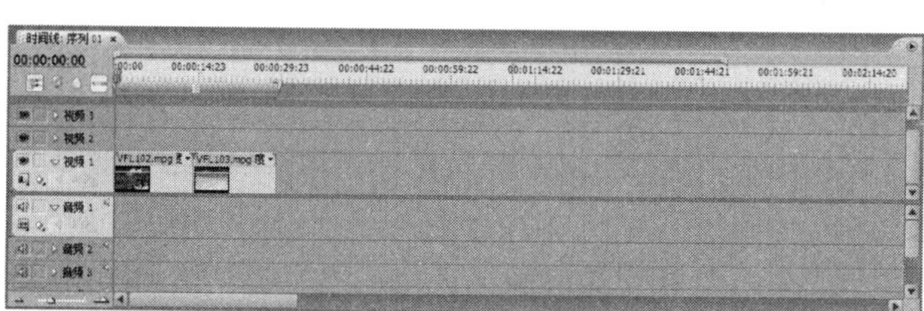

图 1-24　打开后的项目效果

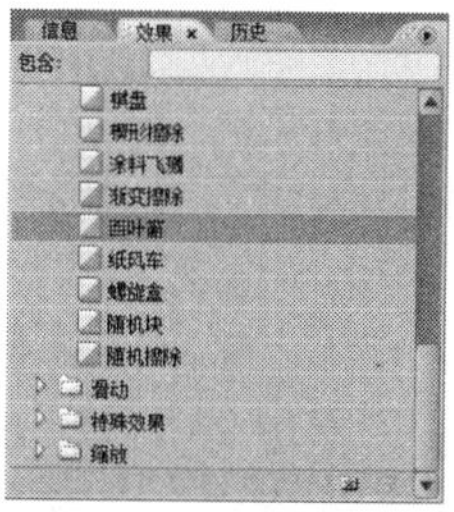

图 1-25　选择特效

（4）将“百叶窗”特效拖动到“时间线”面板中的第 1 个素材的结尾处和第 2 个素材的开始处，如图 1-26 所示。

（5）在“监视器”面板中单击“播放开关”按钮预览效果（立体化教学:\源文件\第 1 章\海浪.prproj），如图 1-27 所示。

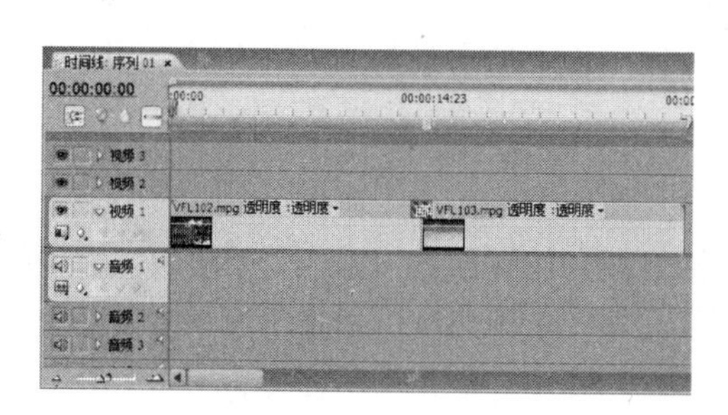

图 1-26　添加特效

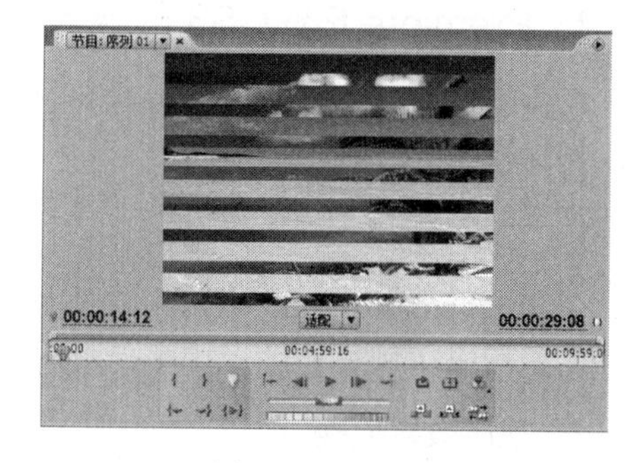

图 1-27　预览效果

## 1.3 Premiere Pro CS3 的功能和特点

在前面已经简单介绍了 Premiere Pro CS3 的一些相关知识，下面将对其主要功能和工作特点进行介绍。

### 1.3.1 Premiere Pro CS3 的主要功能

Premiere Pro CS3 是 Adobe 公司开发的一种视频编辑软件（具有编辑 AVI 文件功能的程序通常都被称为数字视频编辑器，Premiere Pro CS3 只是其中功能较强大的一种），其主要功能如下。

- **对视频素材进行特技处理**：Premiere Pro CS3 提供了强大的视频特技处理效果，包括切换、过滤、叠加、运动和变形 5 种，用户可将这些视频特技混合使用到视频素材中，从而产生各种特殊、美观的视觉效果。
- **在两段视频素材之间增加各种切换效果**：在日常生活中看电影、电视时会发现，当影片从某个镜头切换到另一个镜头时，在那一瞬间屏幕上会出现如方块、心形等特殊效果，这就是切换效果。在 Premiere Pro CS3 中便可使用镜头的切换产生某种特殊效果，Premiere Pro CS3 提供了多种切换效果，每一个切换选项图标代表了相应的切换效果。
- **编辑和组接各种视频素材**：以幻灯片风格播放剪辑，具有可变的焦距和单帧播放功能；可用多种预览方式查看工作进行的全部情况；可对素材实行非破坏性编辑，可以保留原文件。
- **在视频素材上叠加各种字幕、图标和其他视频效果**：在 Premiere Pro CS3 的字幕窗口中，可创建具有渐变色填充、软化阴影和透明背景等形式的图形和文本。

另外，Premiere Pro CS3 还具有如下功能：

- 改变视频特性参数，如图像深度、视频帧率和音频采样率等。
- 为视频配音，并对音频素材进行编辑，调整音频与视频的同步。
- 设置音频、视频编码及压缩参数。
- 色彩转换。

### 1.3.2 Premiere Pro CS3 的特点

Adobe Premiere Pro CS3 能够对多轨的影像和声音进行合成与剪辑，生成各种动态影像。它具有如下特点：

#### 1．方便管理

在 Premiere Pro CS3 中，用户所加入的素材将被专门存放在“项目”面板中，并可按名称、图标或注释对其进行排序、查看或搜索等。多重注释文件可以进行精确控制。

#### 2．视听效果流畅

具有最流畅的动作，链接到高端视频设备，在录制时自动或人工输入 SMPTE 时间代码和磁带名称，并支持 4 个单独的声道。

### 3．编辑方便

在其中使用预置（样式表）来简化对输出、压缩和其他任务的关键选项的设置，可节省时间，从而提高工作效率。在初始编辑之后，通过以高分辨率版本取代低分辨率版本，实现了磁盘空间的高效使用。接受利用可扩充体系结构添加功能的插接模块，并使用内建的和第三方音频处理滤镜强化和改变音频特点。

### 4．特技效果丰富

特殊效果的运用，可通过运动控制使任何静止或移动的图像沿某个路径运动，并具有扭转、变焦、旋转和变形等效果。可从众多的样式切换中进行选择，也可自己创建切换。具有更加丰富的生产和创作选择，支持插件过滤器，包括与 Photoshop 兼容的插件过滤器。可选择颜色平衡、亮度与对比度控制、模糊、变形、形态及其他过滤器。

### 5．编辑能力强大

使用非线性编辑功能进行即时修改，以幻灯片风格播放剪辑，具有可变的焦距和单帧播放能力。可使用“时间线”面板、“效果”面板或“监视器”面板进行编辑。

### 6．可制作网络作品

随着多媒体技术在 Internet 领域的发展，在 Web 上出现了很多新的多媒体技术。Adobe Premiere Pro CS3 开发了一个插件——Real Net works，由于运用“流”技术，使用户可在网上即时观看由 Adobe Premiere Pro CS3 制作的视频。此外，Adobe Premiere Pro CS3 还开发了制作 Gif89a 动画的 Plug-in，使用 Adobe Premiere Pro CS3 可直接生成 Gif89a 动画，并与因特网结合生成 Real Time 格式的视频。Premiere 配合 GoLive 和其他的 Adobe 网络出版解决方案，可以提供一条快速的出版途径。

### 7．与 3D 软件的结合

可将在 3D Studio Max 中制作的原始动态影像导入 Adobe Premiere Pro CS3 中，并在其中加以剪辑合成，让非线性的剪辑作业在 PC 平台上得以实现，弥补了 3D Studio Max 动画合成能力的不足。

## 1.3.3　Premiere Pro CS3 的素材格式

Adobe Premiere Pro CS3 主要支持以下素材格式：

- 数字视频 AVI 文件。
- 由 Premiere 或其他视频编辑软件生成的 AVI 和 MOV 文件。
- WAV 格式和 MP3 格式的音频数据文件。
- 各种格式的静态图像，包括 BMP、JPG、PCX、TIF 格式等。
- 字幕（Titles）文件。
- 无伴音的动画 FLC 或 FLI 格式文件。
- FLM 格式的胶片（Filmstrip）文件。

# 1.4　Premiere Pro CS3 的基本设置

在对 Premiere Pro CS3 的基础知识有了一定了解后，下面对 Premiere Pro CS3 的基本设置进行讲解，这也是在学习 Premiere Pro CS3 的使用之前必须掌握的知识。

## 1.4.1　创建项目文件和工作项目

在启动 Premiere Pro CS3 进行影视制作时，必须首先创建新的项目文件和对工作项目进行设置。

### 1．创建项目文件

创建项目文件的方法有多种，下面对几种常用方法进行介绍。

- **启动时创建**：在启动 Premiere Pro CS3 后，单击“欢迎使用 Adobe Premiere Pro”对话框中的“新建项目”按钮，打开如图 1-28 所示的“新建项目”对话框。在左侧的“有效预置模式”栏中可选择项目的文件格式，选择后，将在右侧的“描述”栏中显示所选格式的相关项目信息；单击 浏览(B)... 按钮，打开“浏览文件夹”对话框，在其中选择项目需要保存的位置路径；然后在“名称”文本框中输入项目名称，单击 确定 按钮，即可创建项目。
- **通过菜单命令创建**：在 Premiere Pro CS3 工作界面中，选择“文件/新建/项目”命令（如图 1-29 所示）或按 Ctrl+Alt+N 键，打开“新建项目”对话框，在其中根据上面的方法进行设置即可创建项目文件。

**提示：**

若正在编辑某个项目文件，此时使用菜单命令创建项目文件时，系统会首先关闭当前正在编辑的项目文件，因此，在创建项目文件之前一定要先保存当前编辑的项目文件。

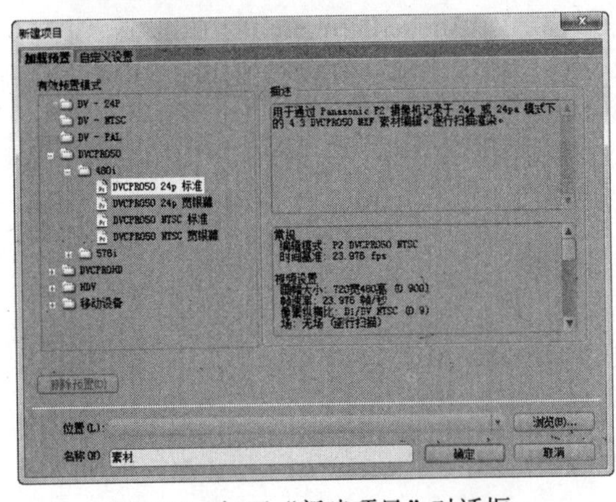


图 1-28　打开“新建项目”对话框

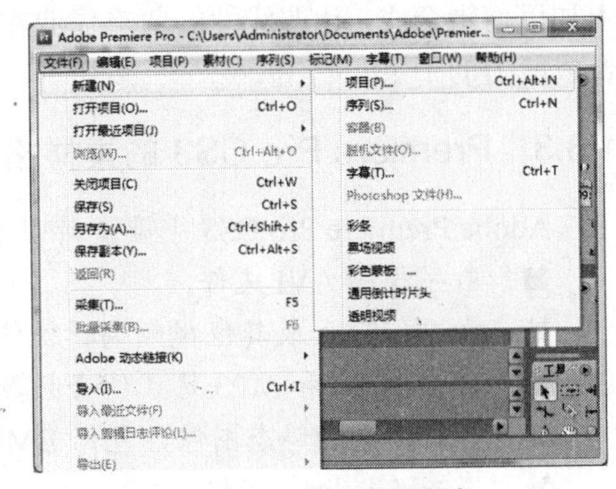


图 1-29　选择命令

### 2．设置工作项目

Premiere Pro CS3 开始工作之前，需要对工作项目进行设置，以确定编辑影片时所使用

的各项指标。在默认情况下，Premiere Pro CS3 打开预置项目供剪辑人员使用。

## 1.4.2　设置交换区

在 Premiere Pro CS3 中设置交换区的方法是：选择“编辑/参数/暂存盘”命令，打开如图 1-30 所示的“参数”对话框，在其中可设置采集视频、采集音频、视频预览、音频预演、媒体缓存和 DVD 编码的路径。单击各个选项对应的 浏览... 按钮，可在打开的如图 1-31 所示的“浏览文件夹”对话框中设置其路径。

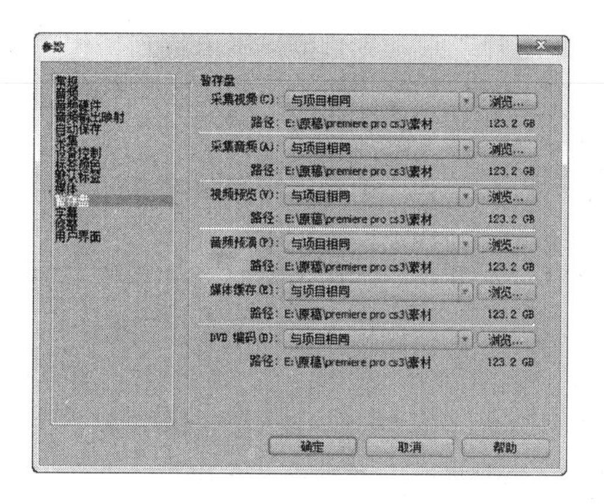


图 1-30　“参数”对话框

图 1-31　“浏览文件夹”对话框

## 1.4.3　设置自动保存

在 Premiere Pro CS3 中设置自动保存的方法是：选择“编辑/参数/自动保存”命令，打开如图 1-32 所示的“参数”对话框，在右侧的“自动保存”栏中，可根据需要设置“自动保存时间间隔”和“最大保存项目数量”的数值。例如，设置“自动保存时间间隔”为 20 分钟、“最大保存项目数量”为 5，即表示每隔 20 分钟将自动保存一次，且只存储最后 5 次存盘的项目文件。

设置完成后，单击 确定 按钮关闭“参数”对话框。这样，在以后的编辑过程中就会按照设置的参数自动保存文件，而不用担心因意外造成的工作数据丢失。

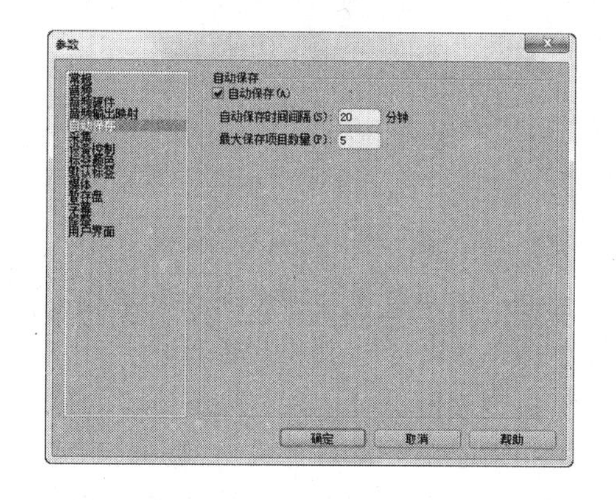


图 1-32　设置自动保存

### 1.4.4 自定义设置

Premiere Pro CS3 预置为用户提供了常用的 DV-NTSC 和 DV-PAL 设置，若需要自行设置，可在“新建项目”对话框中选择“自定义设置”选项卡进行设置；若运行 Premiere Pro CS3 过程中需要对项目进行设置，可选择“项目/项目设置”命令。下面对“自定义设置”选项卡中的各个选项进行介绍。

#### 1. 常规

在“自定义设置”选项卡的左侧列表框中选择“常规”选项，在右侧窗格中可对影片的编辑模式、时间基准、视频和音频等基本指标进行设置，如图 1-33 所示。

下面对各选项的具体作用进行介绍。

- **“编辑模式”下拉列表框**：在该下拉列表框中选择的选项将决定在“时间线”面板中使用何种数字视频格式来播放视频。
- **“时间基准”下拉列表框**：在该下拉列表框中选择的选项将决定在“时间线”面板片段中时间位置的基准（以下简称时基）。一般情况下，电影胶片选择 24 帧/秒，PAL、SECAM 制视频选择 25 帧/秒，NTSC 制视频选择 29.97 帧/秒，其他可选 30 帧/秒。每一个素材都有一个时基，它决定了 Premiere Pro CS3 如何解释被输入的素材，并让软件知晓一部影片的 1 秒是多少帧。时基虽然用比率来表示，但是与影片的实际回放率无关。时基影响因素在“节目”、“监视器”、“时间线”等面板中的表示方式不同，如“时间线”面板中时间标尺上的刻度会反映出时基的值。

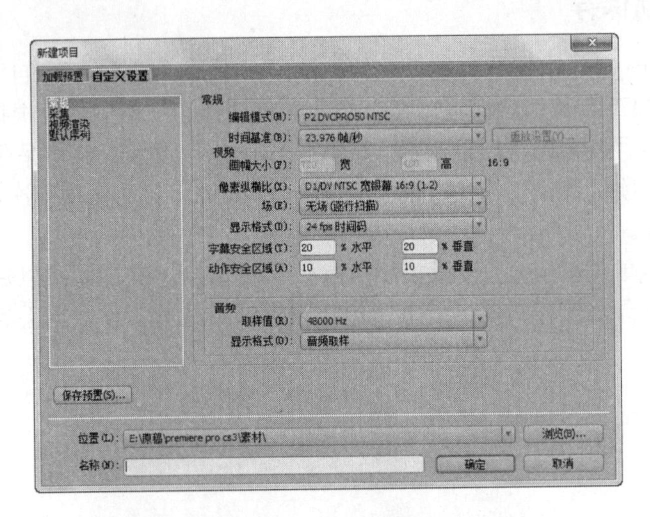


图 1-33 “常规”设置

- **“画幅大小”文本框**：用于设置在“时间线”面板中播放节目图像的尺寸，即节目的帧尺寸。较小的屏幕尺寸可以加快播放速度。
- **“像素纵横比”下拉列表框**：用于设置编辑节目的像素宽和高之比。
- **“场”下拉列表框**：用于指定编辑影片所使用的场方式。其中，“无场（逐行扫描）”选项用于非交错场影片。在编辑非交错场影片时，要根据相关视频硬件显

示奇偶场的顺序来选择上场优先还是下场优先。

- **“显示格式”下拉列表框**：用于指定“时间线”面板中时间的显示方式。一般情况下，与“时间基准”下拉列表框中的设置一致。
- **“字幕安全区域”文本框**：用于设置字幕安全框的显示区域，以“帧大小”设置数值的百分比计算。
- **“动作安全区域”文本框**：用于设置动作影像的安全框显示区域，以“帧大小”设置数值的百分比计算。
- **“取样值”下拉列表框**：用于决定在“时间线”面板播放节目时所使用的采样速率。采样速率越高，播放质量就越好，但是需要较大的磁盘空间，并占用较多的处理时间。
- **“显示格式”下拉列表框**：用于设置“时间线”面板如何显示音频素材。

### 2．采集

在“自定义设置”选项卡的左侧列表框中选择“采集”选项，可针对采集设备进行相关设置，如图 1-34 所示。

### 3．视频渲染

在“自定义设置”选项卡的左侧列表框中选择“视频渲染”选项，可对编辑影片时所使用的压缩格式进行设置，如图 1-35 所示。

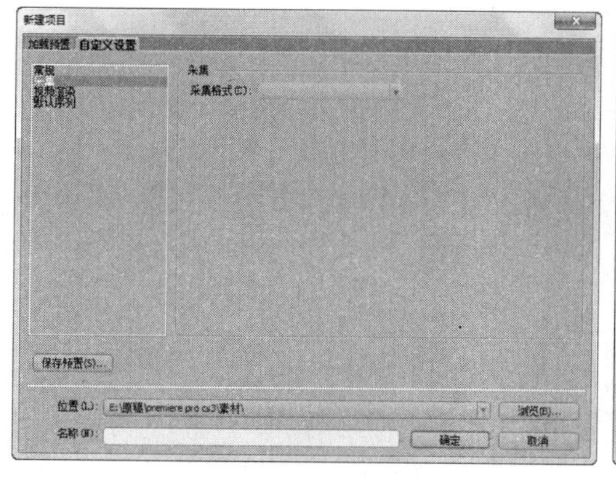

图 1-34　“采集”设置

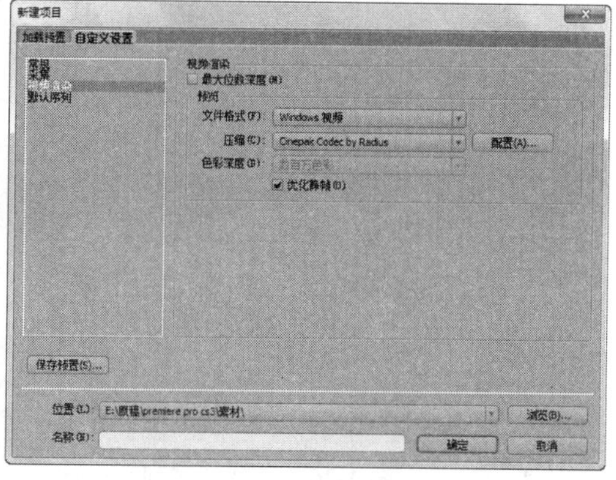

图 1-35　“视频渲染”设置

下面分别对各选项进行介绍。

- **最大位数深度(M)复选框**：选中该复选框，可以使输出的影片颜色位数达到最大。
- **“文件格式”下拉列表框**：用于显示当前新建文件的格式。
- **“压缩”下拉列表框**：用于指定节目编辑时所使用的编码解码器，在其中列出了当前电脑中安装的所有压缩格式。
- **“色彩深度”下拉列表框**：用于指定编辑影片的颜色深度，设置视频所使用的颜色数。根据所选编码解码器的不同，能够使用的颜色深度也不同。
- **优化静帧(O)复选框**：选中该复选框，可以产生静止的图像效果。

### 4．默认序列

在“自定义设置”选项卡的左侧列表框中选择“默认序列”选项，可对编辑序列的默认参数进行设置，如图 1-36 所示。

下面对各选项进行介绍。

- **“视频”数值框**：用于设置默认视频轨道数目。
- **“主音轨”下拉列表框**：用于设置主音轨的声道方式，包括单声道、立体声和 5.1 声道环绕立体声。
- **“单声道”数值框**：用于设置单声道模式的音频轨道数目。
- **“单声道子混合”数值框**：用于设置单声道模式的子音频轨道数目。
- **“立体声”数值框**：用于设置立体声模式的音频轨道数目。
- **“立体声子混合”数值框**：用于设置立体声模式的子音频轨道数目。
- **5.1 数值框**：用于设置 5.1 声模式的音频轨道数目。
- **“5.1 子混合”数值框**：用于设置 5.1 声模式的子音频轨道数目。

完成设置后，可将其保存到预置设置中，以便以后使用。单击 保存预置(S)... 按钮，打开如图 1-37 所示的“保存设置”对话框，在其中输入名称和描述后，当前的设置将会被存储到“加载预置”选项卡中的“自定义”文件夹中。

设置完成后，单击 确定 按钮即可使用当前设置的项目进行编辑。

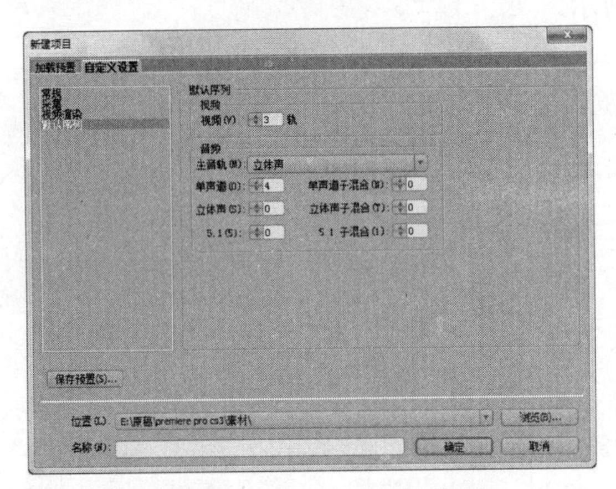


图 1-36 “默认序列”设置

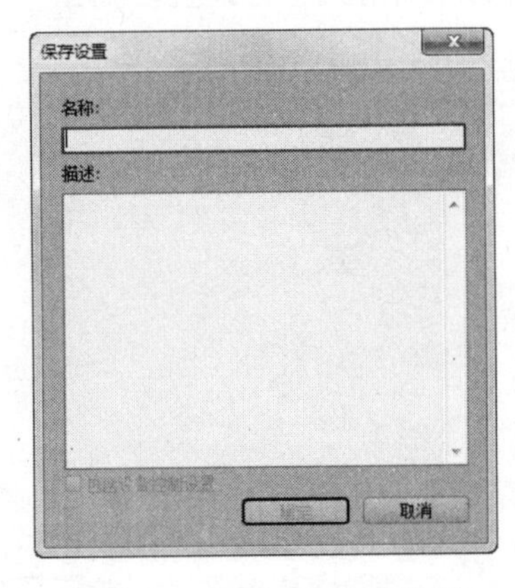


图 1-37 “保存设置”对话框

## 1.4.5 素材的基本操作

在 Premiere Pro CS3 中，素材的基本操作包括导入素材、解释素材、改变素材名称、利用素材库组织素材、查找素材和离线素材等。下面分别对这些操作进行具体讲解。

### 1．导入素材

Premiere Pro CS3 支持大部分主流的视频、音频和图像文件格式，而导入素材的一般方法为选择“文件/导入”命令或按 Ctrl+I 键，在打开的“导入”对话框中选择所需的文件即可，如图 1-38 所示。同时，可分为导入图层文件和导入图片，其具体操作方法将在第 3 章详细讲解。

图 1-38　“导入”对话框

**2．解释素材**

对于项目的素材文件，可以通过解释素材来修改其属性。在“项目”面板中的素材上单击鼠标右键，在弹出的快捷菜单中选择“定义影片”命令，打开如图 1-39 所示的“定义影片”对话框。

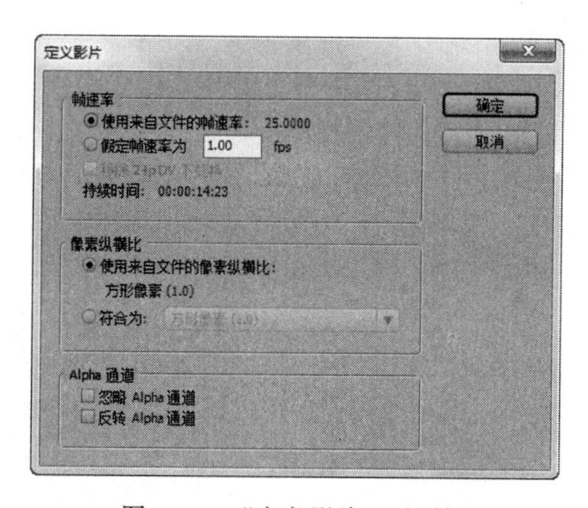

图 1-39　“定义影片”对话框

下面对其中各选项的作用进行介绍。

- “帧速率”栏：主要用于设置影片的帧速率。选中使用来自文件的帧速率单选按钮，表示使用影片的原始帧速率；也可选中假定帧速率为单选按钮并在其后面的文本框中输入新的帧速率。改变帧速率，其影片的长度也将随之变化。
- “像素纵横比”栏：主要用于设置影片的像素宽、高比。一般情况下，选中使用来自文件的像素纵横比:单选按钮，表示使用影片素材的原始像素宽、高比；也可选中符合为:单选按钮，然后在其后面的下拉列表框中设置新的像素宽、高比。

**提示：**

若在一个显示方形像素的显示器上显示矩形像素并不做处理，则会出现变形现象。

- “Alpha 通道”栏：一般情况下，Premiere Pro CS3 中导入的透明通道包括 Straight 透明通道和 Premultiplied 透明通道。Straight 透明通道也被称为“忽略 Alpha 通道”，其在高标准、高精细颜色要求的电影中能够产生较好的效果，但只能在少数序列中才能使用；Premultiplied 透明通道也称为“反转 Alpha 通道”，其优点为具有广泛的兼容性，且大多数软件都能够使用这种 Alpha 通道。

**提示：**

> 视频编辑除了使用标准的颜色深度外，还可使用 32 位颜色深度。32 位颜色深度实际上是在 24 位颜色深度的基础上添加了一个 8 位的灰度通道，为每一个像素存储透明度信息，该 8 位灰度通道即被称为 Alpha 通道。

另外，在 Premiere Pro CS3 中还提供有属性分析功能，可以了解素材的详细信息，包括素材的片段延时、文件大小和平均速率等，在“项目”面板中或素材上单击鼠标右键，在弹出的快捷菜单中选择“属性”命令，打开“属性”面板，在其中列出了素材的各种属性，如图 1-40 所示。

### 3．改变素材名称

在“项目”面板中的素材上单击鼠标右键，在弹出的快捷菜单中选择“重命名”命令，即可对素材进行重命名操作。

### 4．利用素材库组织素材

在“项目”面板中建立素材库，可以将节目中的素材分门别类、有条不紊地组织起来，这在组织包含大量素材的复杂节目时特别有用。

在“项目”面板中单击底部的“容器”按钮，系统会自动创建一个新的文件夹，如图 1-41 所示。双击该文件夹，在打开的“容器”面板中单击按钮可以返回上一级素材列表，依此类推。

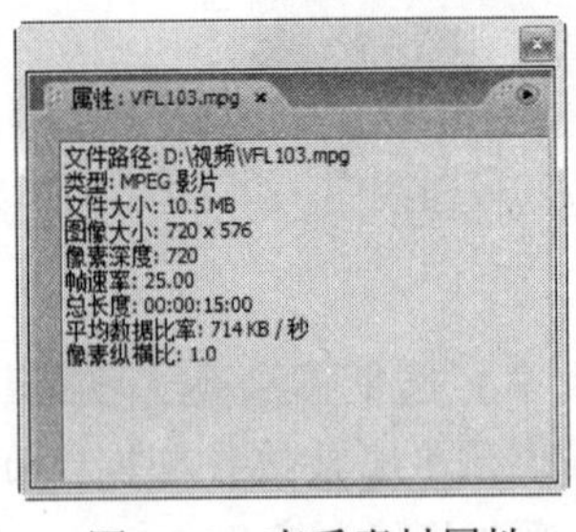


图 1-40　查看素材属性

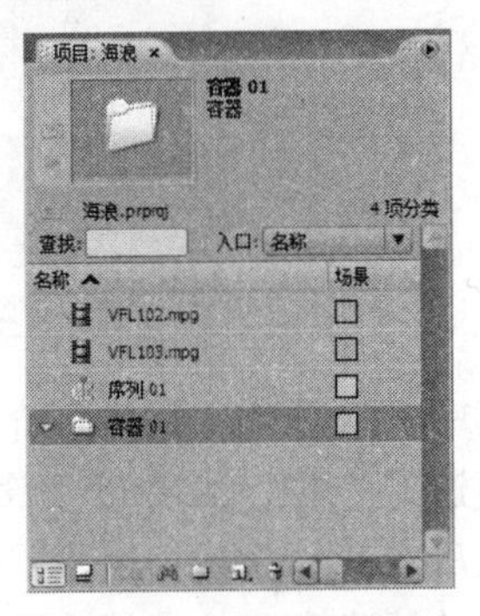


图 1-41　新建文件夹

### 5．查找素材

在 Premiere Pro CS3 中，用户可以根据素材的名称、属性或附属说明等在“项目”面板中搜索素材。

在“项目”面板中单击下方的“查找”按钮或按 Ctrl+F 键，或是单击鼠标右键，在弹出的快捷菜单中选择“查找”命令，打开如图 1-42 所示的“查找”对话框，在其中可按

照素材的名称、媒体类型和卷标等属性进行查找。在“匹配”下拉列表框中可设置查找的关键字为全部匹配还是部分匹配；选中☑区分大小写复选框，则必须正确输入关键字的大小写。

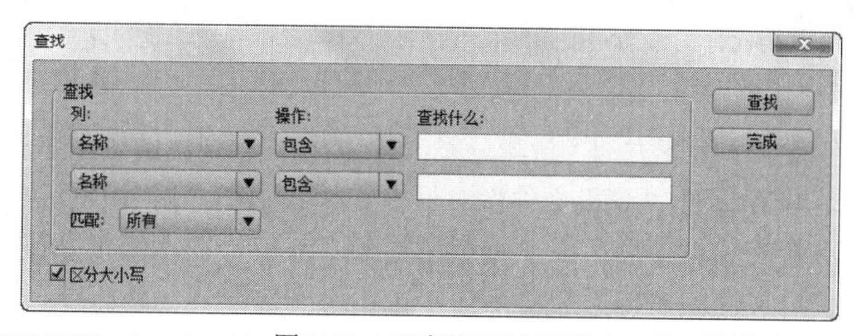


图 1-42　“查找”对话框

如要查找图片文件，可选择查找的属性为“名称”，在“查找什么”文本框中输入要查找素材的关键字“JPEG 或其他文件格式的后缀”，然后单击查找按钮，则系统会自动将“项目”面板中的图片文件查找出来。若在“项目”面板中有多个图片文件，可再次单击查找按钮查找下一个文件。完成后，单击完成按钮即可关闭对话框。

**提示：**

除了查找“项目”面板中的素材，还可使序列中的影片自动定位，找到其项目中的源文件。在“时间线”面板中的素材上单击鼠标右键，在弹出的快捷菜单中选择“在项目中显示”命令，即可找到“项目”面板中的相应素材。

### 6. 离线素材

当打开一个项目文件时，若系统提示找不到源素材，则会打开如图 1-43 所示的对话框，其原因可能是源文件名被更改或是素材的存储位置发生了改变。这时，既可直接在磁盘上找到源文件，然后单击选择按钮，也可单击全部跳过按钮选择略过素材，或单击全部脱机按钮建立脱机文件代替源素材。

图 1-43　“这个文件在哪里”对话框

由于 Premiere Pro CS3 是使用直接方式进行工作，因此若磁盘上的源文件被删除或移动，便会发生找不到源文件的情况。此时可建立一个离线文件来代替，它可以暂时占据丢失文件所在的位置。

**提示：**

离线文件具有和其所代替的源文件相同的属性，可以对其进行同普通素材完全相同的操作。它主要起到一个占位符的作用，当找到源文件后，即可用其替换掉离线文件，以进行正常编辑。

在“项目”面板中单击下方的“新建分类”按钮，在弹出的菜单中选择“脱机文件”命令，打开如图 1-44 所示的“脱机文件”对话框。在其中的“包含”下拉列表框中可选择建立含有影像和声音的脱机文件；在“磁带名”文本框中可输入磁带卷标；在“文件名”文本框中可设置脱机文件的名称；在“描述”文本框中可输入一些备注；在“时间码”栏中可设置脱机文件的时间。

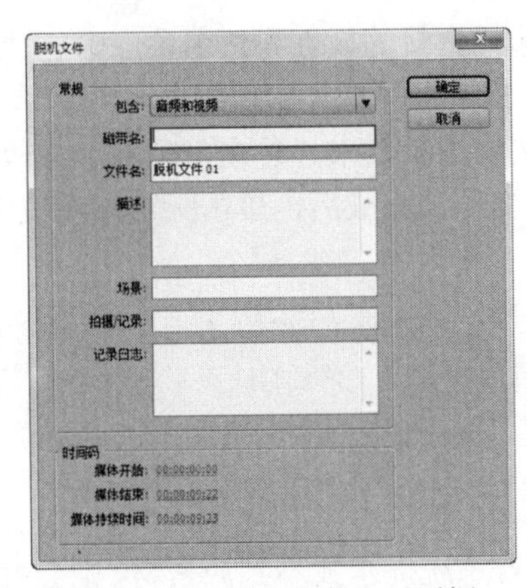


图 1-44　“脱机文件”对话框

**提示：**

若要以实际素材替换脱机文件，可在“项目”面板中的脱机文件上单击鼠标右键，在弹出的快捷菜单中选择“链接媒体”命令，在打开的对话框中进行设置即可。

### 1.4.6　应用举例——设置 Premiere Pro CS3 的参数

通过导入文件、将素材添加到“时间线”面板中和关闭文件，熟练掌握 Premiere Pro CS3 的基本操作。

操作步骤如下：

（1）启动 Premiere Pro CS3，在打开的“欢迎使用 Adobe Premiere Pro”对话框中单击“新建项目”按钮，在打开的“新建项目”对话框的左侧列表框中选择“DCVPRO50 NTSC 标准”选项。

（2）在“位置”下拉列表框中选择“我的文档”文件夹，设置“名称”为“外景”，单击确定按钮，如图 1-45 所示。

（3）选择“文件/导入”命令，在打开的“导入”对话框（如图 1-46 所示）中选择“黄昏.mpg”素材文件（立体化教学:\实例素材\第 1 章\黄昏.mpg），单击打开(O)按钮，导入素材文件。

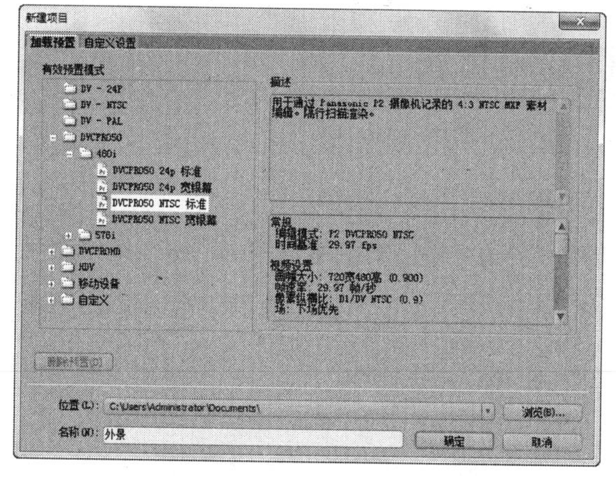


图 1-45　新建项目

图 1-46　导入素材

（4）在“项目”面板中选择导入的素材，将其拖动到“时间线”面板中，并在“节目”面板中预览其效果，如图 1-47 所示。

（5）将时间指示器放置到 9 秒 20 帧处，如图 1-48 所示。

图 1-47　预览视频

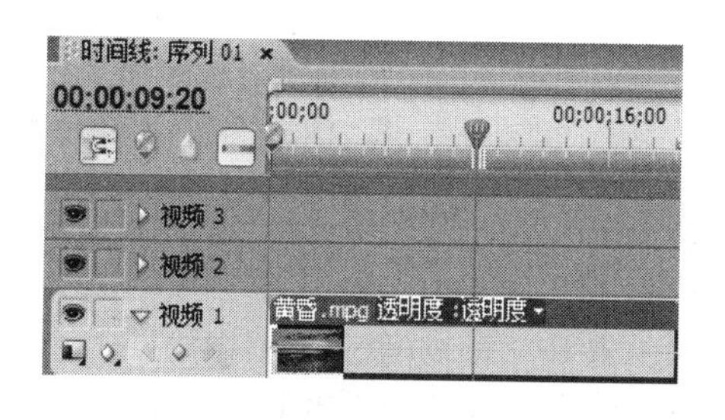


图 1-48　放置时间指示器

（6）选择“工具”面板中的剃刀工具，在指定的位置上单击，将该素材切割为两个素材文件，如图 1-49 所示。

（7）选择第一段素材，按 Delete 键将其删除，然后选择第二段素材，将其向前移动，如图 1-50 所示。将时间指示器移动到最开始处，在“节目”面板中预览效果。

（8）选择“文件/保存”命令，将文件进行保存；然后选择“文件/关闭项目”命令，关闭文件；打开“欢迎使用 Adobe Premiere Pro”对话框，单击 退出 按钮即可退出 Adobe Premiere Pro CS3。

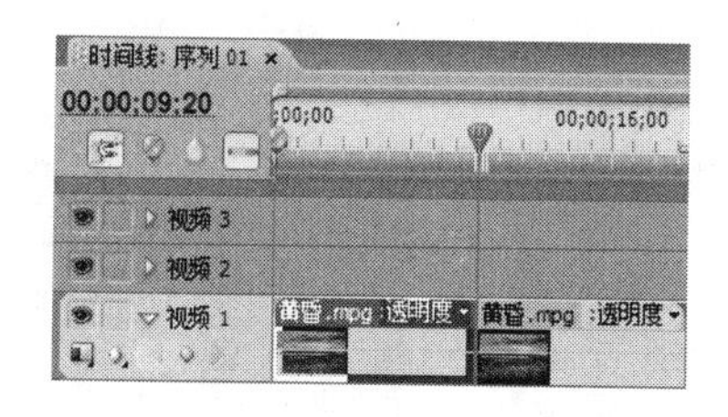


图 1-49　切割素材

图 1-50　删除素材

# 1.5 上机及项目实训

## 1.5.1 自定义工作界面

本次实训将自定义 Premiere Pro CS3 的工作界面，通过本例掌握 Premiere Pro CS3 工作界面的相关操作。

操作步骤如下：

（1）启动 Premiere Pro CS3，并新建工作项目。

（2）若之前曾移动过各个面板，首先选择“窗口/工作区/复位当前工作区”命令，在打开的如图 1-51 所示的提示对话框中单击 是 按钮，将工作界面复位到初始状态。

（3）选择“音频”面板，按住鼠标左键不放将其移动到“工具”面板上，如图 1-52 所示，释放鼠标后即可将这两个面板组合为一个面板组，然后进行适当调整，如图 1-53 所示。

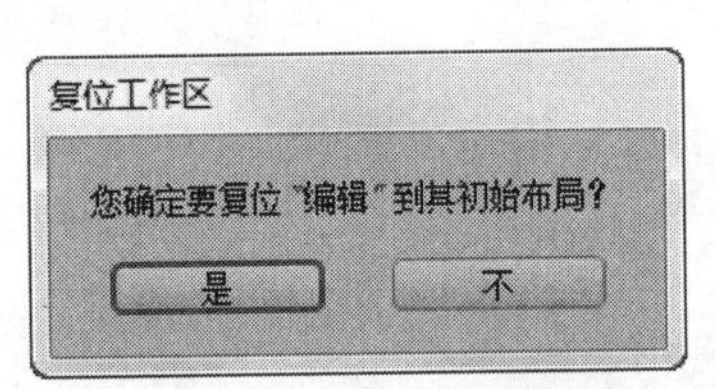


图 1-51　复制工作区

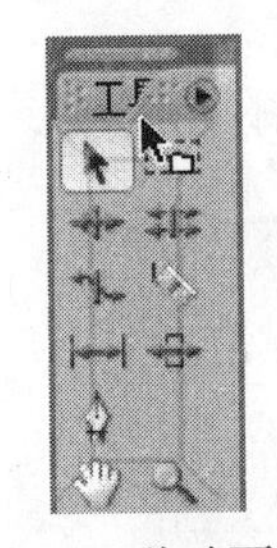

图 1-52　移动面板

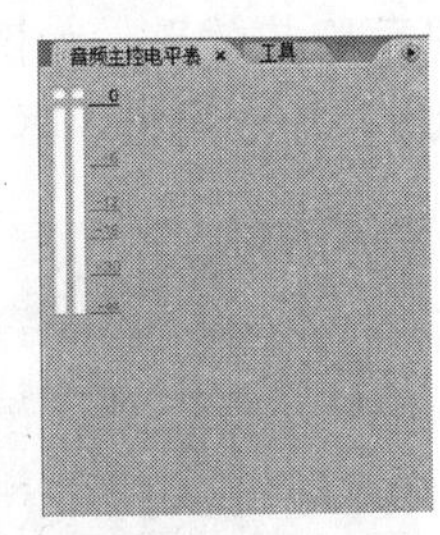


图 1-53　组合面板

（4）选择“窗口/字幕样式”命令，打开相应的窗口，如图 1-54 所示。

（5）在其中选择“字幕样式”面板，将其移动到“项目”面板上，释放鼠标后的效果如图 1-55 所示。

（6）使用相同的方法可对其他面板进行调整。

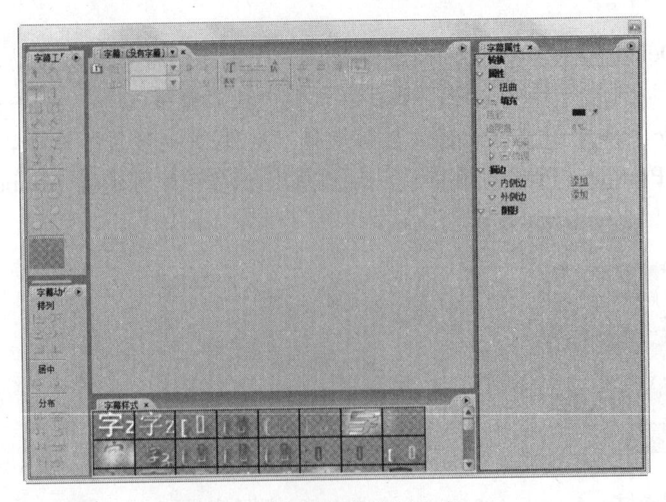


图 1-54　打开字幕的相应窗口

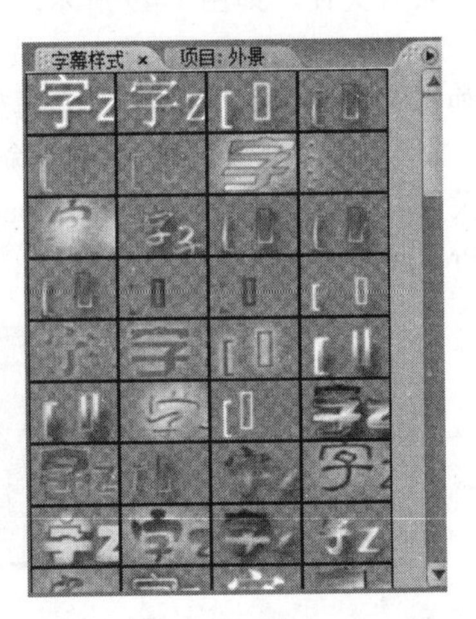


图 1-55　移动面板

### 1.5.2　启动 Premiere Pro CS3 并创建项目文件

下面首先通过“开始”菜单启动 Premiere Pro CS3，然后创建项目文件。

操作步骤如下：

（1）选择“开始/所有程序/Adobe Premiere Pro CS3/ Adobe Premiere Pro CS3”命令，启动 Premiere Pro CS3。

（2）启动 Premiere Pro CS3 后，首先打开“欢迎使用 Adobe Premiere Pro”对话框，单击“新建项目”按钮。

（3）打开如图 1-56 所示的“新建项目”对话框，可在左侧的“有效预置模式”栏中选择项目的文件格式，这里保持默认设置。

（4）单击 浏览(B)... 按钮，在打开的“浏览文件夹”对话框中选择项目需要保存的位置路径后，返回到“新建项目”对话框中，在“名称”文本框中输入项目名称，单击 确定 按钮即可创建项目。

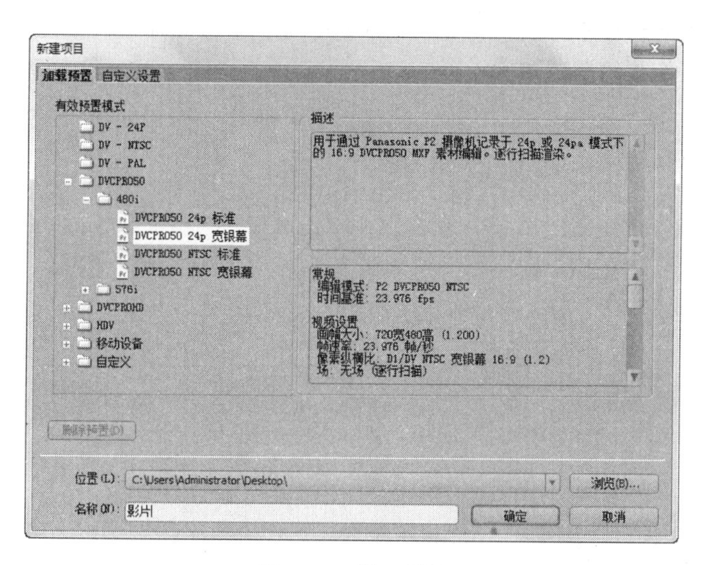


图 1-56　新建项目

## 1.6　练习与提高

（1）通过上网等途径搜集需要的视频素材，并按相应的名称和路径保存到电脑中，然后启动 Premiere Pro CS3，在默认位置处新建“练习”项目文件，并将搜集到的视频素材导入到其中。

（2）设置习题（1）中的项目文件按每 10 分钟保存一次，并设置保存数量为 3；然后将导入的素材拖动到“时间线”面板中；最后关闭项目文件并退出 Premiere Pro CS3。

（3）通过在网上搜索有关的 Premiere Pro CS3 教程，学习更多的 Premiere Pro CS3 相关知识和技巧。

### 经验技巧 总结学习 Premiere Pro 的方法与技巧

本章主要介绍了 Premiere Pro 软件的基础操作知识。要想利用该软件制作出色的作品，成为一个优秀的剪辑手，需要总结一些好的技巧知识。下面总结了一些新手学习 Premiere Pro 的方法及技巧，供大家参考。

- 目前，Premiere Pro 的最新版本为 Premiere Pro CS 5，其工作界面会随着版本的升级而有所变化。在学习了 Premiere Pro CS3 的界面后，可通过上网查看或下载安装不同的版本来了解不同版本的 Premiere Pro 的界面变化及区别。
- 要想做出好的作品，首先需要培养一定的审评、欣赏能力，最好的方法就是通过观看别人的作品，来查找出自己作品的不足之处。
- 对于导入的图片素材，可以先通过 Photoshop 等软件编辑后再进行导入操作。
- 通过 Premiere Pro 制作特效的方法是多种多样的，要想制作出丰富多彩的特效，除了了解软件本身的使用技巧外，还可以学习电视编辑和电视美术的相关知识，以提高作品的整体质量。

# 第 2 章 制作视频的基本流程

## 学习目标

- ☑ 能够进行制作视频前的准备工作
- ☑ 能够向项目中添加素材
- ☑ 能够对添加的素材设置各种效果
- ☑ 能够将制作的视频进行输出操作
- ☑ 综合利用 Premiere Pro CS3 编辑一个声情并茂的视频

## 目标任务&项目案例

添加切换效果

添加视频特效

添加字幕效果

百花集

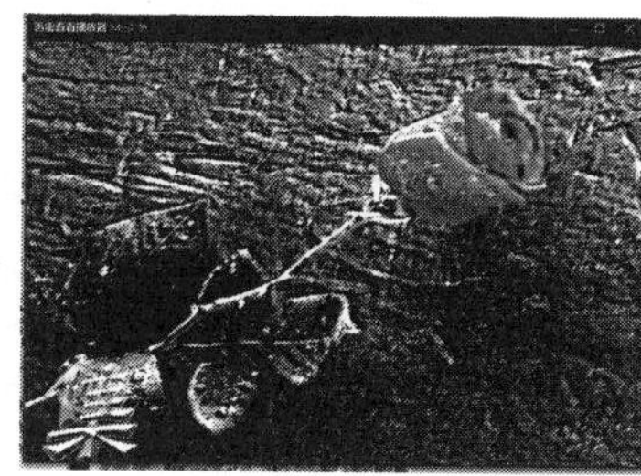


输出视频

海滩情缘

通过上述实例效果展示可以发现，在 Premiere Pro CS3 中能够通过对素材的编辑，如添加相应的效果、音频、字幕等，制作出丰富多彩的视频。本章将讲解在 Premiere Pro CS3 中快速制作视频的方法，从而掌握制作视频的基本流程，包括制作视频的前期准备、编辑素材、添加效果与输出保存等操作。

# 2.1　准备制作视频

在编辑视频前，需要创建项目文件并导入素材到项目文件中，然后才能进行编辑，本节将介绍准备制作视频前的相关操作知识。

## 2.1.1　新建项目

在利用 Premiere Pro CS3 制作视频时，启动软件后，需要新建项目，然后才能进行下一步操作。

**【例 2-1】**　新建名为“魅力祖国”的项目文件，并将其保存在 E 盘中。

（1）在桌面双击 Premiere Pro CS3 的快捷图标，启动 Premiere Pro CS3，软件启动后，将打开“欢迎使用 Adobe Premiere Pro”对话框，如图 2-1 所示。

（2）单击“新建项目”按钮，打开“新建项目”对话框。

（3）在对话框的“位置”文本框中输入文件要存储的位置，或单击 浏览(B)... 按钮，在打开的对话框中选择文件保存的位置，然后在“名称”文本框中输入“魅力祖国”文本，如图 2-2 所示。

（4）单击 确定 按钮，即可创建名称为“魅力祖国”的项目文件。

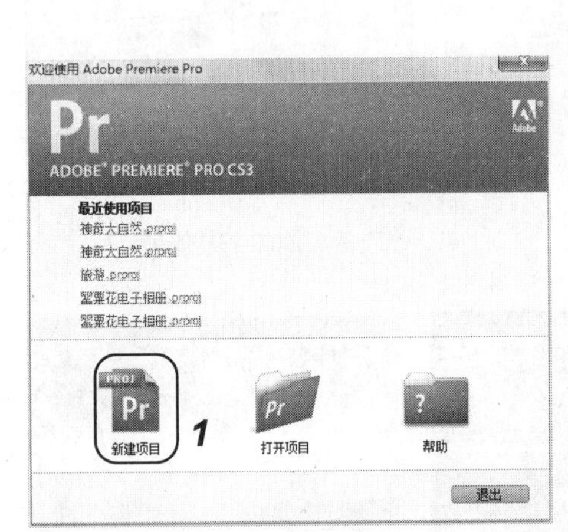


图 2-1　“欢迎使用 Adobe Premiere Pro”对话框

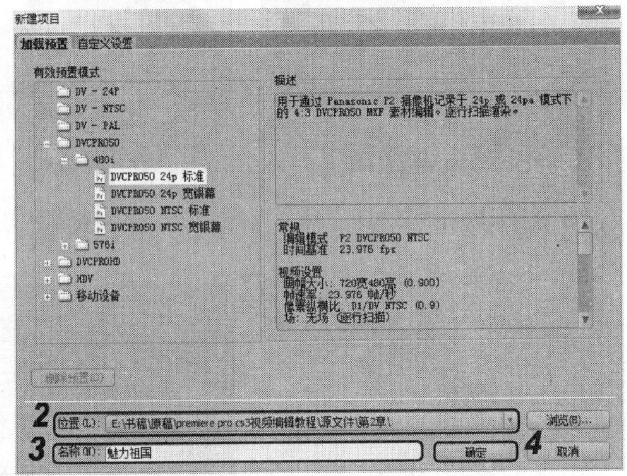


图 2-2　“新建项目”对话框

**技巧：**

单击“欢迎使用 Adobe Premiere Pro”对话框中的“打开项目”按钮，可以在打开的“打开”对话框中选择需要打开的项目文件，进行打开操作，也可以单击“最近使用项目”栏下的项目超链接，来打开项目文件。

## 2.1.2　导入素材

创建好项目后，就需要将编辑视频所需要的素材导入到项目面板中。

**【例 2-2】**　导入编辑“魅力祖国”视频所需的各种素材。

（1）在左上角的“项目”面板中单击鼠标右键，在弹出的快捷菜单中选择“导入”命令，打开“导入”对话框。

（2）在打开的对话框中找到“魅力祖国”（立体化教学:\实例素材\第 2 章\魅力祖国）文件夹，然后按 Ctrl+A 键选择全部文件，如图 2-3 所示。

（3）单击 打开(O) 按钮，导入素材文件，导入图片素材后的效果如图 2-4 所示。

图 2-3　“导入”对话框

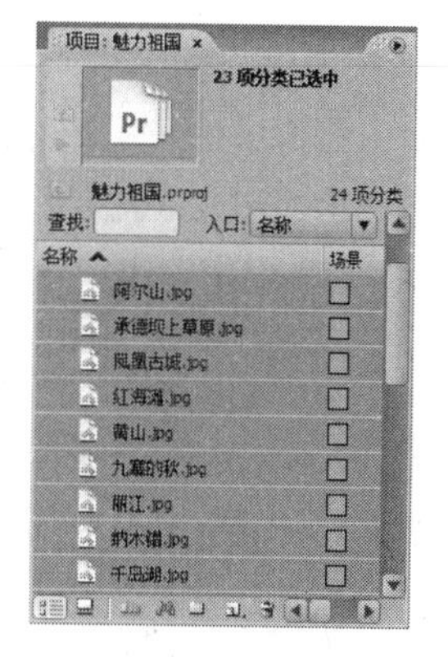


图 2-4　导入的图片素材

（4）按 Ctrl+I 键打开“导入”对话框，在其中选择“音频 1.wma”音频文件（立体化教学:\实例素材\第 2 章\音频 1.wma），单击 打开(O) 按钮，导入音频文件。

### 2.1.3　应用举例——新建“百花集”项目文件

使用本节所介绍的知识，创建“百花集”项目文件，并导入文件需要的图片素材和音频素材，“项目”面板的最终效果如图 2-5 所示。

图 2-5　导入“百花集”素材效果

操作步骤如下：

（1）选择“开始/Adobe Premiere Pro CS3/ Adobe Premiere Pro CS3”命令，启动 Premiere Pro CS3 软件，将打开“欢迎使用 Adobe Premiere Pro”对话框。

（2）单击“新建项目”按钮，打开“新建项目”对话框。

（3）在对话框的“位置”文本框中输入文件要存储的位置，或单击 浏览(B)... 按钮，在打开的对话框中选择文件保存的位置，然后在“名称”文本框中输入“百花集”文本，如图 2-6 所示。

（4）单击 确定 按钮，即可创建名称为“百花集”的项目文件，如图 2-7 所示。

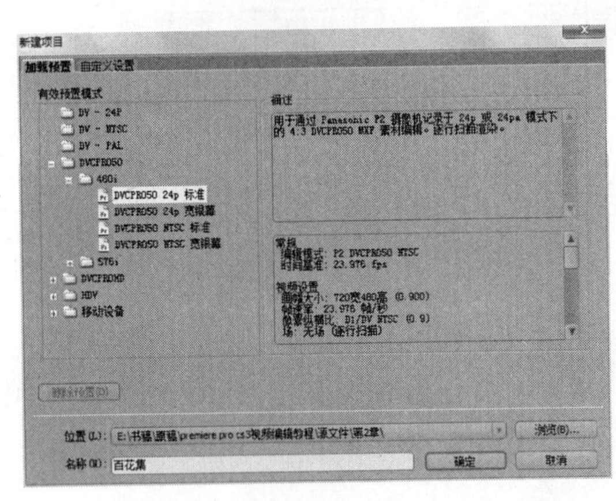

图 2-6　新建“百花集”项目

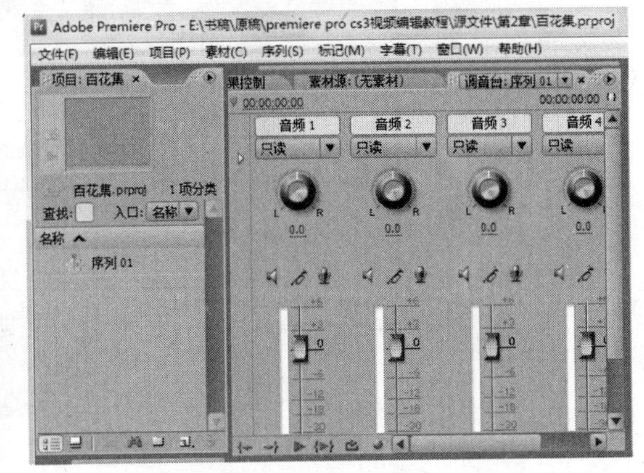

图 2-7　创建的新项目文件

（5）选择“文件/导入”命令，打开“导入”对话框。

（6）在打开的对话框中选择“百花集”文件夹（立体化教学:\实例素材\第 2 章\百花集），如图 2-8 所示。

（7）单击 导入文件夹 按钮，导入素材文件，导入素材文件后的“项目”面板如图 2-9 所示。

图 2-8　“导入”对话框

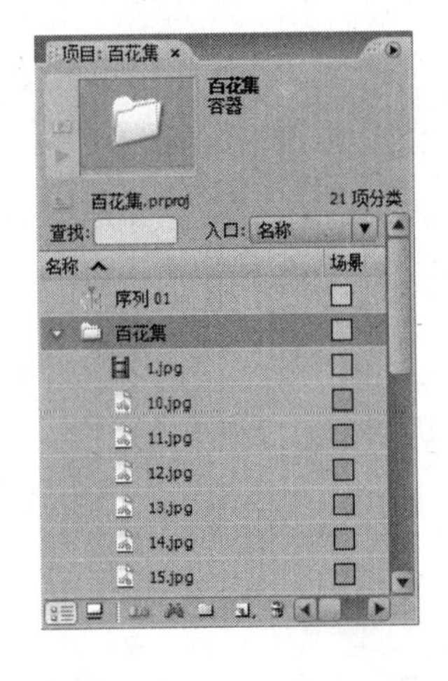

图 2-9　导入的素材文件夹

（8）按 Ctrl+I 键打开“导入”对话框，在其中选择“音频 2.wma”音频文件，单击打开(O) 按钮，导入音频文件。

（9）选择“文件/保存”命令，即可保存项目文件到指定的位置。

# 2.2　编辑素材

将素材导入到项目文件中后，就需要对素材进行编辑，使其形成视频文件，下面将介绍快速编辑项目文件中素材的基本方法。

## 2.2.1　向“时间线”面板添加素材

在 Premiere Pro CS3 中，制作视频都是在“时间线”面板中完成的，因此，在学习编辑视频前，应先了解向“时间线”面板中添加素材的方法。

**【例 2-3】**　打开例 2-1 中创建的“魅力祖国”项目文件，然后将“项目”面板中的素材添加到“时间线”面板中。最终效果如图 2-10 所示。

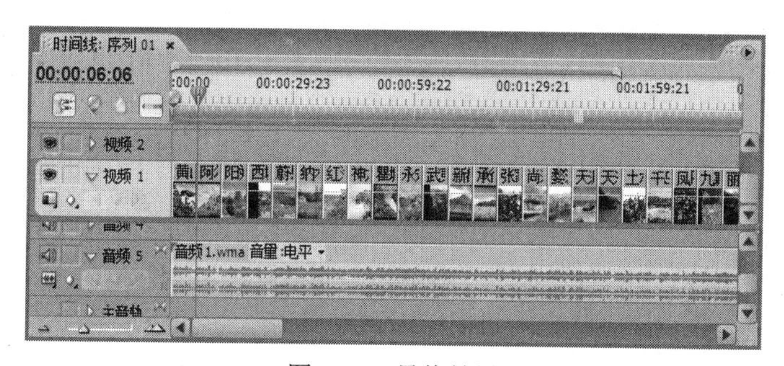


图 2-10　最终效果

操作步骤如下：

（1）选择“文件/打开项目”命令，在打开的对话框中选择“魅力祖国”项目文件，然后单击 打开(O) 按钮打开该文件，如图 2-11 所示。

（2）在“项目”面板的“黄山.jpg”素材上单击鼠标右键，在弹出的快捷菜单中选择“插入”命令，即可将“黄山.jpg”素材添加到“时间线”面板中，如图 2-12 所示。

图 2-11　打开项目文件

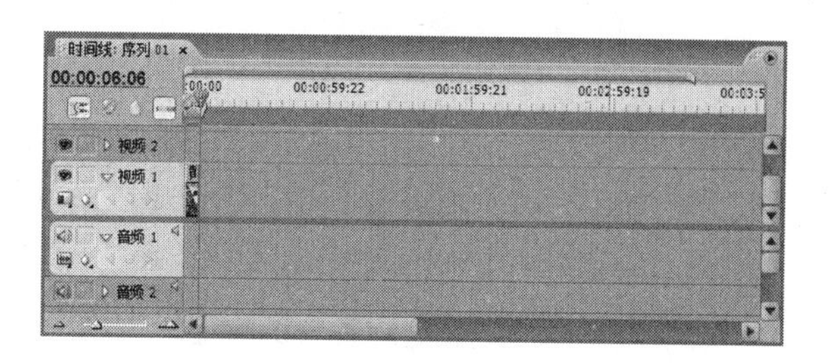


图 2-12　通过快捷命令插入素材

（3）在“项目”面板中选择“音频 1.wma”素材，然后按住鼠标左键不放，将其拖动到“时间线”面板中的“音频 5”轨道上，如图 2-13 所示。

（4）在“项目”面板中选择“阿尔山.jpg”素材，然后选择“素材/插入”命令，即可将素材插入到“时间线”面板，如图 2-14 所示。

（5）利用相同的方法将“项目”面板中的其余素材添加到“时间线”面板中。

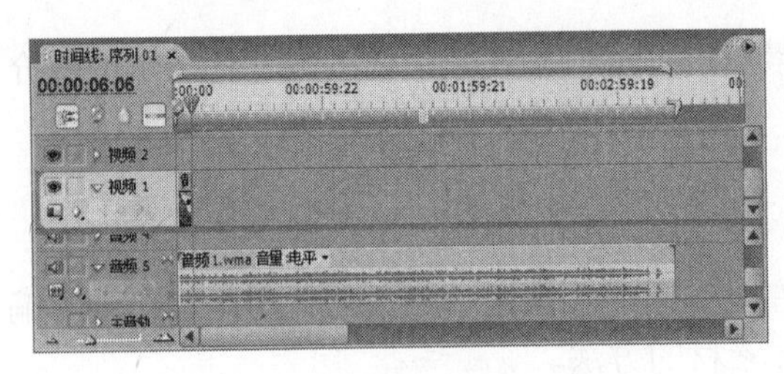

图 2-13　通过拖动鼠标插入素材

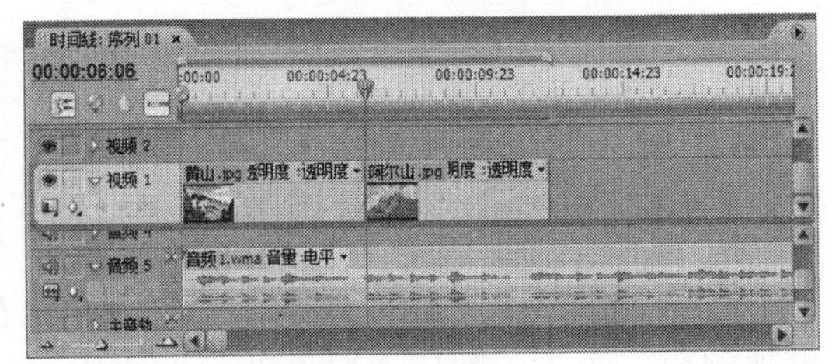

图 2-14　通过菜单命令插入素材

**提示：**

通过快捷菜单或菜单命令的方式将素材插入到“时间线”面板中，插入的素材会在时间标记滑块的后方显示。

## 2.2.2　更改素材

当将视频所需要的素材导入到“时间线”面板中后，即可在“监视器”面板中查看素材效果，然后对其进行修改。

**【例 2-4】**　修改“魅力祖国”项目文件中的图像素材，使其大小适合“监视器”面板，然后调整音频素材的长度，使其与图片素材长度相等。

操作步骤如下：

（1）选择“文件/打开项目”命令，在打开的对话框中选择“魅力祖国.prproj”项目文件，然后单击 打开(O) 按钮，打开该项目文件，其“时间线”面板效果如图 2-15 所示。

（2）将时间线滑块移动到第一张图片素材上，在“监视器”面板中即可看到图片的预览效果，如图 2-16 所示。

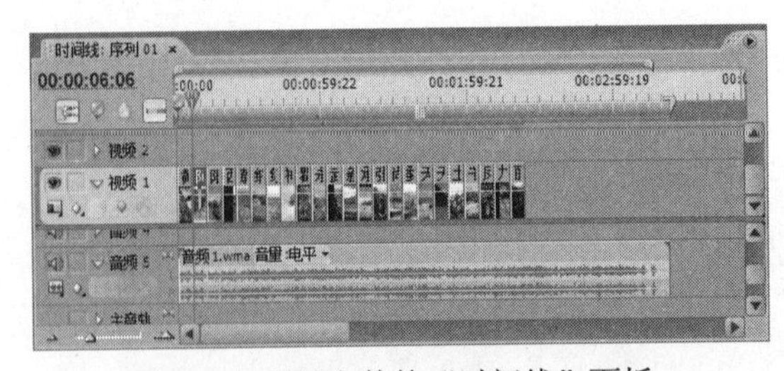

图 2-15　项目文件的“时间线”面板

图 2-16　“监视器”面板预览素材

（3）通过观察发现，原图片素材的大小明显大于“监视器”面板的大小，因此需要对图片进行调整，这里选择“效果控制”面板，在其中展开“运动”文件夹，如图 2-17 所示。

（4）在“比例”选项上按住鼠标向左拖动，调整素材的显示比例，直到其大小与“监视器”面板相同为止，效果如图 3-18 所示。

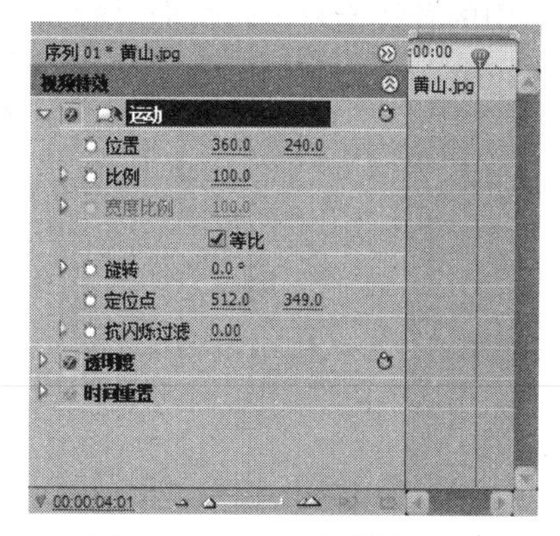


图 2-17　“效果控制”面板

图 2-18　调整比例后的素材

（5）将时间线滑块移动到第二张图片素材上，在“监视器”面板中观看图片的预览效果，如图 2-19 所示。

（6）在“监视器”面板中单击素材，此时图像素材的四周会出现控制点，拖动控制点也可以调整素材的显示比例，如图 2-20 所示。

图 2-19　图像素材

图 2-20　利用控制点调整素材

（7）利用上述讲解的两种方法，调整所有图像素材的大小。

（8）在“时间线”面板中选择“音频 1.mpg”素材，然后将鼠标指针移动到音频素材的结束处，当指针变为![]形状时，向左拖动调整音频素材长度，当其与图片素材的长度相等时释放鼠标即可，如图 2-21 所示。

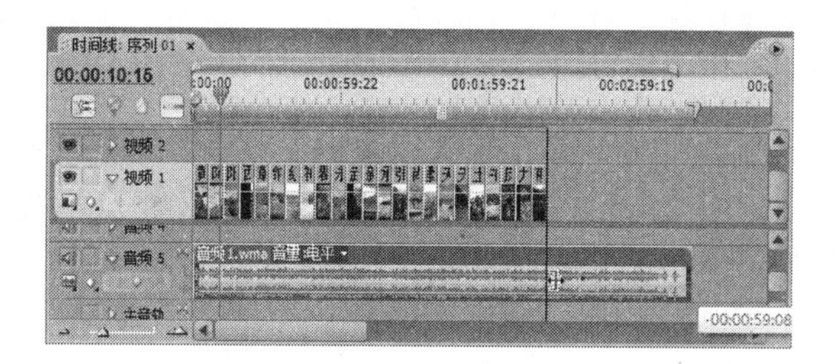


图 2-21　调整音频素材长度

## 2.2.3 应用举例——编辑“百花集”项目文件的素材

使用本节所介绍的知识，编辑制作“百花集”视频中的各类素材，包括向“时间线”面板添加素材和更改素材的大小与长度等，完成后的“时间线”面板最终效果如图 2-22 所示。

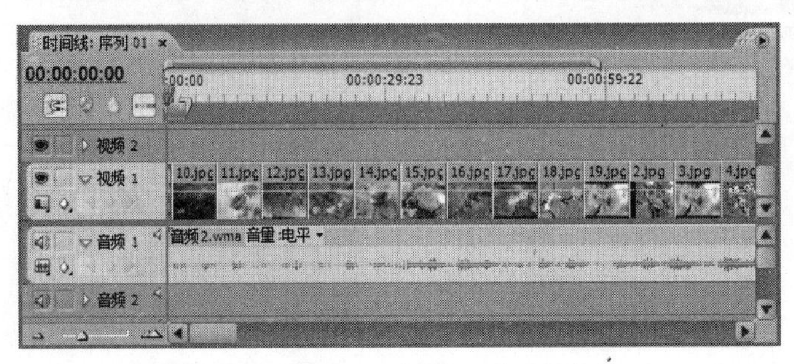


图 2-22　编辑“百花集”项目的素材

操作步骤如下：

（1）选择“文件/打开项目”命令，打开“百花集.prproj”项目文件的“项目“面板，如图 2-23 所示。

（2）在“项目”面板中展开“百花集”文件夹，将其中的素材拖动到“时间线”面板中，如图 2-24 所示。

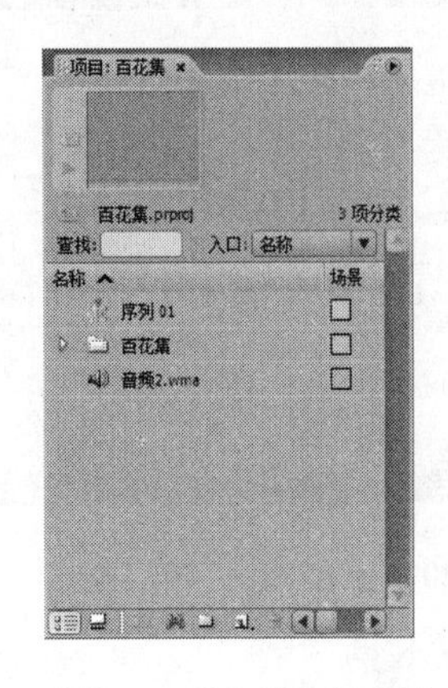


图 2-23　“项目”面板

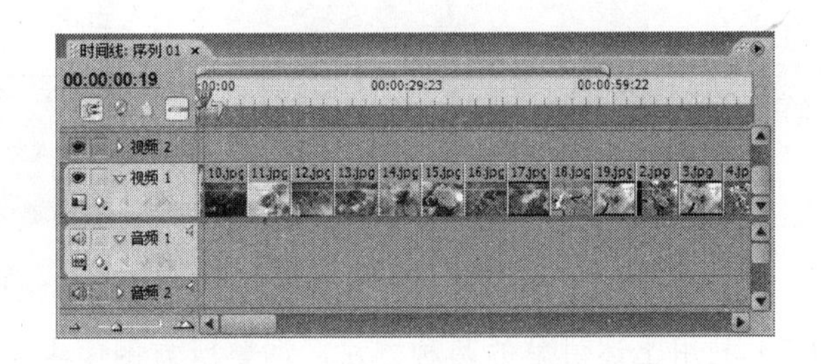


图 2-24　向“时间线”面板添加图片素材

（3）将时间标记滑块移动到“时间线”面板的最左侧，然后在“项目”面板的“音频 2.mpg”素材上单击鼠标右键，在弹出的快捷菜单中选择“插入”命令，如图 2-25 所示。

（4）此时，选择的音频素材将插入到“时间线”面板的“音频 1”轨道上，如图 2-26 所示。

（5）在“监视器”面板中预览图片效果，发现一些图片大于“时间线”面板，在“效果控制”面板中展开“运动”文件夹，在其中将“比例”设置为 80%，如图 2-27 所示。

（6）设置比例前后的效果对比如图 2-28 所示。

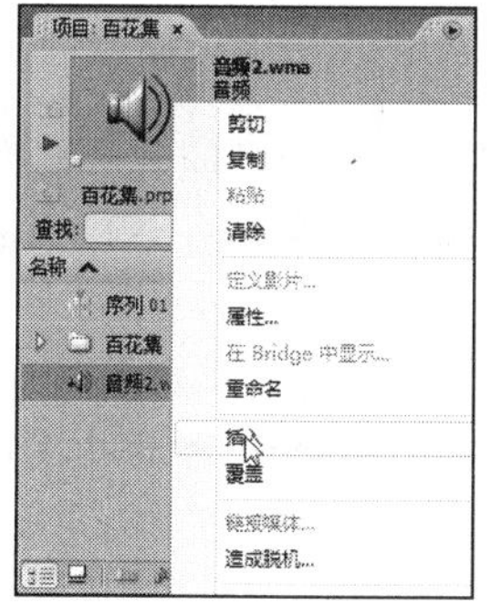


图 2-25　选择“插入”命令

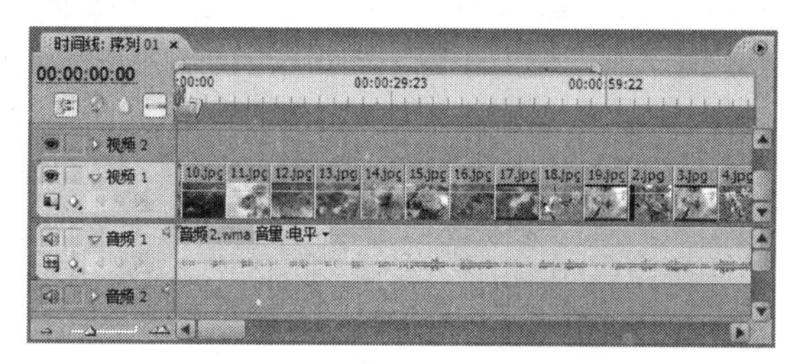


图 2-26　添加音频素材

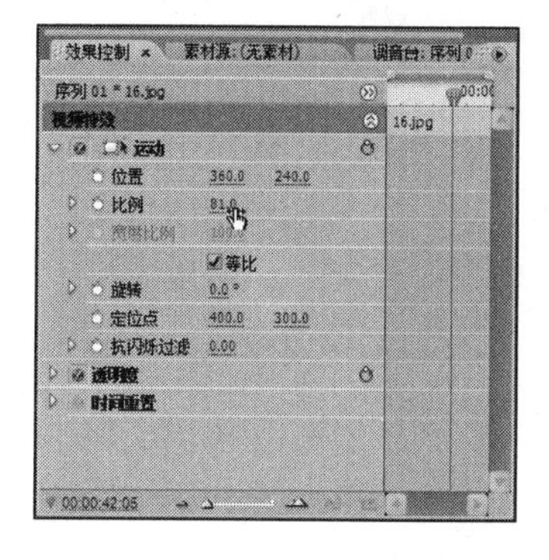


图 2-27　设置比例

图 2-28　调整前后的对比效果

（7）选择“时间线”面板中的音频，然后将鼠标指针移动到音频素材的结束处，当指针变为形状时，向左拖动调整音频素材长度，当其与图片素材的长度相等时释放鼠标，如图 2-29 所示。

（8）按 Ctrl+S 键保存项目文件。

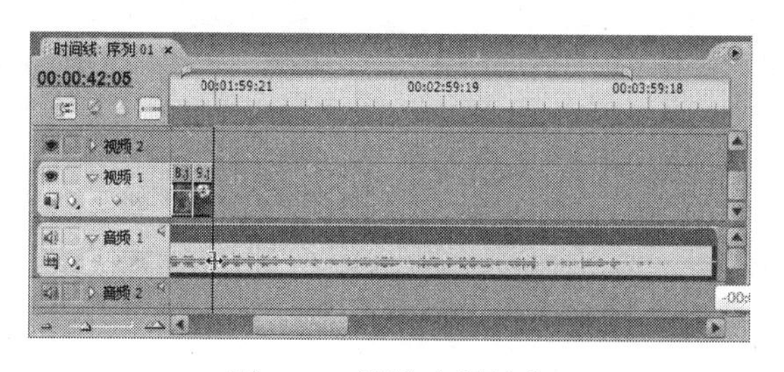


图 2-29　调整音频长度

## 2.3　添加特殊效果

在编辑素材时，可以为素材添加各种特殊效果来美化视频，使其画面更加流畅，丰富多彩。下面将简要介绍为视频素材添加各种特殊效果的操作，包括添加切换效果、添加视频特效效果、添加音频效果和添加字幕等。

### 2.3.1 添加切换效果

在素材上添加视频切换效果，可以使素材在播放时转场更加流畅，画面更加自然。

【例 2-5】 为“魅力祖国.prproj”项目文件中的图片素材添加切换效果，并观看添加切换后的效果。

（1）打开“魅力祖国.prproj”项目文件，在左侧“效果”面板中展开“视频切换效果”文件夹，在其中将“窗帘”转场效果拖动到“黄山.jpg”和“阿尔山.jpg”素材之间，然后将时间线滑块移动到“黄山.jpg”素材上，在“监视器”面板中单击“播放”按钮▶观看效果，如图 2-30 所示。

图 2-30 添加“窗帘”切换效果

（2）在“阿尔山.jpg”和“阳朔.jpg”素材之间添加“3D 运动”文件夹下的“旋转离开”切换效果，然后在“监视器”面板中单击“播放”按钮▶观看效果，如图 2-31 所示。

图 2-31 添加“旋转离开”切换效果

（3）在“阳朔.jpg”和“西塘.jpg”素材之间添加“Map”文件夹下的“亮度映射”切换效果，然后在“监视器”面板中单击“播放”按钮▶观看效果，如图 2-32 所示。

图 2-32 添加“亮度映射”切换效果

（4）在“西塘.jpg”和“蔚县空中草原.jpg”素材之间添加“GPU 转场切换”文件夹下的“中心卷页”切换效果，然后在“监视器”面板中单击“播放”按钮▶观看效果，如图 2-33 所示。

图 2-33　添加“中心卷页”切换效果

（5）在“蔚县空中草原.jpg”和“纳木错.jpg”素材之间添加“GPU 转场切换”文件夹下的“球状”切换效果，然后在“监视器”面板中单击“播放”按钮▶观看效果，如图 2-34 所示。

图 2-34　添加“球状”切换效果

（6）在“纳木错.jpg”和“红海滩.jpg”素材之间添加“划像”文件夹下的“星形划像”切换效果，然后在“监视器”面板中单击“播放”按钮▶观看效果，如图 2-35 所示。

图 2-35　添加“星形划像”切换效果

（7）在“红海滩.jpg”和“神龙架.jpg”素材之间添加“卷页”文件夹下的“翻转卷页”切换效果，然后在“监视器”面板中单击“播放”按钮▶观看效果，如图 2-36 所示。

图 2-36　添加“翻转卷页”切换效果

（8）在“神龙架.jpg”和“瞿塘峡枫叶.jpg”素材之间添加“叠化”文件夹下的“随机反转”切换效果，然后在“监视器”面板中单击“播放”按钮▶观看效果，如图 2-37 所示。

图 2-37　添加“随机反转”切换效果

（9）在“瞿塘峡枫叶.jpg”和“永定土楼.jpg”素材之间添加“擦除”文件夹下的“划格擦除”切换效果，然后在“监视器”面板中单击“播放”按钮▶观看效果，如图 2-38 所示。

图 2-38　添加“划格擦除”切换效果

（10）在“永定土楼.jpg”和“武夷山.jpg”素材之间添加“擦除”文件夹下的“涂料飞溅”切换效果，然后在“监视器”面板中单击“播放”按钮▶观看效果，如图 2-39 所示。

（11）在“武夷山.jpg”和“新都桥.jpg”素材之间添加“擦除”文件夹下的“渐变擦除”切换效果，此时将打开“渐变擦除设置”对话框，在其中按照如图 2-40 所示进行设置，完成后单击 确定 按钮，然后在“监视器”面板中单击“播放”按钮▶观看效果，如图 2-41 所示。

图 2-39　添加“涂料飞溅”切换效果

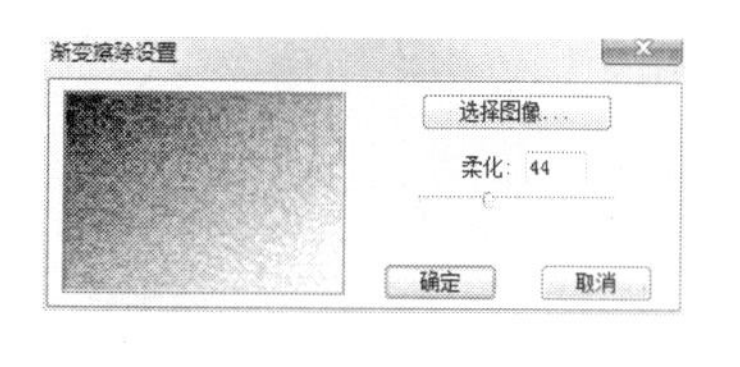


图 2-40　“渐变擦除设置”对话框

图 2-41　添加“渐变擦除”切换效果

（12）在“新都桥.jpg”和“承德坝上草原.jpg”素材之间添加“擦除”文件夹下的“纸风车”切换效果，然后在“监视器”面板中单击“播放”按钮▶观看效果，如图 2-42 所示。

图 2-42　添加“纸风车”切换效果

（13）在“承德坝上草原.jpg”和“张家界.jpg”素材之间添加“滑动”文件夹下的“多重旋转”切换效果，然后在“监视器”面板中单击“播放”按钮▶观看效果，如图 2-43 所示。

图 2-43　添加“多重旋转”切换效果

（14）在“张家界.jpg”和“尚湖.jpg”素材之间添加“滑动”文件夹下的“漩涡”切换效果，然后在“监视器”面板中单击“播放”按钮▶观看效果，如图 2-44 所示。

图 2-44　添加“漩涡”切换效果

（15）在“尚湖.jpg”和“婺源.jpg”素材之间添加“特殊效果”文件夹下的“三次元”切换效果，然后在“监视器”面板中单击“播放”按钮▶观看效果，如图 2-45 所示。

图 2-45　添加“三次元”切换效果

（16）在“婺源.jpg”和“天涯海角.jpg”素材之间添加“缩放”文件夹下的“缩放”切换效果，然后在“监视器”面板中单击“播放”按钮▶观看效果，如图 2-46 所示。

图 2-46　添加“缩放”切换效果

（17）利用相同的方法为其他素材间添加切换效果，完成后按 Ctrl+S 键保存项目文件即可。

## 2.3.2　添加视频特效效果

为视频素材添加切换效果后，还可以为素材添加特效效果，使视频的画面更加生动。

【例 2-6】 为“魅力祖国.prproj”项目文件中的图片素材添加特殊效果，并观看添加特

效后的效果。

（1）打开“魅力祖国.prproj”项目文件，在左侧“效果”面板中展开“视频特效”文件夹，在其中将“GPU 特效”文件夹下的“波纹”特效效果拖动到“黄山.jpg”素材上，然后在“监视器”面板中单击“播放”按钮▶观看效果，如图 2-47 所示。

**提示：**

由于本章是快速制作视频，因此，在添加特效和转场效果时都采用默认参数，具体参数设置可参见后面相关章节。

图 2-47　添加“波纹”特效效果

（2）将“变换”文件夹下的“水平翻转”特效效果拖动到“阿尔山.jpg”素材上，然后在“监视器”面板中单击“播放”按钮▶观看效果，如图 2-48 所示。

图 2-48　添加“水平翻转”特效效果

（3）将“噪波&颗粒”文件夹下的“噪波 Alpha”特效效果拖动到“阳朔.jpg”素材上，然后在“监视器”面板中单击“播放”按钮▶观看效果，如图 2-49 所示。

图 2-49　添加“噪波 Alpha”特效效果

（4）将“图像控制”文件夹下的“黑&白”特效效果拖动到“西塘.jpg”素材上，然后在“监视器”面板中单击“播放”按钮▶观看效果，如图2-50所示。

图2-50　添加“黑&白”特效效果

（5）将“实用”文件夹下的“电影转换”特效效果拖动到“蔚县空中草原.jpg”素材上，然后在“监视器”面板中单击“播放”按钮▶观看效果，如图2-51所示。

图2-51　添加“电影转换”特效效果

（6）将“扭曲”文件夹下的“扭曲”特效效果拖动到“纳木错.jpg”素材上，然后在“监视器”面板中单击“播放”按钮▶观看效果，如图2-52所示。

图2-52　添加“扭曲”特效效果

（7）将“时间”文件夹下的“拖尾”特效效果拖动到“红海滩.jpg”素材上，然后在“监视器”面板中单击“播放”按钮▶观看效果，如图 2-53 所示。

图 2-53　添加“拖尾”特效效果

（8）将“模糊&锐化”文件夹下的“混合模糊”特效效果拖动到“神龙架.jpg”素材上，然后在“监视器”面板中单击“播放”按钮▶观看效果，如图 2-54 所示。

图 2-54　添加“混合模糊”特效效果

（9）将“渲染”文件夹下的“椭圆”特效效果拖动到“神龙架.jpg”素材上，然后在“监视器”面板中单击“播放”按钮▶观看效果，如图 2-55 所示。

图 2-55　添加“椭圆”特效效果

（10）将“生成”文件夹下的“4 色渐变”特效效果拖动到“永定土楼.jpg”素材上，然后在“监视器”面板中单击“播放”按钮▶观看效果，如图 2-56 所示。

图 2-56　添加“4 色渐变”特效效果

（11）将“生成”文件夹下的“栅格”特效效果拖动到“武夷山.jpg”素材上，然后在“监视器”面板中单击“播放”按钮▶观看效果，如图 2-57 所示。

 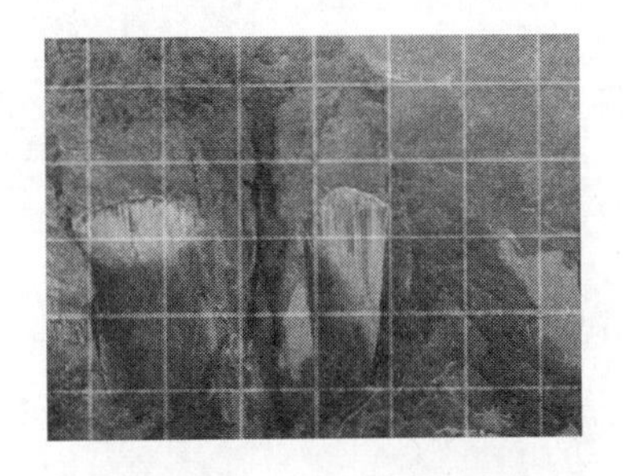

图 2-57　添加“栅格”特效效果

（12）将“色彩校正”文件夹下的“色彩均化”特效效果拖动到“新都桥.jpg”素材上，然后在“监视器”面板中单击“播放”按钮▶观看效果，如图 2-58 所示。

图 2-58　添加“色彩均化”特效效果

（13）将“调节”文件夹下的“调色”特效效果拖动到“承德坝上草原.jpg”素材上，然后在“监视器”面板中单击“播放”按钮▶观看效果，如图 2-59 所示。

图 2-59　添加“调色”特效效果

（14）将“过渡”文件夹下的“百叶窗”特效效果拖动到“张家界.jpg”素材上，然后在“监视器”面板中单击“播放”按钮▶观看效果，如图 2-60 所示。

图 2-60　添加“百叶窗”特效效果

（15）将“透视”文件夹下的“基本 3D”特效效果拖动到“尚湖.jpg”素材上，然后在“监视器”面板中单击“播放”按钮▶观看效果，如图 2-61 所示。

图 2-61　添加“基本 3D”特效效果

（16）将“通道”文件夹下的“设置蒙版”特效效果拖动到“婺源.jpg”素材上，然后在“监视器”面板中单击“播放”按钮▶观看效果，如图 2-62 所示。

图 2-62　添加“设置蒙版”特效效果

（17）利用相同的方法为其他素材添加视频特效效果，完成后按 Ctrl+S 键保存项目文件即可。

### 2.3.3　编辑音频

在编辑视频时，不仅可以对视频的画面进行美化操作，还可以对视频的音频进行编辑，从而丰富制作的视频。

【例 2-7】 对“魅力祖国.prproj”项目文件中的音频素材进行编辑，然后试听效果。

（1）在“监视器”面板中单击“跳转到入点”按钮，将时间标记移动到视频入点处。

（2）在“音频 5”轨道左侧单击“添加关键帧”按钮，在入点处添加一个关键帧，如图 2-63 所示。

（3）在“时间线”面板的左上角的时间上单击，输入 00:00:05:00，然后按 Enter 键确认将时间标记移动到 5 秒处，单击“添加关键帧”按钮，在入点处添加一个关键帧，如图 2-64 所示。

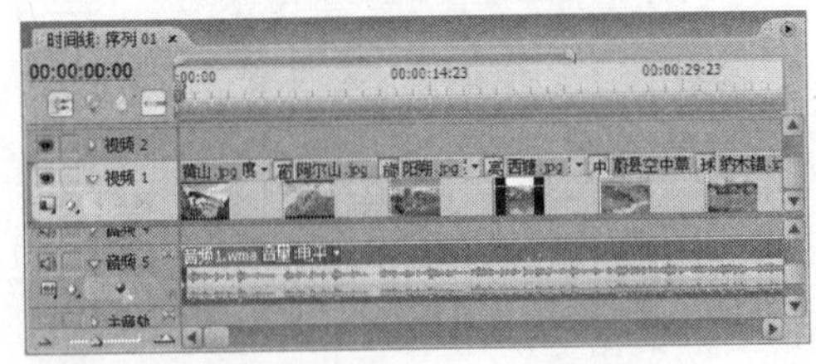


图 2-63 添加第 1 个关键帧

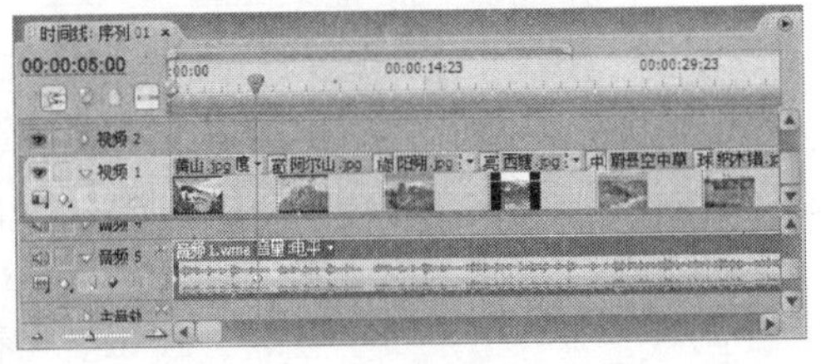


图 2-64 添加第 2 个关键帧

（4）在“时间线”面板的左上角的时间上单击，输入 00:02:17:00，然后按 Enter 键确认将时间标记移动到 2 分 17 秒处，单击“添加关键帧”按钮，在入点处添加一个关键帧，如图 2-65 所示。

（5）在“监视器”面板中单击“跳转到出点”按钮，将时间标记移动到视频的出点处。单击“添加关键帧”按钮，在出点处添加一个关键帧，如图 2-66 所示。

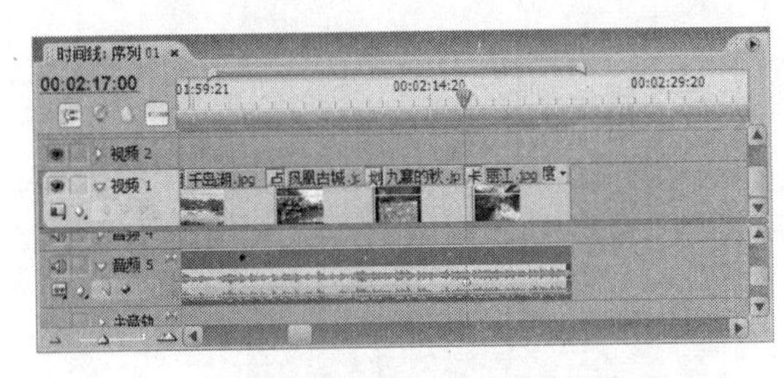


图 2-65 添加第 3 个关键帧

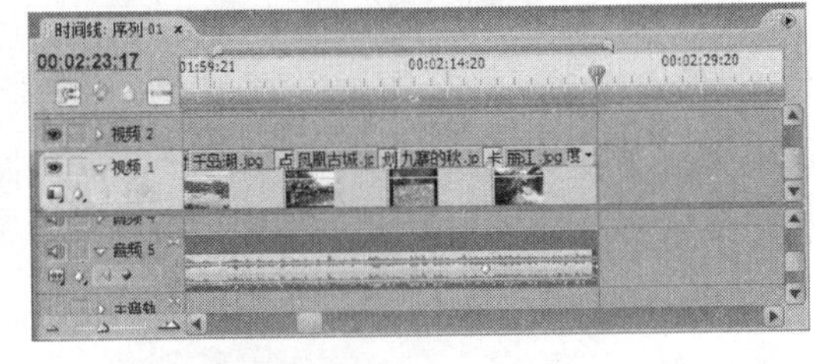


图 2-66 添加第 4 个关键帧

（6）将鼠标指针移动到第 1 个关键帧上，按住鼠标左键不放向下拖动，设置音频的淡入效果，如图 2-67 所示。

（7）将鼠标指针移动到最后 1 个关键帧上，按住鼠标左键不放向下拖动，设置音频的淡出效果，如图 2-68 所示。

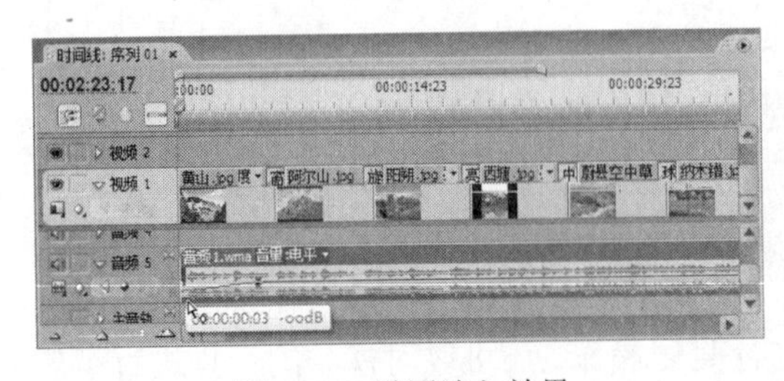


图 2-67 设置淡入效果

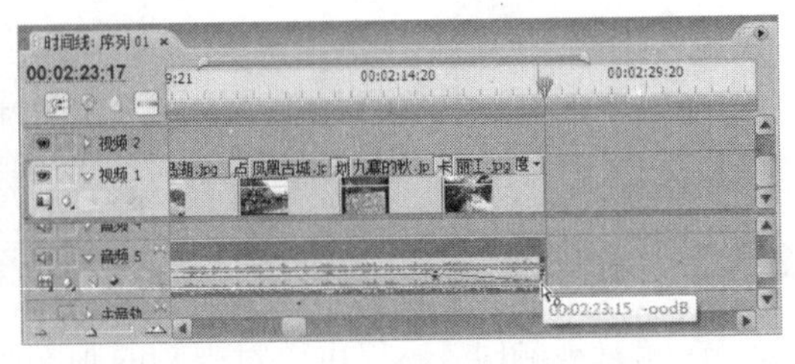


图 2-68 设置淡出效果

（8）在左下角的“效果”面板中展开“音频特效”中的“立体声”文件夹，将“多重延迟”音频特效拖动到音频上，如图 2-69 所示。

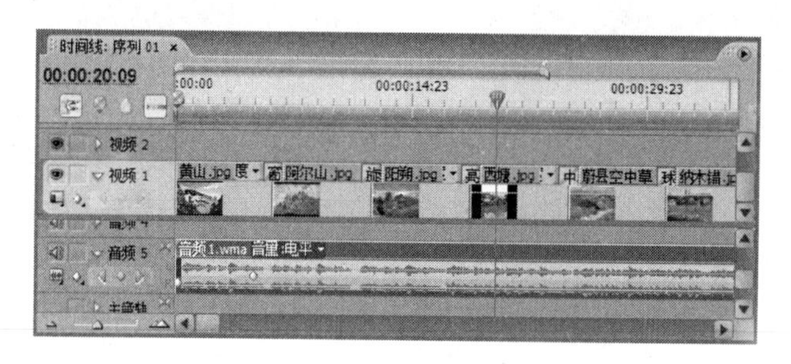


图 2-69　添加“多重延迟”音频特效

## 2.3.4　添加字幕效果

除了可以为视频添加图像效果和音频效果外，还可以通过添加字幕效果来丰富视频的画面，使其更加丰富多彩。

**【例 2-8】** 为“魅力祖国.prproj”项目文件添加字幕效果，然后观看效果（立体化教学:\源文件\第 2 章\魅力祖国.prproj）。

（1）在“项目”面板中创建一个“黑场视频”项目，然后将其拖动到“视频 2”轨道上，在工具箱中选择轨道选择工具[⇢]，选择“视频 1”轨道上的素材，整体向右移动，效果如图 2-70 所示。

（2）选择“字幕/新建字幕/新建静态字幕”命令，打开“新建字幕”对话框，在其中输入“魅力祖国”，单击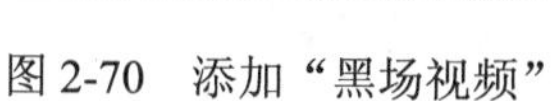按钮，如图 2-71 所示。

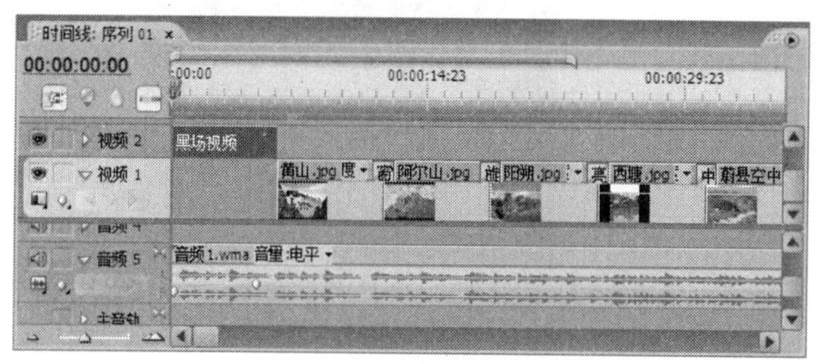


图 2-70　添加“黑场视频”

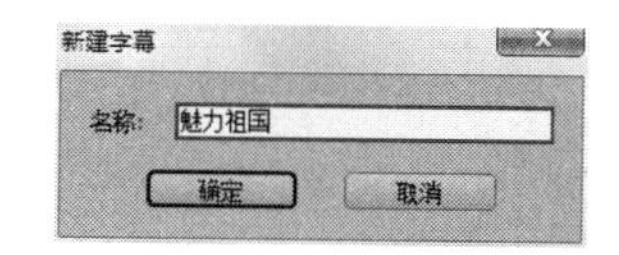


图 2-71　“新建字幕”对话框

（3）在打开的“字幕”面板中选择文字工具T，然后在字幕工作区中输入“魅力祖国”文本，如图 2-72 所示。

（4）设置“字幕样式”为汉仪菱心斜体，其他设置如图 2-73 所示。

（5）设置完成后单击“字幕”面板右上角的关闭按钮，关闭“字幕”面板，系统将自动保存新建的字幕到“项目”面板中。

（6）在“项目”面板中将字幕拖动至“时间线”面板的“视频 3”轨道上，“时间线”面板效果如图 2-74 所示，在“监视器”面板中查看效果，如图 2-75 所示。

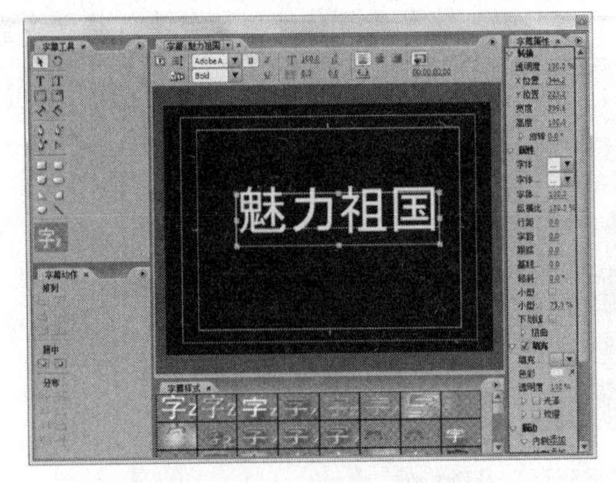

图 2-72　“字幕“面板

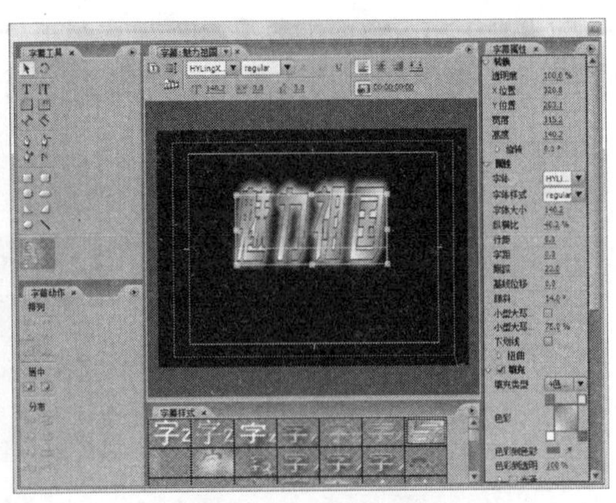

图 2-73　设置字幕属性

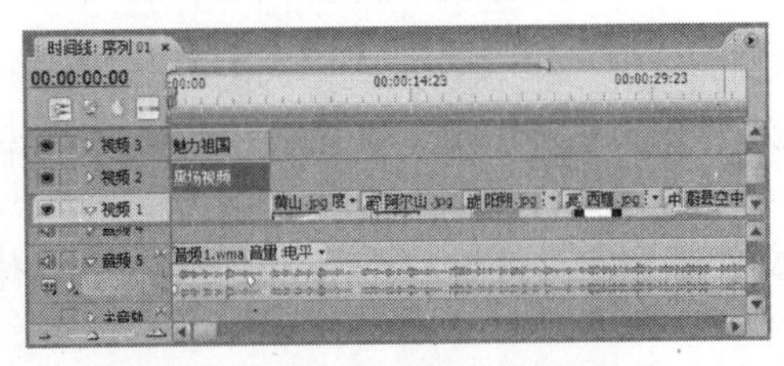

图 2-74　添加字幕到视频轨道中

图 2-75　字幕效果

（7）在“效果”面板中展开“视频特效”文件夹下的“风格化”文件夹，将其中的“彩色浮雕”效果拖动到“时间线”面板中的字幕上，然后在“效果控制”面板中设置参数如图 2-76 所示，在“监视器”面板中查看效果，如图 2-77 所示。

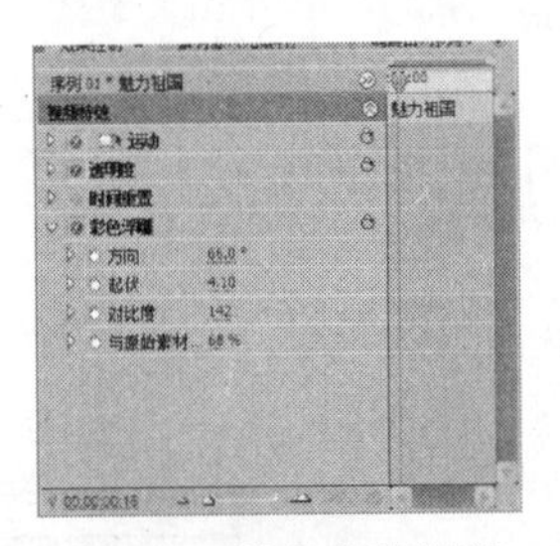

图 2-76　效果参数设置

图 2-77　“彩色浮雕”效果

（8）在“效果”面板中将“闪光灯”效果拖动到“时间线”面板中的字幕上，然后在“效果控制”面板中设置参数如图 2-78 所示，在“监视器”面板中查看，效果如图 2-79 所示。

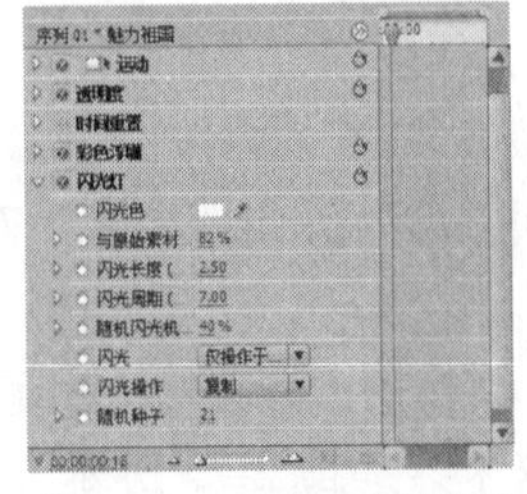

图 2-78　效果参数设置

图 2-79　“闪光灯”效果

（9）在“项目”面板中单击“新建分类”按钮，新建一个名为“底部文字”的字幕。

（10）在“字幕”面板中输入“请您欣赏”文本，如图 2-80 所示，然后如图 2-81 所示设置参数。

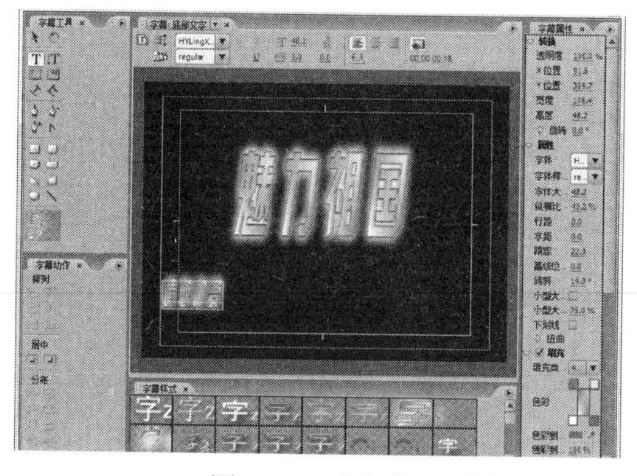

图 2-80　“字幕”面板

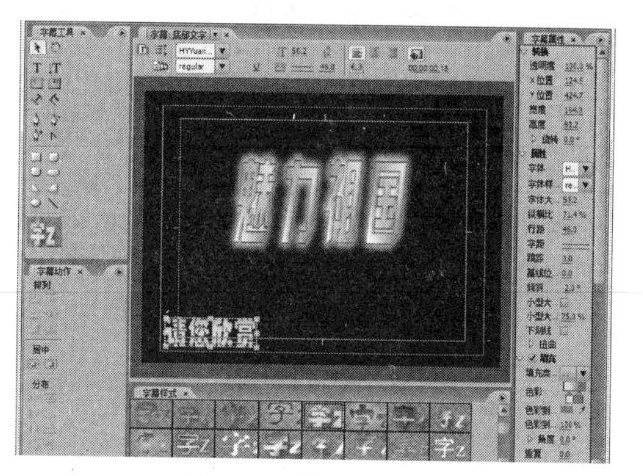

图 2-81　设置字幕属性

（11）在“项目”面板中将“底部文字”字幕添加到“时间线”面板的“视频 3”轨道上，然后将鼠标光标移动到字幕素材出点处，拖动调整字幕素材的长度，如图 2-82 所示。

（12）在“监视器”面板中播放素材，效果如图 2-83 所示。

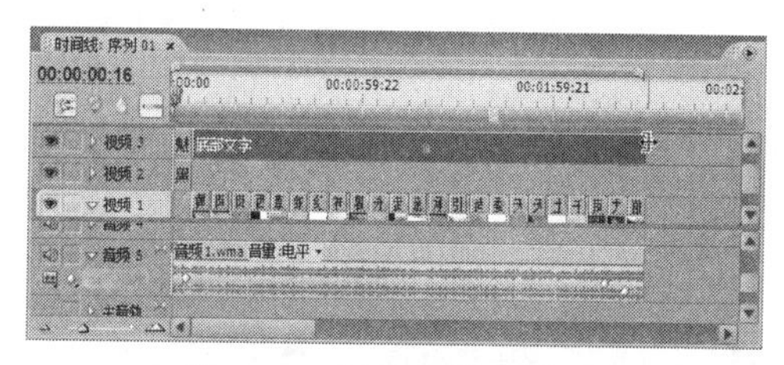

图 2-82　调整字幕素材长度

图 2-83　查看效果

（13）在“项目”面板中新建一个名为“阿尔山”的滚动字幕文件，然后在“字幕”面板中利用竖排文字工具输入“阿尔山童话”文本，如图 2-84 所示，然后如图 2-85 所示设置参数。

图 2-84　“字幕”面板

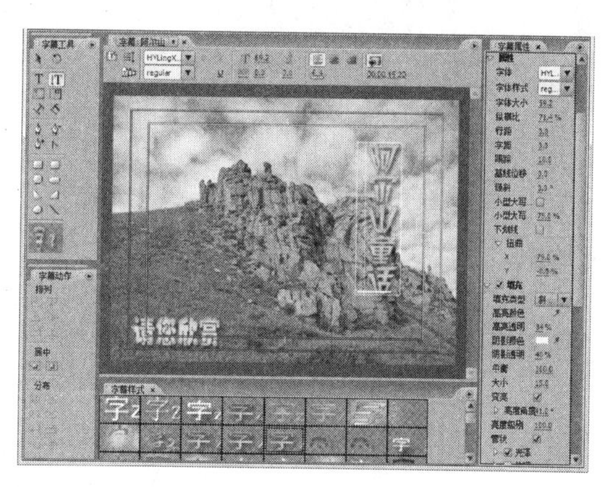

图 2-85　设置字幕属性

（14）在“字幕”面板上方单击“滚动/游动选项”按钮，打开“滚动/游动选项”对话框，参数设置如图 2-86 所示。

（15）设置完成后单击确定按钮，返回“字幕”面板，然后将其关闭，在“监视器”面板中播放素材，效果如图 2-87 所示。

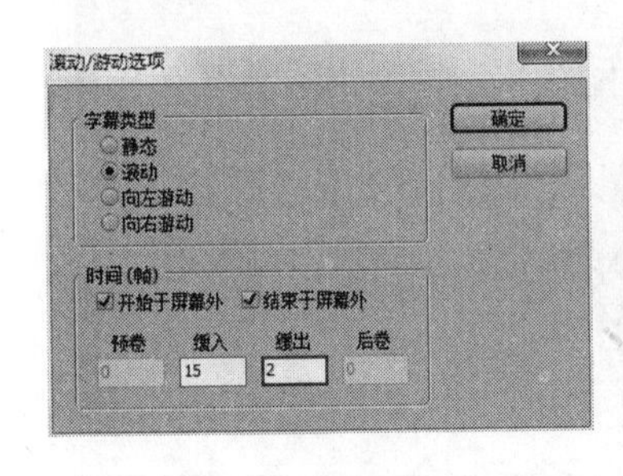

图 2-86 “滚动/游动选项”对话框

图 2-87 字幕效果

（16）在“项目”面板中新建一个名为“红海滩”的滚动字幕文件，然后在“字幕”面板中选择垂直路径输入工具，将鼠标光标移动到字幕工作区中，并在其中绘制路径，如图 2-88 所示。

（17）输入“红色浪漫，见证不朽的传奇”文本，可根据需要设置字幕参数，然后关闭“字幕”面板，将创建的字幕添加到“时间线”面板中，效果如图 2-89 所示。

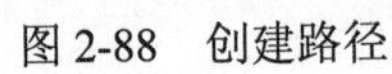
图 2-88 创建路径

图 2-89 字幕效果

（18）利用相同的方法，创建其他字幕效果，完成字幕的添加操作。

**提示：**

在创建字幕的过程中，设置不同的参数，其效果会大不相同，关于字幕的操作将在第 8 章中进行详细讲解。

### 2.3.5 应用举例——为“百花集”电子相册添加各种特效

使用本节介绍的知识，为“百花集”电子相册中的素材添加切换效果、视频特效、音频特效和字幕效果，完成后的最终效果如图 2-90 所示（立体化教学:\源文件\第 2 章\百花集.prproj）。

图 2-90　百花集

操作步骤如下：

（1）打开前面创建的“百花集”项目文件，在“效果”面板中展开“视频切换效果”文件夹，在其中将“卷页”分类夹下的“中心卷页”效果拖动到 10.jpg 和 11.jpg 中间，然后在“监视器”面板中播放，效果如图 2-91 所示。

图 2-91　添加“中心卷页”切换效果

（2）将“缩放”文件夹下的“交叉缩放”效果拖动到 11.jpg 和 12.jpg 中间，然后在“监视器”面板中播放，效果如图 2-92 所示。

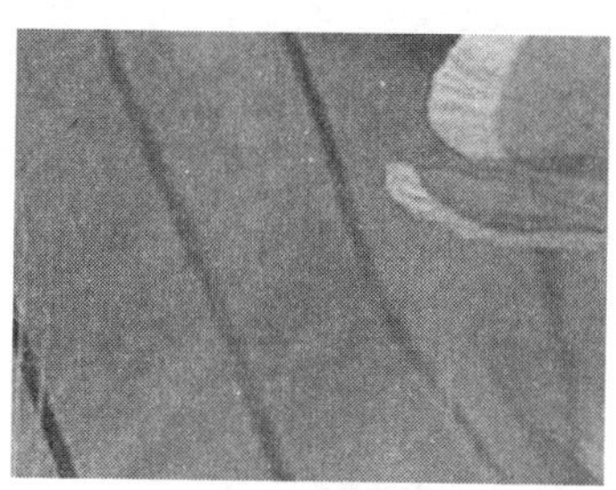

图 2-92　添加“交叉缩放”切换效果

（3）将“特殊效果”文件夹下的“纹理材质”效果拖动到 12.jpg 和 13.jpg 中间，然后在“监视器”面板中播放，效果如图 2-93 所示。

图 2-93　添加“纹理材质”切换效果

（4）将“滑动”文件夹下的“滑动条带”效果拖动到 13.jpg 和 14.jpg 中间，然后在“监视器”面板中播放，效果如图 2-94 所示。

图 2-94　添加“滑动条带”切换效果

（5）将“擦除”文件夹下的“随机擦除”效果拖动到 14.jpg 和 15.jpg 中间，然后在“监视器”面板中播放，效果如图 2-95 所示。

图 2-95　添加“随机擦除”切换效果

（6）将“拉伸”文件夹下的“交接拉伸”效果拖动到 15.jpg 和 16.jpg 中间，然后在“监视器”面板中播放，效果如图 2-96 所示。

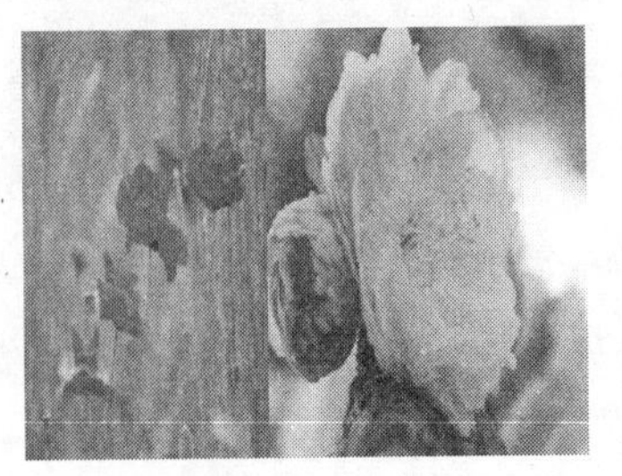

图 2-96　添加“交接拉伸”切换效果

（7）将“叠化”文件夹下的“随机反转”效果拖动到 16.jpg 和 17.jpg 中间，然后在“监视器”面板中播放，效果如图 2-97 所示。

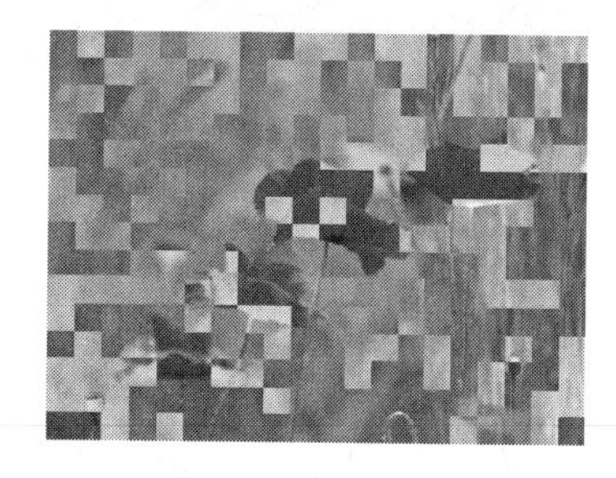

图 2-97　添加“随机反转”切换效果

（8）将“划像”文件夹下的“点交叉划像”效果拖动到 17.jpg 和 18.jpg 中间，然后在“监视器”面板中播放，效果如图 2-98 所示。

图 2-98　添加“点交叉划像”切换效果

（9）将“Map”文件夹下的“亮度映射”效果拖动到 18.jpg 和 19.jpg 中间，然后在“监视器”面板中播放，效果如图 2-99 所示。

图 2-99　添加“亮度映射”切换效果

（10）将“GPU 转场切换”文件夹下的“卡片翻转”效果拖动到 19.jpg 和 2.jpg 中间，然后在“监视器”面板中播放，效果如图 2-100 所示。

（11）将“3D 运动”文件夹下的“翻转”效果拖动到 2.jpg 和 3.jpg 中间，然后在“监视器”面板中播放，效果如图 2-101 所示。

  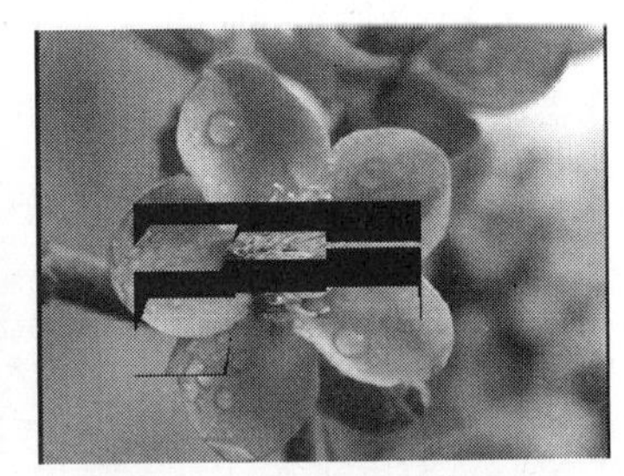

图 2-100 添加“卡片翻转”切换效果

 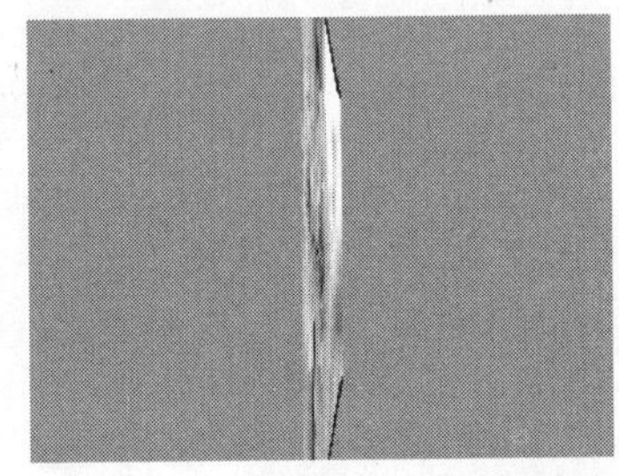 

图 2-101 添加“翻转”切换效果

（12）利用相同的方法，为其他素材之间添加不同的切换效果，完成为素材添加切换效果的操作。

（13）在“效果”面板中展开“视频特效”文件夹，在其中将“风格化”文件夹下的“彩色浮雕”效果拖动到 10.jpg 上，然后在“监视器”面板中播放，效果如图 2-102 所示。

图 2-102 添加“彩色浮雕”特效效果

（14）将“风格化”文件夹下的“海报”效果拖动到 11.jpg 上，然后在“监视器”面板中播放，效果如图 2-103 所示。

（15）将“键”文件夹下的“蓝屏键”效果拖动到 12.jpg 上，然后在“监视器”面板中播放，效果如图 2-104 所示。

（16）将“调节”文件夹下的“调色”效果拖动到 13.jpg 上，然后在“监视器”面板中播放，效果如图 2-105 所示。

图 2-103　添加“海报”特效效果

图 2-104　添加“蓝屏键”特效效果

图 2-105　添加“调色”特效效果

（17）利用相同的方法为其他素材添加视频特效，完成特效的添加操作。

（18）在“时间线”面板中选择“音频”素材，打开“调音台”面板，在“音频 1”下拉列表中选择“写入”选项，如图 2-106 所示，单击“播放”按钮，并拖动滑块调节音频的大小，如图 2-107 所示。

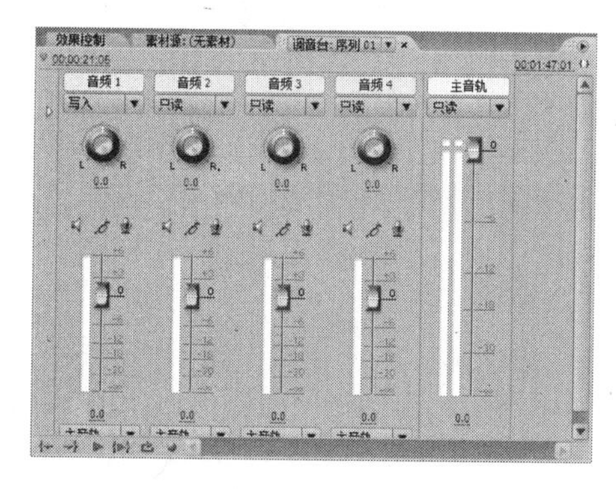


图 2-106　“调音台”面板

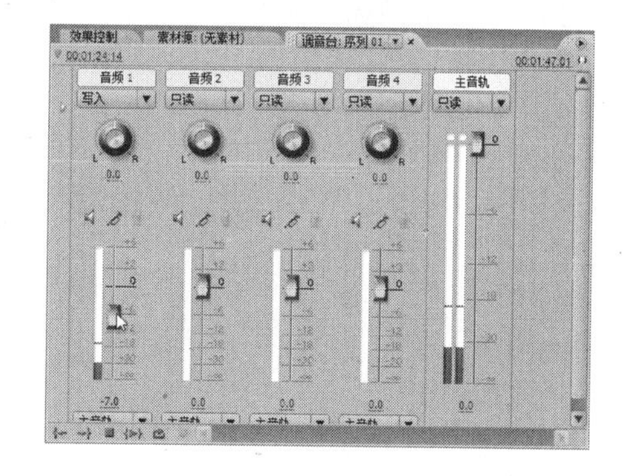


图 2-107　设置音频的大小

（19）在“时间线”面板的“音频 1”轨道上单击“显示关键帧”按钮，在弹出的快捷菜单中选择“显示轨道关键帧”命令，效果如图 2-108 所示。

（20）在“调音台”面板的“音频 2”中单击“激活录制轨道”按钮，激活录音操作，然后单击“调音台”面板底部的“录制”按钮，如图 2-109 所示。

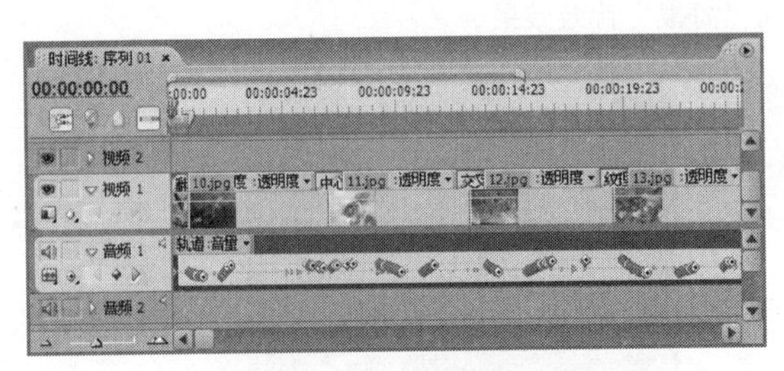

图 2-108　显示关键帧

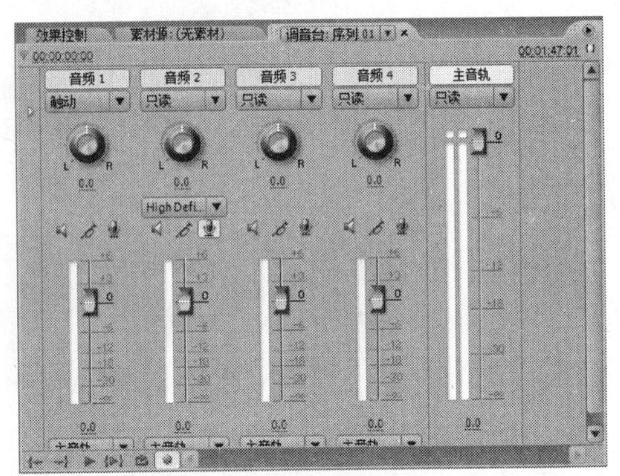

图 2-109　开始录音

（21）按空格键开始输入需要录制的音频，完成后按空格键结束录音，“时间线”面板如图 2-110 所示。

（22）利用相同的方法再录入一段音频，效果如图 2-111 所示。

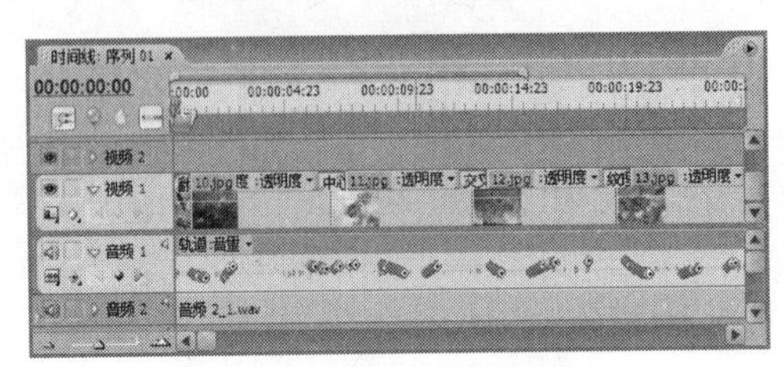

图 2-110　录制的音频

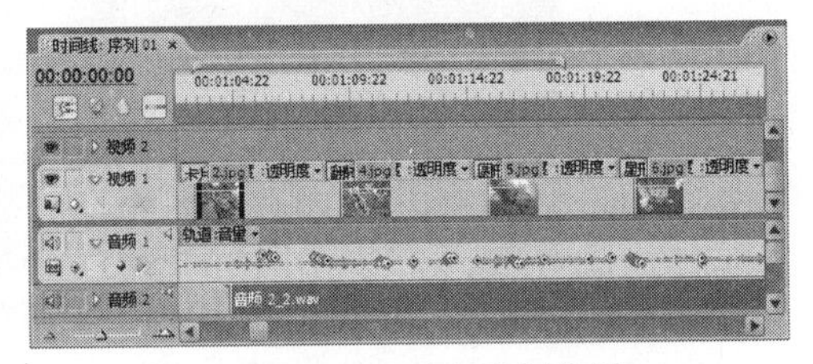

图 2-111　再次录制音频

（23）在“项目”面板中新建一个名为“文字”的字幕，打开“字幕”面板，在其中输入“百花集”文本，单击“滚动/游动选项”按钮，在打开的“滚动/游动选项”对话框中设置参数，如图 2-112 所示。

（24）单击 确定 按钮，返回“字幕”面板，其他参数设置如图 2-113 所示。

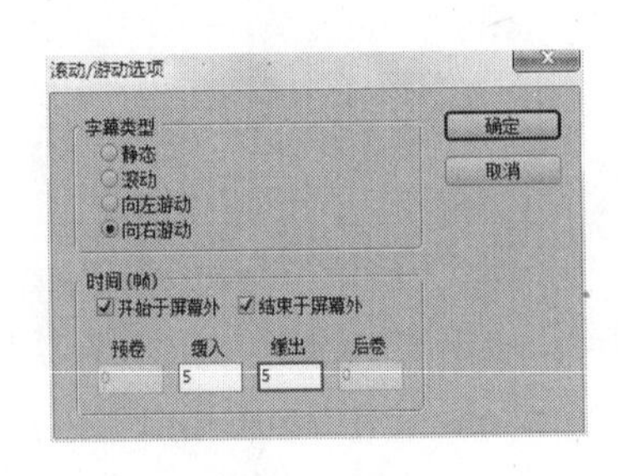


图 2-112　“滚动/游动选项”对话框

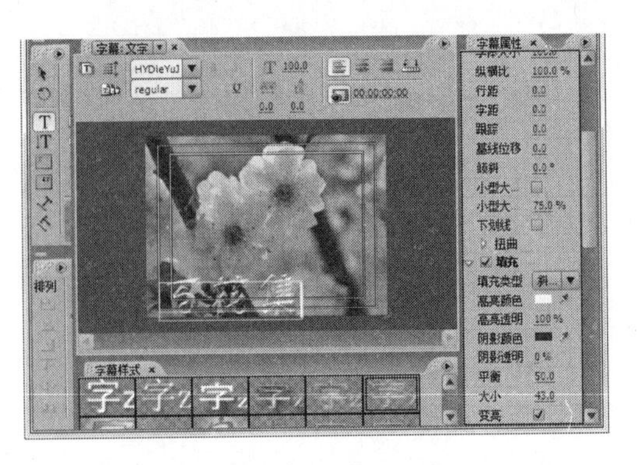

图 2-113　设置字幕

（25）单击面板右上角的“关闭”按钮，关闭“字幕”面板，然后将“项目”面板中新创建的字幕添加到“时间线”面板的“视频 2”轨道中，如图 2-114 所示。

（26）重复多次将该字幕添加到“时间线”面板的“视频 2”轨道中，使其在播放时每个素材都会出现该字幕效果。“时间线”面板效果如图 2-115 所示。

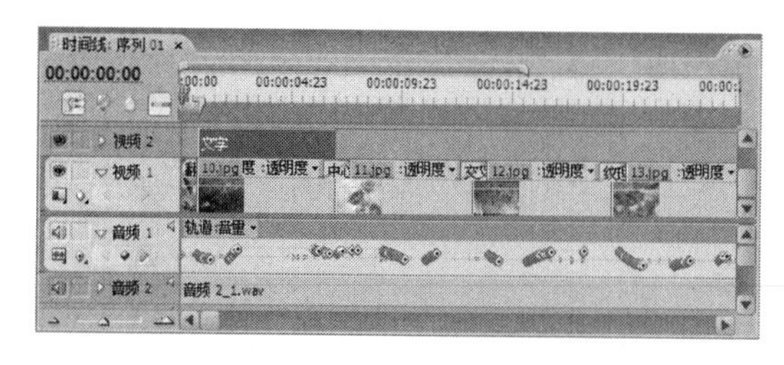


图 2-114　添加字幕效果

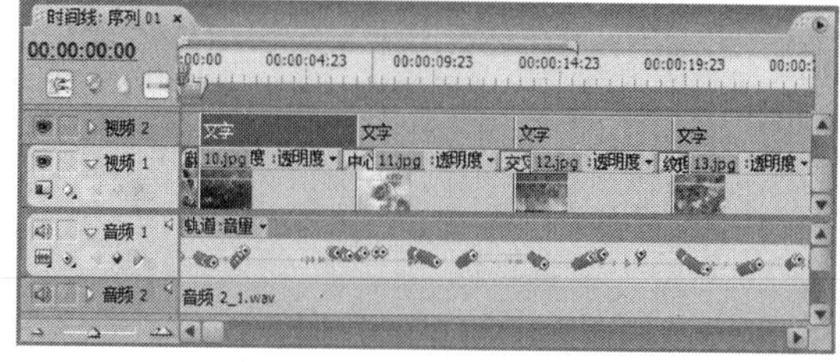


图 2-115　添加多个字幕效果

（27）单击“监视器”面板中的“播放”按钮，进行播放，效果如图 2-116 所示。

**提示：**

这里在设置字幕的样式时，只需在“字幕样式”面板中选择内置的需要的样式即可，不需要在右侧的“属性”面板中进行设置，以提高工作效率。

图 2-116　播放字幕效果

（28）按 Ctrl+S 键保存项目文件。

## 2.4　输出视频

在 Premiere Pro CS3 中进行影片预演，是视频编辑过程中对效果进行查看的主要方法，预演完成后就可以将影片输出到磁盘中进行保存或分享。

### 2.4.1　生成影片预演

对编辑的影片进行生成预演，实际上就是使用计算机的 CPU 对画面进行运算，生成预演文件，然后再播放，查看效果。生成的影片预演播放时画面平滑、无跳动或停顿，其效果与渲染输出的效果完全一致。

**【例 2-9】**　将前面编辑的“魅力祖国”项目文件进行生成预演操作。

（1）打开“魅力祖国”项目文件，在“时间线”面板中拖动滑块，确定生成影片预演的范围，效果如图 2-117 所示。

（2）选择“序列/渲染工作区”命令，系统将开始对视频进行渲染，并打开“已渲染”对话框，显示渲染进度，如图 2-118 所示。

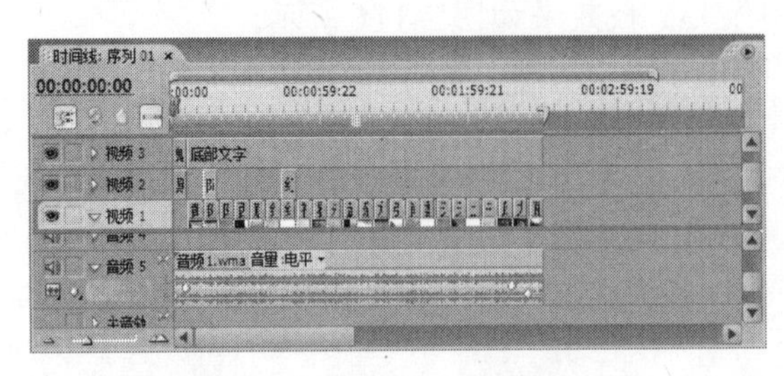

图 2-117 设置影片预演的范围

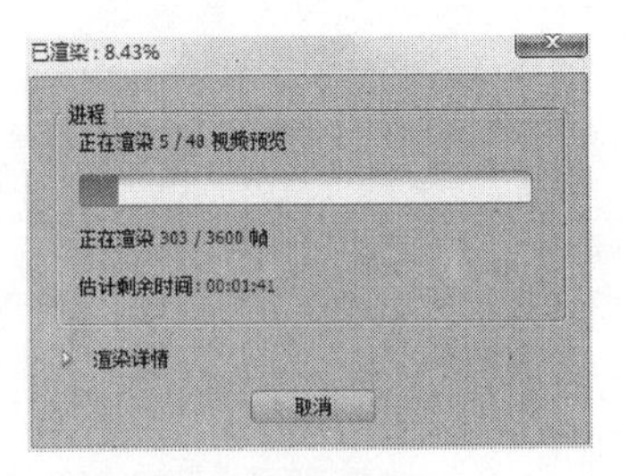

图 2-118 “已渲染”对话框

（3）渲染完成后，“时间线”面板中预演的部分将显示绿色线条，如图 2-119 所示。在“监视器”面板中播放，效果如图 2-120 所示（立体化教学:\源文件\第 2 章\魅力祖国.prproj）。

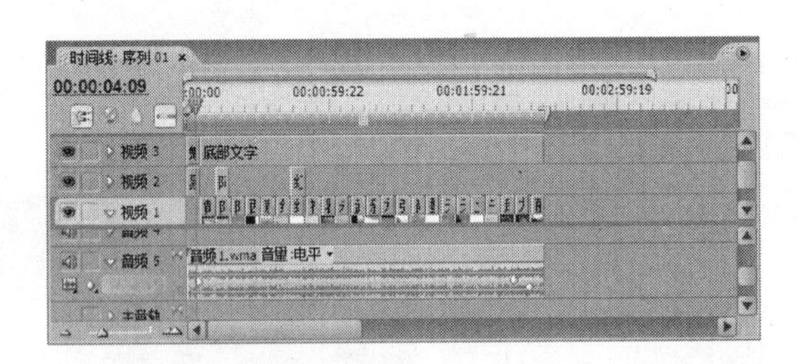

图 2-119 完成渲染

图 2-120 预演效果

**提示：**

由于渲染是通过计算机的 CPU 进行运算的操作，因此会花费较长时间。另外，应尽量关闭其他程序，节省系统资源。

## 2.4.2 输出整个影片

对视频编辑完成后，就可以将视频进行输出保存，并可用于分享。

**【例 2-10】** 将“魅力祖国”项目文件中的所有内容输出到 E 盘中，并保存为 AVI 格式的视频文件。

（1）打开“魅力祖国”项目文件，然后选择“文件/导出/影片”命令，打开“导出影片”对话框，在其中单击 设置... 对话框，打开“导出影片设置”对话框。

（2）在“文件类型”下拉列表框中选择 Microsoft AVI 选项，在“范围”下拉列表框中选择“工作区域栏”选项，如图 2-121 所示。

（3）选择左侧列表框中的“视频”选项，在右侧的“压缩”下拉列表框中选择输出采用的编码器，如图 2-122 所示。

（4）设置完成后，单击 确定 按钮返回“导出影片”对话框，在其中设置输出位置和文件名，如图 2-123 所示。

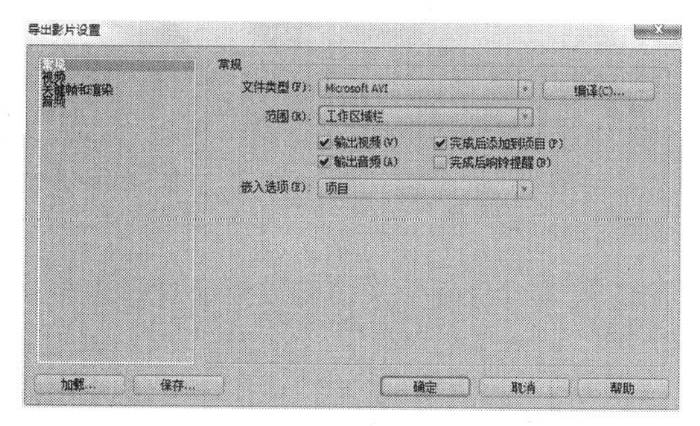


图 2-121　设置输出格式

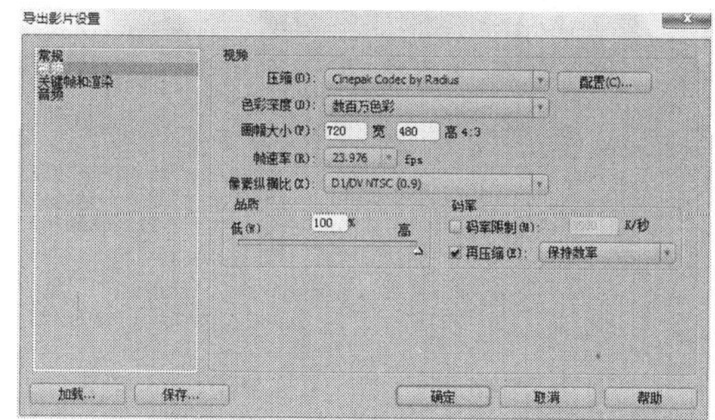


图 2-122　设置输出编码器

（5）单击 保存(S) 按钮，打开“已渲染”对话框，在其中显示了渲染进度，如图 2-124 所示，渲染完成后即可生成设置的 AVI 格式的视频文件（立体化教学:\源文件\第 2 章\魅力祖国.avi）。

图 2-123　设置保存路径和文件名

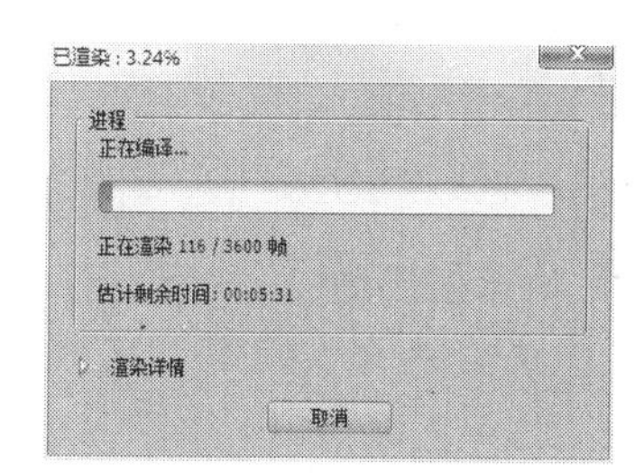


图 2-124　显示渲染进度

**提示:**

由于视频渲染时需要占用大量的 CPU 资源，因此，在对视频进行导出操作时，最好将其他不需要的程序关闭。另外，渲染会花费较长的时间，在渲染的过程中应该耐心等待。

## 2.4.3　应用举例——输出“百花集”视频文件

使用本节介绍的预演和导出视频的操作，将“百花集”项目文件输出为 AVI 格式的视频文件，效果如图 2-125 所示（立体化教学:\源文件\第 2 章\百花集.avi）。

图 2-125　百花集

操作步骤如下：

（1）打开“百花集”项目文件，然后选择“文件/导出/影片”命令，打开“导出影片”对话框，在其中单击 设置... 按钮，打开“导出影片设置”对话框。

（2）在“文件类型”下拉列表框中选择 Microsoft AVI 选项，在“范围”下拉列表框中选择“工作区域栏”选项。

（3）选择左侧列表框中的“视频”选项，在右侧的“压缩”下拉列表框中选择输出采用的编码器，如图 2-126 所示。

（4）设置完成后，单击 确定 按钮返回“导出影片”对话框，在其中设置输出位置和文件名，如图 2-127 所示。

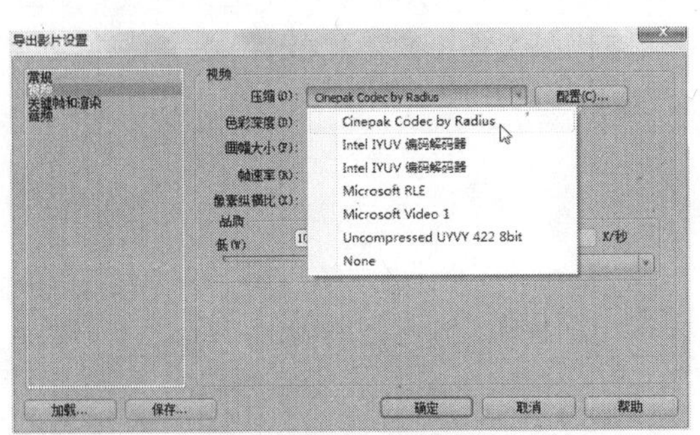
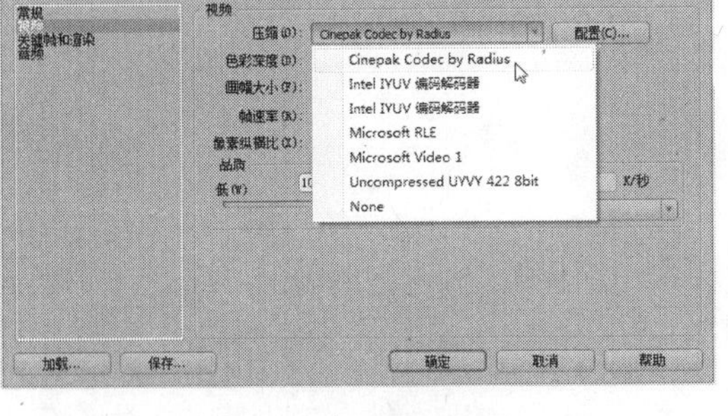


图 2-126　设置输出编码器

图 2-127　设置输出位置和文件名

（5）单击 保存(S) 按钮，打开“已渲染”对话框，在其中显示了渲染进度，渲染完成后即可生成设置的 AVI 格式的视频文件。

## 2.5　上机及项目实训

### 2.5.1　制作“海滩情缘”视频

本次实训将制作一个名为“海滩情缘”的项目文件，其最终效果如图 2-128 所示（立体化教学:\源文件\第 2 章\海滩情缘.prproj）。在该练习中，将使用到编辑素材和添加特效的相关操作。

图 2-128　“海滩情缘”视频

### 1．导入和编辑素材

使用“导入”命令导入素材并进行编辑，操作步骤如下：

（1）选择“文件/新建/项目”命令新建一个项目，并将其命名为“海滩情缘”。

（2）选择“文件/导入”命令，导入“视频 1.mpg”、“视频 2.mpg”和“视频 3.mpg”素材文件。

（3）分别将这些文件拖动到“时间线”面板的“视频 1”轨道中，如图 2-129 所示。

（4）导入音频素材“音频 1.wma”，并将其添加到音频轨道中，如图 2-130 所示。

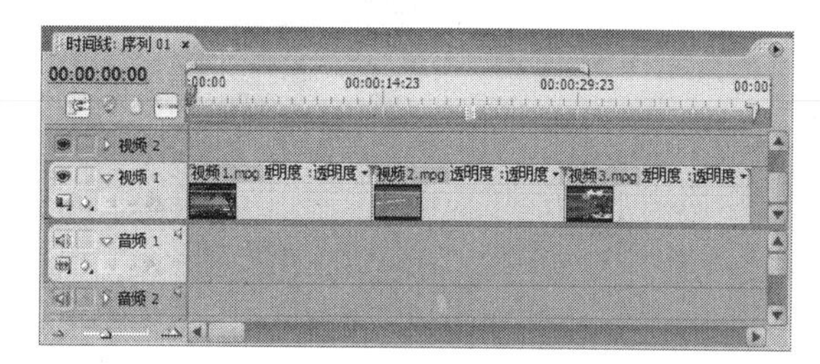


图 2-129　添加视频素材

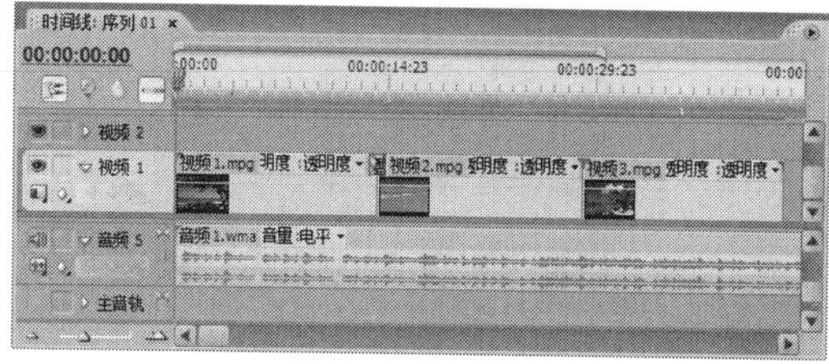


图 2-130　添加音频素材

（5）将鼠标指针移动到音频出点处，当其变为形状时向左拖动调整音频的长度，效果如图 2-131 所示。

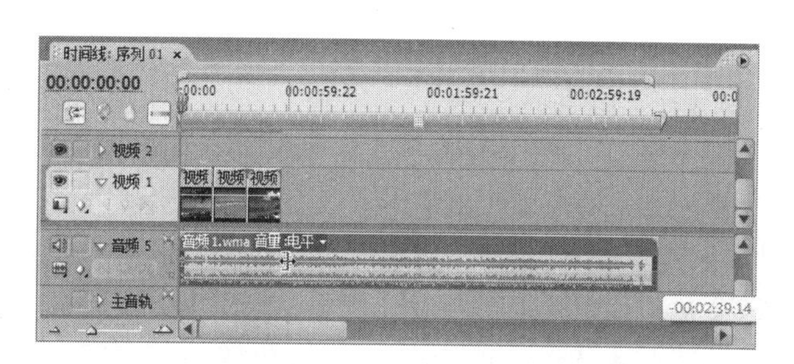


图 2-131　编辑音频素材

### 2．添加特效

在软件中为素材添加特效，操作步骤如下：

（1）将“效果”面板“视频切换效果”文件夹下的“叠化”切换效果添加到“视频 1”和“视频 2”素材中间，效果如图 2-132 所示。

图 2-132　添加“叠化”切换效果

（2）利用相同的方法为其他素材片段添加切换效果。

（3）在“效果”面板中，将“视频特效”文件夹下的“RGB 曲线”特效添加到“视频 1”素材上，其参数设置如图 2-133 所示。

（4）参数设置完成后，在右侧的“监视器”面板中即可观看到效果，如图 2-134 所示。

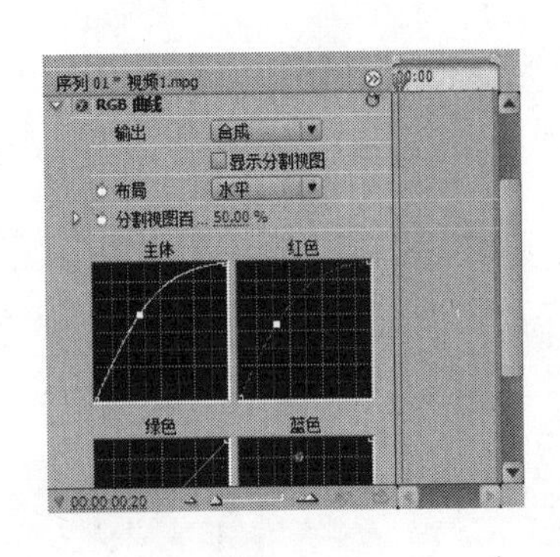

图 2-133　设置参数

图 2-134　“RGB 曲线”效果

（5）利用相同的方法为其他素材片段添加视频特效效果。

（6）在“项目”面板中新建一个字幕文件，在“字幕”面板中输入“海滩情缘”，并设置相关属性，如图 2-135 所示。

（7）完成后关闭“字幕”面板，然后在“项目”面板中将字幕文件添加到“视频 2”轨道中，播放效果如图 2-136 所示。

图 2-135　创建字幕

图 2-136　添加的字幕效果

（8）按 Ctrl+S 键保存项目文件。

## 2.5.2　制作“黄龙溪”视频

综合利用本章和前面所学知识，制作一个名为“记忆中的黄龙溪”的项目文件，然后将其输出保存，并在播放器中打开观看效果，如图 2-137 所示（立体化教学:\源文件\第 2 章\黄龙溪.prproj）。

图 2-137　“黄龙溪”视频

本练习可结合立体化教学中的视频演示进行学习（立体化教学:\视频演示\第 2 章\制作“黄龙溪”视频.swf）。主要操作步骤如下：

（1）选择“文件/导入”命令，导入“黄龙溪.avi”素材（立体化教学:\实例素材\第 2 章\黄龙溪.avi）。

（2）在“项目”面板下方单击“新建分类”按钮，在弹出的菜单中选择“通用倒计时片头”命令，打开“通用倒计时片头设置”对话框，在其中直接单击 确定 按钮。

（3）在“项目”面板中将创建的通用倒计时元素添加到“时间线”面板中的“视频 1”轨道中，如图 2-138 所示。

（4）在其中的颜色框中分别设置“擦出色”为蓝色、“背景色”为紫色、“划线色”为黑色、“目标色”为灰色、“数字色”为白色。

（5）在“记忆中的黄龙溪.mpg”素材文件上单击鼠标右键，在弹出的快捷菜单中选择“解除视音频链接”命令，分离素材的音、视频，并将其删除。

（6）导入“音频 2.wma”素材，将其添加到“时间线”面板中，并调整其长度与视频一致，效果如图 2-139 所示。

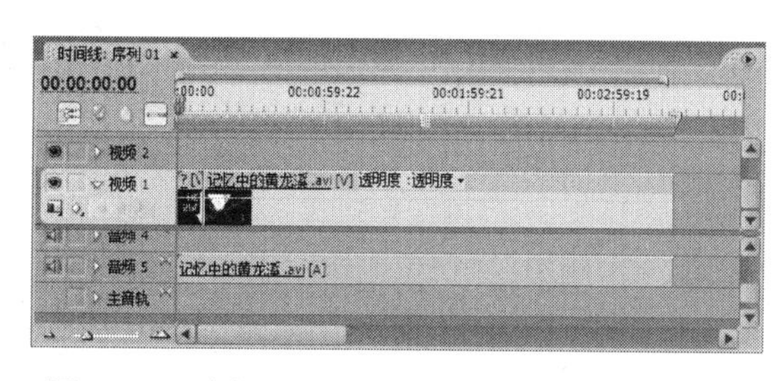


图 2-138　将倒计时元素添加到“时间线”面板中

图 2-139　添加音频素材

（7）设置影片导出属性，在“导出影片”对话框中单击 保存(S) 按钮。

（8）渲染完成后即可生成设置的 AVI 格式的视频文件。

## 2.6　练习与提高

（1）利用 Premiere Pro CS3 的录音功能快速合成一个演讲视频，其中要包含演讲人头像、演讲辞和配音等。

提示：使用“调音台”面板录制演讲辞，运用采集视频操作录制演讲人头像，然后对配音进行编辑。

（2）将喜欢的图片收集起来，然后导入到 Premiere Pro CS3 中进行编辑，并添加各类效果，制作一个电子相册。

提示：为每个素材添加切换效果、特效效果以及说明性文字。

（3）利用本章所学知识，自行创建一个“生日聚会”项目文件，并将其输出保存。

提示：收集生日聚会的素材，然后对其进行快速编辑，然后输出保存。

**经验技巧** 总结快速制作一个完整的视频需要注意的事项

本章主要讲解了利用 Premiere Pro CS3 快速制作视频的方法，除了掌握本章介绍的知识点外，在课后自行编辑视频的过程中还应该注意一些事项，以提高编辑速度和画面精美度，这里总结以下几点供大家参考和探索。

- 在进行视频的编辑前，应该先将视频所需要的素材收集并整理好，如通过一些软件将其保存为序列的方式、将图片素材中不需要的部分去除等。
- 在为素材添加各种效果时，应该熟悉各种效果大致能实现的样式，以免反复调整，占用大量时间；在为视频添加各种特效效果时，最好要结合素材自身和视频要实现效果的特点，进行具体分析。
- 一般对视频进行编辑后，都需要将其输出为播放器支持的视频格式，以便于分享。在输出视频时，同样需要根据其用途选择视频格式，如要满足效果清晰的视频，就可以输出为 AVI 格式，但该格式存储的文件会占用较大的磁盘空间。

# 第3章　编辑素材

## 学习目标

- ☑ 使用"导入"命令导入"春暖花开"素材
- ☑ 能够播放并裁剪导入的素材
- ☑ 能对素材进行分离操作
- ☑ 利用群组和嵌套素材提高编辑素材速度
- ☑ 创建新元素"倒计时"
- ☑ 处理素材的快慢镜头
- ☑ 综合利用剪辑素材的操作编辑"古镇"素材

## 目标任务&项目案例

春暖花开

可爱的动物

古镇游

调整透明度

淡入/淡出效果

水中的生物

通过上述实例效果展示可以发现，在 Premiere Pro CS3 中编辑素材是进行视频编辑时最基本的操作，制作这些实例主要是通过导入素材、剪辑素材、分离素材、群组和嵌套素材以及创建新元素等操作实现的。本章将具体讲解各种素材的导入及在软件中播放、裁剪、分离、群组和嵌套、创建新元素等操作方法。

# 3.1 导入素材

在进行视频编辑前，必须导入视频所需的各种素材。在 Premiere Pro CS3 中可导入图片素材、影片素材和音频素材，还可以根据需要现场采集素材，本节将详细介绍各种素材的导入方法。

## 3.1.1 导入图片素材

Premiere Pro CS3 支持导入图层文件和图片文件两种图片素材。导入图层文件素材可以导入如使用 Photoshop 和 Illustrator 等制作的含有图层格式的素材文件，导入图片文件素材中的每幅图片代表 1 帧。下面分别讲解它们的操作方法。

### 1. 导入图层文件

选择“文件/导入”命令，打开“导入”对话框，在其中选择需要导入的素材，单击打开(O)按钮，将打开相应的“导入层文件”对话框，如图 3-1 所示。

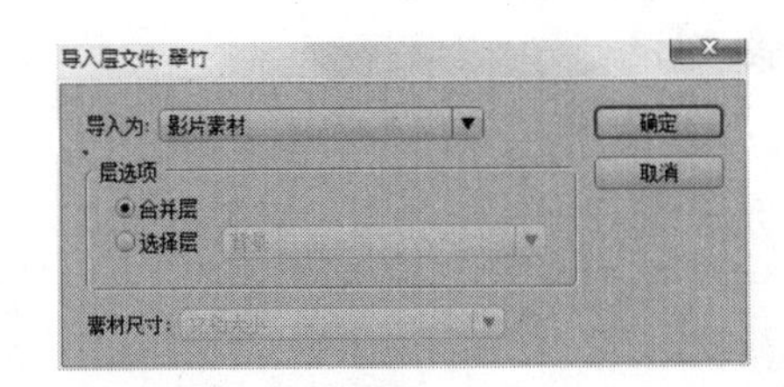


图 3-1 “导入层文件”对话框

“导入层文件”对话框中各选项的含义如下。

- **“导入为”下拉列表框**：单击右侧的下拉按钮▼，在弹出的下拉列表中有“影片素材”和“序列”两个选项。
- ◉合并层：选中该单选按钮，表示将素材中的所有图层合并作为一个图层导入。
- ◉选择层：选中该单选按钮，将激活右侧的下拉列表框和“素材尺寸”下拉列表框，单击◉选择层单选按钮右侧的▼按钮，在其中列出了前面选择素材的所有图层。
- **“素材尺寸”下拉列表框**：单击右侧的下拉按钮▼，可在其中设置素材的尺寸大小。设置完成后单击确定按钮，在“项目”面板中即可显示导入的素材文件。

**提示：**

当导入的图层文件素材只有一个图层时，将直接导入“项目”面板中，而不会打开“导入层文件”对话框。

**【例 3-1】** 以序列的方式导入“翠竹.psd”（立体化教学:\实例素材\第 3 章\翠竹.psd）图层文件到“项目”面板，效果如图 3-2 所示（立体化教学:\源文件\第 3 章\导入图层文件.prproj）。

（1）选择“文件/导入”命令，或在“项目”面板中单击鼠标右键，在弹出的快捷菜单中选择“导入”命令，打开“导入”对话框，在其中的列表框中选择需要导入的“翠竹.psd”图层文件。

（2）单击 打开(O) 按钮，打开“导入层文件：翠竹”对话框。

（3）在该对话框的“导入为”下拉列表框中选择“序列”选项，如图 3-3 所示。

（4）单击 确定 按钮，即可将素材以序列的方式导入到“项目”面板中。

图 3-2 导入的素材效果

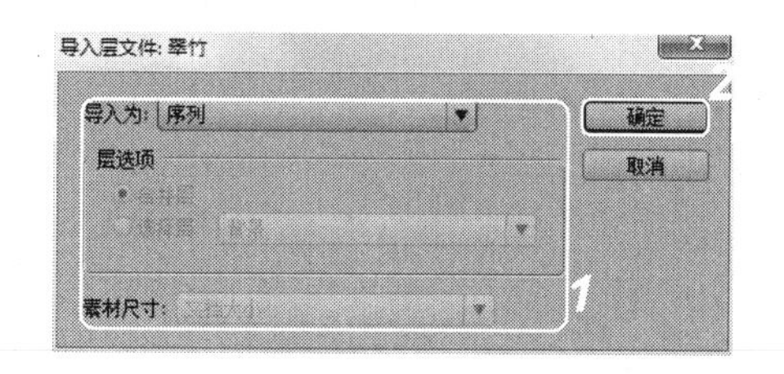


图 3-3 导入“翠竹”图层文件

## 2. 导入图片

图片是制作视频时的重要素材，由于视频所需的图片素材较多，因此在导入时最好导入序列文件的素材。导入序列文件时，应首先设置帧速率。导入序列文件的方法是：打开“导入”对话框，选择任意图片后选中☑序列图片复选框，然后单击 打开(O) 按钮即可，如图 3-4 所示。

图 3-4 “导入”对话框

导入到 Premiere 中的序列文件是由多幅以序列排列的图片组成的，其中每幅图片在视频中代表 1 帧。

**技巧：**

图片素材可以通过 3ds Max、After Effects 及 Combustion 等软件生成序列文件，且序列中不能包含符号，如括号等。

**【例 3-2】** 导入“古镇序列文件”（立体化教学:\实例素材\第 3 章\古镇序列文件）序列图片，效果如图 3-5 所示（立体化教学:\源文件\第 3 章\导入序列图片.prproj）。

（1）在“项目”面板中单击鼠标右键，在弹出的快捷菜单中选择“导入”命令，打开

“导入”对话框。

（2）在打开的对话框中找到“古镇序列文件”所在的目录，选择任意图片后选中☑序列图片复选框，如图 3-6 所示。

（3）单击 打开(O) 按钮，将开始导入序列文件。

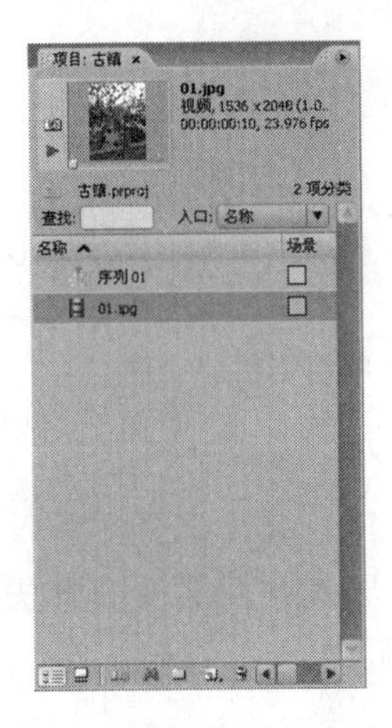


图 3-5　导入的图片素材

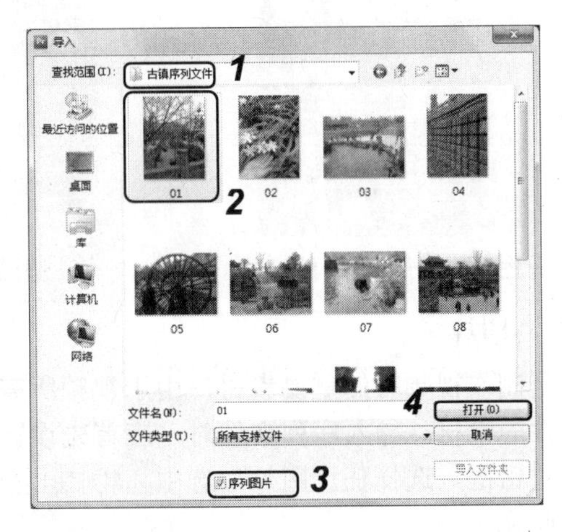


图 3-6　“导入”对话框

**技巧：**

按 Ctrl+I 键或 F3 键也可快速打开“导入”对话框。

## 3.1.2　导入影片素材

在制作视频时，常常会导入一些影片作为素材。导入影片的方法是：按 Ctrl+I 键打开“导入”对话框，在对话框的“文件类型”下拉列表框中显示了所有支持 Premiere 的视频格式，如图 3-7 所示，选择需要的影片后单击 打开(O) 按钮即可将视频导入到“项目”面板中。

图 3-7　Premiere 支持的影片素材格式

Premiere 支持的视频有 MPEG、AIFF 和 MXF 3 种格式，其他格式在导入时会打开对话框提示格式无效。

**【例 3-3】** 新建项目，然后导入“影片 1.mpg”（立体化教学:\实例素材\第 3 章\影片 1.mpg）影片到项目中，最终效果如图 3-8 所示（立体化教学:\源文件\第 3 章\导入影片.prproj）。

（1）选择“文件/新建/项目”命令，在打开的对话框中按照如图 3-9 所示进行设置，设置完成后单击 确定 按钮，新建“导入影片”项目文件。

（2）在“项目”面板的“名称”区域单击鼠标右键，在弹出的快捷菜单中选择“导入”命令，打开“导入”对话框。

（3）在打开的对话框中选择“影片 1”选项，单击 打开(O) 按钮，导入的影片素材将在“项目”面板中显示。

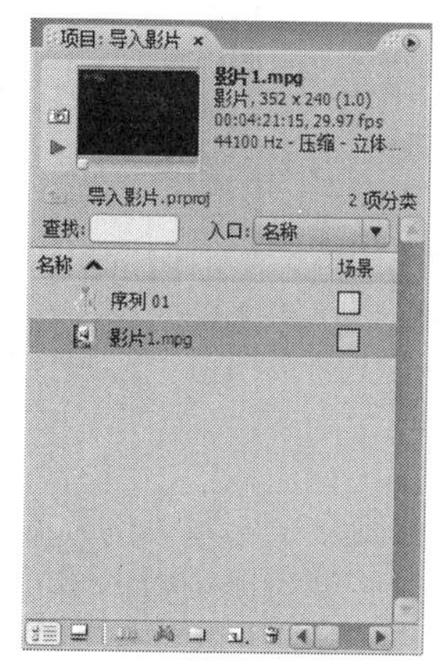


图 3-8　导入影片素材后的效果

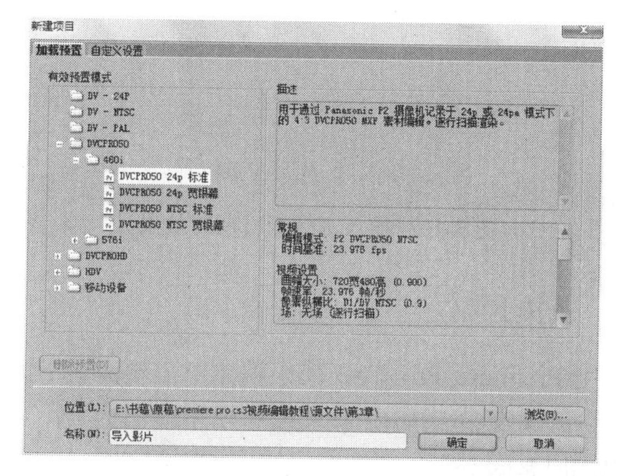


图 3-9　新建“导入影片”项目文件

**提示：**

可在“项目”面板中更改素材的名称，其方法是在素材名称上单击鼠标右键，在弹出的快捷菜单中选择“重命名”命令，然后输入新的名称。

### 3.1.3　导入音频素材

制作视频时，导入音频文件可以使视频更加丰富，要制作一个声情并茂的影片之前，首先需要导入音频文件。导入音频素材的方法与导入影片素材的方法相似，在打开的“导入”对话框中选择需要的音频素材后单击 打开(O) 按钮即可。

Premiere 支持的音频格式有 WAV 和 WMA 格式，若不是 Premiere 支持的音频格式，则需要将音频素材转换为 Premiere 支持的音频格式后再导入。

**【例 3-4】** 在“导入序列图片.prproj”项目中导入 the truth that.wma（立体化教学:\实例素材\第 3 章\ the truth that.wma）音频文件，完成后的效果如图 3-10 所示（立体化教学:\源文件\第 3 章\导入音频.prproj）。

（1）选择“文件/打开项目”命令，在打开的对话框中选择“导入序列图片.prproj”，然后单击 打开(O) 按钮。

（2）在“项目”面板的“名称”区域单击鼠标右键，在弹出的快捷菜单中选择“导入”

命令，如图 3-11 所示，打开“导入”对话框。

（3）在打开的对话框中选择 the truth that.wma 选项，单击 打开(O) 按钮即可，导入的音频素材将在“项目”面板中显示。

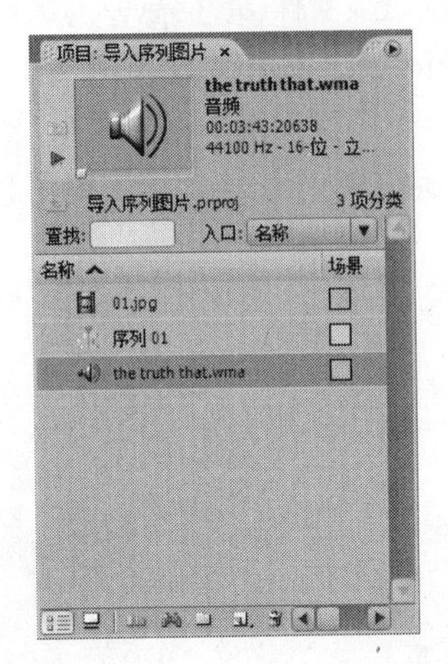


图 3-10　导入音频素材后的效果

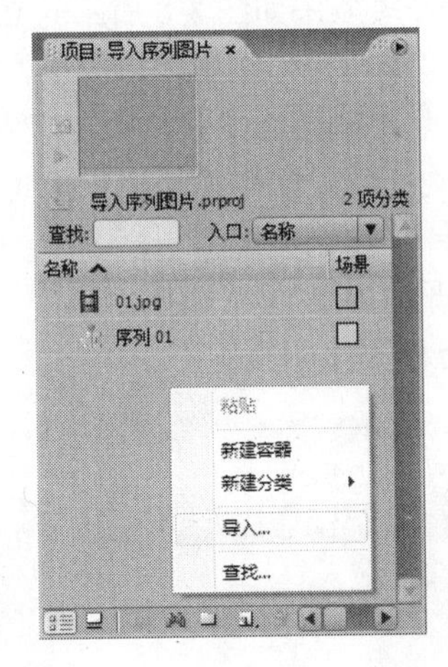


图 3-11　选择“导入”命令

## 3.1.4　采集素材

使用 Premiere Pro CS3 采集视频时，需要为视频选择一个磁盘空间较大的盘符，以便于存放，在采集完成后要将采集的视频存储为.avi 文件，否则采集的视频数据将在下一次采集视频时被覆盖。

使用 Premiere Pro CS3 采集视频的方法是：选择“文件/采集”命令，在打开的“采集”对话框中进行相应设置即可。

**【例 3-5】** 利用 Premiere Pro CS3 采集视频，然后将其存储在磁盘空间较大的盘符中。

（1）选择“文件/采集”命令，打开“采集”对话框，如图 3-12 所示。

（2）在打开的对话框中选择“设置”选项卡，在“采集设置”栏中单击 编辑... 按钮，打开“项目设置”对话框，如图 3-13 所示。

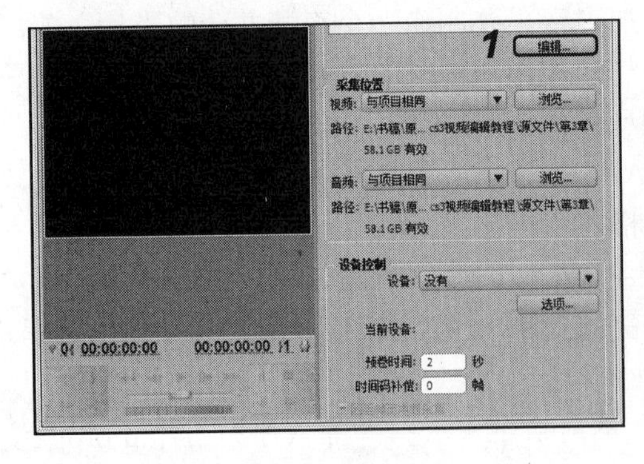


图 3-12　“采集”对话框

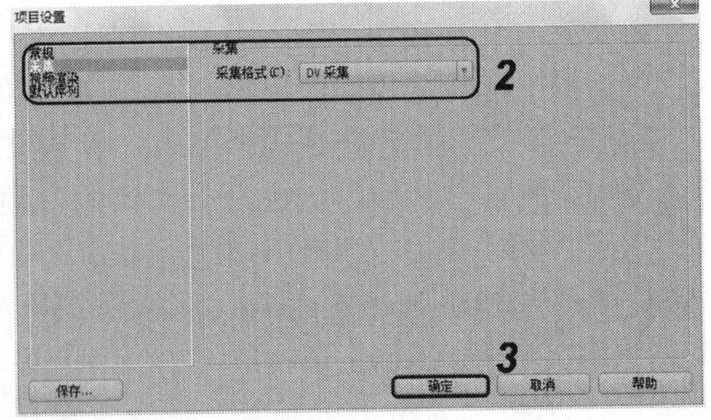


图 3-13　“项目设置”对话框

（3）在其中设置视频采集质量，这里在“采集格式”下拉列表框中选择“DV 采集”

选项，单击[确定]按钮返回“采集”对话框。

（4）在“采集位置”栏中的“视频”下拉列表框后单击[浏览...]按钮，在打开的对话框中设置视频存储位置，用相同的方法设置音频的存储位置，如图 3-14 所示。

（5）在“设备控制”栏中的“设备”下拉列表框中选择“DV/HDV 设备控制器”选项，然后单击[选项...]按钮，打开“DV/HDV 设备控制设置”对话框，这里保持默认设置，单击[确定]按钮返回，如图 3-15 所示。

（6）在“设备控制”栏中的“预卷时间”文本框中输入 2，在“时间码补偿”文本框中输入 0，选中☑因丢帧而中断采集复选框，如图 3-16 所示。

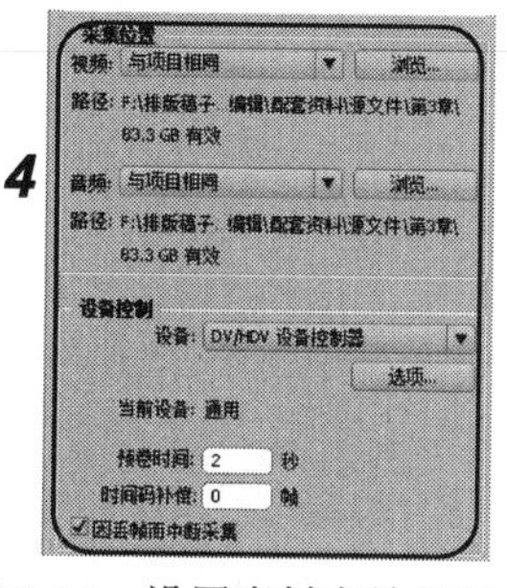


图 3-14　设置素材存放位置

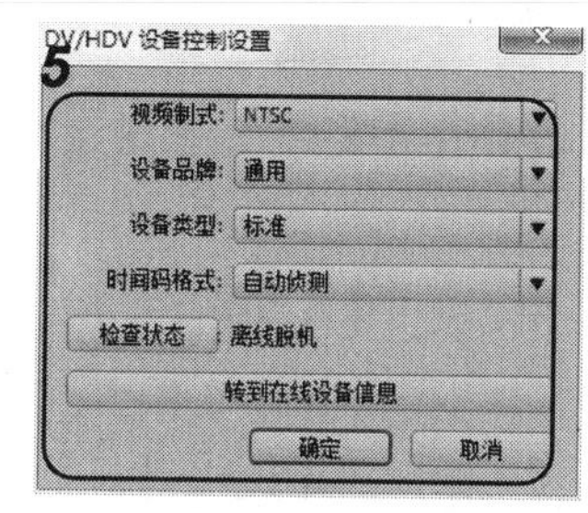


图 3-15　“DV/HDV 设备控制设置”对话框

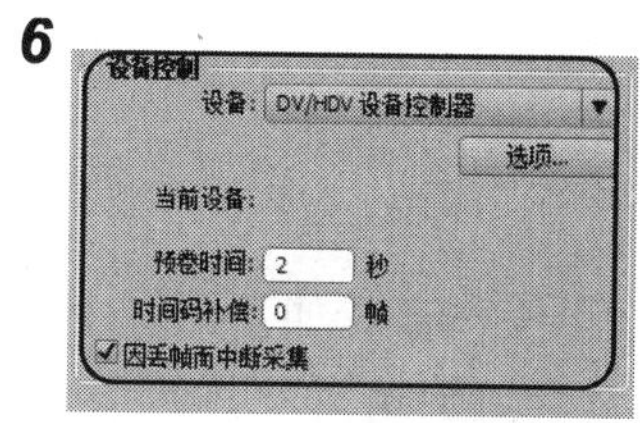


图 3-16　设置设备控制

（7）选择“记录”选项卡，在“时间码”栏中单击[记录素材]按钮，打开“记录素材”对话框，在其中相应位置进行设置，如图 3-17 所示。

（8）单击[确定]按钮返回，效果如图 3-18 所示。

（9）设置完成后单击[入点/出点]按钮即可进行采集。

（10）采集完成后，影片素材将在“项目”面板中显示。

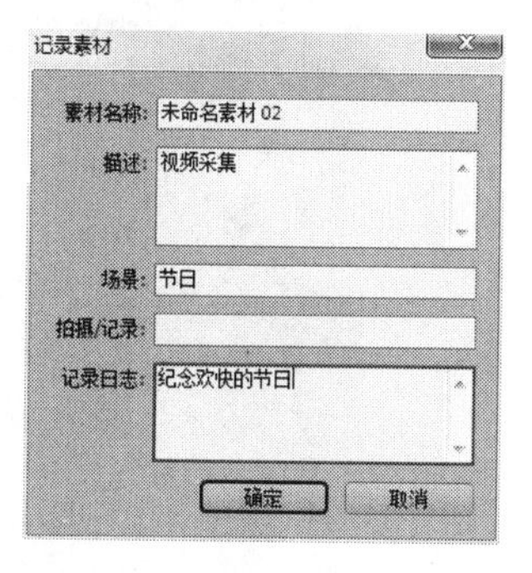


图 3-17　“记录素材”对话框

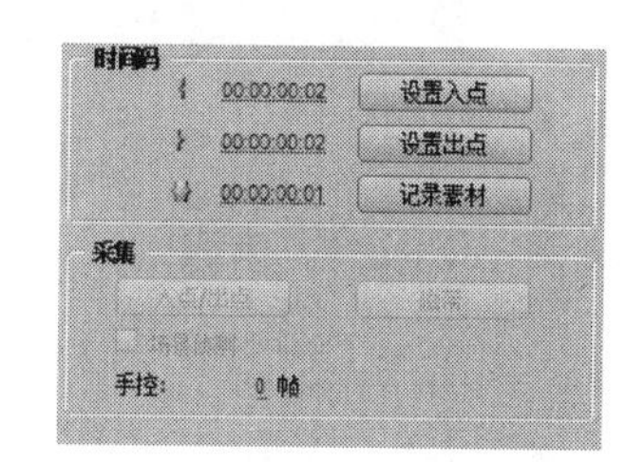


图 3-18　开始采集素材

**提示：**

使用 Premiere Pro CS3 采集视频需要先连接视频设备，若安装的视频设备不带遥控装置，则不能激活[入点/出点]按钮，需要手动控制视频设备进行采集。

### 3.1.5　应用举例——导入“春暖花开”视频所需的素材

使用本节所介绍的知识，导入制作“春暖花开”视频所需的各类素材，“项目”面板的最终效果如图 3-19 所示（立体化教学:\源文件\第 3 章\导入春暖花开素材.prproj）。

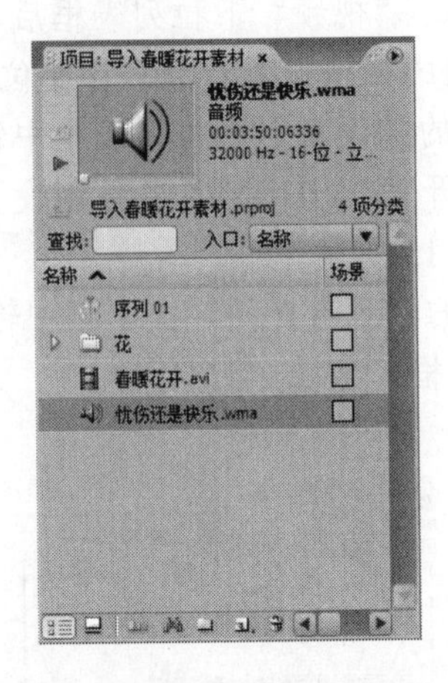

图 3-19　导入春暖花开素材

操作步骤如下：

（1）选择“文件/导入”命令，打开“导入”对话框。

（2）在打开的对话框中选择 01.bmp，然后按住 Shift 键单击 10.bmp（立体化教学:\实例素材\第 3 章\春暖花开\01. bmp ~ 10.bmp）选择素材，然后单击 打开(O) 按钮，如图 3-20 所示。

（3）此时素材图片将被导入到“项目”面板中，单击“容器”按钮新建一容器用于存放图片素材，在其中输入容器名称“花”。

（4）选中图片素材，将图片素材拖入到“花”容器中，如图 3-21 所示。

图 3-20　“导入”对话框

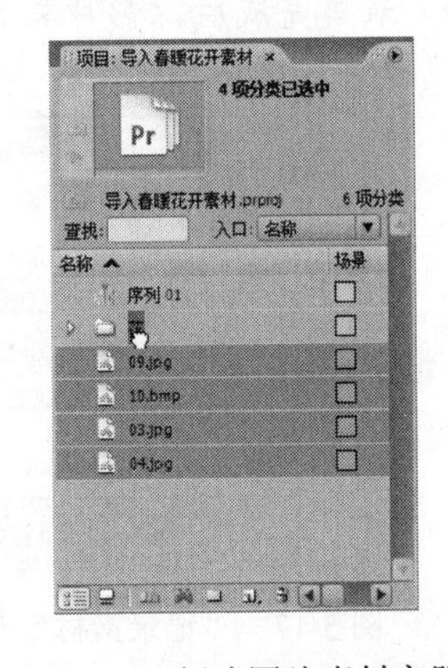

图 3-21　创建图片素材容器

（5）在“项目”面板中单击鼠标右键，在弹出的快捷菜单中选择“导入”命令，如图 3-22 所示。

（6）在打开的“导入”对话框中选择“春暖花开.avi”（立体化教学:\实例素材\第 3 章\春暖花开.avi）选项，然后单击 打开(O) 按钮将影片素材导入到“项目”面板中。

（7）利用相同的方法导入音频素材“忧伤还是快乐.wma”（立体化教学:\实例素材\第 3 章\忧伤还是快乐.wma），完成后的“项目”面板如图 3-23 所示。

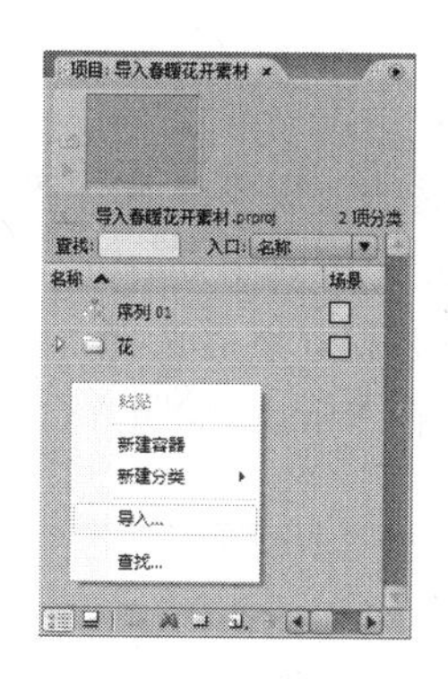


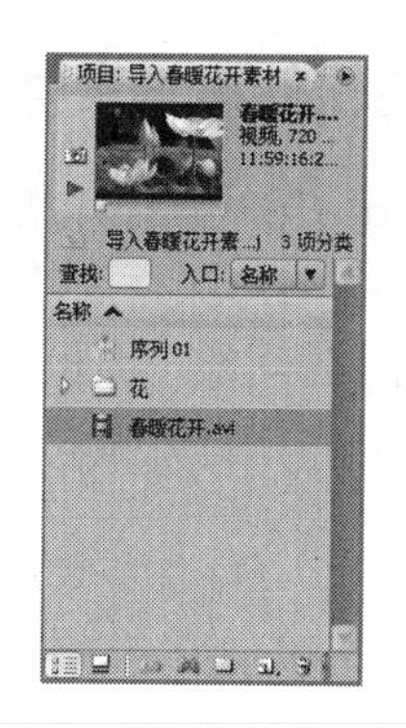

图 3-22　选择“导入”命令

图 3-23　导入的所有素材

# 3.2　剪 辑 素 材

在使用 Premiere Pro CS3 编辑素材的过程中，可以在任何时候插入、复制、替换、传递和删除素材片段，下面分别介绍剪辑素材的一般操作，包括在“监视器”面板中播放素材以及用其他软件打开素材、裁剪素材和设置素材的位置标记等。

## 3.2.1　在“监视器”面板中播放素材

在“项目”面板中选择素材，按住鼠标左键不放，将其拖动到“时间线”面板的“视频 1”时间线上，释放鼠标，然后双击素材中的某一张素材。此时，在“监视器”面板中将显示双击选择的素材，单击“播放”按钮▶，即可在窗口中播放选择的素材；而在“监视器”面板中将显示素材的第一张素材图片，单击“播放”按钮▶，将从第一张素材开始播放直到最后一张完毕。

**【例 3-6】** 在“监视器”面板中播放“导入春暖花开素材.prproj”（立体化教学:\实例素材\第 3 章\导入春暖花开素材.prproj）项目中的图片素材，并观看效果。

（1）打开“导入春暖花开素材.prproj”项目文件，将“花”图片素材添加到时间线上。

（2）在其中双击任意一张素材图片，在“监视器”面板中单击“播放”按钮▶，效果如图 3-24 所示。

（3）在“监视器”面板中单击“播放”按钮▶，效果如图 3-25 所示。

图 3-24　播放任意一张图片

图 3-25　播放所有图片

### 3.2.2 使用其他软件编辑素材

在 Premiere Pro CS3 中打开素材后，若发现素材的效果不满意，还可以在其他软件中查看或编辑素材，编辑并保存后的素材将在 Premiere 中同时更新。

在“项目”或“时间线”面板中选择需要编辑的素材，然后选择“编辑/编辑原始素材”命令，即可在其他程序中打开素材。如图 3-26 所示为在 Windows 照片查看器中打开的素材。

图 3-26　在 Windows 照片查看器中打开素材

**提示：**

使用其他软件编辑素材时，必须保证计算机中已经安装了相应的应用程序。若在“项目”面板中选择序列图片，那么在其他软件中只能打开序列图片的第一张图片；若在“时间线”面板中选择序列图片，那么在其他软件中打开的则是时间标记所在时间的当前帧画面。另外，在其他软件中编辑素材后必须保存，然后在 Premiere 中将同时更新。

**【例 3-7】** 利用 Premiere Pro CS3 在其他程序中编辑素材的功能，在 Photoshop CS5 中编辑“导入图层文件.prproj”（立体化教学:\实例素材\第 3 章\导入图层文件.prproj）项目中的“翠竹”图片素材。

（1）打开“导入图层文件.prproj”项目文件，单击“翠竹”容器前的“展开”按钮▶将图层素材展开。

（2）在其中选择任意一张图层素材，然后选择“编辑/编辑原始素材”命令，选中的素材将在 Photoshop CS5 中打开，如图 3-27 所示。

（3）将其中背景图层的颜色设置为绿色，然后保存，在 Premiere Pro CS3 同时得到更新，效果如图 3-28 所示（立体化教学:\源文件\第 3 章\在其他软件中编辑素材.prproj）。

**提示：**

若需要编辑的素材是图层文件，且计算机中同时也安装了 Photoshop 软件，则 Premiere Pro CS3 会优先选择使用 Photoshop 打开素材进行编辑。

图 3-27 在 Photoshop CS5 中编辑素材

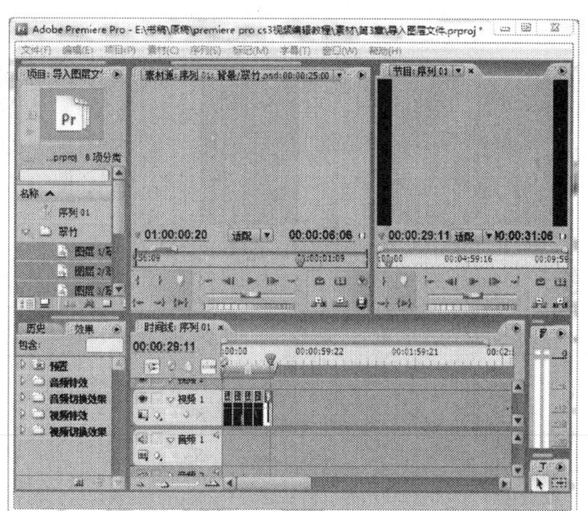

图 3-28 同步更新后的效果

### 3.2.3 裁剪素材

素材开始帧的位置称为入点，结束帧的位置称为出点，而裁剪素材就是对素材的入点及出点进行设置，从而改变素材的长度，下面将具体介绍。

#### 1．在“素材源”监视器面板中裁剪素材

裁剪素材可以在“素材源”监视器面板中进行。

**【例 3-8】** 在“素材源”监视器面板中改变 04.mpg 图像素材和音频素材的入点与出点（立体化教学:\实例素材\第 3 章\04.mpg）。

（1）导入 04.mpg 素材，并将其拖动到“时间线”面板中。

（2）在“时间线”面板中双击 04.mpg 素材，将其在“素材源”监视器面板中打开。

（3）在其中拖动时间标记滑块到 27 秒 18 帧位置，然后单击下方的“设置入点”按钮，此时，在“素材源”监视器面板中将显示当前素材的入点画面，右侧显示入点时间标记，如图 3-29 所示。

（4）继续播放素材直到 55 秒 8 帧处，单击“设置出点”按钮，此时，在“素材源”监视器面板中将显示当前素材的出点，入点和出点之间的素材片段将以蓝色显示，如图 3-30 所示。

（5）单击“跳转到入点”按钮，将自动跳转到影片的入点位置，单击“跳转到出点”按钮，可自动跳转到影片出点位置。

（6）在“时间线”面板中双击要设置入点和出点的音频素材，将其在“素材源”监视器面板中打开，如图 3-31 所示。

（7）单击“播放”按钮，播放音频到 32 秒 11 帧处，在时间标记滑块上单击鼠标右键，在弹出的快捷菜单中选择“设置素材标记/入点”命令，设置音频的入点，用相同的方法设置音频的出点，完成后的最终效果如图 3-32 所示（立体化教学:\源文件\第 3 章\设置入点和出点.prproj）。

图 3-29　设置入点

图 3-30　设置出点

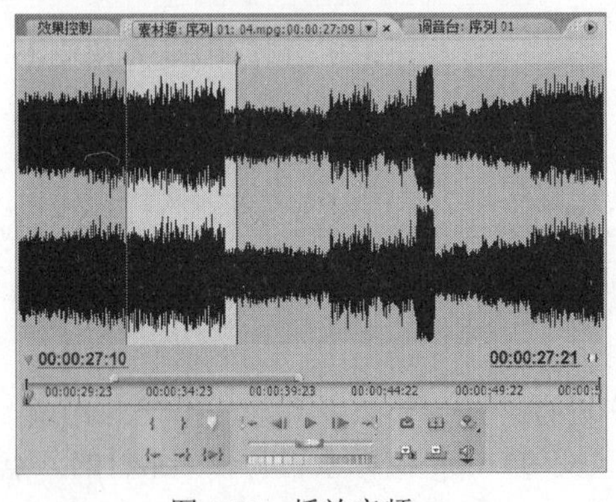


图 3-31　播放音频

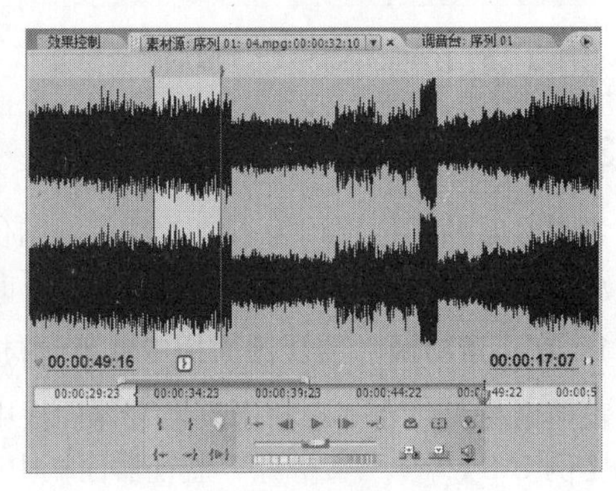


图 3-32　设置入点和出点

**技巧：**

在设置音频的入点和出点时，也可以通过“入点”按钮和“出点”按钮来实现，还可以通过快捷键来实现，按 I 键表示设置入点，按 O 键表示设置出点。

### 2. 在“时间线”面板中裁剪素材

在“时间线”面板中裁剪素材可通过“工具”面板的“轨道选择工具”、“旋转编辑工具”、“错落工具”和“滑动工具”来编辑素材。

选择“轨道选择工具”，可以调整素材片段在轨道中的播放时间，不会影响其他轨道的播放时间，但会影响整个影片的播放时间；选择“旋转编辑工具”，可以设置素材片段增长或缩短，并由相邻位置片段替补，会影响片段在轨道上的位置，但不影响整个影片的播放时间；选择“错落工具”，在编辑影片片段时会改变片段的入点和出点，但影片总的播放时间不会改变；选择“滑动工具”，在编辑影片片段时会使片段入点和出点在本质上位移，影片总的播放时间不会改变，但会影响片段前或后的播放时间。

**【例 3-9】** 在“时间线”面板中裁剪“导入春暖花开素材.prproj”（立体化教学:\实例素材\第 3 章\导入春暖花开素材.prproj），完成后将其另存为“在‘时间线’面板中裁剪素材.prproj”（立体化教学:\源文件\第 3 章\在“时间线”面板中裁剪素材.prproj）。

（1）打开“导入春暖花开素材.prproj”项目文件，选择“轨道选择工具”，在“时间线”面板中单击后面 3 个片段，然后用鼠标在片段中左右拖动，如图 3-33 所示。

（2）在“时间线”面板的左下侧单击“放大”按钮，选择“旋转编辑工具”，然后在第 1 张素材上单击，再将鼠标指针移动到两个片段中间，当其变为形状时按住鼠标左键不放左右拖动，如图 3-34 所示。

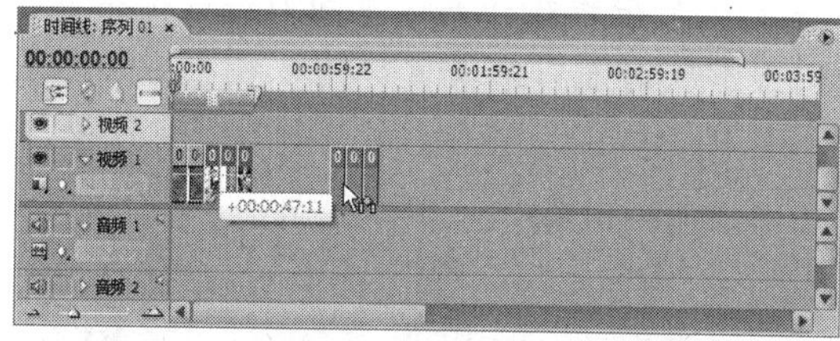

图 3-33　使用轨道选择工具调整素材片段

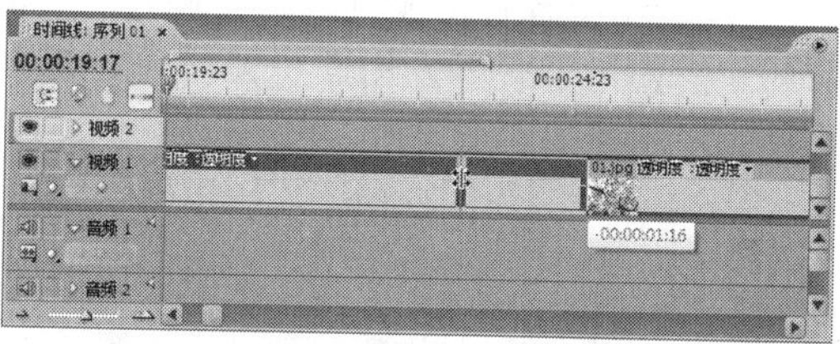

图 3-34　使用旋转编辑工具调整素材片段

（3）选择“错落工具”，在“时间线”面板中单击 03.jpg 素材，然后将鼠标指针移动到两个片段中间，当其变为形状时按住鼠标左键不放左右拖动，如图 3-35 所示。同时，在“监视器”面板中会依次显示上一个片段的出点和下一个片段的入点以及画面帧数，如图 3-36 所示。

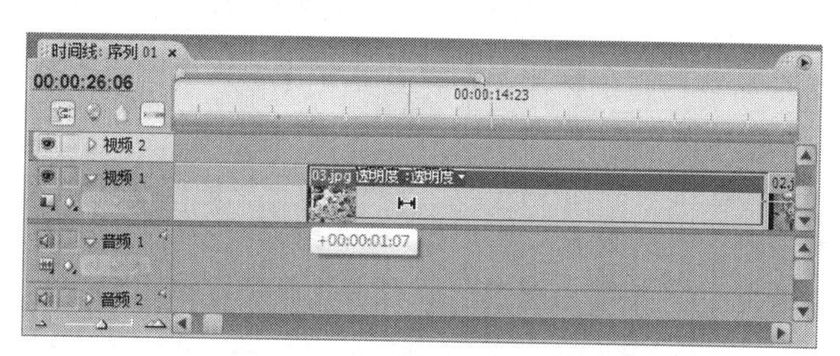

图 3-35　使用错落工具调整素材片段

图 3-36　显示画面帧数

（4）选择“滑动工具”，在“时间线”面板中单击 04.jpg 素材片段，然后将鼠标指针移动到两个片段中间，当其变为形状时按住鼠标左键不放左右拖动，如图 3-37 所示。

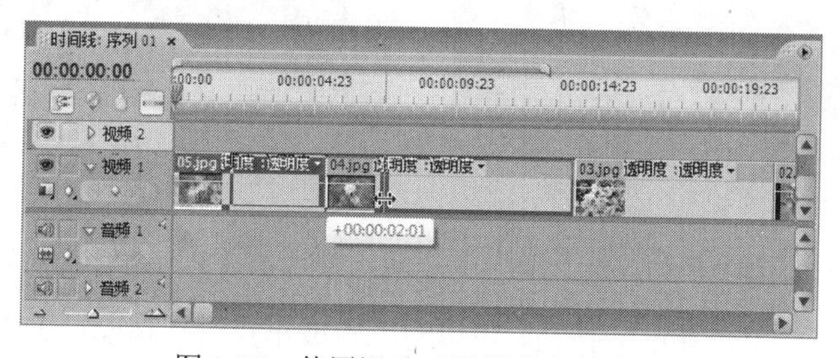

图 3-37　使用滑动工具调整素材片段

（5）设置完成后，选择“文件/另存为”命令，打开“另存为”对话框，在其中的“文件名”文本框中输入“在‘时间线’面板中裁剪素材”，单击 保存(S) 按钮即可。

### 3. 在“修整”监视器面板中裁剪素材

利用“修整”监视器面板可以精确地裁剪素材的片段。

**【例 3-10】** 在“修整”监视器面板中裁剪“红.jpg”和“曼珠沙华.jpg”（立体化教

学:\实例素材\第 3 章\红.jpg、曼珠沙华.jpg）。

（1）导入素材文件，并将其添加到“时间线”面板中，在“节目”面板中单击“修整监视器”按钮，打开“修整”监视器，如图 3-38 所示。

（2）左侧素材是编辑线的左侧片段，右侧素材则是编辑线的右侧片段，将鼠标指针移动到“修整”监视器左侧素材片段中，当其变为形状时左右拖动鼠标可以调整左侧素材片段的出点时间，如图 3-39 所示。

图 3-38　“修整”监视器

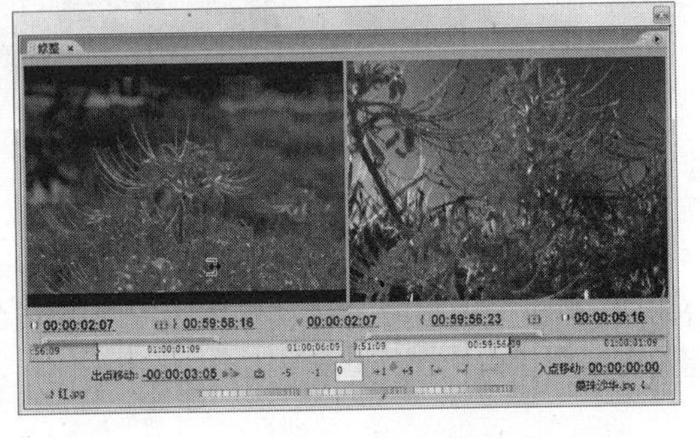

图 3-39　调整左侧片段的出点

（3）将鼠标指针移动到“修整”监视器右侧素材片段中，当其变为形状时左右拖动鼠标可以调整右侧素材片段的入点时间，如图 3-40 所示。

（4）将鼠标指针移动到“修整”监视器左侧素材片段中，当其变为形状时左右拖动鼠标可以同时调整左侧素材片段的出点和右侧片段的入点，且不改变整个影片的长度。完成后的最终效果如图 3-41 所示（立体化教学:\源文件\第 3 章\在修整监视器中裁剪素材.prproj）。

图 3-40　调整右侧片段的入点

图 3-41　同时调整两个片段的入点和出点

在视图窗口的下方单击相应的按钮，可以对入点或出点进行精确帧编辑，如图 3-42 所示。

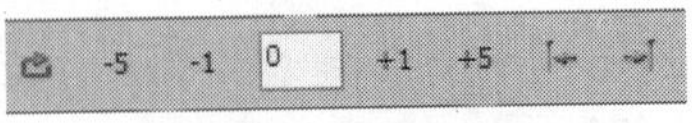

图 3-42　精确帧编辑

其中各选项的含义如下。

- -5按钮：单击该按钮，表示将编辑线左侧素材片段的出点向左移动 5 帧。
- -1按钮：单击该按钮，表示将编辑线左侧素材片段的出点向左移动 1 帧。

- 0 文本框：在该文本框中输入数字，表示滚动编辑引入和输入的帧数。
- +1 按钮：单击该按钮，表示将编辑线右侧素材片段的入点向右移动 1 帧。
- +5 按钮：单击该按钮，表示将编辑线右侧素材片段的入点向右移动 5 帧。
- 按钮：单击该按钮，将使编辑线移动到上一个片段的入点位置。
- 按钮：单击该按钮，将使编辑线移动到下一个片段的入点位置。

#### 4．在“时间线”面板中粘贴和删除素材

在 Premiere Pro CS3 的“时间线”面板中可以剪切、复制、粘贴和删除素材，可以通过选择“编辑”菜单，在弹出的子菜单中选择相应的命令执行相应的操作。

**【例 3-11】** 打开“导入春暖花开素材.prproj”（立体化教学:\实例素材\第 3 章\导入春暖花开素材.prproj）项目文件，将其中的 03.jpg 素材复制并粘贴在时间标记位置后，然后删除 05.jpg 素材，最终效果如图 3-43 所示（立体化教学:\源文件\第 3 章\粘贴和删除素材.prproj）。

（1）打开“导入春暖花开素材.prproj”项目文件，在“时间线”面板中选择 03.jpg 素材，然后选择“编辑/复制”命令或按 Ctrl+C 键复制素材。

（2）选择“编辑/粘贴插入”命令，复制的素材将被粘贴在时间标记位置后，如图 3-44 所示。

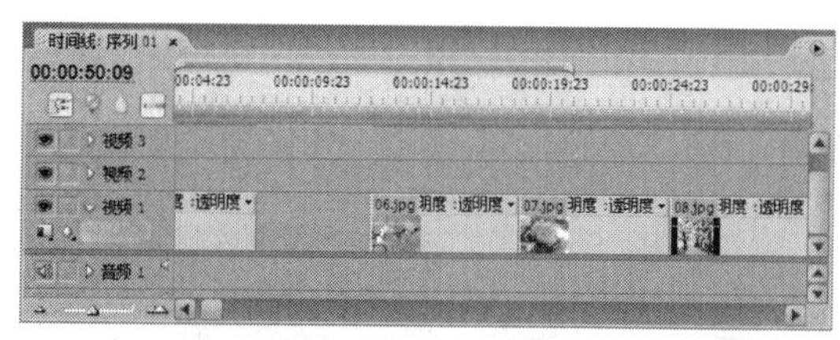

图 3-43　粘贴和删除素材后的效果

图 3-44　粘贴插入帧

（3）在时间线上选择 05.jpg 素材，单击鼠标右键，在弹出的快捷菜单中选择“清除”命令或直接按 Delete 键删除该素材，如图 3-45 所示。

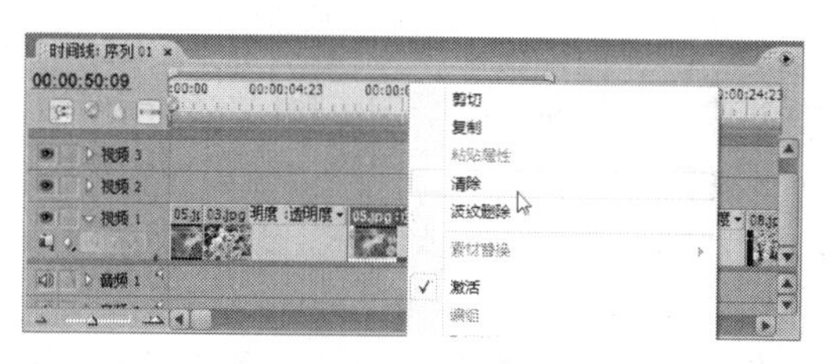


图 3-45　选择“清除”命令

### 3.2.4　设置位置标记

在 Premiere Pro CS3 中应用标记可以查看素材的帧与帧之间是否对齐，下面将介绍设置位置标记的相关知识。

#### 1．添加位置标记并设置编号

在“时间线”面板中可快速为素材添加标记和编号。

【例 3-12】 为素材 01.jpg、02.jpg、03.jpg 和 04.jpg（立体化教学:\实例素材\第 3 章\可爱动物）添加位置标记并设置标记编号。

（1）在“项目”面板中单击鼠标右键，在弹出的快捷菜单中选择“导入”命令，导入所需的素材，然后将素材拖动到“时间线”面板中。

（2）在“时间线”面板中将时间标记滑块移动到需要标记的位置，然后单击“时间线”面板左侧的“设置无编号标记”按钮，此时，时间标记停放处将被添加标记，如图 3-46 所示。

**技巧：**

当“时间线”面板左上角的“吸附”按钮处于选中状态时，将素材拖动到轨道标记处，素材将自动与标记对齐。

（3）在“时间线”面板中的标尺上单击鼠标右键，在弹出的快捷菜单中选择“设置序列标记/其他编号”命令，打开“设定已编号标记”对话框，在其中的文本框中输入新的编号，如图 3-47 所示。

（4）单击 确定 按钮，即可在编辑线所在的位置增加一个标记号，效果如图 3-48 所示（立体化教学:\源文件\第 3 章\设置标记.prproj）。

**提示：**

若在之前没有设置过编码，在“设定已编号标记”对话框中保持默认值 0，那么此后添加的每一个标记的编码将紧随上一个编号的编码。另外，在增加标记编码时，标记编码的数只能在 0~99 之间。

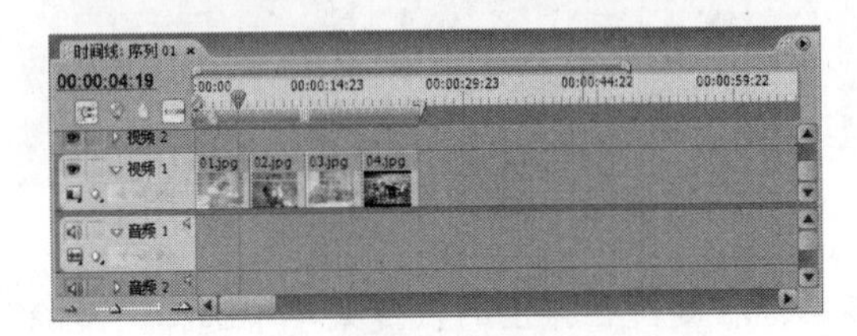


图 3-46 添加标记

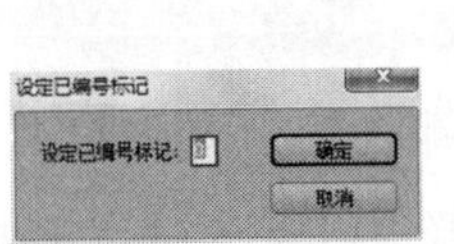


图 3-47 设置编号

图 3-48 标记编码

### 2. 编辑位置标记

在“时间线”面板中创建了位置标记后，还可对其进行查找和删除等编辑操作。

删除标记主要有以下 3 种操作。

- **删除当前标记**：在“时间线”面板的标尺上单击鼠标右键，在弹出的快捷菜单中选择“清除序列标记/当前标记”命令。
- **删除指定标记**：在“时间线”面板的标尺上单击鼠标右键，在弹出的快捷菜单中选择“清除序列标记/编号”命令，打开“跳转已编号标记”对话框，在其中选择需要删除的标记。
- **删除全部标记**：在“时间线”面板的标尺上单击鼠标右键，在弹出的快捷菜单中选择“清除序列标记/全部标记”命令。

【例 3-13】 在“设置标记.prproj”（立体化教学:\实例素材\第 3 章\设置标记.prproj）项目文件中查找编号为 6 的标记。

（1）打开“设置标记.prproj”项目文件，在“时间线”面板的标尺上单击鼠标右键，

在弹出的快捷菜单中选择“跳转序列标记/下一个”命令，此时，时间标记滑块自动对齐到原始位置之后的标记，如图 3-49 所示。

（2）在“时间线”面板的标尺上单击鼠标右键，在弹出的快捷菜单中选择“跳转序列标记/编号”命令，此时，将打开“跳转已编号标记”对话框，在其中选择需要查看的标记，这里选择编号为 6 的标记即可将时间标记滑块自动对齐到该标记，如图 3-50 所示（立体化教学:\源文件\第 3 章\查找标记.prproj）。

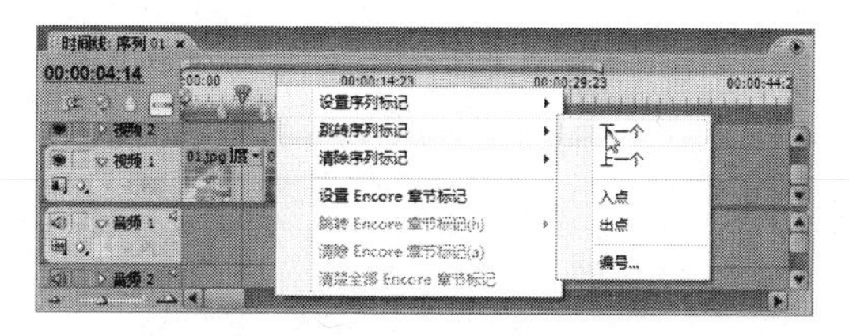


图 3-49　查找下一个标记

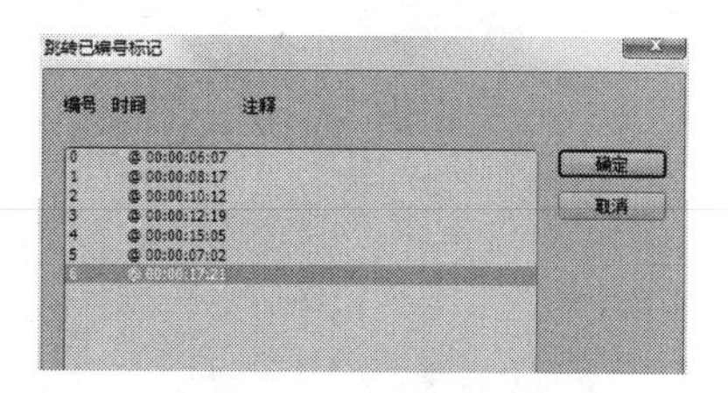


图 3-50　查看编号为 6 的标记

**提示：**

也可以选择“标记/跳转序列标记/下一个”命令查找下一个标记。

## 3.2.5　应用举例——剪辑“可爱的动物”画册

使用本节介绍的知识，剪辑“可爱的动物”画册中的素材，包括在监视器面板中查看素材、在其他软件中编辑素材、在 Premiere 中裁剪素材以及设置标记等，完成后的最终效果如图 3-51 所示（立体化教学:\源文件\第 3 章\可爱的动物.prproj）。

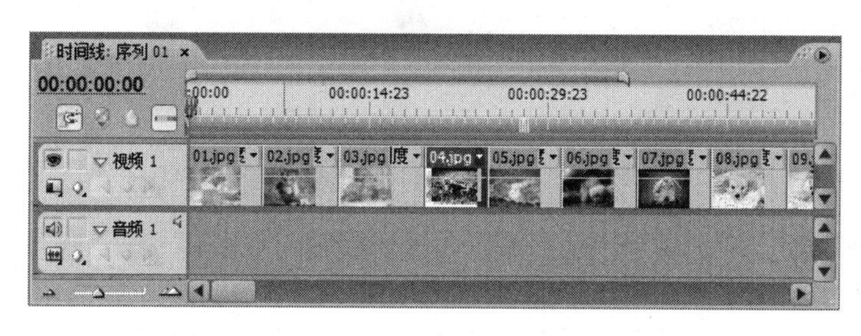

图 3-51　可爱的动物

操作步骤如下：

（1）按 Ctrl+Alt+N 键新建一个项目文件，命名为“可爱的动物”。

（2）选择“文件/导入”命令，在打开的“导入”对话框中选择素材 01.jpg~09.jpg（立体化教学:\实例素材\第 3 章\可爱动物\01.jpg ~ 09.jpg），然后单击 打开(O) 按钮将素材导入到“项目”面板中。

（3）在“项目”面板中选中导入的素材，并将其拖动到“时间线”面板中，在“时间线”面板中双击素材图片。

（4）在“素材源”监视器面板中单击“播放”按钮，查看素材效果，在“节目”面板中单击“播放”按钮，查看素材在项目中播放的效果，如图 3-52 所示。

（5）通过观察发现，04.jpg 素材画面过大需要缩小，这里选择“编辑/编辑原始素材”命令，将素材在画图程序中打开。

（6）在画图程序中单击 重新调整大小 按钮，打开“调整大小和扭曲”对话框，按照如图 3-53 所示对其进行调整，单击 确定 按钮即可。保存后在 Premiere 中的效果如图 3-54 所示。

（7）利用相同的方法将其他较大画面的素材缩小并保存。

图 3-52　查看素材效果

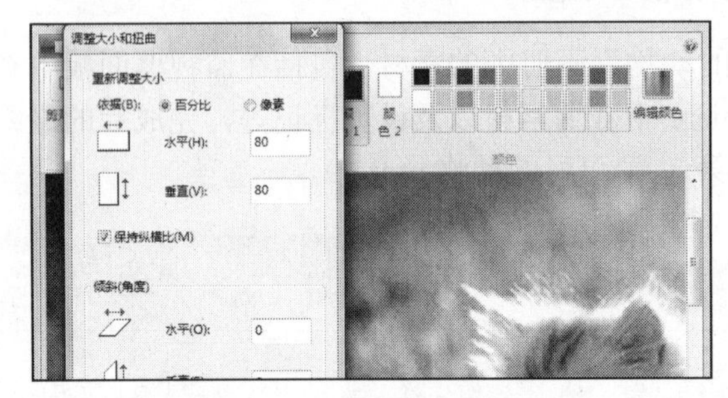


图 3-53　在画图程序中调整素材

图 3-54　调整素材后的效果

（8）选择 02.jpg 素材，按 Delete 键将其删除，然后选择“轨道选择工具”，将两个素材片段连接在一起，如图 3-55 所示。

（9）单击“节目”面板中的“修整监视器”按钮，打开“修整”监视器面板，在其中调整两个素材的出点和入点，如图 3-56 所示。

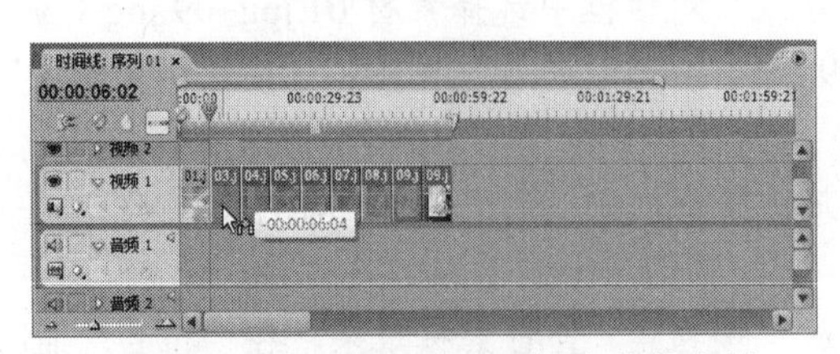


图 3-55　在“时间线”面板中裁剪素材

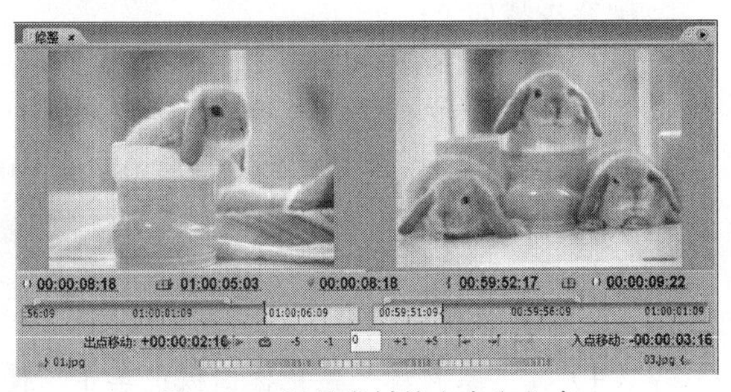


图 3-56　调整素材的出点和入点

## 3.3　分 离 素 材

Premiere Pro CS3 提供了分离素材的功能，在“时间线”面板中可以将一个素材切割为两个或多个单独的素材，也可以使用插入工具编辑素材，还可以将素材中的音频或视频单独分离出来。

### 3.3.1　切割素材

当素材被添加到“时间线”面板的轨道中时，需要对其进行分割，才能进一步进行编辑。下面介绍使用“剃刀工具”来切割素材的方法。

**【例 3-14】** 利用“剃刀工具”切割 04.mpg 视频素材（立体化教学:\实例素材\第 3 章\04.mpg），然后在 4 秒 23 帧处同时切割时间线上的所有素材。

（1）将素材 04.mpg 导入到“项目”面板中，并拖动 04.mpg 到“时间线”面板中，在“工具”面板中选择“剃刀工具”。

（2）将光标移动到“时间线”面板中需要切割的影片位置，如 1 秒 12 帧处，单击即可将素材切割为两段，每一段素材都有独立的入点和出点以及独立的播放时间，如图 3-57 所示。

（3）将 03.jpg（立体化教学:\实例素材\第 3 章\03.jpg）拖动到“视频 2”轨道上，然后按住 Shift 键的同时显示多重刀片，在 4 秒 23 帧处单击即可将其他轨道上的素材在该位置同时切割，如图 3-58 所示（立体化教学:\源文件\第 3 章\切割素材.prproj）。

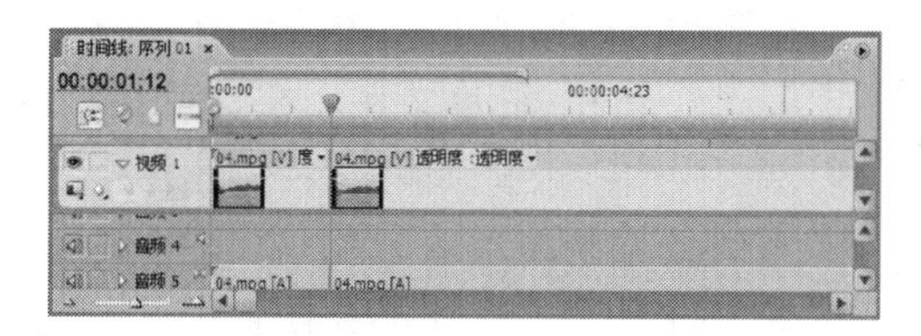


图 3-57　切割单个轨道上的素材

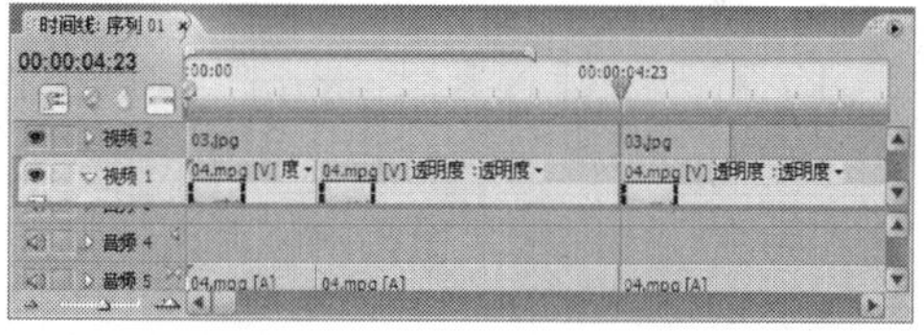


图 3-58　切割多个轨道上的素材

**提示：**

若导入到“时间线”面板中的素材是带有声音的视频素材，那么当使用剃刀工具切割影片时，在相应位置，音频素材也将被切割。

### 3.3.2　插入和覆盖素材

利用插入和覆盖编辑可以将素材插入到“时间线”面板中，且不改变其他轨道中的素材位置。

#### 1．插入编辑

使用“插入”工具插入片段时，若时间标记在素材片段之间，则时间标记之后的素材都将向后推移；若时间标记在素材片段之上，则插入的新素材将原素材分为两段。

【例 3-15】 将 03.jpg 图片素材插入到 04.mpg 素材中（立体化教学:\实例素材\第 3 章\04.mpg、03.jpg）。

（1）将素材文件 04.mpg、03.jpg 导入到项目中，并将 04.mpg 添加到“时间线”面板中，然后在“项目”面板中双击 03.jpg 素材，在“素材源”监视器面板中打开。

（2）在其中单击“播放”按钮▶，播放并设置入点和出点，如图 3-59 所示。

（3）在“时间线”面板中将时间标记移动到需要插入素材的位置，单击“素材源”监视器面板下方的“插入”按钮，即可将素材插入到轨道中，时间标记之后的素材将后移并接在新素材之后，效果如图 3-60 所示（立体化教学:\源文件\第 3 章\插入素材.prproj）。

图 3-59　设置插入素材的入点和出点

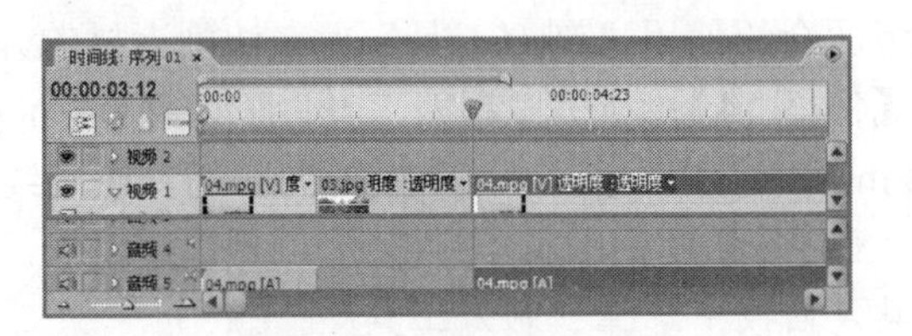

图 3-60　插入素材后的效果

**2. 覆盖素材**

若添加到“时间线”面板中的素材需要替换为其他素材，可通过覆盖素材的操作来实现。

【例 3-16】 在“插入素材.prproj”（立体化教学:\实例素材\第 3 章\插入素材.prproj）项目文件中用“红.jpg”图片素材（立体化教学:\实例素材\第 3 章\红.jpg）覆盖原有的 03.jpg 图片素材，完成后的效果如图 3-61 所示（立体化教学:\源文件\第 3 章\覆盖素材.prproj）。

（1）打开“插入素材.prproj”项目文件，导入“红.jpg”图片文件，在“项目”面板中双击“红.jpg”素材，然后设置入点和出点。

（2）在“时间线”面板中将时间标记移动到 03.jpg 素材的入点位置，如图 3-62 所示。

（3）单击“素材源”监视器面板下方的“覆盖”按钮，即可将素材插入到轨道中，并覆盖原有的素材，如图 3-61 所示。

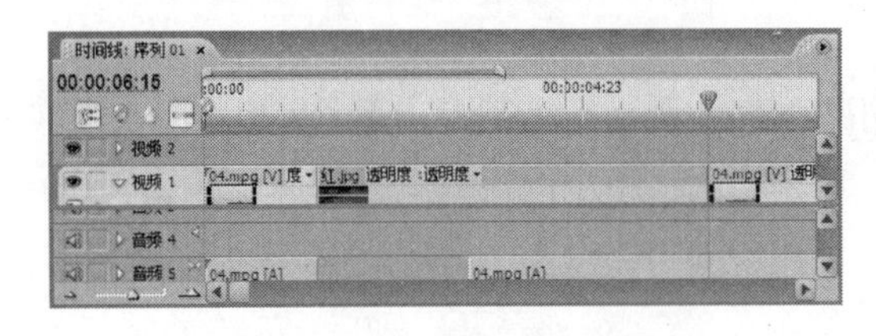

图 3-61　覆盖素材后的效果

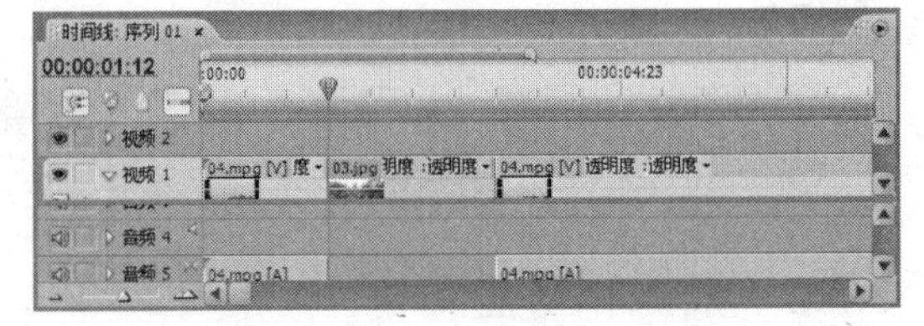

图 3-62　设置覆盖素材的时间点

### 3.3.3　提升和提取素材

使用“提升”和“提取”按钮，可以在“时间线”面板中指定的轨道上删除指定的素材片段。

### 1．提升素材

使用“提升”工具对影片进行删除修改时，只会删除目标轨道上选定的素材片段。

【例 3-17】 在“插入素材.prproj”（立体化教学:\实例素材\第 3 章\插入素材.prproj）项目文件中提升 03.jpg 图片素材，完成后的效果如图 3-63 所示（立体化教学:\源文件\第 3 章\提升素材.prproj）。

（1）打开“插入素材.prproj”项目文件，在“节目”面板中为 03.jpg 素材片段设置入点和出点，此时，在“时间线”面板中将同时显示其入点和出点，如图 3-64 所示。

（2）单击“节目”面板右下侧的“提升”按钮，入点和出点之间的素材将被删除，如图 3-63 所示。

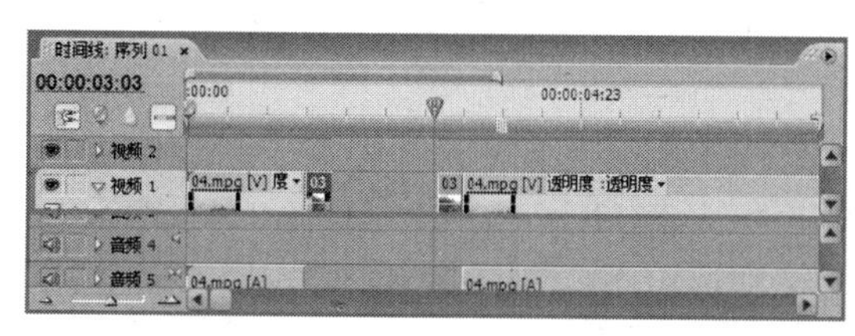

图 3-63　提升素材后的效果

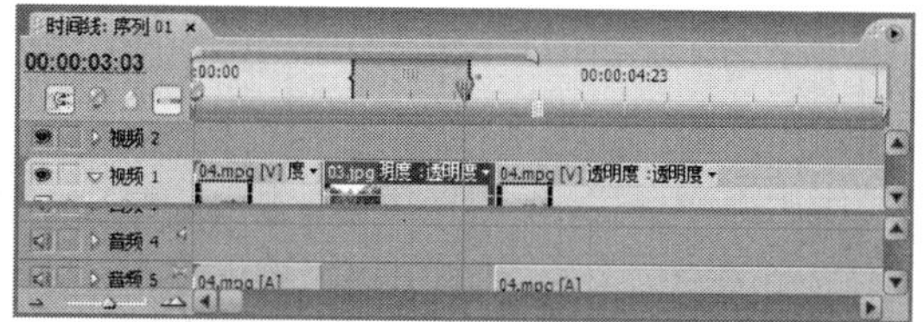

图 3-64　设置提升素材的入点和出点

### 2．提取素材

使用“提取”工具对影片进行删除修改时，被删除片段之后的素材将向前移动填补，且其他未锁定轨道位于该范围内的素材都将被删除。

【例 3-18】 在“插入素材.prproj”（立体化教学:\实例素材\第 3 章\插入素材.prproj）项目文件中提取 03.jpg 图片素材，完成后的效果如图 3-65 所示（立体化教学:\源文件\第 3 章\提取素材.prproj）。

（1）打开“插入素材.prproj”项目文件，在“节目”面板中为需要提取的素材片段设置入点和出点，此时，在“时间线”面板中将同时显示其入点和出点，如图 3-66 所示。

（2）单击“节目”面板右下侧的“提取”按钮，入点和出点之间的素材将被删除，后面的素材将向前移，同时其他未锁定轨道位于该范围内的素材也将被删除，如图 3-65 所示。

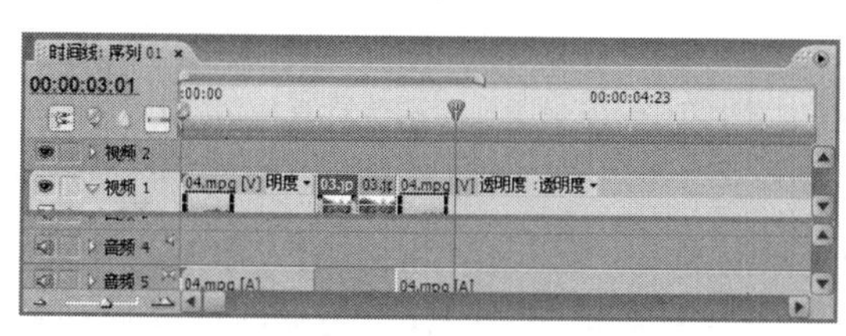

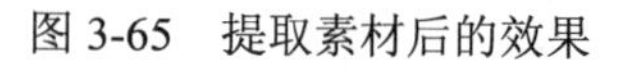

图 3-65　提取素材后的效果

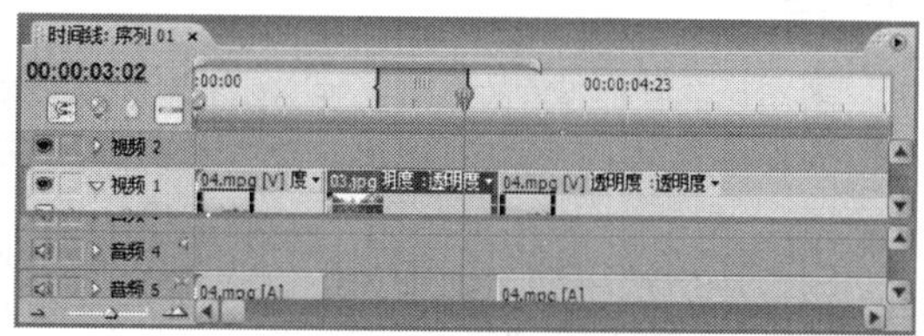

图 3-66　设置提取素材的入点和出点

## 3.3.4　分离和链接素材

在利用 Premiere Pro CS3 制作影片时，有时需要将影片的视频和音频分离，有时为了便于编辑，也需要将视频和音频链接。

【例 3-19】 将"影片 4.mpg"（立体化教学:\实例素材\第 3 章\影片 4.mpg）素材中的音频分离并删除音频，然后导入 the truth that.wma 音频与视频链接，完成后的效果如图 3-67 所示（立体化教学:\源文件\第 3 章\分离音频.prproj）。

（1）导入"影片 4.mpg"和 the truth that.wma 素材，将"影片 4.mpg"拖动到"时间线"面板中，并选择素材，单击鼠标右键，在弹出的快捷菜单中选择"解除视音频链接"命令，即可分离素材的视频和音频部分，如图 3-68 所示。

（2）选中视频的音频部分，按 Delete 键将其删除，然后将 the truth that.wma 音频拖动到音频 5 轨道中。

（3）在"时间线"面板中框选视频和音频片段，然后单击鼠标右键，在弹出的快捷菜单中选择"链接视音频"命令即可。

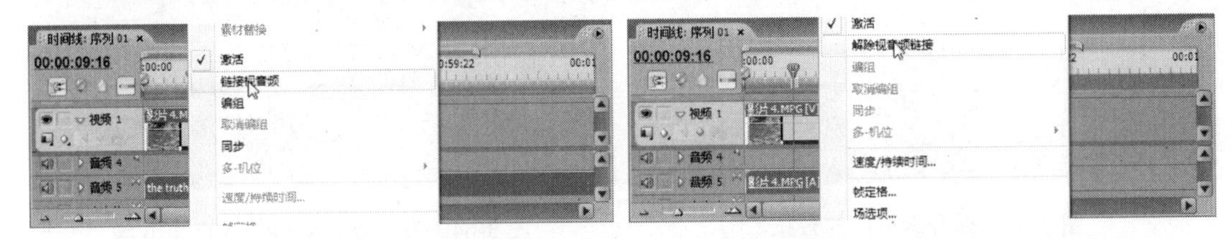

图 3-67 链接音频　　　　图 3-68 分离素材的音视频

**提示：**

当链接在一起的音、视频被分离后，分别移动使音、视频错位，然后再链接在一起，片段上将会出现警告，并标示错位时间，负值表示向前偏移，正值表示向后偏移。

### 3.3.5 群组和链接素材

在制作影片时，常常会用到许多素材，并要对一些素材做相同的调整，此时，可以利用"群组"命令，将素材组合为整体，然后进行统一编辑。

在"时间线"面板中利用 Shift 键选择需要群组的素材，再在选择的素材上单击鼠标右键，在弹出的快捷菜单中选择"编组"命令，群组后的素材在进行移动或复制时，将作为一个整体进行操作。

**提示：**

群组后的素材不能改变其属性，如不能像单个素材一样改变不透明度或添加特效等。另外，若要取消群组效果，可直接在群组的素材上单击鼠标右键，在弹出的快捷菜单中选择"取消编组"命令。

在制作复杂的影片过程中，常常会用到嵌套素材操作，建立嵌套素材的方法是：在"时间线"面板中切换到目标时间线，然后选择要产生嵌套素材的时间线，将该时间线拖动到目标时间线上即可。若要对源时间线进行编辑，只需双击嵌套素材即可。

使用嵌套素材的方法，可以完成一般剪辑无法完成的复杂工作，并且可以在很大程度上提高工作效率。

**提示：**

处理多级嵌套素材时会占用较大的内存和大量的时间，另外，不能将未剪辑的空时间线作为嵌套素材。

### 3.3.6　应用举例——合成“古镇游”影片

使用本节介绍的剃刀工具、“提升”和“吸取”功能以及分离与链接素材的知识，合成“古镇游”影片，最终效果如图 7-69 所示（立体化教学:\源文件\第 3 章\古镇游.prproj）。

图 3-69　古镇游

操作步骤如下：

（1）选择“文件/导入”命令，导入“古镇游.avi”、“雨的印记.wma”和 04.jpg、05.jp、10.jpg、12.jpg 素材文件（立体化教学:\实例素材\第 3 章\古镇游）。

（2）在“时间线”面板中将“古镇游.avi”素材拖动到“视频 1”轨道上，此时，“视频 1”轨道将显示影片的视频部分，“音频 5”轨道将显示影片的音频部分，如图 3-70 所示。

（3）在“节目”面板中播放并观看效果，当节目播放到 14 秒 18 帧时，由于画面画质模糊，单击“停止”开关按钮■停止播放，时间标记将停在 14 秒 18 帧处。

（4）选择“剃刀工具”，在 14 秒 18 帧处单击，即可在此处将视频剪为两段，如图 3-71 所示。

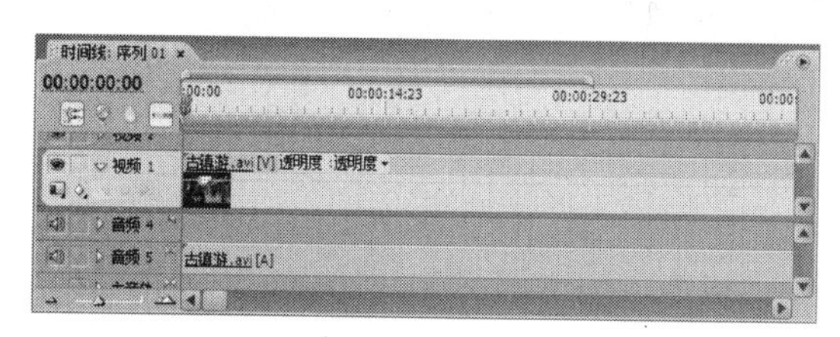


图 3-70　向“时间线”面板中添加素材

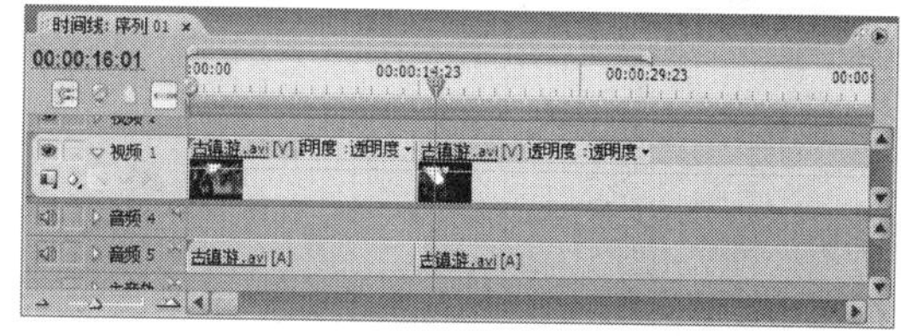


图 3-71　使用剃刀工具剪切影片

（5）继续播放影片，在 3 分 17 秒 06 帧处单击“停止”开关按钮■停止播放，然后在“工具”面板中选择“剃刀工具”，在时间标记处单击，将影片剪切。

（6）选择“选择工具”，在“视频 1”轨道中选择影片中间的片段，按 Delete 键将其删除，如图 3-72 所示。

（7）在“时间线”面板中将 05.jpg 素材拖动到“视频 2”轨道上，选中第 1 个视频片段，按住鼠标左键，向右拖动到 05.jpg 素材的出点处释放鼠标，如图 3-73 所示。

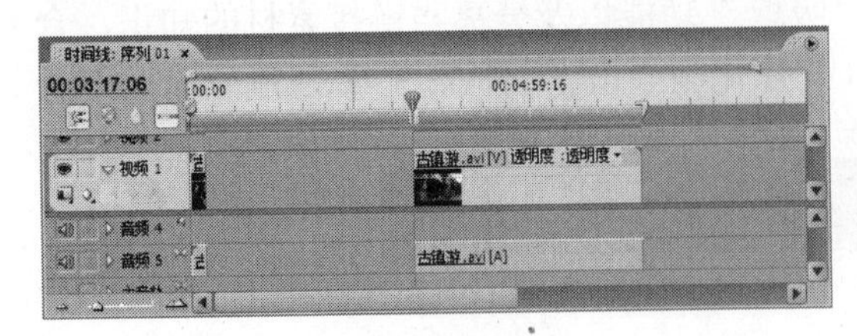


图 3-72　删除影片片段

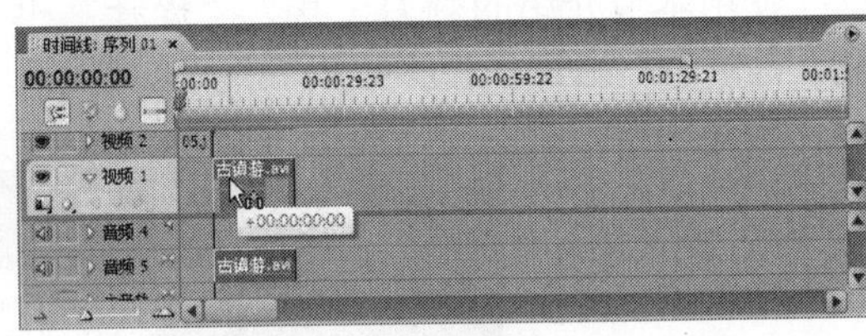


图 3-73　移动影片片段

（8）分别将 05.jp、10.jpg 和 12.jpg 素材拖动到“时间线”面板的“视频 2”轨道中，如图 3-74 所示。

（9）利用“选择工具” 和“轨道选择工具” 调整素材的出点和入点，效果如图 3-75 所示。

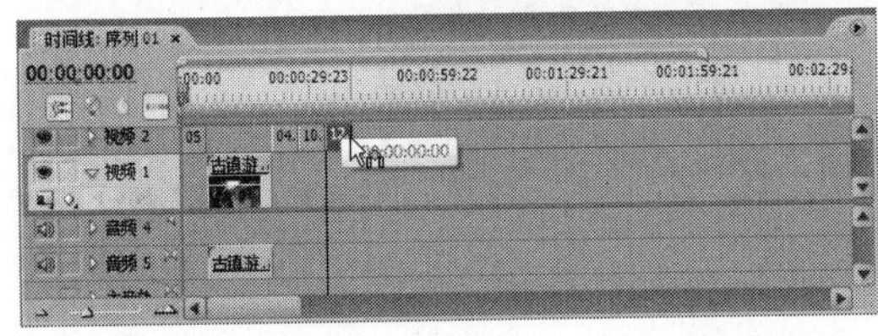


图 3-74　向“时间线”面板中添加素材

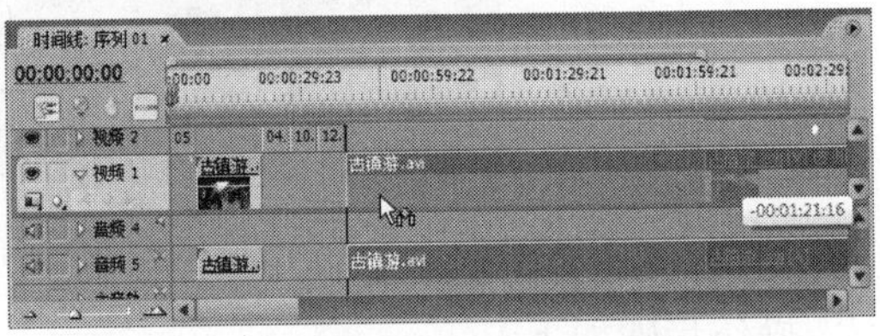

图 3-75　调整素材的入点和出点

（10）选择“选择工具” ，选择“视频 1”轨道上的第一个视频片段，单击鼠标右键，在弹出的快捷菜单中选择“解除视音频链接”命令，分离音频和视频，如图 3-76 所示。

（11）选择音频素材，单击鼠标右键，在弹出的快捷菜单中选择“清除”命令，将音频删除。

（12）利用相同的方法，将“视频 1”轨道中的第 2 个视频片段的音频删除，删除后的效果如图 3-77 所示。

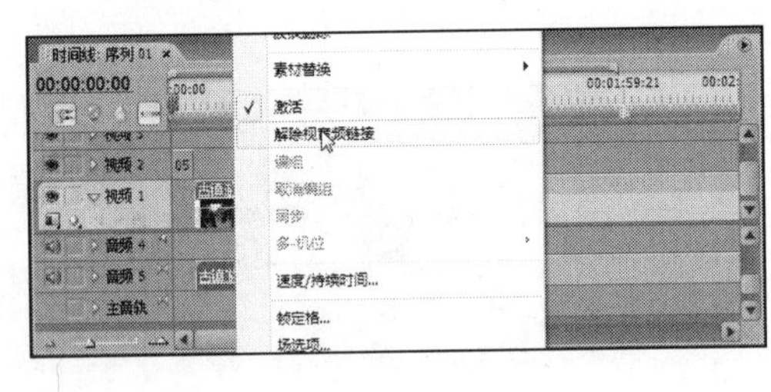


图 3-76　分离音视频

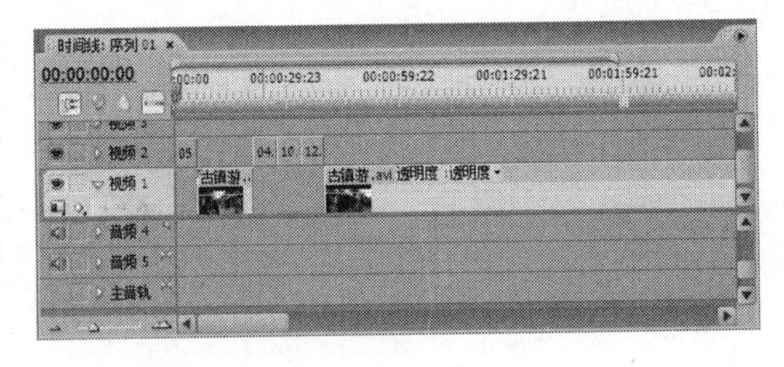


图 3-77　删除音频素材

（13）将“项目”面板中的“雨的印记.wma”素材拖到“音频 1”轨道上，将时间标记移动到视频结束位置，选择“剃刀工具” ，将多余的音频剪切并删除，效果如图 3-78 所示。

（14）选择“文件/保存”命令，将项目文件保存。

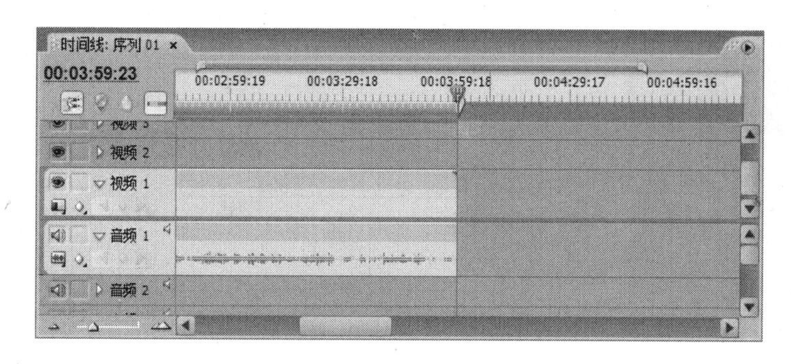


图 3-78　剪切音频

# 3.4　创建新元素

在 Premiere Pro CS3 中可以新建素材元素，以满足影片的特殊制作要求。

## 3.4.1　通用倒计时

通用倒计时一般用于影片开始前的准备，在 Premiere Pro CS3 中，用户可以方便快捷地创建一个标准的倒计时素材，并对其进行修改，这可通过“通用倒计时片头设置”对话框实现。单击“项目”面板下方的“新建分类”按钮，在弹出的菜单中选择“通用倒计时片头”选项，即可打开“通用倒计时片头”对话框。

“通用倒计时片头设置”对话框中各选项的含义如下。

- **擦除色**：即擦除颜色，播放倒计时影片时，在指示线转动方向之后的颜色为擦除色。
- **背景色**：即背景的颜色，指示线转动方向之前的颜色为背景色。
- **线条色**：即指示线颜色，该设置项设置的是固定十字和转动的指示线的颜色。
- **目标色**：即倒计时影片中圆圈的颜色。
- **数字色**：即数字颜色，指定倒计时影片中数字的颜色。
- ☑出点提示音(O) **复选框**：选中该复选框，表示在倒计时结束时显示标志图形。
- ☑倒数 2 秒处响提示音(C) **复选框**：选中该复选框，表示当倒计时中的数字显示到 2 时发出提示音。
- □所有报秒处响提示音(S) **复选框**：选中该复选框，表示在每一秒开始的时候都要发出提示音。

**【例 3-20】** 创建一个默认颜色的通用倒计时，完成后的效果如图 3-79 所示（立体化教学:\源文件\第 3 章\默认通用倒计时.prproj）。

（1）在“项目”面板下方单击“新建分类”按钮，在弹出的菜单中选择“通用倒计时片头”选项，打开“通用倒计时片头设置”对话框，如图 3-80 所示。

（2）直接单击 确定 按钮，程序即可自动将该段默认倒计时影片添加到“项目”面板中。

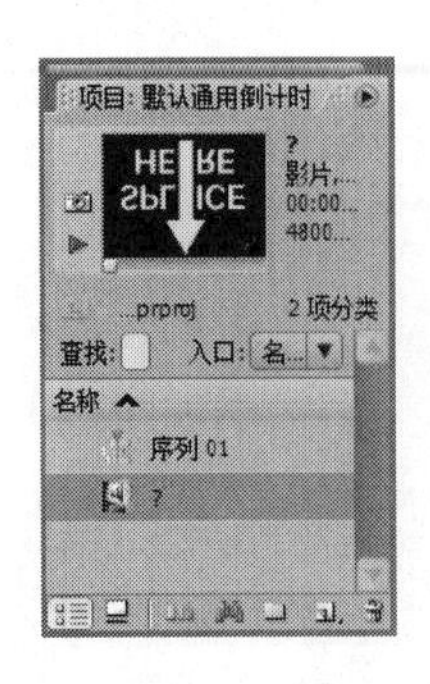


图 3-79 默认通用倒计时

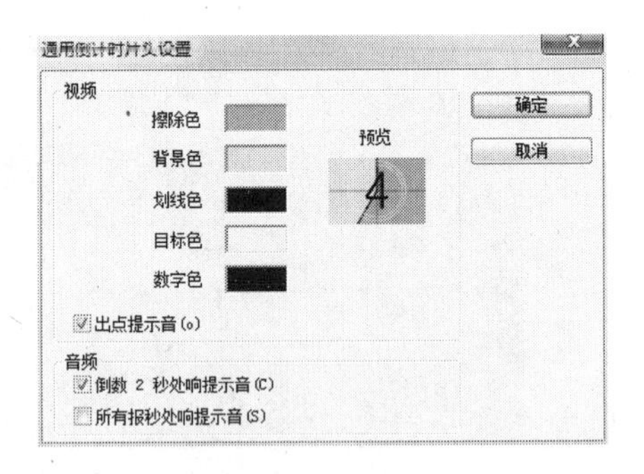


图 3-80 “通用倒计时片头设置”对话框

**技巧：**

在“项目”面板或“时间线”面板中双击倒计时素材，打开“通用倒计时片头”对话框，可以对倒计时进行编辑。

### 3.4.2 彩条和黑场

在 Premiere Pro CS3 中，可为影片的片头设置一段彩条或黑场视频来作为开始前的准备。

**1．彩条**

在“项目”面板下方单击“新建分类”按钮，在弹出的菜单中选择“彩条”选项，即可在“项目”面板中创建一段彩条，如图 3-81 所示。

**2．黑场**

在“项目”面板下方单击“新建分类”按钮，在弹出的菜单中选择“黑场视频”选项，即可在“项目”面板中创建黑场视频，如图 3-82 所示。

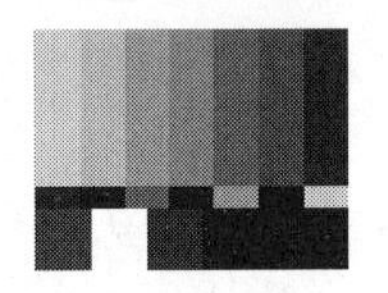

图 3-81 “彩条”新元素

图 3-82 “黑场视频”新元素

### 3.4.3 彩色蒙版

Premiere Pro CS3 还提供了创建彩色蒙版功能，用户可以将彩色蒙版作为背景，或利用“透明度”来设定色彩的透明程度。

**【例 3-21】** 创建一个红色的彩色蒙版，命名为“红红火火”，完成后的效果如图 3-83 所示（立体化教学:\源文件\第 3 章\彩色蒙版.prproj）。

（1）在“项目”面板下方单击“新建分类”按钮，在弹出的菜单中选择“彩色蒙版”选项，打开“颜色拾取”对话框。

（2）在“颜色拾取”对话框中拾取红色，单击确定按钮，打开“选择名称”对话框，在其中输入“红红火火”命名模版，如图 3-84 所示。

（3）单击确定按钮，创建的彩色蒙版将显示在“项目”面板中。

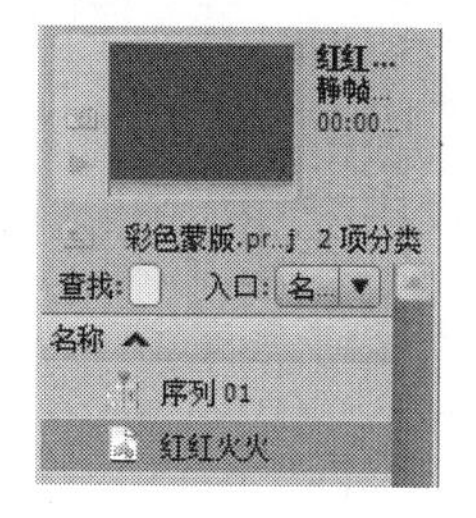


图 3-83 彩色蒙版新元素

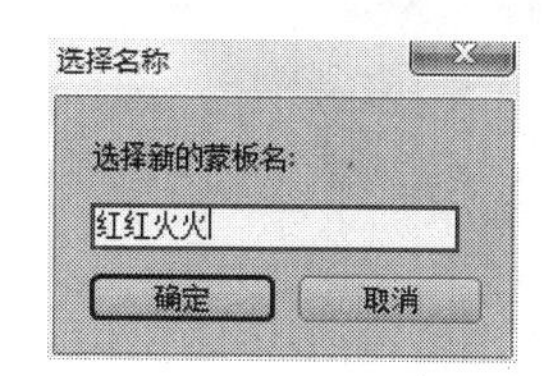


图 3-84 “选择名称”对话框

**技巧：**

在“项目”面板或“时间线”面板中双击创建的彩色蒙版，打开“颜色拾取”对话框，可以在其中修改彩色蒙版的颜色。

### 3.4.4 透明视频

在 Premiere Pro CS3 中，若要将某一特效应用到多段影片中时，不需要重复地进行复制和粘贴操作，只需要创建一个透明视频新元素，然后将特效应用到透明视频轨道中，特效结果将自动显示在下面的视频轨道中。

创建透明视频的方法与创建彩条和黑场视频的方法相似，只需在“项目”面板下方单击“新建分类”按钮，再在弹出的菜单中选择“透明视频”选项即可。

### 3.4.5 应用举例——创建“倒计时”效果

使用 Premiere Pro CS3 提供的创建新元素功能，创建一个倒计时，效果如图 3-85 所示（立体化教学:\源文件\第 3 章\创建倒计时.prproj）。

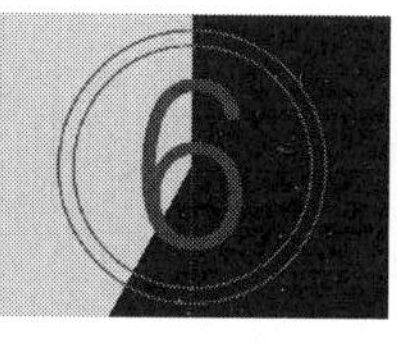

图 3-85 倒计时效果

操作步骤如下：

（1）选择“文件/新建/项目”命令，新建一个项目，命名为“创建倒计时”。

（2）在“项目”面板下方单击“新建分类”按钮，在弹出的菜单中选择“通用倒计时片头”选项，打开“通用倒计时片头设置”对话框。

（3）单击“擦除色”后的颜色框，打开“颜色拾取”对话框，在其中拖动右侧的滑块，在左侧的颜色框中单击选取颜色，如图 3-86 所示。然后单击确定按钮返回“通用倒计时片头设置”对话框。

（4）利用相同的方法，设置“背景色”为白色、“划线色”为红色、“目标色”为紫色、“数字色”为红色，如图 3-87 所示。

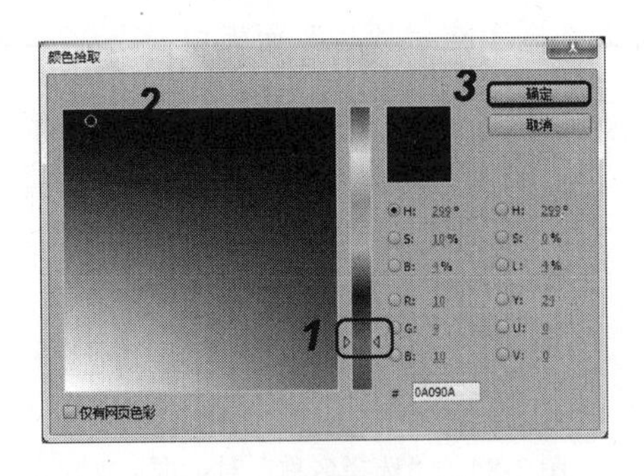


图 3-86　“颜色拾取”对话框

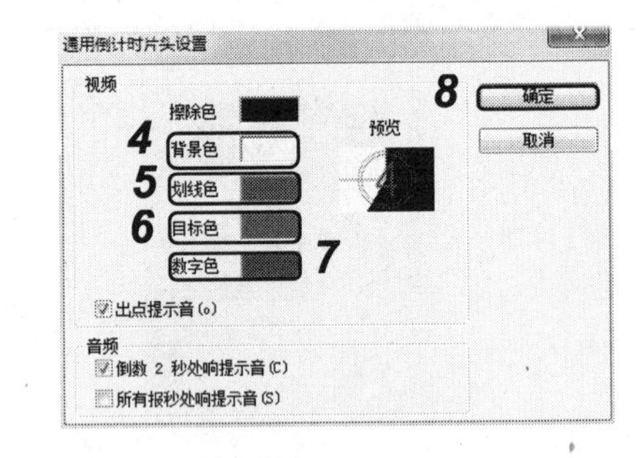


图 3-87　“通用倒计时片头设置”对话框

（5）在“通用倒计时片头设置”对话框的右侧将显示倒计时的预览效果，完成后单击 确定 按钮即可，创建的倒计时将在“项目”面板中显示，将“倒计时”新元素拖到“时间线”面板中即可观看效果。

# 3.5　设置素材播放效果

为了突出素材的特点，可以为素材设置不同的播放效果，如快速播放和淡入淡出等。

## 3.5.1　处理快慢镜头

处理快慢镜头是指设置素材播放的前进或后退速度，从而形成快慢镜头的效果。只需在“时间线”面板中需要处理的素材上单击鼠标右键，在弹出的快捷菜单中选择“速度/持续时间”命令，打开“素材速度/持续时间”对话框，然后在“速度”文本框中输入数值来指定素材的速度，如图 3-88 所示。设置完成后单击 确定 按钮即可。

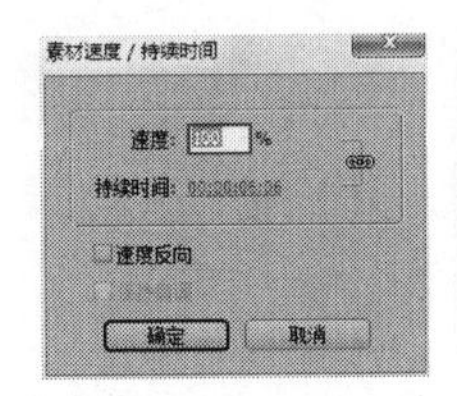


图 3-88　“素材速度/持续时间”对话框

**提示：**

用户可在“速度”文本框中输入 0~10000 之间的数值。若选中 ☑速度反向 复选框，素材将以设置的速度的相反速度播放；若输入的数值大于 100，则加快素材的播放速度；小于 100，则减慢素材的播放速度。

## 3.5.2　设置淡入和淡出效果

在对素材设置淡入和淡出效果时，不能将素材放在“视频 1”轨道上。

【例 3-22】 为“春暖花开.prproj”项目文件中的素材添加淡入和淡出效果，完成后的效果如图 3-89 和图 3-90 所示（立体化教学:\源文件\第 3 章\设置素材效果.prproj）。

图 3-89　淡入效果

图 3-90　淡出效果

（1）打开“春暖花开.prproj”项目文件，在“视频 2”轨道上，单击“展开”按钮，将“视频 2”轨道展开。

（2）将时间标记移动到第 1 帧处，单击轨道左侧的“添加帧”按钮，在第 1 帧处添加一个关键帧。

（3）将时间标记移动到第 1 个素材片段的最后 1 帧处，单击轨道左侧的“添加帧”按钮，添加一个关键帧，如图 3-91 所示。

（4）将鼠标指针移动到第 1 个关键帧处，当其变为形状时按住鼠标左键不放向下拖动，如图 3-92 所示。

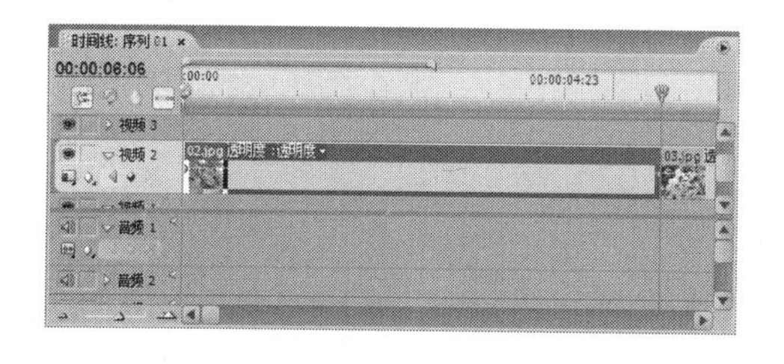


图 3-91　添加关键帧

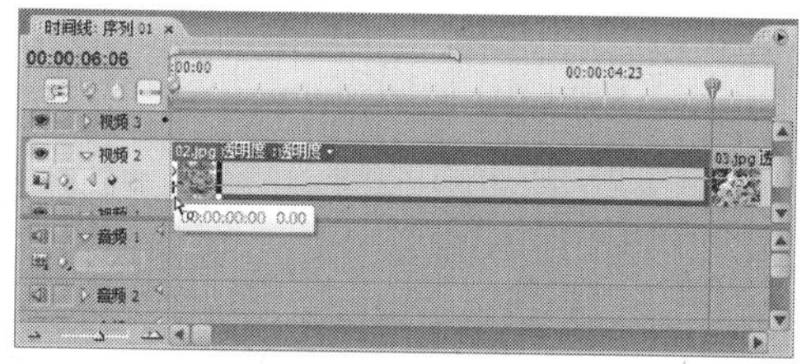


图 3-92　拖动关键帧位置

（5）拖动到合适位置释放鼠标，即可为素材添加淡入效果。

（6）利用相同的方法为最后一个素材片段设置淡出效果。

### 3.5.3　应用举例——处理快镜头

使用“剃刀工具”和“速度/持续时间”命令将“古镇游.avi”（立体化教学:\实例素材\第 3 章\古镇游\古镇游.avi）影片的前半部分处理为快镜头，效果如图 3-93 所示（立体化教学:\源文件\第 3 章\快镜头古镇游.prproj）。

图 3-93　快镜头影片效果

操作步骤如下：

（1）创建“快镜头古镇游.prproj”文件，选择“文件/导入”命令，导入“古镇游.avi”

素材文件。

（2）在“项目”面板中将“古镇游.avi”素材拖动到“视频 1”轨道上，此时“视频 1”轨道将显示影片的视频部分，“音频 5”轨道将显示影片的音频部分，如图 3-94 所示。

（3）在“节目”面板中播放并观看效果，直到影片播放至 3 分 18 秒 09 帧处，单击“停止”开关按钮■停止播放，时间标记将停在 3 分 18 秒 09 帧处。

（4）选择“剃刀工具”，在时间标记停止处单击，将视频剪为两段，如图 3-95 所示。

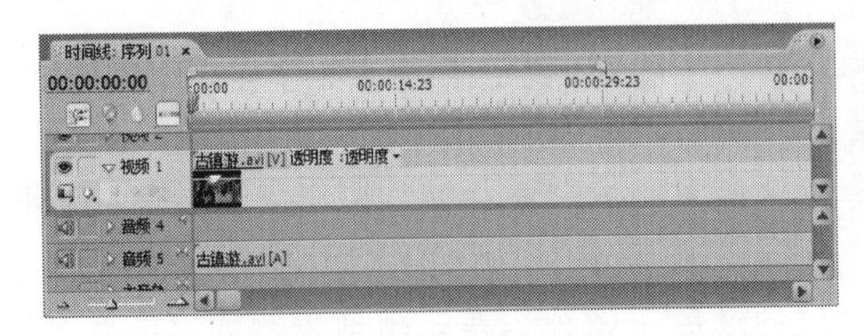


图 3-94　向“时间线”面板添加素材

图 3-95　利用剃刀工具剪断影片

（5）选择第一段视频，选择“素材/速度/持续时间”命令或按 Ctrl+R 键打开“素材速度/持续时间”对话框，在其中的“速度”文本框中输入 200，如图 3-96 所示。

（6）设置完成后单击 确定 按钮。“时间线”面板的效果如图 3-97 所示。

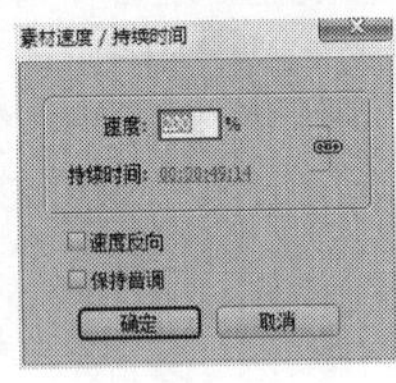


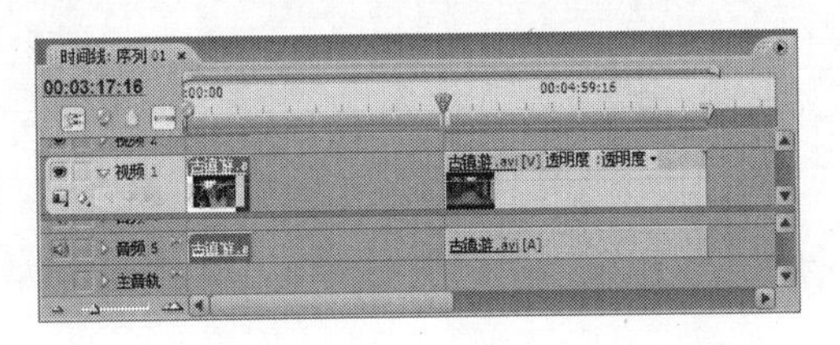


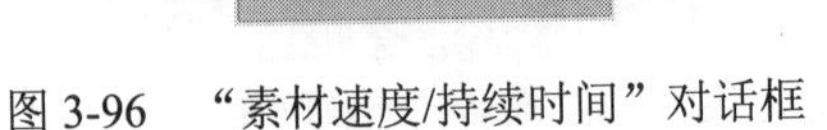
图 3-96　“素材速度/持续时间”对话框　　图 3-97　“时间线”面板快镜头效果

# 3.6　上机及项目实训

## 3.6.1　制作“水中的生物”视频

本次实训将制作一个“水中的生物”视频，其最终效果如图 3-98 所示（立体化教学:\源文件\第 3 章\水中的生物.prproj）。在该练习中，将使用到导入素材和编辑素材的操作。

图 3-98　“水中的生物”视频

### 1. 导入素材

使用“导入”命令导入素材，操作步骤如下：

（1）选择“文件/新建/项目”命令，新建一个项目，命名为“水中的生物”。

（2）选择“文件/导入”命令，导入“框.png”和“蝌蚪.mpg”素材文件（立体化教学:\实例素材\第 3 章\框.png、蝌蚪.mpg）。

（3）将“蝌蚪.mpg”素材文件拖动到“视频 1”轨道中、“框.png”素材文件拖动到“视频 2”轨道中，如图 3-99 所示。

（4）在“节目”面板中播放导入的素材，观看其效果。

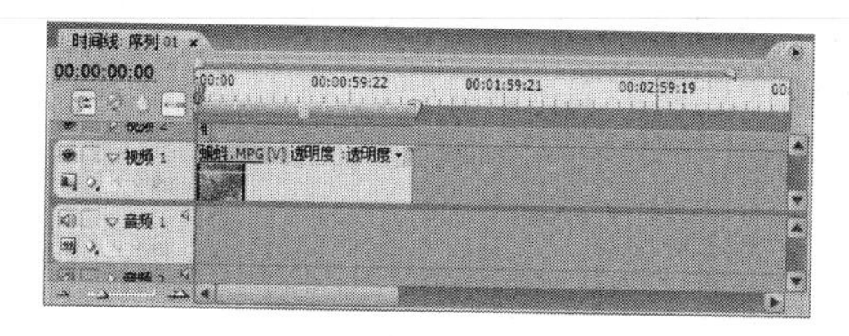

图 3-99　向“时间线”面板中添加素材

### 2. 编辑素材

在其他软件中编辑素材，操作步骤如下：

（1）通过观察发现，图片素材比影片素材时间短，且大小不等。因此，在“时间线”面板中选中“框.png”素材，将鼠标光标移动到素材的出点处，当其变为⊣形状时，向右拖动到与影片素材对齐的位置，如图 3-100 所示。

（2）在“项目”面板中选择“框.png”素材，然后选择“编辑/编辑原始素材”命令，素材将在 Photoshop 中打开。

（3）按 Ctrl+T 键，对素材进行自由变换，拖动四角的控制点，调整到合适位置，如图 3-101 所示。

（4）按 Ctrl+S 键保存，激活 Premiere Pro CS3 面板，即可在其中看到素材的变化，完成后的效果如图 3-98 所示。

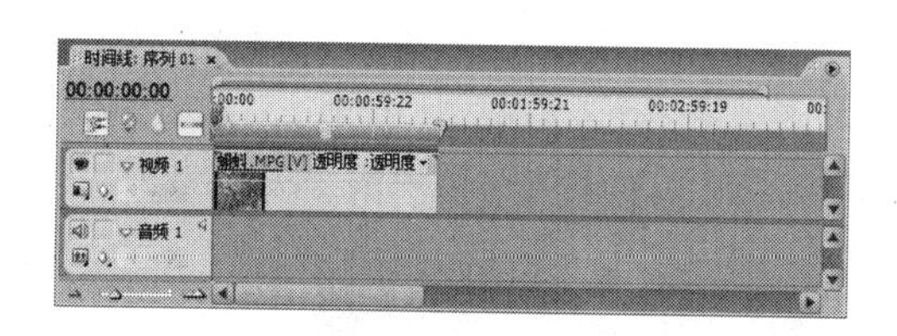

图 3-100　调整素材长度

图 3-101　在 Photoshop 中编辑素材

## 3.6.2　制作“游乐园纪念”视频

综合利用本章和前面所学知识，制作“游乐园纪念”视频，完成后的最终效果如图 3-102 所示（立体化教学:\源文件\第 3 章\游乐园纪念.prproj）。

图 3-102 “游乐园纪念”视频

主要操作步骤如下：

（1）新建一个名称为“游乐园纪念”的项目，导入“游乐园.mpg”素材文件。

（2）在“项目”面板下方单击“新建分类”按钮，在弹出的菜单中选择“通用倒计时片头”选项，打开“通用倒计时片头设置”对话框。

（3）在其中的颜色框中分别设置“擦除色”为蓝色、“背景色”为紫色、“划线色”为黑色、“目标色”为灰色、“数字色”为白色。

（4）将创建的倒计时拖动到“时间线”面板中。

（5）将“游乐园.mpg”素材文件拖动到“时间线”面板中，并将其选中，然后单击鼠标右键，在弹出的快捷菜单中选择“解除视音频链接”命令，分离素材的音、视频。

（6）选择音频部分，按 Delete 键将其删除。

（7）导入 01.wma 音频文件，将其添加到时间线上与视频的入点对齐，在“工具”面板中选择“剃刀工具”，在如图 3-103 所示处单击，切割音频。

（8）将切割后的第 2 段音频删除，如图 3-104 所示，完成后在“节目”面板中播放。

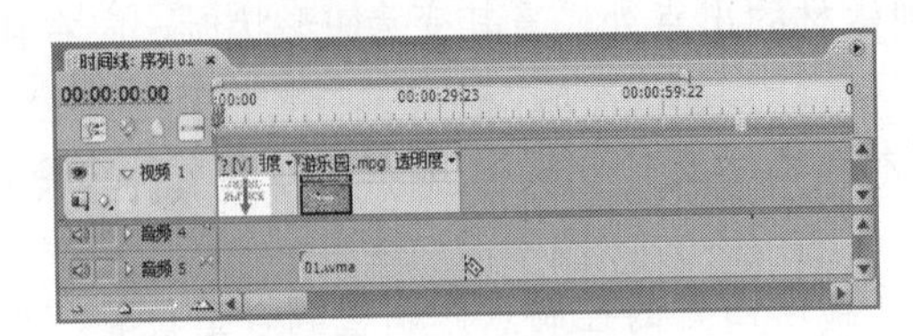

图 3-103 切割音频

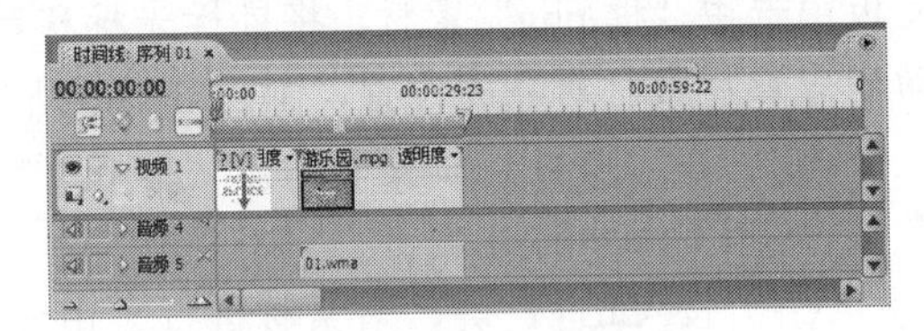

图 3-104 删除切割后的音频片段

## 3.7 练习与提高

（1）导入 03.jpg 和 04.mpg 素材文件（立体化教学:\实例素材\第 3 章\03.jpg、04.mpg），制作如图 3-105 所示的视频片段（立体化教学:\源文件\第 3 章\流水.prproj）。

提示：将图片素材放在视频素材上面的轨道上使其重合，然后调整图片素材的透明度。

图 3-105 视频片段效果

（2）导入 05.mpg 素材（立体化教学:\实例素材\第 3 章\05.mpg），制作如图 3-106 所示的具有淡入和淡出效果的视频（立体化教学:\源文件\第 3 章\游艇.prproj）。

提示：通过添加关键帧并调整关键帧的位置实现。

图 3-106　淡入和淡出效果

（3）运用 Premiere Pro CS3 提供的创建新元素功能创建“彩条”新元素并应用到“蔓珠沙华.jpg”（立体化教学:\实例素材\第 3 章\蔓珠沙华.jpg）中，效果如图 3-107 所示（立体化教学:\源文件\第 3 章\创建新元素. prproj）。

提示：创建一个“彩条”新元素，然后调整其透明度。

（4）将素材“影片 4.mpg”（立体化教学:\实例素材\第 3 章\影片 4.mpg）的音、视频分离，然后将 the truth that.wma 音频文件添加到时间线中，并与视频链接，处理后的效果如图 3-108 所示（立体化教学:\源文件\第 3 章\分离音频. prproj）。

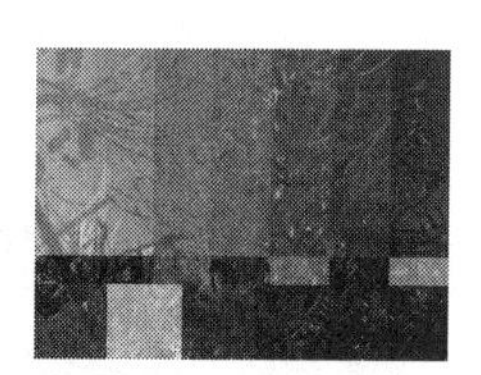

图 3-107　“彩条”新元素

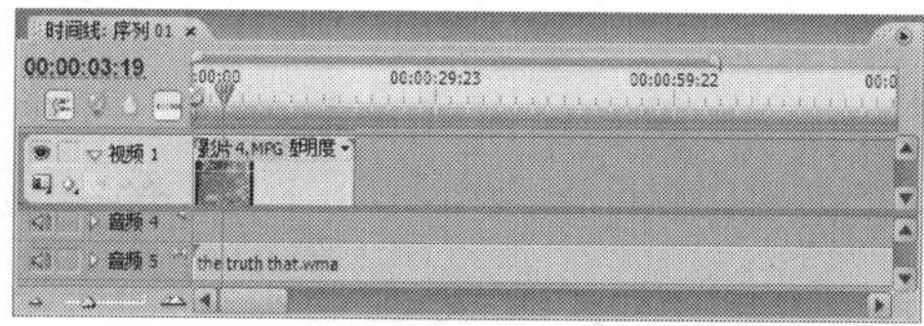


图 3-108　分离音频

## 经验技巧　总结提高编辑素材效率的方法

本章主要讲解了对素材进行编辑的方法，要想在制作作品时对素材的运用更加得心应手，除了掌握本章介绍的知识外，课后还必须学习和总结一些提高编辑素材效率的方法，这里总结以下几点供大家参考和探索。

- 将素材导入到“项目”面板时，若导入的素材较多，则应先建立“容器”，然后将素材分门别类地放入到相应的容器中，便于使用时查找。
- 在编辑素材时，使用快捷键可以提高编辑速度，因此，在操作时应善于总结各种命令的快捷键。
- 在编辑素材的过程中要善于运用复制、粘贴等操作，运用“历史”面板可以快速地还原操作。

# 第 4 章　为视频添加转场效果

## 学习目标

☑ 能够设置视频的转场效果
☑ 通过设置转场效果等制作“美丽的乌江”视频
☑ 了解各类视频转场的最终效果
☑ 通过添加不同的转场效果制作“桂林山水”视频
☑ 通过添加和设置各类转场效果制作“罂粟之殇”视频
☑ 综合利用视频转场效果制作“花开的声音”视频

## 目标任务&项目案例

“卷页”转场效果

美丽的乌江

“缩放拖尾”转场效果

“中心卷页”转场效果

“圆形划像”转场效果

“涂料飞溅”转场效果

通过上述实例效果的展示可以发现，Premiere Pro CS3 提供了多种供影片素材或图片素材切换的转场效果，且可以为每个素材添加不同的转场效果，从而使制作的视频画面丰富多彩、生动多姿。本章将具体讲解视频转场效果的设置方法。

# 4.1　设置转场效果

设置视频转场效果涉及添加转场效果、调整切换效果和设置默认切换等基本操作，下面分别介绍。

## 4.1.1　添加转场效果

在 Premiere Pro CS3 中为素材添加各种转场效果可以丰富视频的画面，下面将详细介绍添加转场效果的方法。

将素材拖动到“时间线”面板中，切换到“效果”面板，在“视频切换效果”目录左侧单击“展开”按钮▷，展开“视频切换效果”目录，如图 4-1 所示。依次单击“展开”按钮▷，在其中选择需要的切换效果，并按住鼠标左键将其拖动到“时间线”面板的两个素材中间，如图 4-2 所示。

图 4-1　“效果”面板

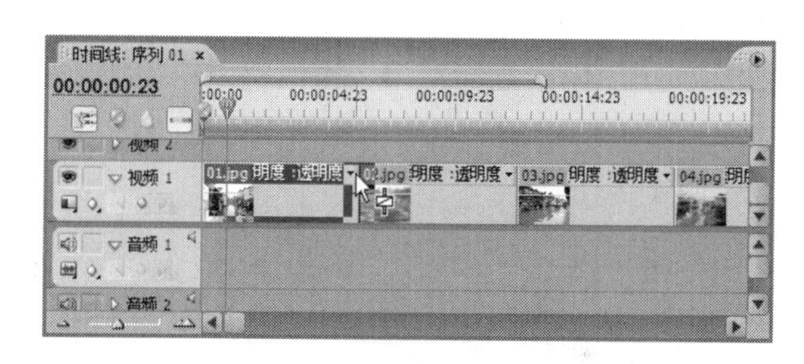


图 4-2　添加转场效果

**提示：**

添加的转场效果只能放在素材的入点、出点或两个素材之间。

**【例 4-1】**　为“春暖花开.prproj”项目文件（立体化教学:\实例素材\第 4 章\春暖花开.prproj）中的素材添加转场效果，完成后的效果如图 4-3 所示（立体化教学:\源文件\第 4 章\春暖花开.prproj）。

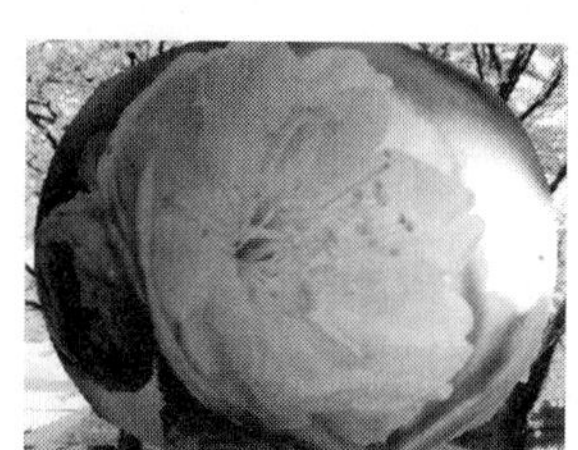

图 4-3　春暖花开

（1）选择“文件/打开项目”命令，打开“打开项目”对话框，在其中的列表框中选择“春暖花开.prproj”项目文件。

（2）单击 打开(O) 按钮，打开“春暖花开.prproj”项目文件，其在“时间线”面板中的效果如图 4-4 所示。

（3）切换到“效果”面板，在“视频切换效果”目录左侧单击“展开”按钮▷，依次展开“3D 运动”类切换效果。

（4）在其中选择“上折叠”切换效果，将其拖动到“时间线”面板中第一个素材的入点，效果如图 4-5 所示。

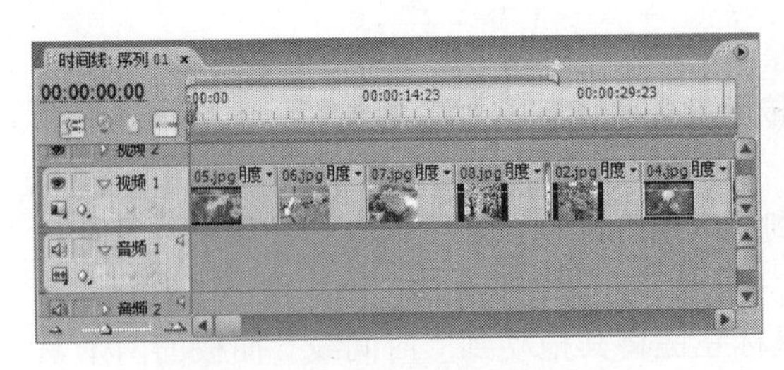

图 4-4 “时间线”面板

图 4-5 应用“上折叠”切换效果

（5）利用相同的方法在第 1 张和第 2 张素材之间添加“门”转场效果，效果如图 4-6 所示；在第 2 张和第 3 张素材之间添加“GPU 转场切换”类下的“卷页”转场效果，效果如图 4-7 所示。

（6）依次在相邻两张素材之间添加转场效果，完成后的最终效果如图 4-3 所示。

图 4-6 应用“门”切换效果

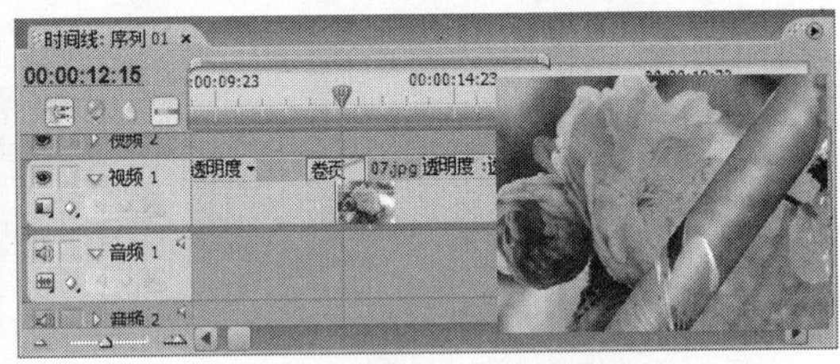

图 4-7 应用“卷页”切换效果

### 4.1.2 调整切换效果

为视频添加切换效果后，可以通过“效果控制”面板来调整切换效果。在“时间线”面板中双击切换图标，在“效果控制”面板中进行具体设置即可，如图 4-8 所示。

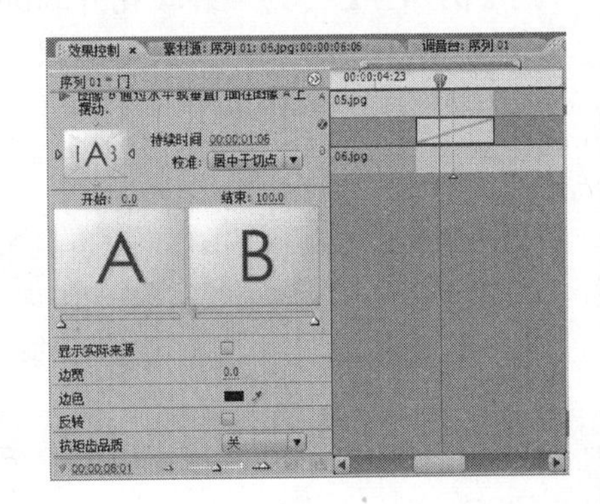

图 4-8 “效果控制”面板

其主要选项含义介绍如下。

- ▶**按钮**：单击该按钮，可以在下方预览转场效果；若设置有切换方向，可以单击预览缩略图边缘的箭头改变方向。
- **“持续时间”文本框**：在该文本框中双击，然后输入精确的时间来控制切换效果的播放时间；也可以将鼠标指针移动到该选项上，当其变为形状时拖动鼠标调整切换时间。

- **“校准”下拉列表框**：在该下拉列表框中可以选择切换对齐方式。其中包括 4 种：居中于切点，将切换方式添加到两段素材之间；开始于切点，以下一段素材的入点位置为基准对齐；结束于切点，将切换方式添加到第一段素材的出点位置；自定义开始，可以通过自定义来添加设置。
- **“开始”和“结束”滑块**：拖动这两个滑块可以设置切换转场效果速度的百分比；也可以单独拖动其中的任意一个滑块来设置状态；若按住 Shift 键的同时拖动滑块，则可以等比例调整开始和结束的位置。
- **显示实际来源**：选中该选项后的复选框，在“开始”和“结束”预览窗口中将显示素材，而不是以 A 和 B 来代替。
- **边宽**：在该选项后的文本框中输入数值可以设置切换时效果的边宽值。
- **边色**：在该选项后的颜色块上单击，将打开“颜色拾取”对话框，在其中选择需要的颜色，可以设置切换时效果的边宽的颜色。此外，也可以利用吸管在屏幕上取色。
- **反转**：选中该选项后的复选框，在播放切换效果时会将效果反向播放。
- **抗锯齿品质**：调整转场边缘的平滑度。

通过对“效果控制”面板中各参数的设置，可以调整转场效果的长度和位置等。

**提示：**

不是每一个转场效果都有上述设置参数，如“卷页”切换效果没有“边宽”、“边色”和“抗锯齿品质”设置参数，在操作时应根据具体情况进行设置。

**【例 4-2】**　为“设置转场.prproj”项目文件（立体化教学:\实例素材\第 4 章\设置转场.prproj）中的转场效果设置长度和位置，完成后的效果如图 4-9 所示（立体化教学:\源文件\第 4 章\设置转场.prproj）。

图 4-9　设置转场效果的长度和位置

（1）选择“文件/打开项目”命令，打开“打开项目”对话框，在其中的列表框中选择“设置转场.prproj”项目文件。

（2）单击 打开(O) 按钮，打开“设置转场.prproj”项目文件，其在“时间线”面板中的效果如图 4-10 所示。

（3）在“时间线”面板中双击切换图标，在“效果控制”面板中将显示其具体的设置参数。

（4）在预览缩略图上单击右上角的箭头设置卷页方向。

（5）在“持续时间”栏中拖动鼠标调整切换时间为 2 秒，在“校准”下拉列表框中选择“居中于切点”选项，选中“显示实际来源”后的复选框，如图 4-11 所示。

（6）设置完成后即可在“节目”面板中播放。

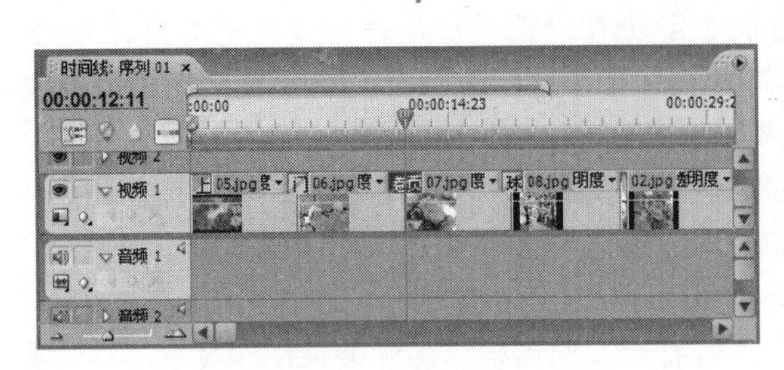


图 4-10　“时间线”面板

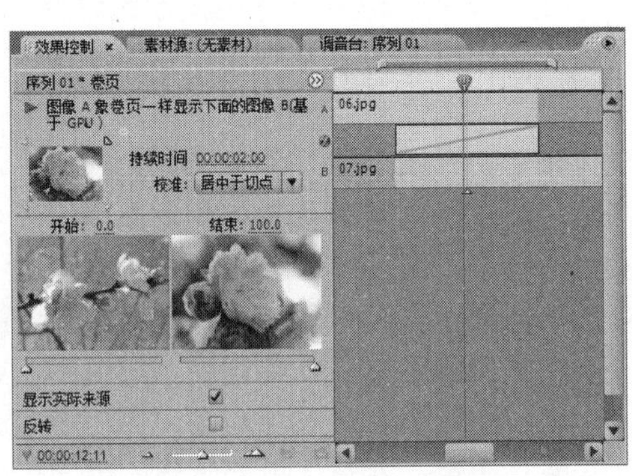


图 4-11　“效果控制”面板

**提示：**

将鼠标指针移动到切换图标中线上左右拖动，也可以改变切换的位置，如图 4-12 所示；也可以将鼠标指针移动到切换图标上，通过拖动该图标来改变位置，如图 4-13 所示。

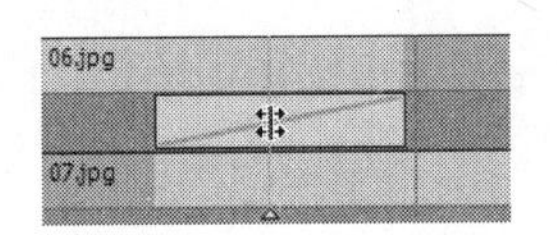


图 4-12　拖动中线改变位置

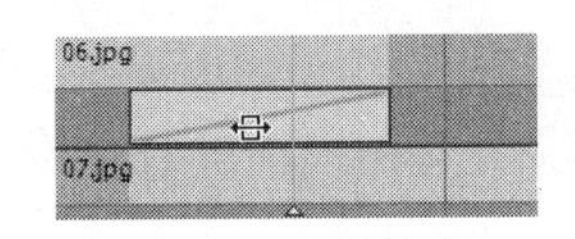


图 4-13　拖动切换图标改变位置

## 4.1.3　设置默认切换

制作视频时，有时会用到大量的素材片段，若要节约制作时间，在为素材添加转场效果时可以设置默认切换效果，从而提高工作效率。

选择“编辑/参数/常规”命令，打开“参数”对话框，在其中进行默认切换设置即可。若将当前选中的切换设置为默认，那么执行自动导入操作时应用的都将是该切换效果，如图 4-14 所示。

**技巧：**

Premiere Pro CS3 将不同类型的转场效果分类放在“视频切换效果”目录下的子文件夹中，方便用户在操作过程中进行查找和调用。

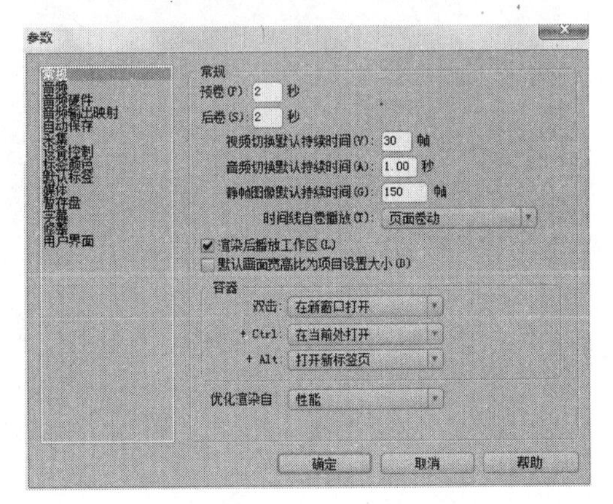


图 4-14　“参数”对话框

## 4.1.4　应用举例——制作“美丽的乌江”视频

使用本节所介绍的知识，制作“美丽的乌江”视频，包括导入素材、添加转场效果和设置切换长度和位置等，完成后的最终效果如图 4-15 所示（立体化教学:\源文件\第 4 章\

美丽的乌江.prproj）。

图 4-15　美丽的乌江

操作步骤如下：

（1）启动 Premiere Pro CS3，选择“文件/新建/项目”命令，打开“新建项目”对话框，按照图 4-16 所示进行设置。

（2）选择“文件/导入”命令，在打开的对话框中选择 01.jpg~08.jpg 素材（立体化教学:\实例素材\第 4 章\设置转场\01.jpg~08.jpg），然后单击 打开(O) 按钮，如图 4-17 所示。

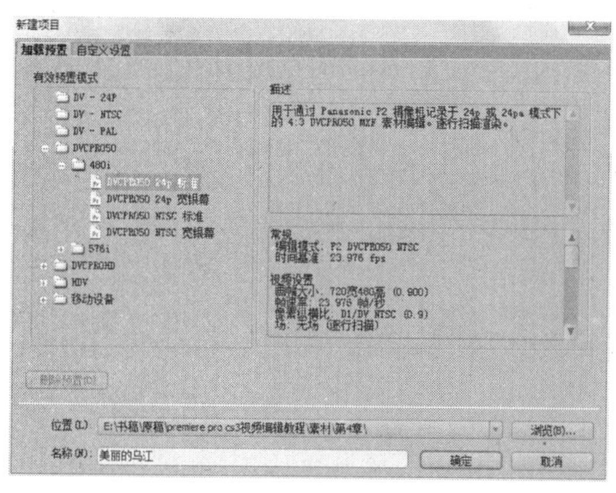


图 4-16　创建项目文件

图 4-17　导入素材文件

（3）将素材文件拖动到“时间线”面板中，如图 4-18 所示。

（4）选择“效果”选项卡，切换到“效果”面板，在“视频切换效果”目录左侧单击“展开”按钮▷，依次展开“划像”类切换效果，如图 4-19 所示。

（5）选择“圆形划像”选项，并将其拖动到“时间线”面板的第 1 个和第 2 个素材之间，如图 4-20 所示。

（6）此时在“节目”面板中将显示添加切换后的效果，如图 4-21 所示。

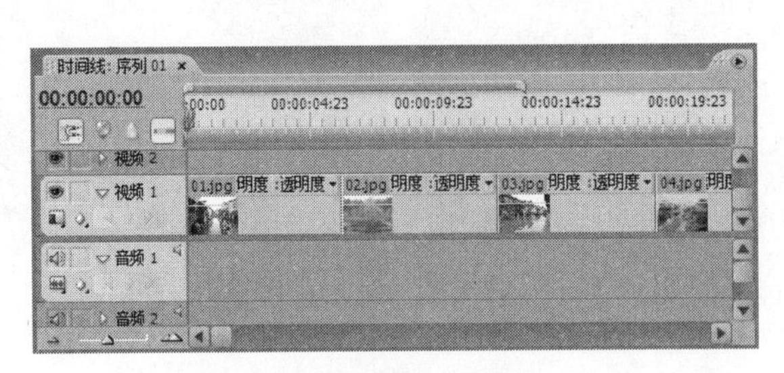


图 4-18 “时间线”面板

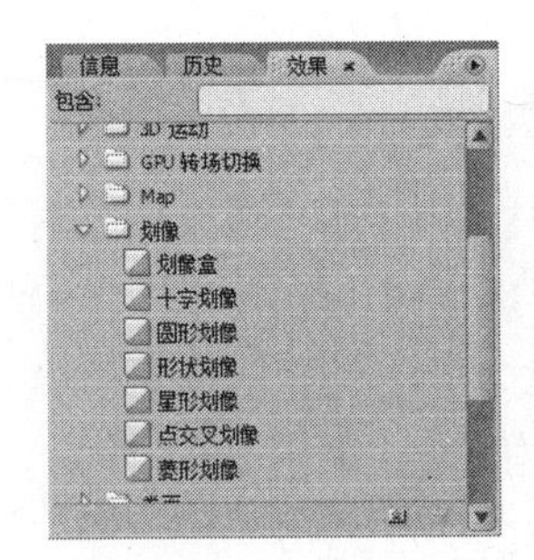


图 4-19 “效果”面板

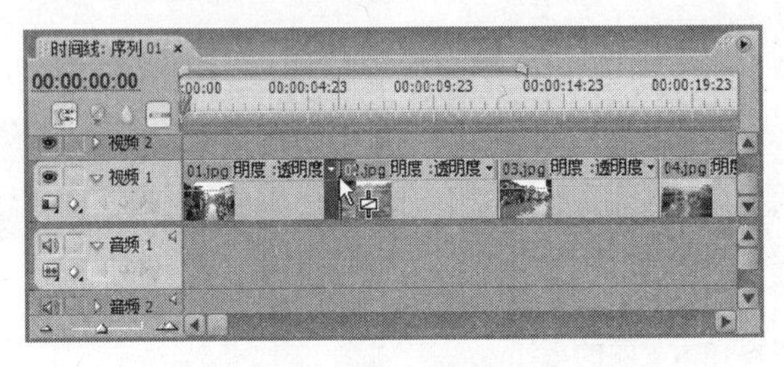


图 4-20 添加切换效果

图 4-21 添加切换后的效果

（7）利用相同的方法，为其他素材添加切换效果，完成后的“时间线”面板如图 4-22 所示。

（8）在“时间线”面板中双击切换图标，打开“效果控制”面板，在其中按照图 4-23 所示进行设置。

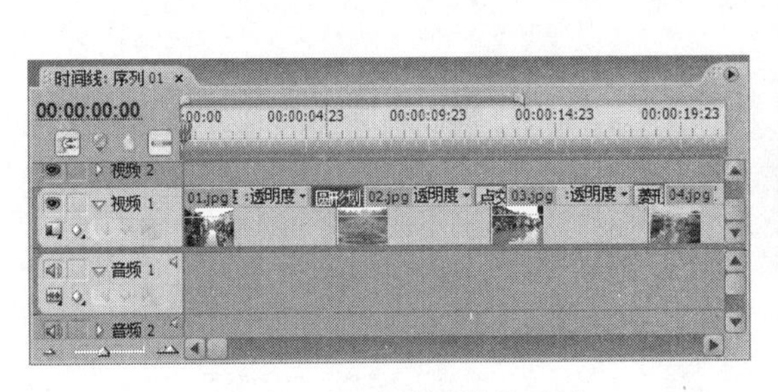


图 4-22 “时间线”面板

图 4-23 设置切换长度和位置

（9）利用相同的方法设置其他切换的长度和位置，完成后按 Ctrl+S 键保存项目，在“节目”面板中观看添加转场后的效果。

## 4.2 各类转场效果

在 Premiere Pro CS3 中提供了 11 类转场效果，每一类转场效果子文件夹中又提供了多

种转场效果。本节将详细介绍各种转场效果的应用。

### 4.2.1 “3D 运动”文件夹

在“3D 运动”类切换效果文件夹下，Premiere Pro CS3 提供了 10 种三维运动的转场效果供用户使用。

**【例 4-3】** 利用“3D 运动”类切换效果制作“可口的水果”视频文件。

（1）在“项目”面板中单击鼠标右键，在弹出的快捷菜单中选择“导入”命令，导入 1.jpg~11.jpg 图像素材（立体化教学:\实例素材\第 4 章\可口的水果\1.jpg~11.jpg），并将其添加到“时间线”面板中。

（2）在“效果”面板中将“上折叠”转场效果拖动到 1.jpg 和 2.jpg 之间，播放效果如图 4-24 所示。

图 4-24　“上折叠”转场效果

（3）在“效果”面板中将“摆入”转场效果拖动到 2.jpg 和 3.jpg 之间，播放效果如图 4-25 所示。

图 4-25　“摆入”转场效果

（4）在“效果”面板中将“摆出”转场效果拖动到 3.jpg 和 4.jpg 之间，播放效果如图 4-26 所示。

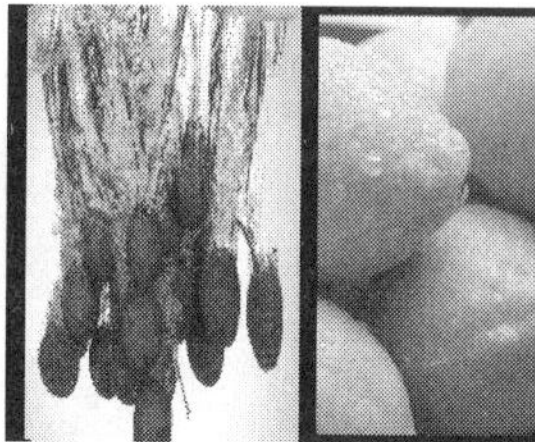
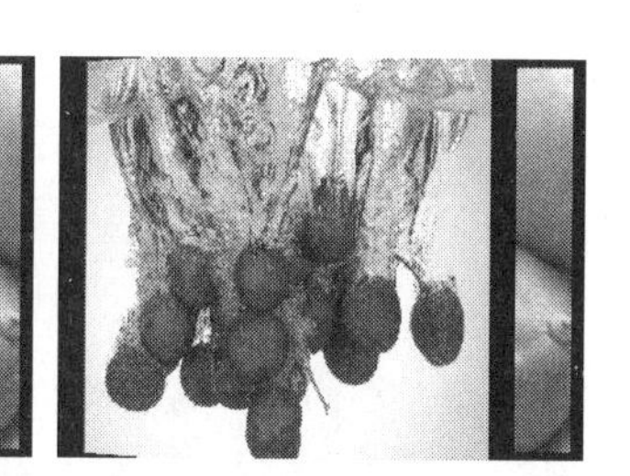

图 4-26　“摆出”转场效果

（5）在“效果”面板中将“旋转”转场效果拖动到 4.jpg 和 5.jpg 之间，播放效果如图 4-27 所示。

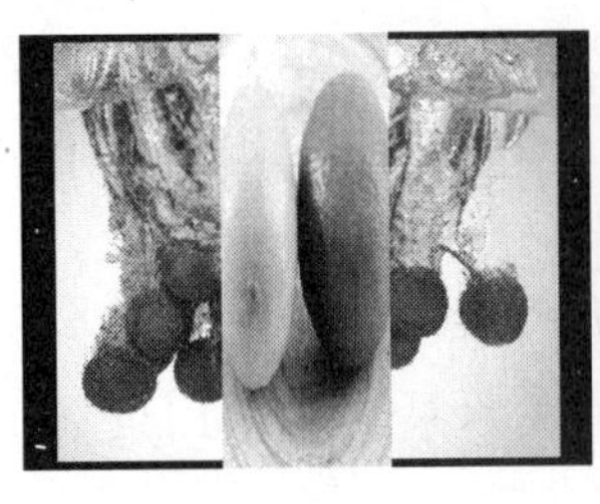 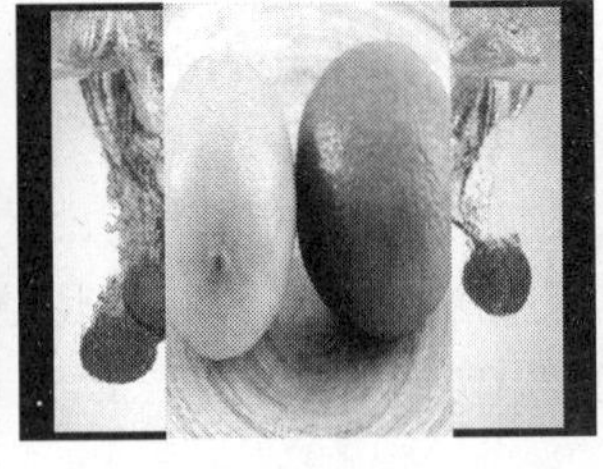 

图 4-27 “旋转”转场效果

（6）在“效果”面板中将“旋转离开”转场效果拖动到 5.jpg 和 6.jpg 之间，播放效果如图 4-28 所示。

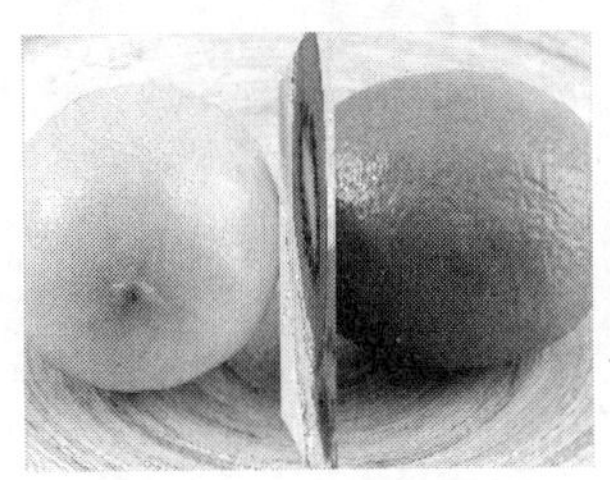 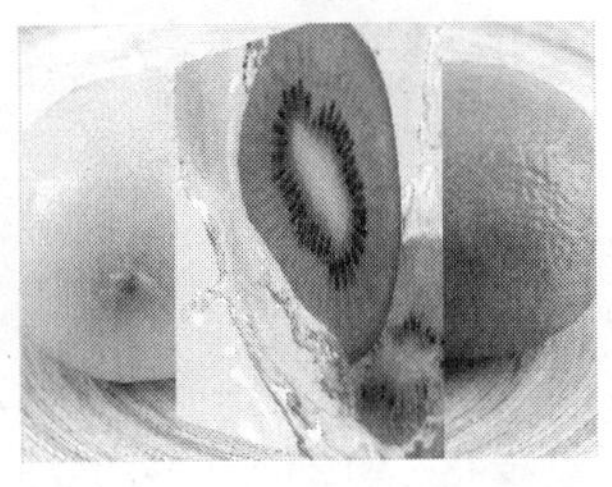 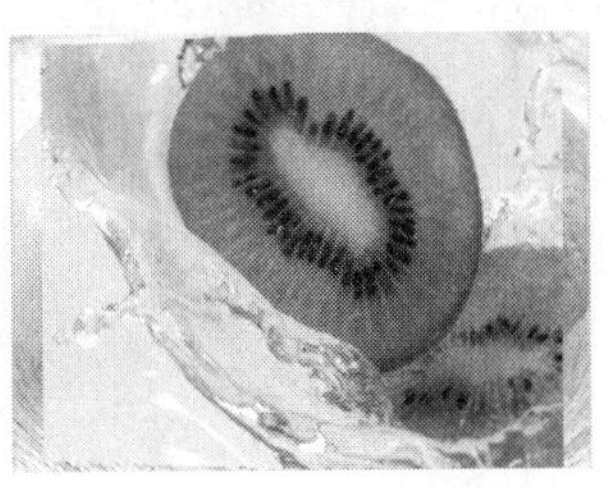

图 4-28 “旋转离开”转场效果

（7）在“效果”面板中将“窗帘”转场效果拖动到 6.jpg 和 7.jpg 之间，播放效果如图 4-29 所示。

图 4-29 “窗帘”转场效果

（8）在“效果”面板中将“立方体旋转”转场效果拖动到 7.jpg 和 8.jpg 之间，播放效果如图 4-30 所示。

  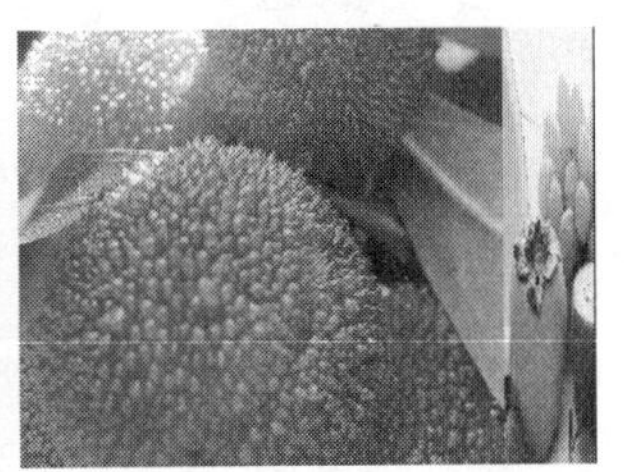

图 4-30 “立方体旋转”转场效果

**提示：**

双击切换效果在“时间线”面板中的切换图标，在打开的“效果控制”面板中可以调整素材的切换顺序（与其他部分切换效果的参数设置方式相同）。

（9）在“效果”面板中将“翻转”转场效果拖动到 8.jpg 和 9.jpg 之间，播放效果如图 4-31 所示。

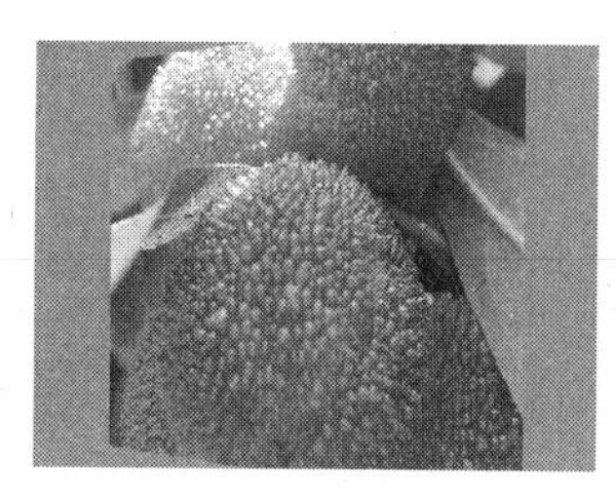 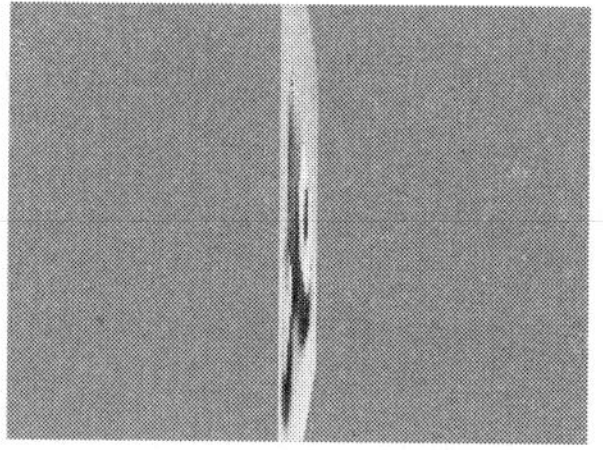 

图 4-31 “翻转”转场效果

（10）在“效果”面板中将“翻转离开”转场效果拖动到 9.jpg 和 10.jpg 之间，播放效果如图 4-32 所示。

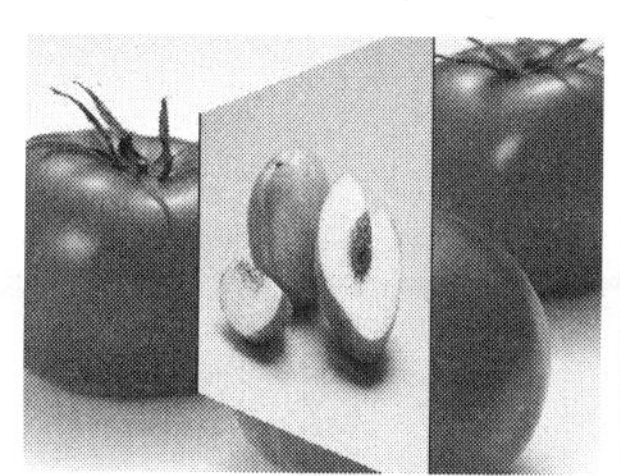  

图 4-32 “翻转离开”转场效果

（11）在“效果”面板中将“门”转场效果拖动到 10.jpg 和 11.jpg 之间，播放效果如图 4-33 所示。

 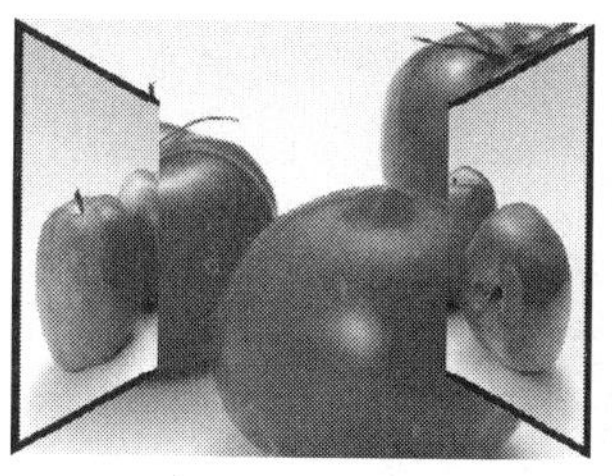 

图 4-33 “门”转场效果

（12）转场效果添加完成后，按 Ctrl+S 键保存项目（立体化教学:\源文件\第 4 章\可口的水果.prproj）。

### 4.2.2 “GPU 转场切换”文件夹

在“GPU 转场切换”类切换效果文件夹下，Premiere Pro CS3 提供了 5 种视频转场效果供用户使用。

【例 4-4】 利用“GPU 转场切换”类切换效果制作“平乐的水”视频文件。

（1）在“项目”面板中单击鼠标右键，在弹出的快捷菜单中选择“导入”命令，导入 1.jpg~6.jpg 图像素材（立体化教学:\实例素材\第 4 章\平乐的水\1.jpg~6.jpg），并将其添加到“时间线”面板中。

（2）在“效果”面板中将“中心卷页”转场效果拖动到 1.jpg 和 2.jpg 之间，播放效果如图 4-34 所示。

图 4-34 “中心卷页”转场效果

（3）在“效果”面板中将“卡片翻转”转场效果拖动到 2.jpg 和 3.jpg 之间，播放效果如图 4-35 所示。

图 4-35 “卡片翻转”转场效果

（4）在“效果”面板中将“卷页”转场效果拖动到 3.jpg 和 4.jpg 之间，播放效果如图 4-36 所示。

图 4-36 “卷页”转场效果

（5）在“效果”面板中将“球状”转场效果拖动到 4.jpg 和 5.jpg 之间，播放效果如图 4-37 所示。

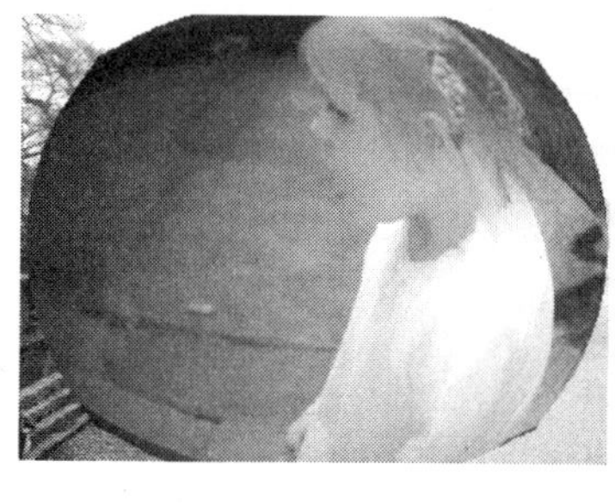

图 4-37　“球状”转场效果

（6）在“效果”面板中将“页面滚动”转场效果拖动到 5.jpg 和 6.jpg 之间，播放效果如图 4-38 所示。

图 4-38　“页面滚动”转场效果

（7）转场效果添加完成后，按 Ctrl+S 键保存项目（立体化教学:\源文件\第 4 章\平乐的水.prproj）。

**提示：**

对于转场效果中按一定方向转场的切换效果，都可以在“效果控制”面板中调整其运动方向。

### 4.2.3　Map 文件夹

Map 类切换效果文件夹下提供了两种使用素材映射作为影片切换的转场效果，下面分别讲解。

#### 1. 亮度映射

“亮度映射”转场效果是将两段素材的颜色和色调进行混合，然后由影片 A 过渡到影片 B，效果如图 4-39 所示。

图 4-39　“亮度映射”转场效果

### 2．通道映射

“通道映射”转场效果是通过在两段素材间选择通道并映射到导出的方式来过渡。

在“效果”面板中将“通道映射”转场效果拖动到“时间线”面板中的两段素材间，将打开“通道映射设置”对话框，如图 4-40 所示。在“映射”下拉列表框中选择需要应用的通道；若选中□反转复选框，则表示反转通道颜色。最后单击“确定”按钮，效果如图 4-41 所示。

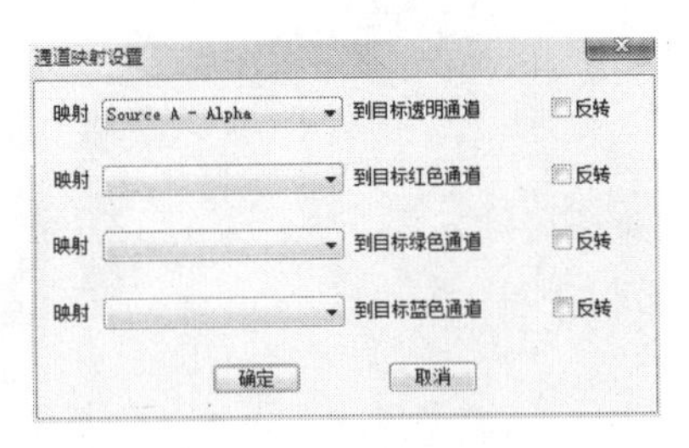


图 4-40　“通道映射设置”对话框

图 4-41　“通道映射”转场效果

**技巧：**

若要修改“通道映射”转场效果，可在“效果控制”面板中单击 自定义... 按钮，打开“通道映射设置”对话框进行修改。

## 4.2.4　“划像”文件夹

在“划像”类切换效果文件夹下，Premiere Pro CS3 提供了 7 种转场效果。

**【例 4-5】** 利用“划像”类切换效果制作“百花齐放”视频文件。

（1）在“项目”面板中单击鼠标右键，在弹出的快捷菜单中选择“导入”命令，导入 1.jpg~8.jpg 图像素材（立体化教学:\实例素材\第 4 章\百花齐放\1.jpg~8.jpg），并将其添加到“时间线”面板中。

（2）在“效果”面板中将“划像盒”转场效果拖动到 1.jpg 和 2.jpg 之间，播放效果如图 4-42 所示。

图 4-42　“划像盒”转场效果

（3）在“效果”面板中将“十字划像”转场效果拖动到 2.jpg 和 3.jpg 之间，播放效果如图 4-43 所示。

图 4-43　“十字划像”转场效果

（4）在“效果”面板中将“形状划像”转场效果拖动到 3.jpg 和 4.jpg 之间，播放效果如图 4-44 所示。

图 4-44　“形状划像”转场效果

（5）在“效果”面板中将“圆形划像”转场效果拖动到 4.jpg 和 5.jpg 之间，播放效果如图 4-45 所示。

图 4-45　“圆形划像”转场效果

（6）在“效果”面板中将“星形划像”转场效果拖动到 5.jpg 和 6.jpg 之间，播放效果如图 4-46 所示。

图 4-46　“星形划像”转场效果

（7）在“效果”面板中将“点交叉划像”转场效果拖动到 6.jpg 和 7.jpg 之间，播放效果如图 4-47 所示。

图 4-47 “点交叉划像”转场效果

（8）在“效果”面板中将“菱形划像”转场效果拖动到 7.jpg 和 8.jpg 之间，播放效果如图 4-48 所示。

图 4-48 “菱形划像”转场效果

（9）转场效果添加完成后，按 Ctrl+S 键保存项目（立体化教学:\源文件\第 4 章\百花齐放.prproj）。

### 4.2.5 “卷页”文件夹

在“卷页”类切换效果文件夹下，Premiere Pro CS3 提供了 5 种转场效果。

**【例 4-6】** 利用“卷页”类切换效果制作“玫瑰密语”视频文件。

（1）在“项目”面板中单击鼠标右键，在弹出的快捷菜单中选择“导入”命令，导入 1.jpg~6.jpg 图像素材（立体化教学:\实例素材\第 4 章\玫瑰密语\1.jpg~6.jpg），并将其添加到“时间线”面板中。

（2）在“效果”面板中将“中心卷页”转场效果拖动到 1.jpg 和 2.jpg 之间，播放效果如图 4-49 所示。

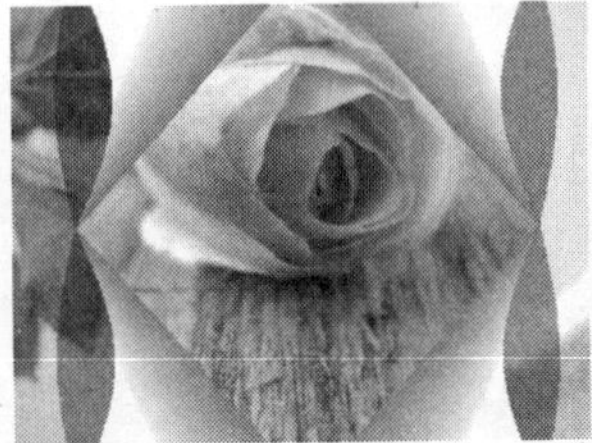

图 4-49 “中心卷页”转场效果

（3）在“效果”面板中将“卷页”转场效果拖动到 2.jpg 和 3.jpg 之间，播放效果如图 4-50 所示。

 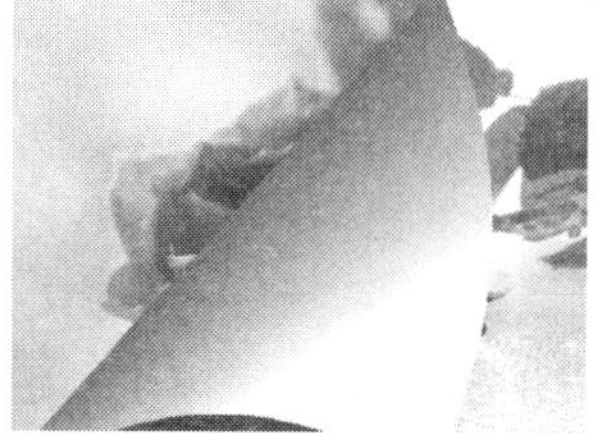 

图 4-50　“卷页”转场效果

（4）在“效果”面板中将“滚离”转场效果拖动到 3.jpg 和 4.jpg 之间，播放效果如图 4-51 所示。

 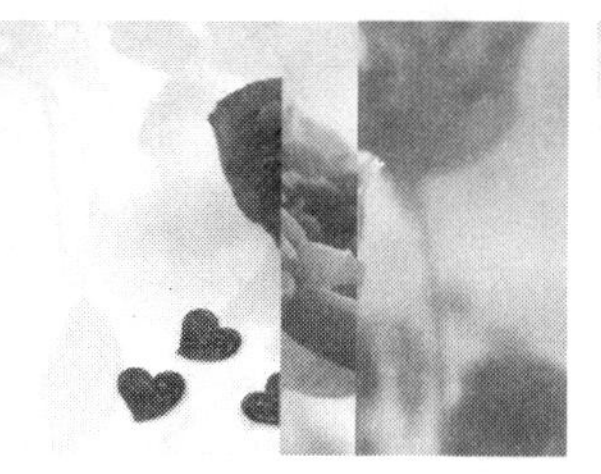 

图 4-51　“滚离”转场效果

（5）在“效果”面板中将“翻转卷页”转场效果拖动到 4.jpg 和 5.jpg 之间，播放效果如图 4-52 所示。

图 4-52　“翻转卷页”转场效果

（6）在“效果”面板中将“背面卷页”转场效果拖动到 5.jpg 和 6.jpg 之间，播放效果如图 4-53 所示。

  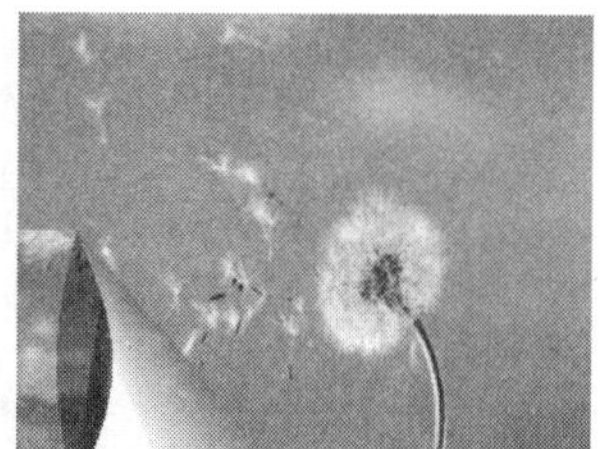

图 4-53　“背面卷页”转场效果

（7）转场效果添加完成后，按 Ctrl+S 键保存项目（立体化教学:\源文件\第 4 章\玫瑰密语.prproj）。

## 4.2.6 “叠化”文件夹

在“叠化”类切换效果文件夹下，Premiere Pro CS3 提供了 7 种叠化效果的转场方式。

**【例 4-7】** 利用“叠化”类切换效果制作“写真花”视频文件。

（1）在“项目”面板中单击鼠标右键，在弹出的快捷菜单中选择“导入”命令，导入 1.jpg~8.jpg 图像素材（立体化教学:\实例素材\第 4 章\花写真\1.jpg~8.jpg），并将其添加到“时间线”面板中。

（2）在“效果”面板中将“叠化”转场效果拖动到 1.jpg 和 2.jpg 之间，播放效果如图 4-54 所示。

图 4-54 “叠化”转场效果

（3）在“效果”面板中将“抖动叠化”转场效果拖动到 2.jpg 和 3.jpg 之间，播放效果如图 4-55 所示。

图 4-55 “抖动叠化”转场效果

（4）在“效果”面板中将“白场过渡”转场效果拖动到 3.jpg 和 4.jpg 之间，播放效果如图 4-56 所示。

图 4-56 “白场过渡”转场效果

（5）在“效果”面板中将“附加叠化”转场效果拖动到 4.jpg 和 5.jpg 之间，播放效果如图 4-57 所示。

图 4-57　“附加叠化”转场效果

（6）在“效果”面板中将“随机反转”转场效果拖动到 5.jpg 和 6.jpg 之间，播放效果如图 4-58 所示。

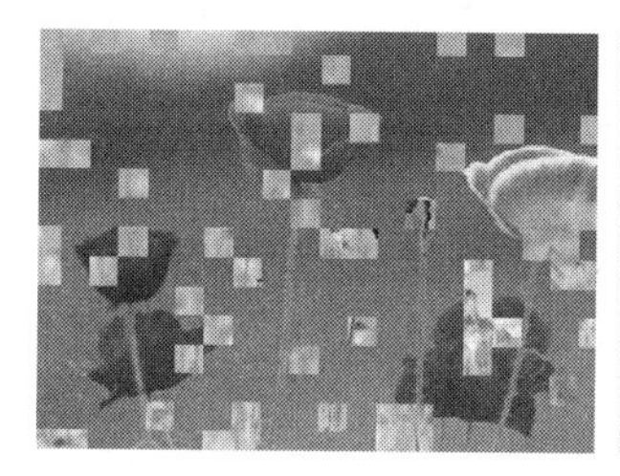  

图 4-58　“随机反转”转场效果

（7）在“效果”面板中将“非附加叠化”转场效果拖动到 6.jpg 和 7.jpg 之间，播放效果如图 4-59 所示。

图 4-59　“非附加叠化”转场效果

（8）在“效果”面板中将“黑场过渡”转场效果拖动到 7.jpg 和 8.jpg 之间，播放效果如图 4-60 所示。

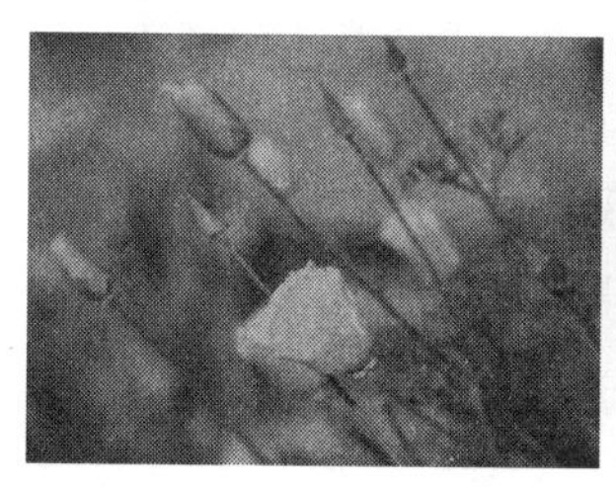 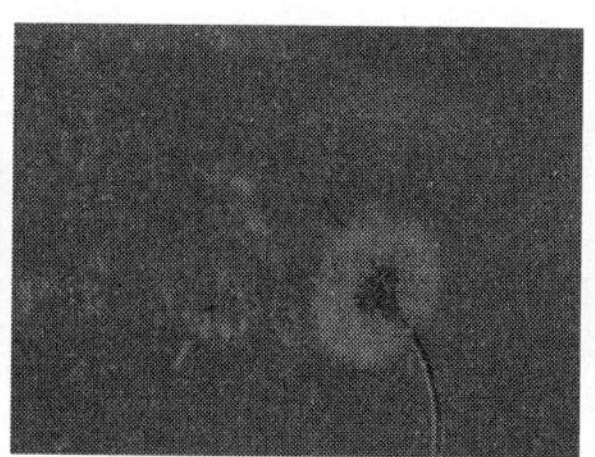 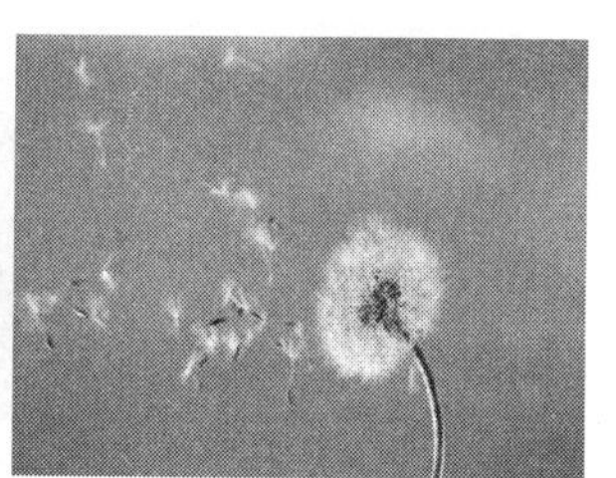

图 4-60　“黑场过渡”转场效果

（9）转场效果添加完成后，按 Ctrl+S 键保存项目（立体化教学:\源文件\第 4 章\写真花.prproj）。

## 4.2.7 “拉伸”文件夹

“拉伸”类切换效果文件夹下提供了 4 种拉伸效果的转场方式，下面分别介绍。

### 1．交换伸展

“交换伸展”转场效果是将影片 A 向某一方向收缩，同时拉伸显示影片 B，效果如图 4-61 所示。

图 4-61　“交换伸展”转场效果

### 2．伸展入

“伸展入”转场效果是将影片 B 在影片 A 的中心向水平方向进行拉伸放大显示，效果如图 4-62 所示。

图 4-62　“伸展入”转场效果

### 3．伸展覆盖

“伸展覆盖”转场效果是将影片 B 在影片 A 的中心拉伸出现，逐渐替换影片 A，效果如图 4-63 所示。

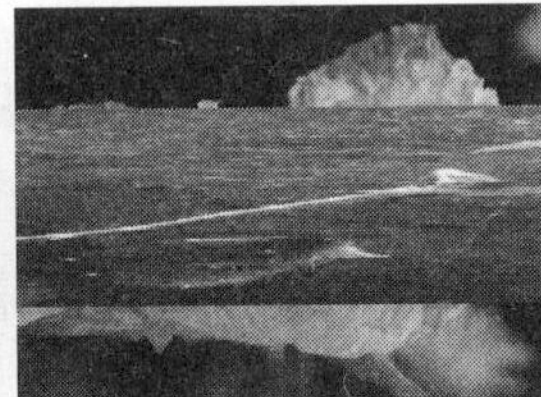

图 4-63　“伸展覆盖”转场效果

### 4. 伸展

"伸展"转场效果是将影片 B 在影片 A 的一边伸展入并替换，效果如图 4-64 所示。

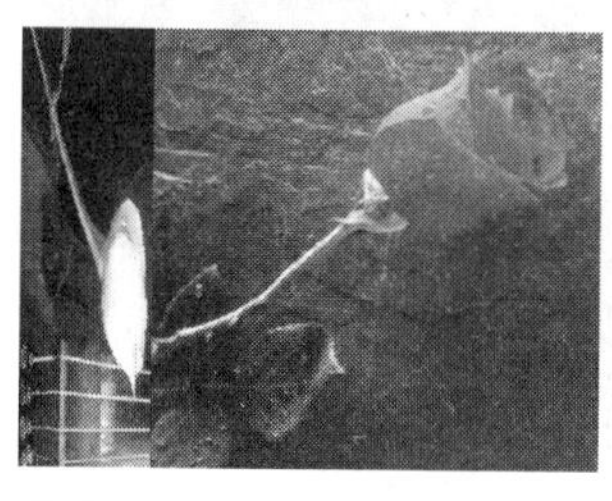
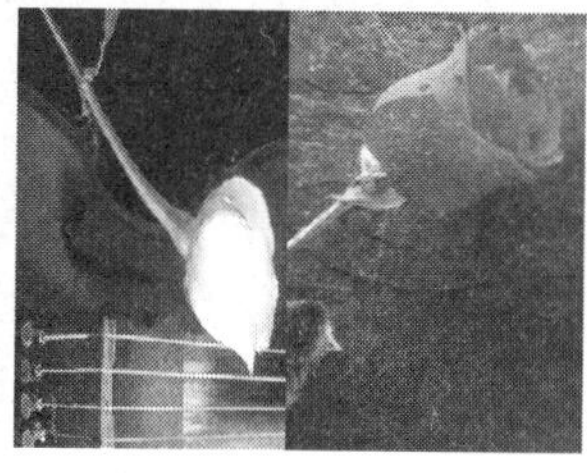

图 4-64　"伸展"转场效果

## 4.2.8　"擦除"文件夹

"擦除"类切换效果文件夹下提供了 17 种擦除效果的转场方式，下面分别介绍。

**【例 4-8】** 利用"擦除"类切换效果制作"夏至未至"视频文件。

（1）在"项目"面板中单击鼠标右键，在弹出的快捷菜单中选择"导入"命令，导入 1.jpg~18.jpg 图像素材（立体化教学:\实例素材\第 4 章\夏至未至\1.jpg~18.jpg），并将其添加到"时间线"面板中。

（2）在"效果"面板中将"Z 形划片"转场效果拖动到 1.jpg 和 2.jpg 之间，播放效果如图 4-65 所示。

图 4-65　"Z 形划片"转场效果

（3）在"效果"面板中将"仓门"转场效果拖动到 2.jpg 和 3.jpg 之间，播放效果如图 4-66 所示。

图 4-66　"仓门"转场效果

（4）在"效果"面板中将"划格擦除"转场效果拖动到 3.jpg 和 4.jpg 之间，播放效果如图 4-67 所示。

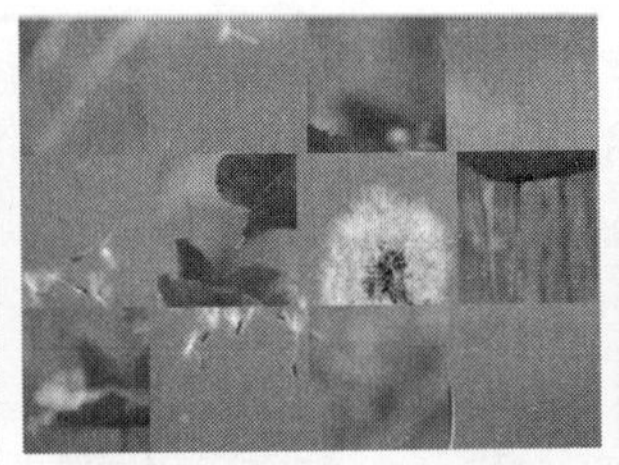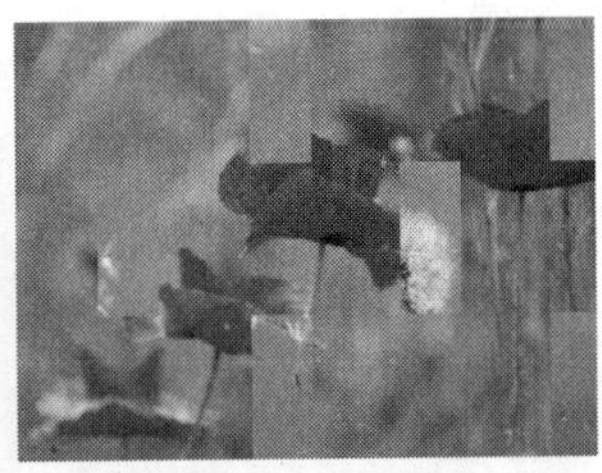

图 4-67 “划格擦除”转场效果

（5）在“效果”面板中将“带状擦除”转场效果拖动到 4.jpg 和 5.jpg 之间，播放效果如图 4-68 所示。

图 4-68 “带状擦除”转场效果

（6）在“效果”面板中将“径向擦除”转场效果拖动到 5.jpg 和 6.jpg 之间，播放效果如图 4-69 所示。

图 4-69 “径向擦除”转场效果

（7）在“效果”面板中将“插入”转场效果拖动到 6.jpg 和 7.jpg 之间，播放效果如图 4-70 所示。

图 4-70 “插入”转场效果

（8）在“效果”面板中将“擦除”转场效果拖动到 7.jpg 和 8.jpg 之间，播放效果如

图 4-71 所示。

图 4-71　“擦除”转场效果

（9）在“效果”面板中将“时钟擦除”转场效果拖动到 8.jpg 和 9.jpg 之间，播放效果如图 4-72 所示。

图 4-72　“时钟擦除”转场效果

（10）在“效果”面板中将“棋盘”转场效果拖动到 9.jpg 和 10.jpg 之间，播放效果如图 4-73 所示。

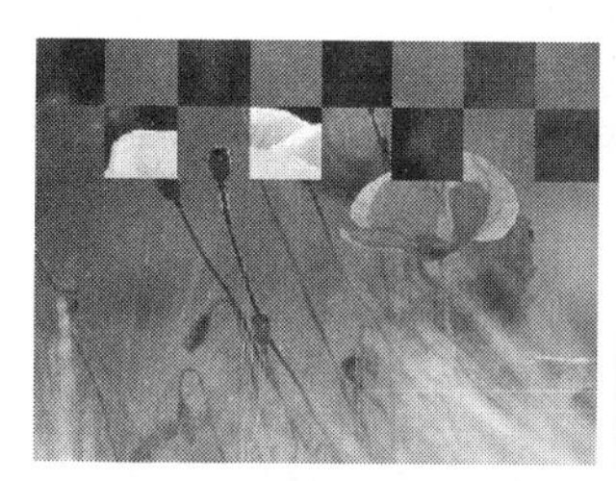
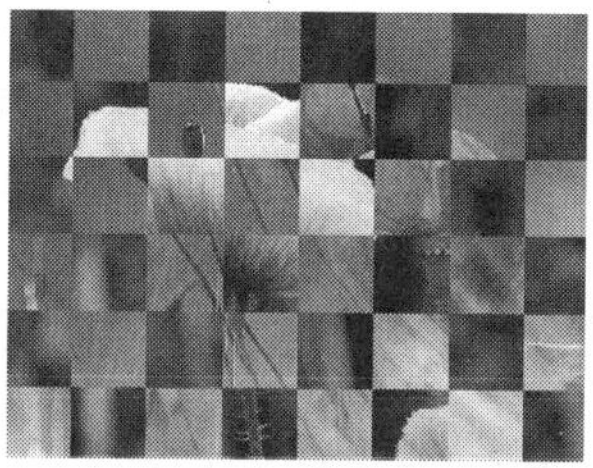

图 4-73　“棋盘”转场效果

（11）在“效果”面板中将“楔形擦除”转场效果拖动到 10.jpg 和 11.jpg 之间，播放效果如图 4-74 所示。

图 4-74　“楔形擦除”转场效果

（12）在“效果”面板中将“涂料飞溅”转场效果拖动到 11.jpg 和 12.jpg 之间，播放效果如图 4-75 所示。

图 4-75 “涂料飞溅”转场效果

（13）在“效果”面板中将“百叶窗”转场效果拖动到 12.jpg 和 13.jpg 之间，播放效果如图 4-76 所示。

图 4-76 “百叶窗”转场效果

（14）在“效果”面板中将“纸风车”转场效果拖动到 13.jpg 和 14.jpg 之间，播放效果如图 4-77 所示。

图 4-77 “纸风车”转场效果

（15）在“效果”面板中将“渐变擦除”转场效果拖动到 14.jpg 和 15.jpg 之间，播放效果如图 4-78 所示。

图 4-78 “渐变擦除”转场效果

（16）在“效果”面板中将“螺旋盒”转场效果拖动到 15.jpg 和 16.jpg 之间，播放效果如图 4-79 所示。

图 4-79　“螺旋盒”转场效果

**提示：**

单击切换图标，在打开的“效果控制”面板中可以对效果进行设置。单击自定义...按钮，将打开“螺旋盒设置”对话框，在其中可以设置螺旋盒效果水平和垂直方向上的方格数量。

（17）在“效果”面板中将“随机块”转场效果拖动到 16.jpg 和 17.jpg 之间，播放效果如图 4-80 所示。

图 4-80　“随机块”转场效果

（18）在“效果”面板中将“随机擦除”转场效果拖动到 17.jpg 和 18.jpg 之间，播放效果如图 4-81 所示。

图 4-81　“随机擦除”转场效果

（19）转场效果添加完成后，按 Ctrl+S 键保存项目（立体化教学:\源文件\第 4 章\夏至未至.prproj）。

## 4.2.9　“滑动”文件夹

“滑动”类切换效果文件夹下提供了 12 种滑动效果的转场方式，下面分别介绍。

【例 4-9】 利用“滑动”类切换效果制作“心情卡片”视频文件。

（1）在“项目”面板中单击鼠标右键，在弹出的快捷菜单中选择“导入”命令，导入 1.jpg~13.jpg 图像素材（立体化教学:\实例素材\第 4 章\心情卡片\1.jpg~13.jpg），并将其添加到“时间线”面板中。

（2）在“效果”面板中将“中心分割”转场效果拖动到 1.jpg 和 2.jpg 之间，播放效果如图 4-82 所示。

图 4-82 “中心分割”转场效果

（3）在“效果”面板中将“中心聚合”转场效果拖动到 2.jpg 和 3.jpg 之间，播放效果如图 4-83 所示。

图 4-83 “中心聚合”转场效果

（4）在“效果”面板中将“多重旋转”转场效果拖动到 3.jpg 和 4.jpg 之间，播放效果如图 4-84 所示。

图 4-84 “多重旋转”转场效果

**提示：**

在“效果控制”面板中单击 自定义... 按钮，在打开的“多重旋转设置”对话框中可以设置多重旋转效果水平和垂直方向上的方格数量。

（5）在“效果”面板中将“交替”转场效果拖动到 4.jpg 和 5.jpg 之间，播放效果如图 4-85 所示。

图 4-85　“交替”转场效果

（6）在“效果”面板中将“分裂”转场效果拖动到 5.jpg 和 6.jpg 之间，播放效果如图 4-86 所示。

图 4-86　“分裂”转场效果

（7）在“效果”面板中将“带状滑动”转场效果拖动到 6.jpg 和 7.jpg 之间，播放效果如图 4-87 所示。

图 4-87　“带状滑动”转场效果

（8）在“效果”面板中将“推挤”转场效果拖动到 7.jpg 和 8.jpg 之间，播放效果如图 4-88 所示。

图 4-88　“推挤”转场效果

（9）在“效果”面板中将“斜叉滑动”转场效果拖动到 8.jpg 和 9.jpg 之间，播放效果如图 4-89 所示。

图 4-89　“斜叉滑动”转场效果

（10）在“效果”面板中将“滑动”转场效果拖动到 9.jpg 和 10.jpg 之间，播放效果如图 4-90 所示。

图 4-90　“滑动”转场效果

（11）在“效果”面板中将“滑动条带”转场效果拖动到 10.jpg 和 11.jpg 之间，播放效果如图 4-91 所示。

图 4-91　“滑动条带”转场效果

（12）在“效果”面板中将“滑动盒”转场效果拖动到 11.jpg 和 12.jpg 之间，播放效果如图 4-92 所示。

图 4-92　“滑动盒”转场效果

（13）在“效果”面板中将“漩涡”转场效果拖动到 12.jpg 和 13jpg 之间，播放效果如图 4-93 所示。

图 4-93　“漩涡”转场效果

提示：

在“效果控制”面板中单击 自定义... 按钮，在打开的“漩涡设置”对话框中可以设置漩涡效果在水平和垂直方向上的方格数量以及旋转角度。

（14）转场效果添加完成后，按 Ctrl+S 键保存项目（立体化教学:\源文件\第 4 章\心情卡片.prproj）。

## 4.2.10　“特殊效果”文件夹

“特殊效果”类切换效果文件夹下提供了 3 种特殊效果的转场方式，下面分别介绍。

### 1. 三次元

“三次元”转场效果是将影片 A 中的红通道映射并混合输出，然后过渡到影片 B 中，效果如图 4-94 所示。

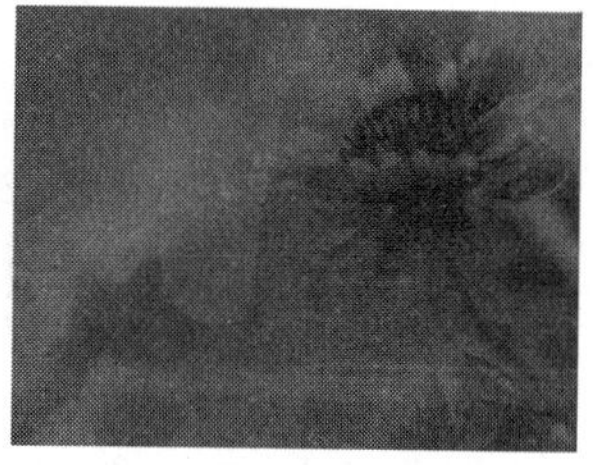

图 4-94　“三次元”转场效果

### 2. 纹理质材

“纹理质材”转场效果是将影片 A 以纹理的方式映射输出，并过渡到影片 B 中，效果如图 4-95 所示。

图 4-95　“纹理质材”转场效果

### 3. 置换

“置换”转场效果是将影片A作为位移的图片，然后按像素颜色值的明暗程度，分别利用水平和垂直方向上的错位来实现切换，效果如图4-96所示。

图4-96 “置换”转场效果

在“效果控制”面板中单击自定义...按钮，将打开“置换设置”对话框，如图4-97所示。其中各选项的含义介绍如下。

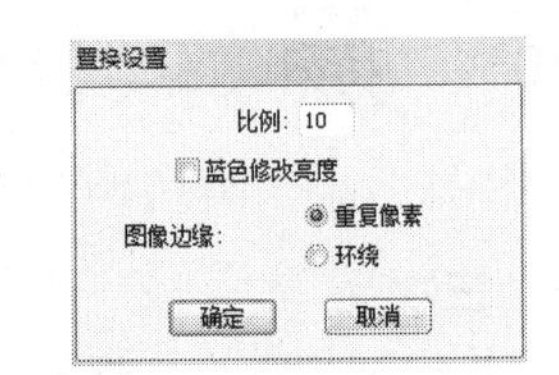


图4-97 “置换设置”对话框

- **“比例”文本框**：在该文本框中输入数值可以设置置换时最大的位移量。
- **蓝色修改亮度复选框**：选中该复选框，将以蓝色模式改变图像亮度。
- **“图像边缘”栏**：该栏用于设置图像错位后边缘的处理方法，选中◉重复像素单选按钮，将重复图像的边缘像素；选中◎环绕单选按钮，将以图像填充边缘。

## 4.2.11 “缩放”文件夹

“缩放”类切换效果文件夹下提供了4种缩放转场效果，下面分别介绍。

### 1. 交叉缩放

“交叉缩放”转场效果是将影片A放大显示至模糊，将影片B缩小到实际大小，效果如图4-98所示。

图4-98 “交叉缩放”转场效果

### 2. 缩放

“缩放”转场效果是将影片B在影片A的中心逐渐放大显示，效果如图4-99所示。

图 4-99　“缩放”转场效果

### 3．缩放拖尾

“缩放拖尾”转场效果是将影片 A 向中心收缩并带有拖尾的切换，效果如图 4-100 所示。

### 4．缩放盒

“缩放盒”转场效果是将影片 B 分裂为多个方块，在各个位置逐渐放大显示，效果如图 4-101 所示。

图 4-100　“缩放拖尾”转场效果

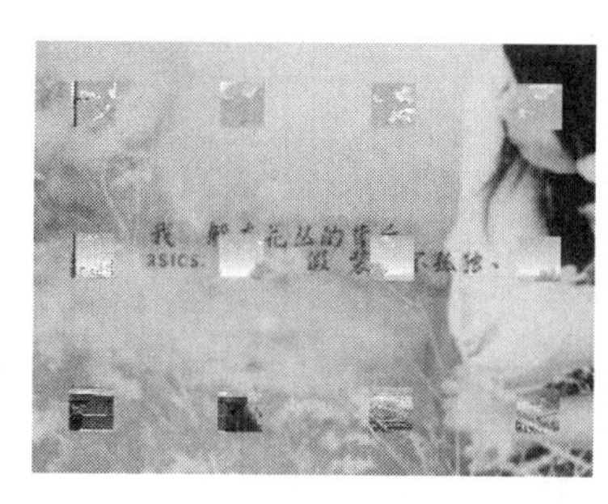
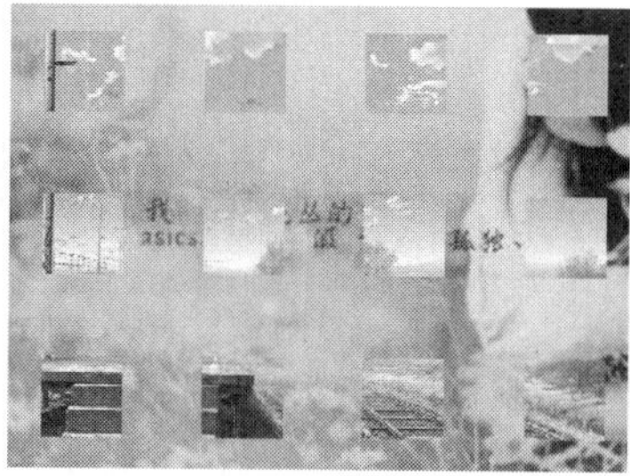

图 4-101　“缩放盒”转场效果

## 4.2.12　应用举例——制作“桂林山水”视频

使用 Premiere Pro CS3 提供的转场效果，创建一个桂林山水的欣赏视频，效果如图 4-102 所示（立体化教学:\源文件\第 4 章\桂林山水.prproj）。

图 4-102　桂林山水

操作步骤如下：

（1）选择“文件/新建/项目”命令，新建一个项目，命名为“桂林山水”。

（2）在“项目”面板单击鼠标右键，在弹出的快捷菜单中选中“导入”命令，导入视频所需的“桂林山水”素材（立体化教学:\实例素材\第 4 章\桂林山水）。

（3）将素材按顺序拖动到“时间线”面板的“视频 1”轨道上，如图 4-103 所示。

（4）在左侧的“效果”面板中展开“视频切换特效”分类文件夹，如图 4-104 所示。

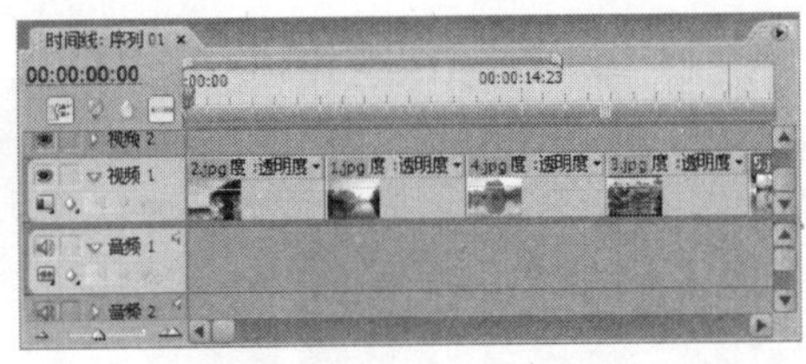


图 4-103　“时间线”面板

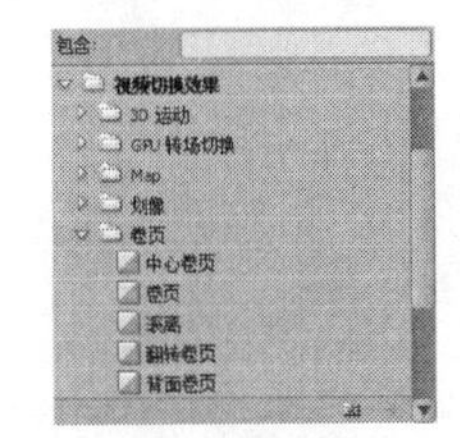


图 4-104　“效果”面板

（5）在“效果”面板中打开“3D 运动”分类文件夹，将其中的“窗帘”转场效果拖动到第 1 个素材和第 2 个素材之间，如图 4-105 所示。

（6）按照相同的方法为其他素材添加不同的转场效果，其在“时间线”面板中的效果如图 4-106 所示。

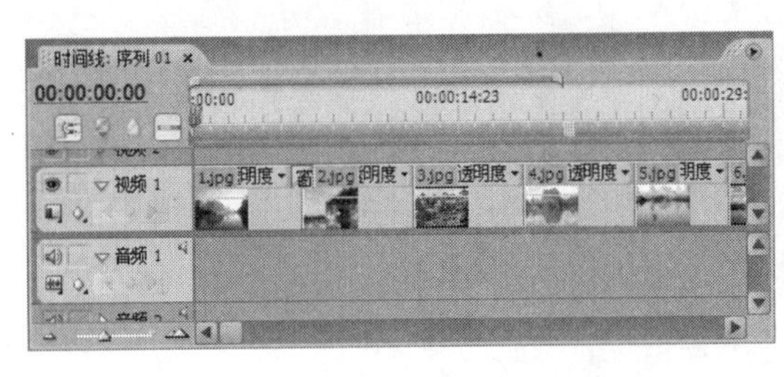


图 4-105　添加“窗帘”转场效果

图 4-106　添加其他转场效果

## 4.3　上机及项目实训

### 4.3.1　制作“罂粟之殇”视频

本次实训将制作一个名为“罂粟之殇”的视频，其最终效果如图 4-107 所示（立体化教学:\源文件\第 4 章\罂粟之殇.prproj）。在该练习中，将用到为素材图片添加转场效果的操作，其中包括添加素材转场效果和设置素材转场效果。

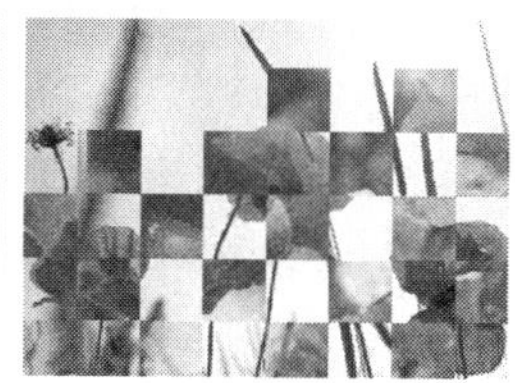

图 4-107　“罂粟之殇”视频

操作步骤如下：

（1）选择“文件/新建/项目”命令，新建一个项目，命名为“罂粟之殇”。

（2）选择“文件/导入”命令，导入制作“罂粟之殇”视频所需的素材文件（立体化教学:\实例素材\第 4 章\罂粟之殇）。

（3）将素材按照一定的顺序拖动到“时间线”面板中，在“效果”面板中展开“视频切换特效”分类文件夹。

（4）将“叠化”转场效果拖动到“时间线”面板中的 01.jpg 和 02.jpg 素材之间，如图 4-108 所示。

（5）将“渐变擦除”转场效果拖动到 02.jpg 和 03.jpg 素材之间，然后打开“渐变擦除设置”对话框，在其中设置“柔化”为 20，单击 确定 按钮，如图 4-109 所示。

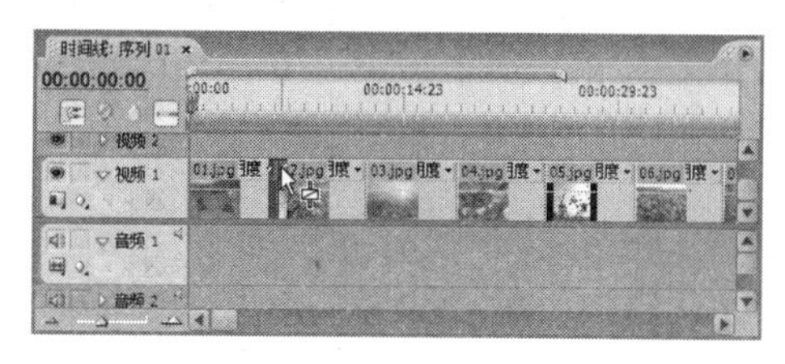


图 4-108　添加“叠化”转场效果

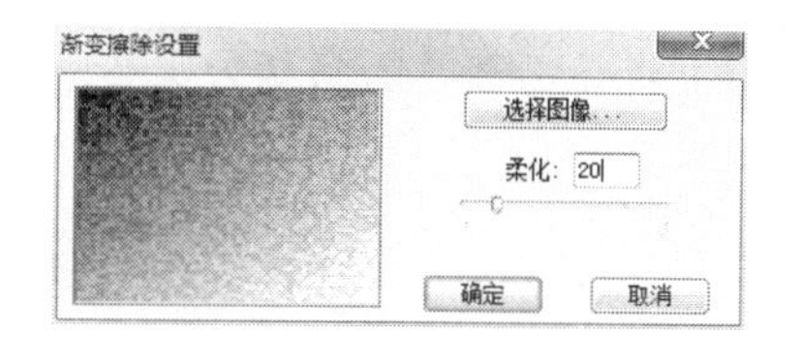


图 4-109　“渐变擦除设置”对话框

（6）利用相同的方法，为其他素材添加转场效果，完成后在“监视器”面板中播放，预览效果。

## 4.3.2　制作“花开的声音”视频

综合利用本章和前面所学知识，制作一个名为“花开的声音”的视频，完成后的最终效果如图 4-110 所示（立体化教学:\源文件\第 4 章\花开的声音.prproj）。

图 4-110　“花开的声音”视频

本练习可结合立体化教学中的视频演示进行学习（立体化教学:\视频演示\第 4 章\制作“花开的声音”视频.swf）。主要操作步骤如下：

（1）新建一个名为 “花开的声音”的项目。

（2）导入“花开的声音”所需的素材（立体化教学:\实例素材\第 4 章\花开的声音），并将其拖动到“时间线”面板中，然后设置 01.jpg 素材图片的入点并添加关键帧。

（3）在“素材源”面板中单击“跳转到出点”按钮，将时间标记移动到素材的出点处，并添加一个关键帧。

（4）将关键帧向下移动，设置 01.jpg 素材为淡入效果。在“效果”面板中将“旋转离开”转场效果拖动到“时间线”面板的 01.jpg 和 02.jpg 素材之间。

（5）利用相同的方法分别在其他素材之间添加不同的转场效果。

（6）在“时间线”面板中单击添加的切换效果，打开“效果控制”面板，在其中按照图 4-111 所示进行设置，完成后的转场效果如图 4-112 所示。

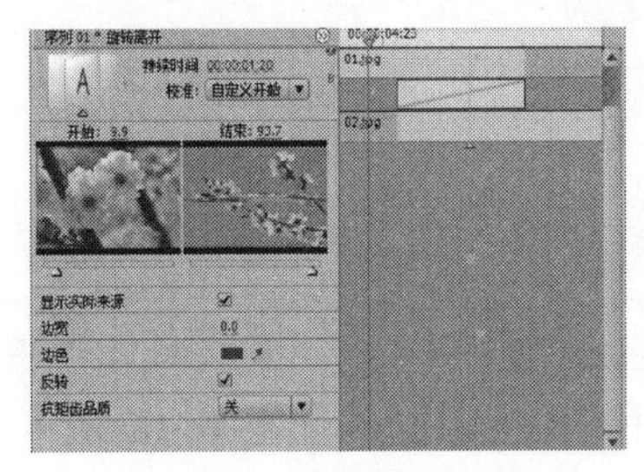

图 4-111　设置转场效果

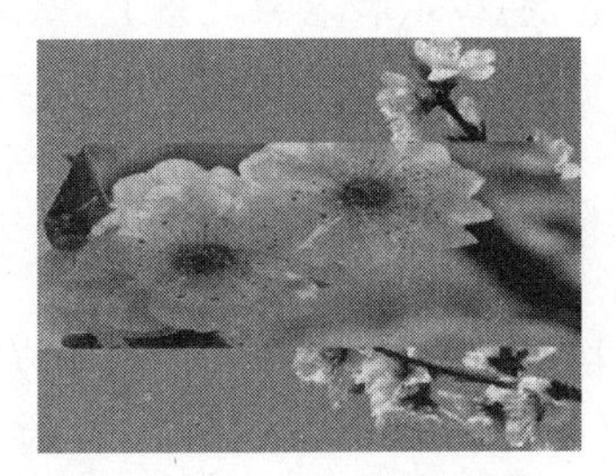
图 4-112　预览转场效果

（7）将需要调整的转场效果设置完成后，在“节目”面板中预览最终效果。

## 4.4　练习与提高

（1）为“游湖 01.mpg”和“游湖 02.mpg”（立体化教学:\实例素材\第 4 章\游湖 01.mpg、游湖 02.mpg）两个视频片段添加转场效果，制作如图 4-113 所示的视频片段（立体化教学:\源文件\第 4 章\湖光山水.prproj）。

提示：将两个视频素材添加到“视频 1”轨道中，在“视频切换效果”分类文件夹中将“球面”转场效果拖动到素材间。本练习可结合立体化教学中的视频演示进行学习（立体化教学:\视频演示\第 4 章\湖光山水.swf）。

图 4-113　添加转场后的效果

（2）打开配书光盘中提供的“可爱的动物”项目文件（立体化教学:\实例素材\第 4 章\可

爱的动物.prproj），制作如图 4-114 所示的转场效果（立体化教学:\源文件\第 4 章\可爱的动物. prproj）。

提示：将“视频切换效果”分类文件夹中的各个转场效果拖入到素材之间即可。

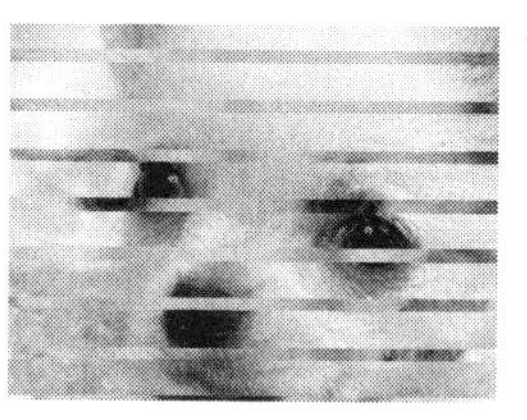

图 4-114　添加转场效果

（3）制作如图 4-115 所示的心情卡片（立体化教学:\源文件\第 4 章\心情卡片. prproj）。

提示：在设置同一张图片的淡入和淡出效果时，可以利用添加关键帧和调整透明度的方法，在添加转场效果时将其拖动到两个素材之间即可。

图 4-115　心情卡片

总结提高 Premiere Pro CS3 视频制作水平的方法及技巧

本章主要介绍了为素材添加和设置各类转场效果的操作。如要制作出丰富多彩、生动多姿的视频，课后还需要总结一些制作视频的方法及技巧。这里总结以下几点供大家参考与探索。

- 为素材添加合适的转场效果，这需要在课后多实践、多操作，了解各种转场效果的特色，然后结合素材画面进行设置，并反复观看效果，才能制作出精彩的视频。
- 在为素材添加各种过渡效果时，为了增强影视作品的艺术感染力，令人赏心悦目，需要让添加的切换效果衔接自然。
- 如果有些效果经常会用到，可以在“效果”面板中新建一个文件夹，然后将这些常用效果存放进去，日后使用时就会更加方便。

# 第 5 章　为视频添加特效

## 学习目标

- ☑ 能够为素材添加特效
- ☑ 利用添加特效与设置关键帧的方法制作“一叶知秋”视频
- ☑ 熟练掌握各类特效效果的运用
- ☑ 使用各类特效效果制作“天高地远”视频
- ☑ 利用添加与设置各类特效效果的方法制作“雨过天晴”视频
- ☑ 综合利用视频特效效果美化“百花齐放”视频

## 目标任务&项目案例

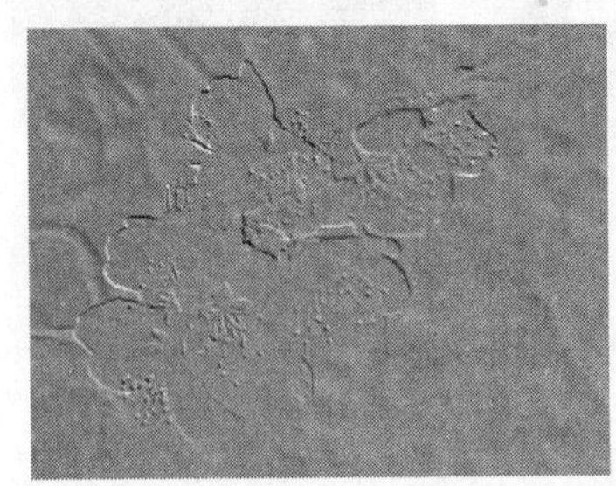

“浮雕”特效效果

一叶知秋

“摄像机视图”特效效果

“放大”特效效果

“高斯模糊”特效效果

“时间码”转场效果

通过上述实例效果展示可以发现，Premiere Pro CS3 提供了多种视频特效效果，在制作影片时，可以为素材添加不同的特效效果，从而使制作的视频具有强烈的视觉冲击力。本章将具体讲解视频特效效果的设置方法和各类视频特效效果的应用等。

# 5.1　添 加 特 效

为视频添加特效效果可以使影片的画面更加丰富。在为视频添加特效时，应先认识视频特效，然后利用视频特效制作出精彩的视频。本节将详细介绍添加视频特效和使用关键帧控制效果的基本操作。

## 5.1.1　认识视频特效

视频特效是指对图像或多媒体信息进行处理，然后以其他形式输出。使用视频特效还可以弥补影片或声音素材中的不足之处，如改变视频素材的色彩平衡、从音频中除去噪音和为素材配音等。

在 Premiere Pro CS3 中，可通过关键帧来为素材添加视频特效，在每个关键帧中都可以对视频特效进行设置，当两个关键帧的参数设置不同时，Premiere 会自动在不同的参数之间进行差值计算，从而使过渡效果在两个关键帧之间连续变化。

若只有起始关键帧和结束关键帧，且设置的参数不同，视频特效将在整个素材的播放时间内连续变化。

**提示：**

关键帧是指包含剪辑中特定点影像视频特效设置的时间标记。

## 5.1.2　为素材设置特效效果

在 Premiere Pro CS3 中为素材添加特效效果的方法是：将素材拖动到“时间线”面板中，然后切换到“效果”面板，在“视频特效”目录左侧单击“展开”按钮▷，展开“视频特效”目录，如图 5-1 所示。依次单击“展开”按钮▷，在其中选择需要的视频特效，并按住鼠标左键将其拖动到“时间线”面板中的素材上，如图 5-2 所示。

选择添加了视频特效的素材，单击“效果控制”选项卡，打开“效果控制”面板，单击特效前的“展开”按钮▷，即可对特效进行设置，如图 5-3 所示为“卷页”特效效果的“效果控制”面板，在其中的数值框中可以设置表面角度、卷曲角度、卷曲值、凹凸感、光泽和噪波等。

图 5-1　“效果”面板

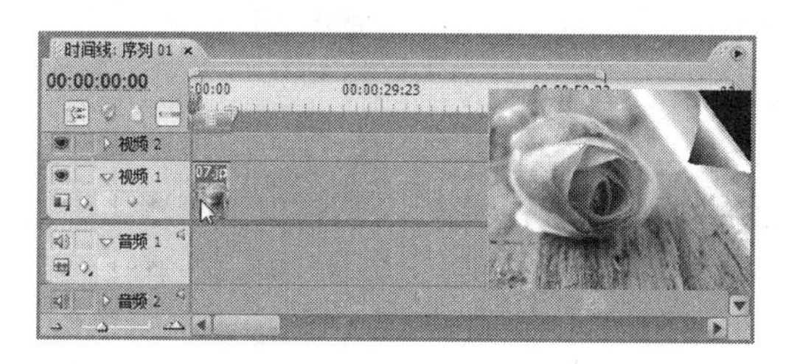


图 5-2　添加视频特效后的效果

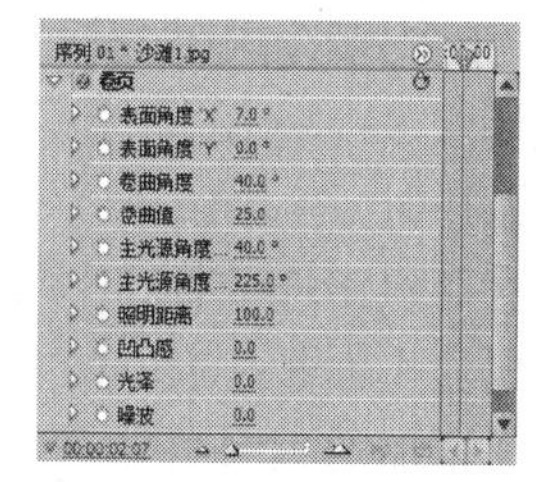


图 5-3　“效果控制”面板

【例 5-1】 为“春暖花开.prproj”（立体化教学:\实例素材\第 5 章\春暖花开.prproj）项目文件中的素材添加视频特效，完成后的效果如图 5-4 所示（立体化教学:\源文件\第 5 章\春暖花开.prproj）。

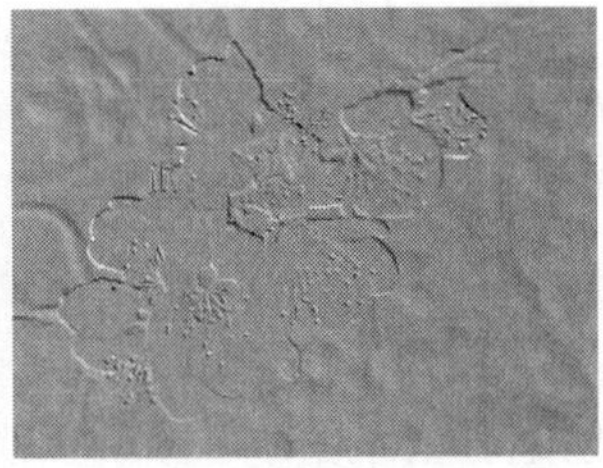

图 5-4 添加特效效果

（1）选择“文件/打开项目”命令，打开“打开项目”对话框，在其中的列表框中选择“春暖花开.prproj”项目文件。

（2）单击 打开(O) 按钮，打开“春暖花开.prproj”项目。

（3）在“效果”面板中将“图像控制”文件夹中的“黑&白”特效效果拖动到第一张素材上，此时素材将发生相应的变化，如图 5-5 所示。

（4）将“扭曲”文件夹中的“放大”特效效果拖动到第 5 张素材上，此时素材将发生相应的变化，如图 5-6 所示。

图 5-5 “黑&白”特效效果

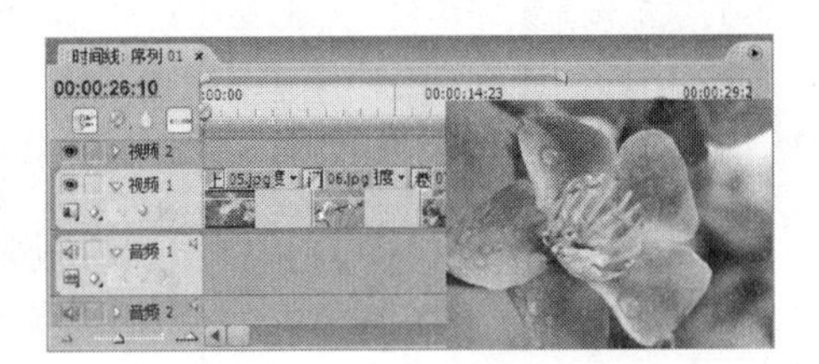


图 5-6 “放大”特效效果

（5）利用相同的方法为项目中的其他素材添加特殊效果，完成后的最终效果如图 5-4 所示，按 Ctrl+S 键保存项目文件即可。

## 5.1.3 添加关键帧

为素材添加关键帧可以使添加的特效效果随时间而改变。当创建关键帧后，可以为关键帧设置特效效果在控制面板中的值，若同时为多个关键帧设置不同的值，Premiere Pro CS3 将自动计算关键帧之间的值，称为插补。

双击需要添加关键帧的素材，在“监视器”面板中打开“效果控制”面板，展开添加的效果目录，单击效果属性前的“切换动画”按钮，即可在时间线处添加一个关键帧，如图 5-7 所示。

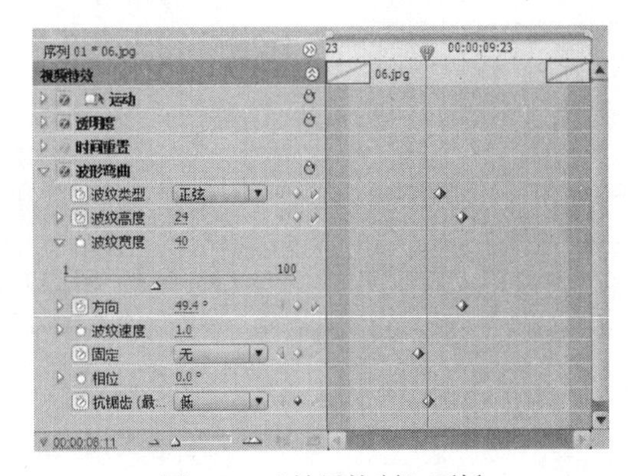


图 5-7 “效果控制”面板

**技巧：**

Premiere Pro CS3 的大多数特效效果可在素材的整个时间长度中设置关键帧，固定效果（如位置和缩放等）则可通过设置关键帧使素材产生动画，也可移动、复制和删除关键帧，或改变插补模式等。

## 5.1.4　在关键帧处更改特效设置

利用关键帧来更改特效设置，可以使素材的特效更加生动逼真。

**【例 5-2】** 利用 Premiere Pro CS3 中在关键帧处更改特效的方法对“春暖花开.prproj”（立体化教学:\实例素材\第 5 章\春暖花开.prproj）项目文件中的视频特效进行设置，完成后的效果如图 5-8 所示（立体化教学:\源文件\第 5 章\设置特效.prproj）。

（1）打开“春暖花开.prproj”项目文件，单击第 2 张素材，打开“效果控制”面板，调整时间滑块到需要添加关键帧处。

（2）单击“波形弯曲”效果前的“展开”按钮，然后单击“切换动画”按钮，在时间线位置添加关键帧，然后在效果属性中按照如图 5-9 所示进行设置。

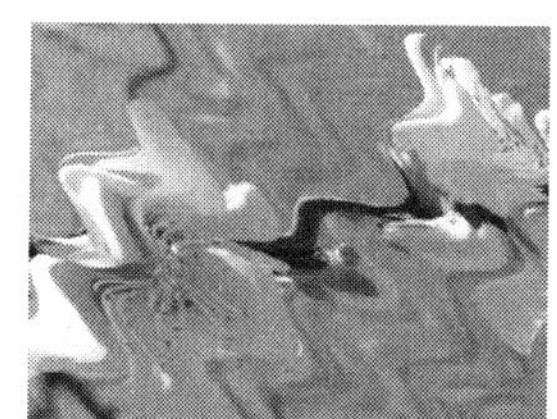

图 5-8　“波形弯曲”效果控制面板

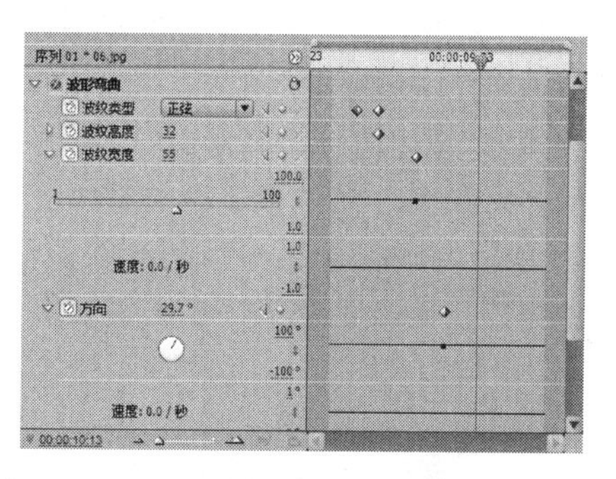


图 5-9　“波形弯曲”特效效果

## 5.1.5　应用举例——制作“一叶知秋”视频

使用本节所介绍的知识，制作“一叶知秋”视频，包括为素材添加特效效果、添加关键帧和设置关键帧处的特效效果，完成后的最终效果如图 5-10 所示（立体化教学:\源文件\第 5 章\一叶知秋.prproj）。

图 5-10　一叶知秋

操作步骤如下：

（1）启动 Premiere Pro CS3，新建一个名为“一叶知秋”的项目文件。

（2）选中“文件/导入”命令，将“枫叶.jpg”和“叶.png”（立体化教学:\实例素材\

第 5 章\枫叶.jpg、叶.png）素材导入到“项目”面板中。

（3）将“枫叶.jpg”拖动到“时间线”面板的“视频 1”轨道中，将“叶.png”拖动到“视频 2”轨道中。

（4）将时间线标记移动到 1 秒处，在“效果”面板中依次单击“展开”按钮，展开“视频特效”文件夹及其下的“键”特效效果分类夹，如图 5-11 所示。

（5）将“色度键”特效效果拖动到“叶.png”素材上，如图 5-12 所示。

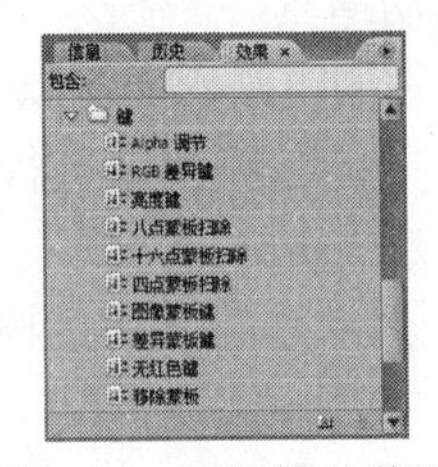

图 5-11　展开特效效果

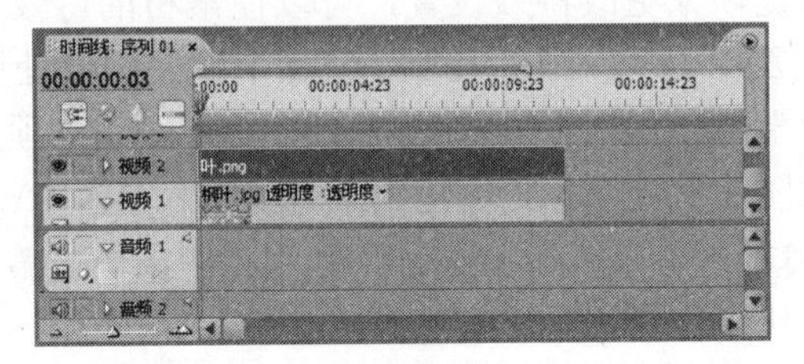

图 5-12　为素材添加特效效果

（6）打开“效果控制”面板，单击“运动”效果前的“展开”按钮，在其中按照如图 5-13 所示进行设置，设置完成后单击“位置”和“比例”选项前的“切换动画”按钮，记录第 1 个关键帧。

（7）将时间标记移动到 3 秒处，在“效果控制”面板的“运动”效果下按照如图 5-14 所示进行设置，记录第 2 个关键帧。

（8）将时间标记移动到 6 秒处，在“效果控制”面板的“运动”效果下按照如图 5-15 所示进行设置，记录第 3 个关键帧。

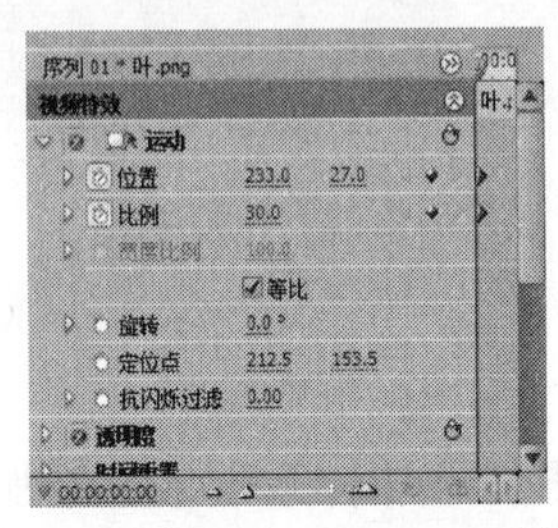

图 5-13　设置第 1 个关键帧

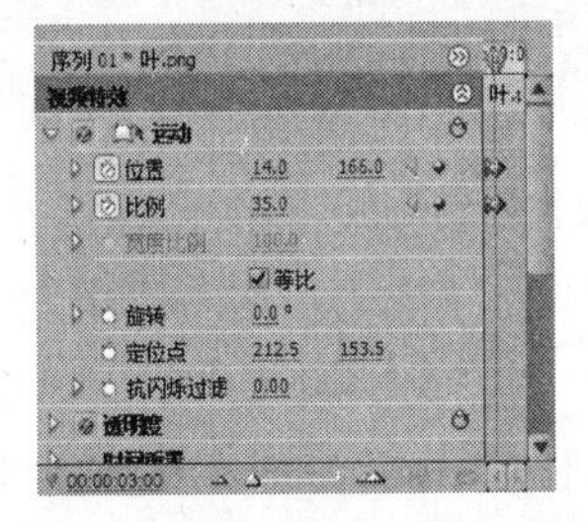

图 5-14　设置第 2 个关键帧

图 5-15　设置第 3 个关键帧

（9）将时间标记移动到 9 秒处，在“效果控制”面板的“运动”效果下按照如图 5-16 所示进行设置，记录第 4 个关键帧。

（10）在“效果控制”面板中单击“色度键”效果前的“展开”按钮，在其中按照如图 5-17 所示进行设置。

（11）在“效果”面板中将“颜色校正”文件夹下的“色彩平衡”特效效果拖动到“叶.png”素材上，然后在“效果控制”面板中单击展开“色彩平衡”选项，在其中按照如图 5-18 所示进行设置。

（12）将“扭曲”文件夹下的“边角固定”特效拖动到“叶.png”素材上。

（13）在“监视器”面板中展开“边角固定”选项，在其中按照如图 5-19 所示进行设置，设置完成后单击“上左”、“上右”、“下左”和“下右”选项前的“切换动画”按钮，记录第 1 个关键帧。

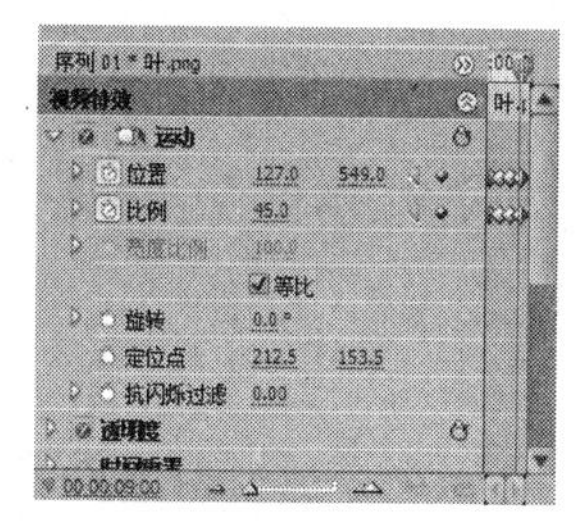

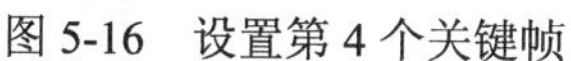
图 5-16　设置第 4 个关键帧

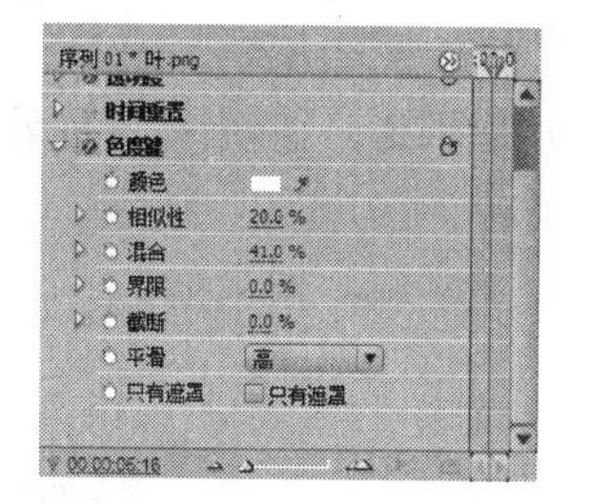

图 5-17　设置“色度键”效果

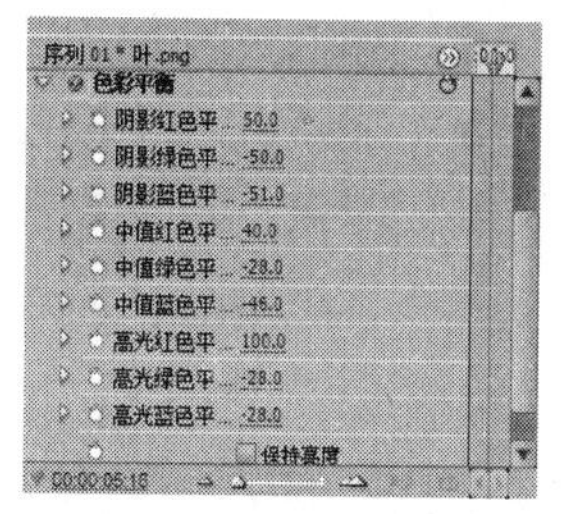

图 5-18　设置“色彩平衡”效果

（14）将时间标记移动到 3 秒处，在“边角固定”效果下按照如图 5-20 所示进行设置，记录第 2 个关键帧。

（15）将时间标记移动到 6 秒处，在“边角固定”效果下按照如图 5-21 所示进行设置，记录第 3 个关键帧。

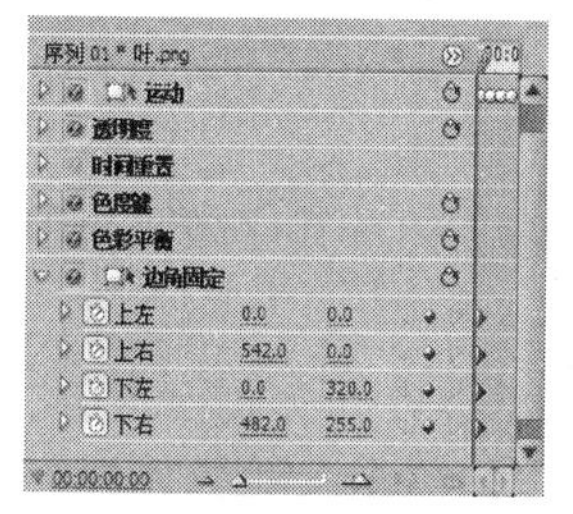

图 5-19　设置第 1 个关键帧

图 5-20　设置第 2 个关键帧

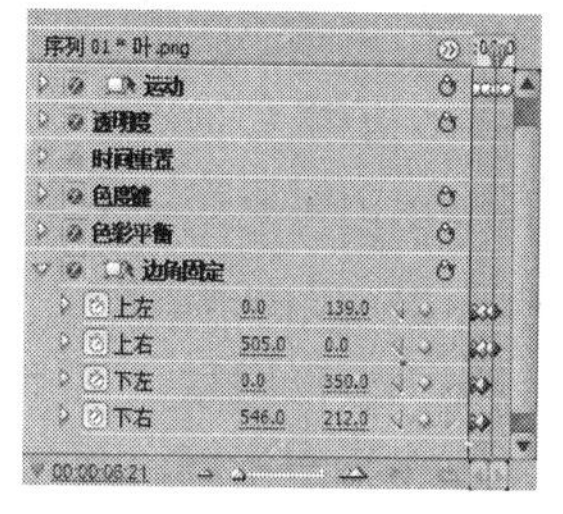

图 5-21　设置第 3 个关键帧

（16）按 Ctrl+S 键保存项目文件，然后按空格键即可在“节目”面板中预览播放。

# 5.2　各类视频特效

在 Premiere Pro CS3 中提供了 18 类视频特效，每一类视频特效文件夹中又提供了多种特效效果，本节将详细介绍各种视频特效的应用及效果。

## 5.2.1　“GPU 特效”文件夹

“CPU 特效”文件夹下提供了 3 种视频特效效果供用户使用，主要用于制作卷页和变形效果，下面分别进行介绍。

### 1. 卷页

“卷页”特效效果是模拟翻书的动画效果，将“卷页”视频特效拖动到素材上后，可在“效果控制”面板中设置参数，如图 5-22 所示，其中各选项的含义如下。

- **表面角度“X”和“Y”**：通过设置这两个参数可以使素材在 X 轴或 Y 轴上旋转。
- **卷曲角度**：用于设置效果中卷页的角度。
- **卷曲值**：用于设置卷页的卷度。
- **主光源角度“A”和“B”**：用于设置素材中光照亮点的位置。
- **照明距离**：用于设置光线的范围。

- **凹凸感**：用于设置素材的粗糙度，值越大，画面越粗糙。
- **光泽**：用于设置素材的明亮程度，值越大，画面越暗。
- **噪波**：用于为素材添加噪点。

设置完成后在“监视器”面板中播放，效果如图 5-23 所示。

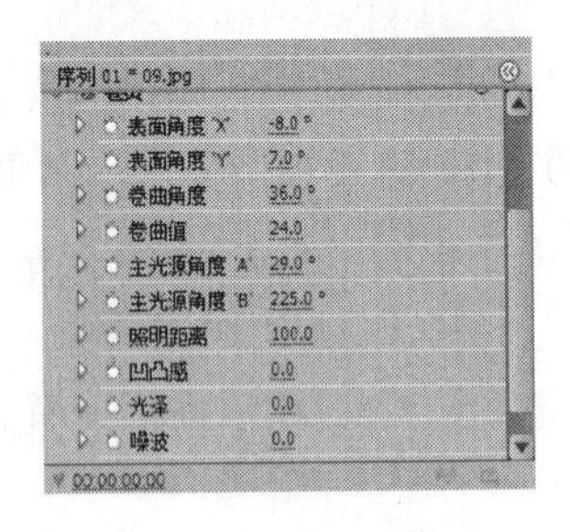

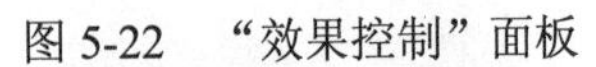
图 5-22　“效果控制”面板

图 5-23　“卷页”特效效果

## 2．折射

“折射”特效效果可使素材产生水波或霜花的效果，如毛玻璃一样，其“效果控制”面板参数如图 5-24 所示，其中各选项的含义如下。

- **波形数量**：用于设置水波的数量。
- **折射指标**：用于设置折射程度，数值越大，各选项作用后的效果就越明显。
- **凹凸感**：用于设置素材表面颗粒的数量，值越大，画面就越粗糙。
- **深度**：用于设置特效运用程度，值越大，效果越明显。

设置完成后在“监视器”面板中播放，效果如图 5-25 所示。

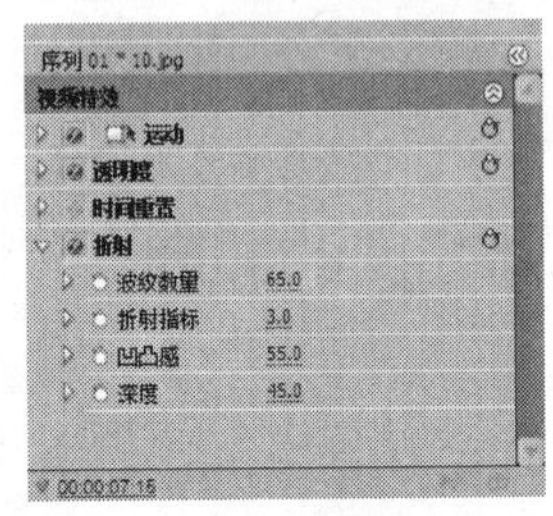

图 5-24　“效果控制”面板

图 5-25　“折射”特效效果

## 3．波纹（循环）

“波纹（循环）”特效效果可使画面产生水波效果，也可在“效果控制”面板中设置其参数，应用特效后的效果如图 5-26 所示。

**提示：**

> “波纹（循环）”特效效果的“效果控制”面板中的参数设置与“卷页”特效效果相似，在设置时可参考“卷页”特效效果，也可利用鼠标在数值框中拖动调整，同时在“节目”面板中预览效果，直到满意为止。

图 4-26　“波纹（循环）”特效效果

## 5.2.2　“变换”文件夹

“变换”文件夹下提供了 8 种视频特效效果供用户使用，主要用于制作素材的变形效果。

**【例 5-3】** 使用“变换”类视频特效效果中的各种特效制作“山灵水秀”视频文件。

（1）在“项目”面板中单击鼠标右键，在弹出的快捷菜单中选择“导入”命令，导入 1.jpg~8.jpg（立体化教学:\实例素材\第 5 章\山灵水秀\1.jpg~8.jpg）图像素材，并将素材添加到“时间线”面板中。

（2）在“效果”面板中将“垂直翻转”视频特效拖动到 1.jpg 上，应用特效前后的效果如图 5-27 所示。

图 5-27　“垂直翻转”效果

（3）在“效果”面板中将“帧同步”视频特效拖动到 2.jpg 上，应用特效前后的效果如图 5-28 所示。

图 5-28　“帧同步”特效效果

（4）在“效果”面板中将“摄像机视图”视频特效拖动到 3.jpg 上，在“效果控制”面板中设置参数，如图 5-29 所示，应用特效前后的效果如图 5-30 所示。

**提示：**

“垂直翻转”与“帧同步”特效效果不需要设置参数，直接将特效效果拖动到素材上即可。

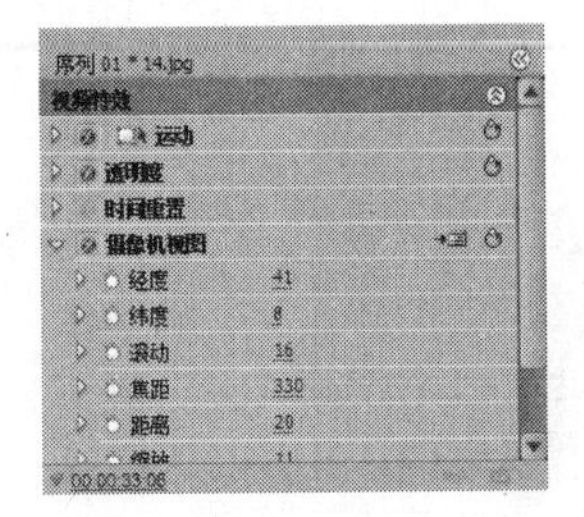

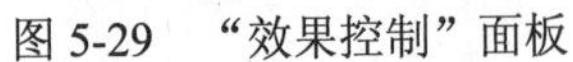

图 5-29 “效果控制”面板

图 5-30 “摄像机视图”特效效果

（5）在“效果”面板中将“行同步”视频特效拖动到 6.jpg 上，在“效果控制”面板中设置参数，如图 5-31 所示，应用特效前后的效果如图 5-32 所示。

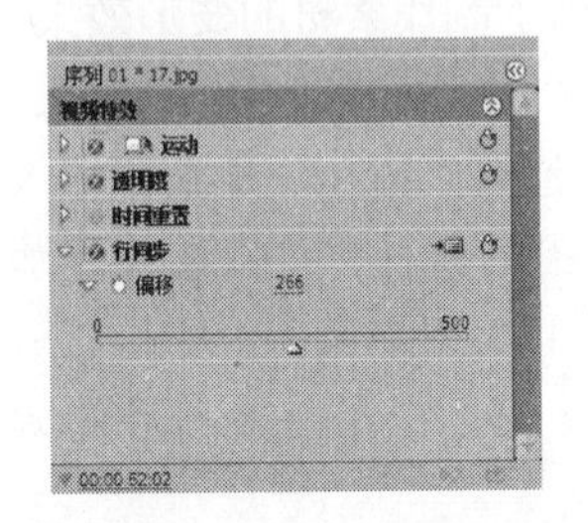


图 5-31 “效果控制”面板

图 5-32 “行同步”特效效果

（6）在“效果”面板中将“边缘羽化”视频特效拖动到 8.jpg 上，在“效果控制”面板中设置参数，如图 5-33 所示，应用特效前后的效果如图 5-34 所示。

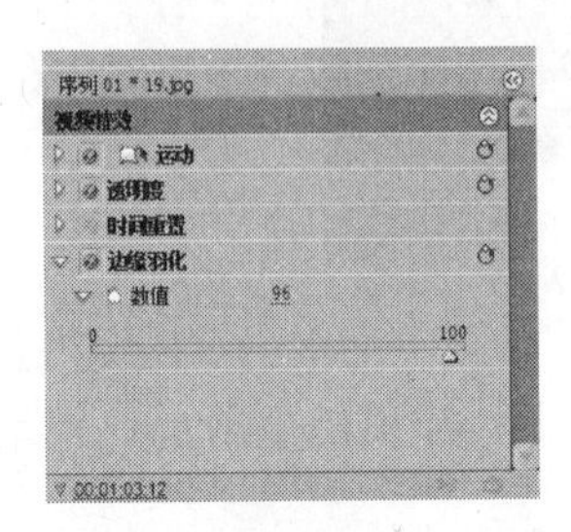


图 5-33 “效果控制”面板

图 5-34 “边缘羽化”特效效果

（7）用相同的方法为其他素材添加特效，完成后按 Ctrl+S 键保存项目文件（立体化教学:\源文件\第 5 章\山灵水秀.prproj）。

### 5.2.3 “噪波&颗粒”文件夹

“噪波&颗粒”文件夹下提供了 6 种视频特效效果供用户使用，主要用于制作素材的变形效果。

**【例 5-4】** 使用“噪波&颗粒”类视频特效效果中的各种特效制作“美丽的九寨沟”视频文件。

（1）在“项目”面板中单击鼠标右键，在弹出的快捷菜单中选择“导入”命令，导入 1.jpg~6.jpg（立体化教学:\实例素材\第 5 章\美丽的九寨沟\1.jpg~6.jpg）图像素材，并将素材添加到“时间线”面板中。

（2）在“效果”面板中将“中值”视频特效拖动到 1.jpg 上，在“效果控制”面板中设置参数，如图 5-35 所示，应用特效前后的效果如图 5-36 所示。

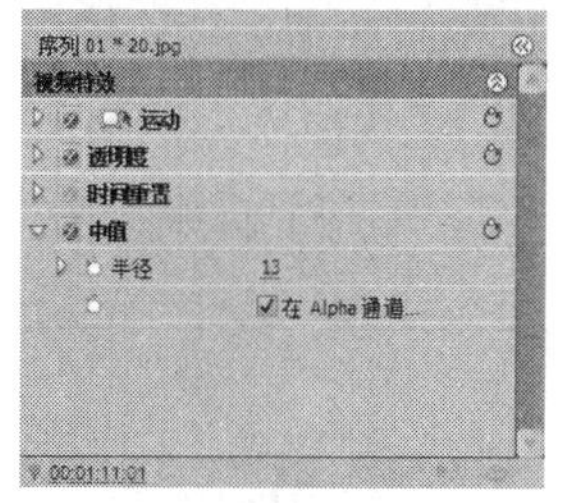

图 5-35　“效果控制”面板

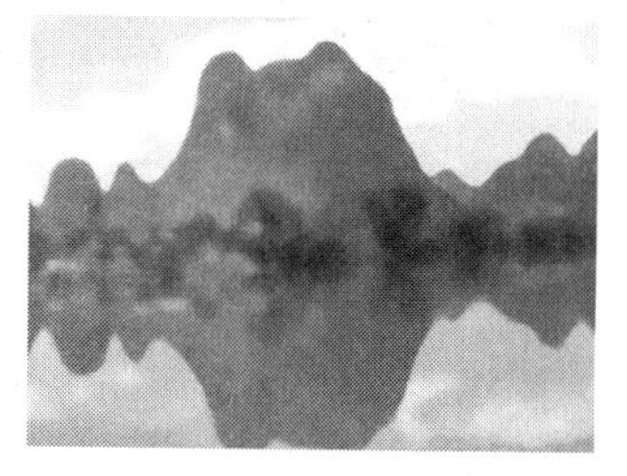

图 5-36　“中值”特效效果

（3）在“效果”面板中将“噪波 Alpha”视频特效拖动到 3.jpg 上，在“效果控制”面板中设置参数，如图 5-37 所示，应用特效前后的效果如图 5-38 所示。

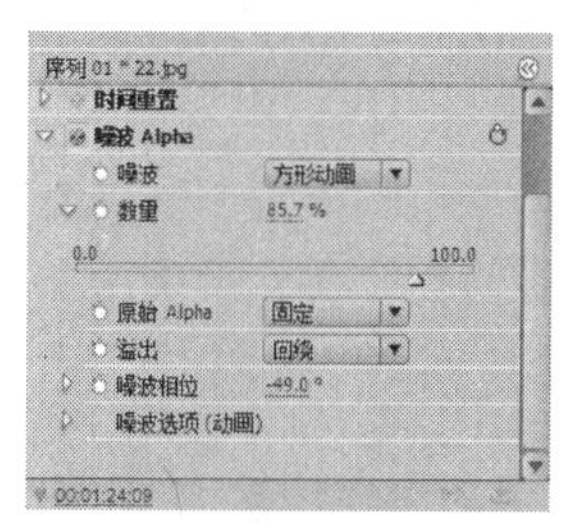


图 5-37　“效果控制”面板

图 5-38　“噪波 Alpha”特效效果

（4）在“效果”面板中将“灰尘&划痕”视频特效拖动到 5.jpg 上，在“效果控制”面板中设置参数，如图 5-39 所示，应用特效前后的效果如图 5-40 所示。

**提示：**

对于特效效果的“效果控制”面板中的参数，设置的值不同，其效果也大不相同。

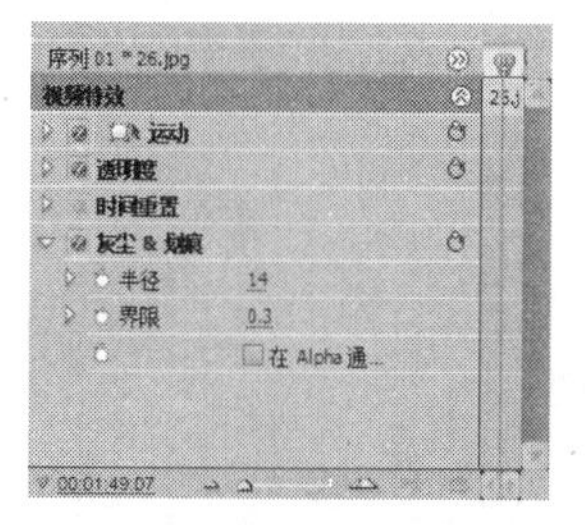


图 5-39　“效果控制”面板

图 5-40　“灰尘&划痕”特效效果

（5）用相同的方法为其他素材添加视频特效，完成后按 Ctrl+S 键保存项目文件（立体化教学:\源文件\第 5 章\美丽的九寨沟.prproj）。

### 5.2.4　“图像控制”文件夹

“图像控制”文件夹下提供了 6 种视频特效效果供用户使用，主要用于调整素材的颜色。

**【例 5-5】** 使用“图像控制”类视频特效效果中的各种特效制作“群山”视频文件。

（1）在“项目”面板中单击鼠标右键，在弹出的快捷菜单中选择“导入”命令，导入

1.jpg~6.jpg（立体化教学:\实例素材\第 5 章\群山\1.jpg~6.jpg）图像素材，并将素材添加到“时间线”面板中。

（2）在“效果”面板中将“Gamma 校正”视频特效拖动到 1.jpg 上，在“效果控制”面板中设置参数，如图 5-41 所示，应用特效前后的效果如图 5-42 所示。

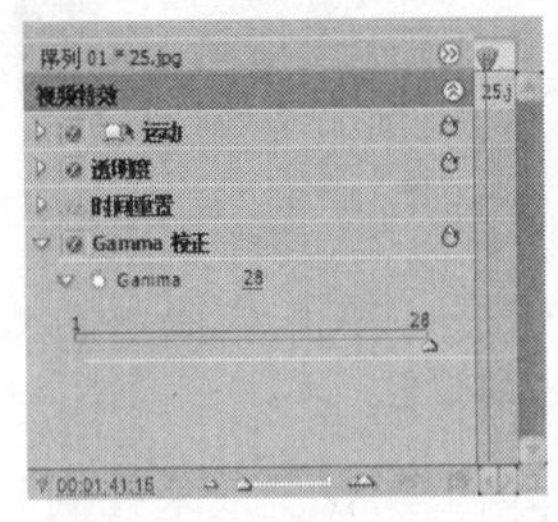

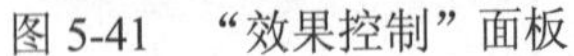


图 5-41 “效果控制”面板

图 5-42 “Gamma 校正”特效效果

（3）在“效果”面板中将“色彩传递”视频特效拖动到 2.jpg 上，在“效果控制”面板中设置参数，如图 5-43 所示，应用特效前后的效果如图 5-44 所示。

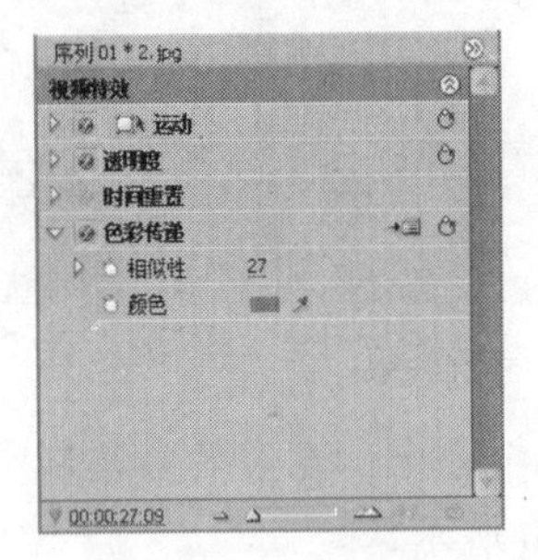


图 5-43 “效果控制”面板

图 5-44 “色彩传递”特效效果

（4）在“效果”面板中将“色彩匹配”视频特效拖动到 3.jpg 上，在“效果控制”面板中设置参数，如图 5-45 所示，应用特效前后的效果如图 5-46 所示。

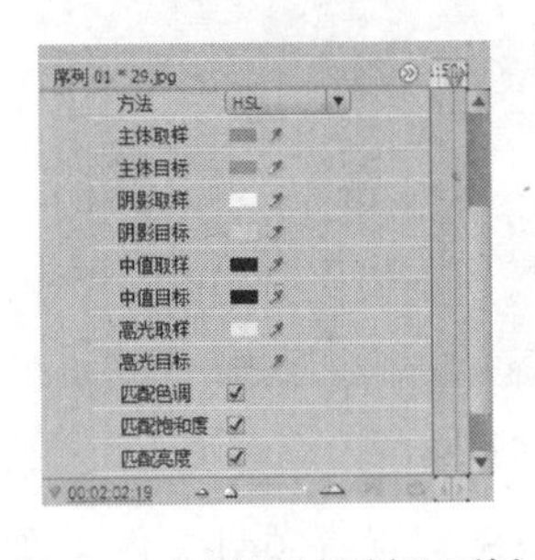


图 5-45 “效果控制”面板

图 5-46 “色彩匹配”特效效果

（5）在“效果”面板中将“色彩平衡（RGB）”视频特效拖动到 4.jpg 上，在“效果控制”面板中设置参数，如图 5-47 所示，应用特效前后的效果如图 5-48 所示。

（6）在“效果”面板中将“色彩替换”视频特效拖动到 5.jpg 上，在“效果控制”面板中设置参数，如图 5-49 所示，应用特效前后的效果如图 5-50 所示。

图 5-47　“效果控制”面板

图 5-48　“色彩平衡（RGB）”特效效果

图 5-49　“效果控制”面板

图 5-50　“色彩替换”特效效果

**技巧：**

为了使选取的颜色更准确，可以利用“效果控制”面板中的“吸管工具”来精确选取颜色。

（7）完成后按“Ctrl+S”键保存项目文件（立体化教学:\源文件\第 5 章\群山.prproj）。

## 5.2.5　“实用”文件夹

“实用”文件夹下提供了“电影转换”特效效果，运用该特效后，可在“效果控制”面板中设置相应参数，如图 5-51 所示，对应效果如图 5-52 所示。

图 5-51　“效果控制”面板

图 5-52　“电影转换”特效效果

## 5.2.6　“扭曲”文件夹

“扭曲”文件夹下提供了 11 种视频特效效果供用户使用，主要用于扭曲素材的画面。

**【例 5-6】** 使用“扭曲”类视频特效效果中的各种特效制作“风景如画”视频文件。

（1）在“项目”面板中单击鼠标右键，在弹出的快捷菜单中选择“导入”命令，导入 1.jpg~11.jpg（立体化教学:\实例素材\第 5 章\风景如画\1.jpg~11.jpg）图像素材，并将素材添加到“时间线”面板中。

（2）在“效果”面板中将“偏移”视频特效拖动到 1.jpg 上，在“效果控制”面板中设置参数，如图 5-53 所示，应用特效前后的效果如图 5-54 所示。

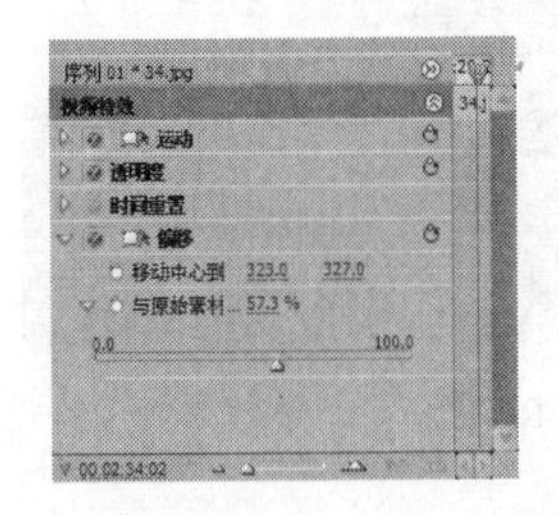


图 5-53 “效果控制”面板

图 5-54 “偏移”特效效果

（3）在“效果”面板中将“变换”视频特效拖动到 2.jpg 上，在“效果控制”面板中设置参数，如图 5-55 所示，应用特效前后的效果如图 5-56 所示。

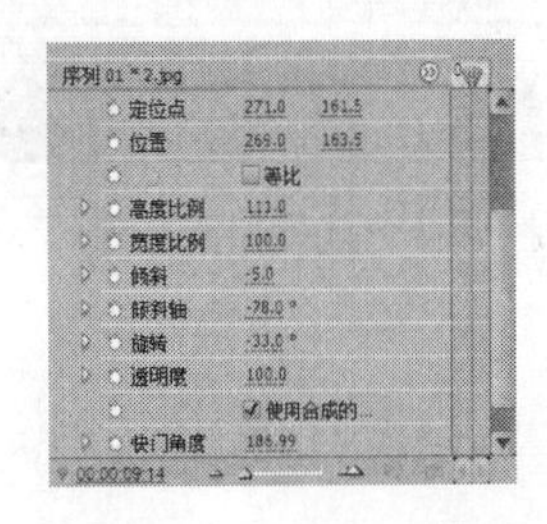


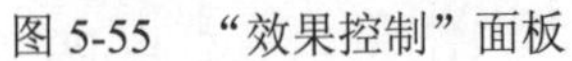

图 5-55 “效果控制”面板

图 5-56 “变换”特效效果

（4）在“效果”面板中将“扭曲”视频特效拖动到 4.jpg 上，在“效果控制”面板中设置参数，如图 5-57 所示，应用特效前后的效果如图 5-58 所示。

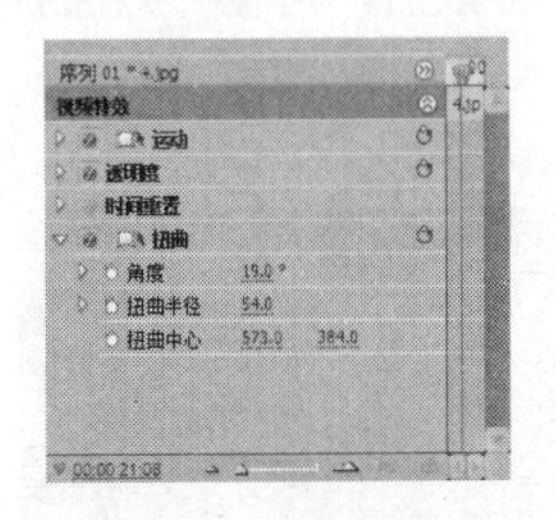


图 5-57 “效果控制”面板

图 5-58 “扭曲”特效效果

（5）在“效果”面板中将“波形弯曲”视频特效拖动到 5.jpg 上，在“效果控制”面板中设置参数，如图 5-59 所示，应用特效前后的效果如图 5-60 所示。

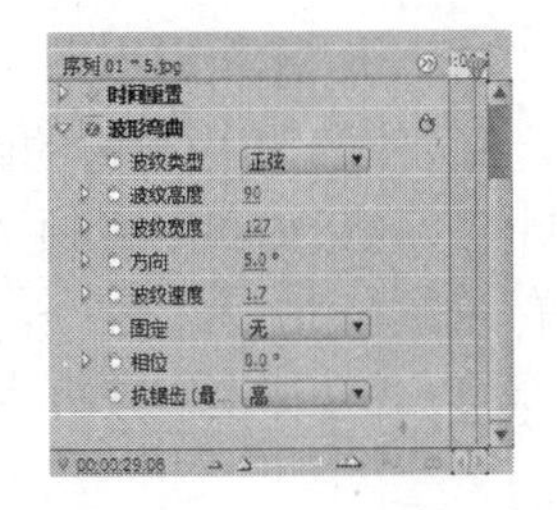


图 5-59 “效果控制”面板

图 5-60 “波形弯曲”特效效果

（6）在“效果”面板中将“放大”视频特效拖动到 6.jpg 上，在“效果控制”面板中设置参数，如图 5-61 所示，应用特效前后的效果如图 5-62 所示。

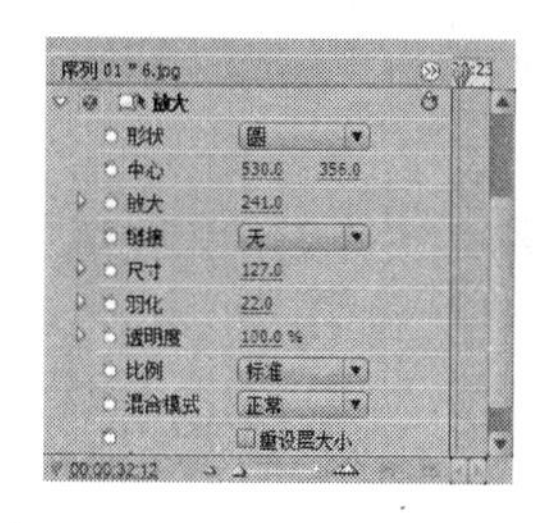


图 5-61　“效果控制”面板

图 5-62　“放大”特效效果

（7）在“效果”面板中将“紊乱置换”视频特效拖动到 8.jpg 上，在“效果控制”面板中设置参数，如图 5-63 所示，应用特效前后的效果如图 5-64 所示。

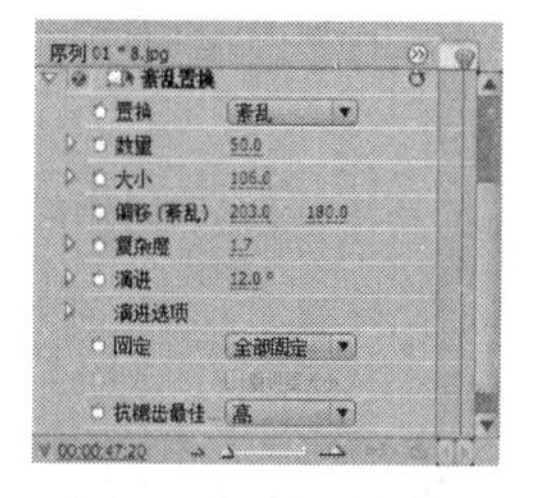


图 5-63　“效果控制”面板

图 5-64　“紊乱置换”特效效果

（8）在“效果”面板中将“镜头失真”视频特效拖动到 11.jpg 上，在“效果控制”面板中设置参数，如图 5-65 所示，应用特效前后的效果如图 5-66 所示。

图 5-65　“效果控制”面板

图 5-66　“镜头失真”特效效果

（9）用相同的方法为其他素材添加视频特效，完成后按 Ctrl+S 键保存项目文件（立体化教学:\源文件\第 5 章\风景如画.prproj）。

### 5.2.7　“时间”文件夹

“时间”文件夹下提供了 3 种视频特效效果供用户使用，主要用于设置素材的时间性，下面分别进行介绍。

#### 1．抽帧

“抽帧”特效效果可以将素材设置为以某一帧率进行播放，从而产生跳帧的效果，将

“抽帧”视频特效拖动到素材上后，可在“效果控制”面板中设置参数，如图 5-67 所示，应用视频特效后的效果如图 5-68 所示。

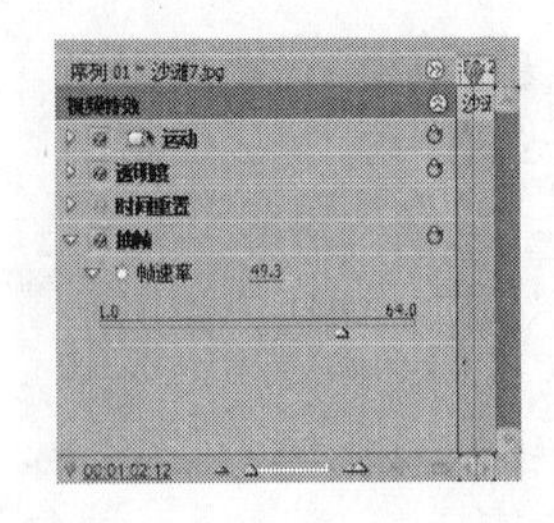

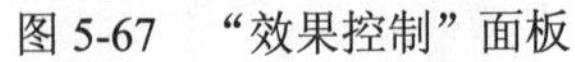

图 5-67　“效果控制”面板　　图 5-68　“抽帧”特效效果

### 2．拖尾

“拖尾”特效效果可以将素材中不同时间上的多个帧同时播放，从而产生条纹和反射的效果，将“拖尾”视频特效拖动到素材上后，可在“效果控制”面板中设置参数，如图 5-69 所示，应用视频特效后的效果如图 5-70 所示。

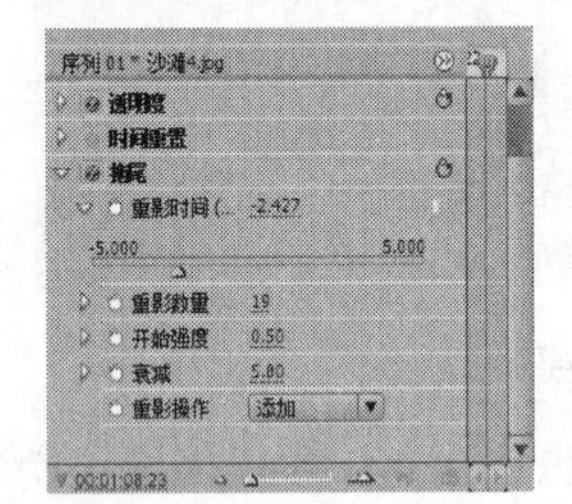

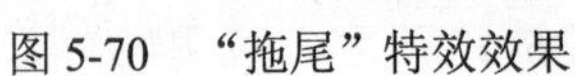

图 5-69　“效果控制”面板　　图 5-70　“拖尾”特效效果

### 3．时间扭曲

“时间扭曲”特效效果可以将素材画面扭曲播放，将“时间扭曲”特效拖到素材上后，可在“效果控制”面板中设置参数，如图 5-71 所示，应用特效后的效果如图 5-72 所示。

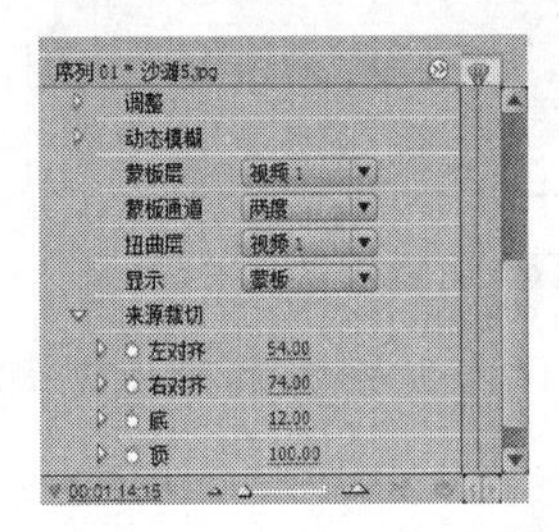

图 5-71　“效果控制”面板　　图 5-72　“时间扭曲”特效效果

## 5.2.8　“锐化&模糊”文件夹

“锐化&模糊”文件夹下提供了 10 种视频特效效果供用户使用，主要用于镜头画面的模糊和锐化处理。

**【例 5-7】** 使用“锐化&模糊”类视频特效中的各种特效制作“海底世界”视频文件。

（1）在“项目”面板中单击鼠标右键，在弹出的快捷菜单中选择“导入”命令，导入1.jpg~10.jpg（立体化教学:\实例素材\第 5 章\海底世界\1.jpg~10.jpg）图像素材，并将素材添加到“时间线”面板中。

（2）在“效果”面板中将“快速模糊”视频特效拖动到 1.jpg 上，在“效果控制”面板中设置参数，如图 5-73 所示，应用特效前后的效果如图 5-74 所示。

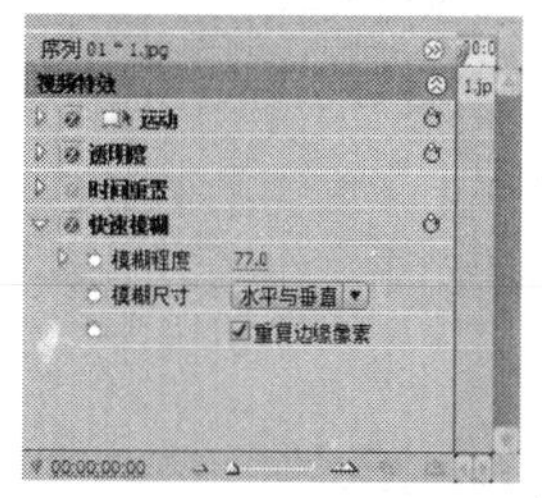

图 5-73　“效果控制”面板　　　　图 5-74　“快速模糊”特效效果

（3）在“效果”面板中将“摄像机模糊”视频特效拖动到 3.jpg 上，使图像产生离开摄像机焦点范围时的“虚焦”效果，在“效果控制”面板中设置参数，如图 5-75 所示，应用特效前后的效果如图 5-76 所示。

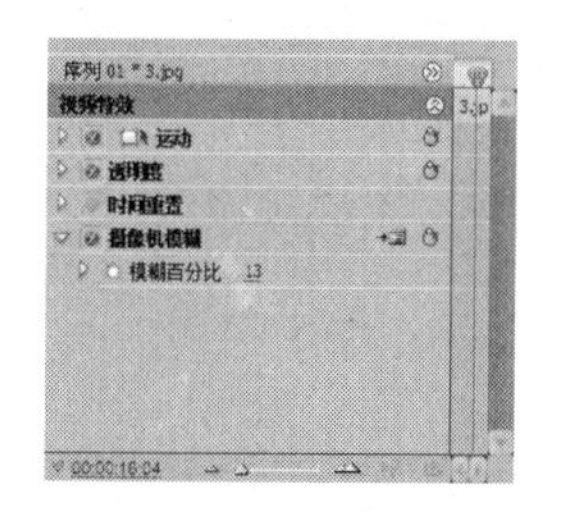

图 5-75　“效果控制”面板　　　　图 5-76　“摄像机模糊”特效效果

（4）在“效果”面板中将“混合模糊”视频特效拖动到 5.jpg 上，使图像产生具有视觉冲击力的模糊效果，在“效果控制”面板中设置参数，如图 5-77 所示，应用特效前后的效果如图 5-78 所示。

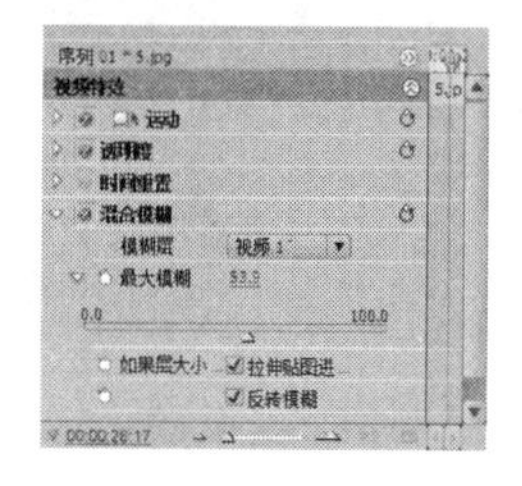

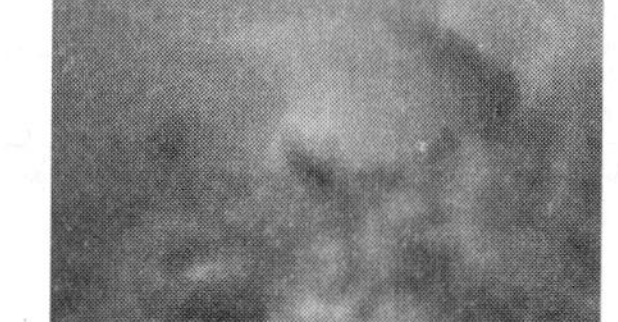

图 5-77　“效果控制”面板　　　　图 5-78　“混和模糊”特效效果

（5）在“效果”面板中将“非锐化遮罩”视频特效拖动到 8.jpg 上，以调整图像的色彩锐化程度，在“效果控制”面板中设置参数，如图 5-79 所示，应用特效前后的效果如图 5-80 所示。

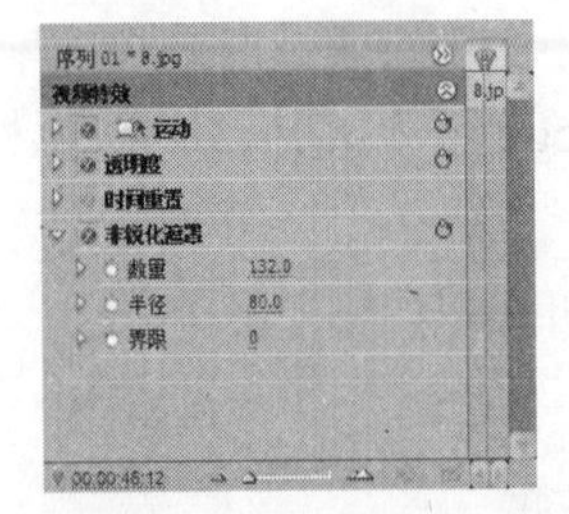

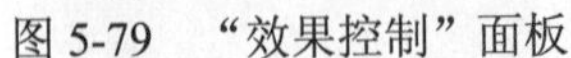

图 5-79 “效果控制”面板　　图 5-80 “非锐化遮罩”特效效果

（6）在“效果”面板中将“高斯模糊”视频特效拖动到 10.jpg 上，以调整图像的对比度，从而使图像清晰，在“效果控制”面板中设置参数，如图 5-81 所示，应用特效前后的效果如图 5-82 所示。

图 5-81 “效果控制”面板　　图 5-82 “高斯模糊”特效效果

（7）利用相同的方法为项目文件中的其他素材添加特效效果，完成后按 Ctrl+S 键保存项目文件（立体化教学:\源文件\第 5 章\海底世界.prproj）。

## 5.2.9 “渲染”文件夹

“渲染”文件夹下提供了“椭圆”特效效果，主要用于圈划图像重点，运用该特效后，可在“效果控制”面板中设置相应参数，如图 5-83 所示，应用特效前后的效果如图 5-84 所示。

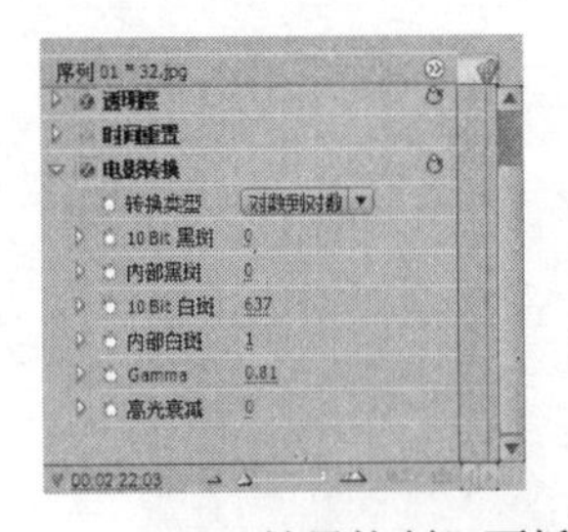

图 5-83 “效果控制”面板　　图 5-84 “椭圆”特效效果

## 5.2.10 “生成”文件夹

“生成”文件夹下提供了 11 种视频特效效果供用户使用，主要用于制作特殊效果。

**【例 5-8】** 为“花开的声音.prproj”项目文件中的素材添加 “生成”类特效效果中的各种视频特效。

（1）选择“文件/打开项目”命令，在打开的对话框中选择“花开的声音.prproj”项目文件（立体化教学:\实例素材\第 5 章\花开的声音.prproj），单击 打开(O) 按钮，打开项目文件。

（2）在“效果”面板中将“4 色渐变”视频特效拖动到 01.jpg 上，在“效果控制”面板中设置参数，如图 5-85 所示，应用特效前后的效果如图 5-86 所示。

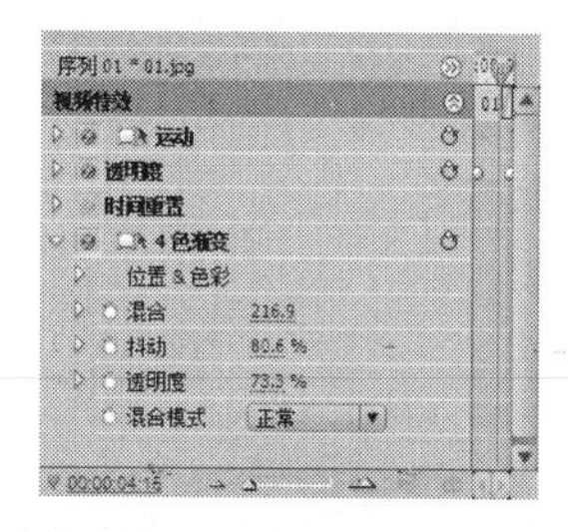


图 5-85　“效果控制”面板

图 5-86　“4 色渐变”特效效果

（3）在“效果”面板中将“吸色管填充”视频特效拖动到 03.jpg 上，在“效果控制”面板中设置参数，如图 5-87 所示，应用特效前后的效果如图 5-88 所示。

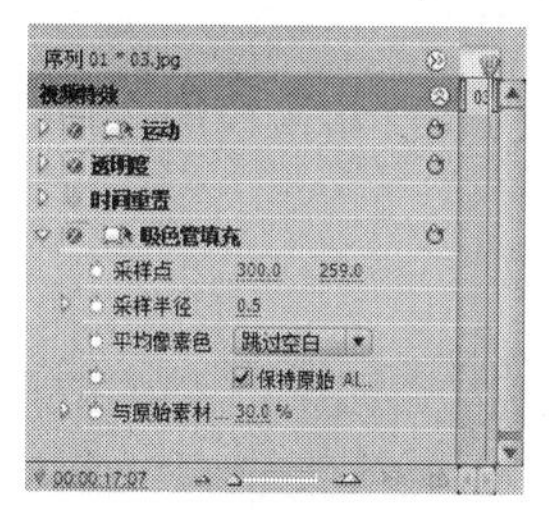

图 5-87　“效果控制”面板

图 5-88　“吸色管填充”特效效果

（4）在“效果”面板中将“栅格”视频特效拖动到 05.jpg 上，在“效果控制”面板中设置参数，如图 5-89 所示，应用特效前后的效果如图 5-90 所示。

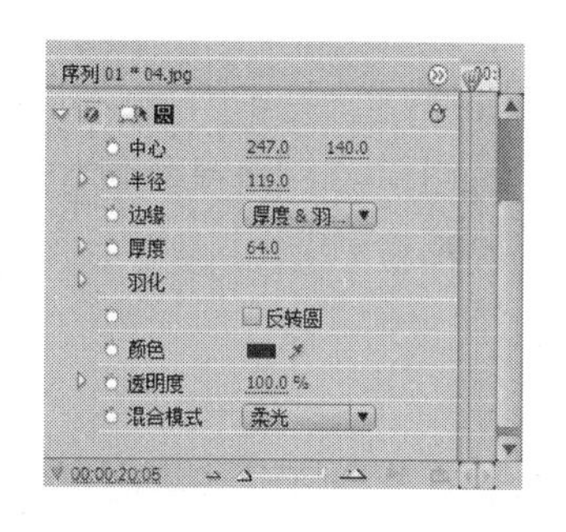


图 5-89　“效果控制”面板

图 5-90　“栅格”特效效果

（5）在“效果”面板中将“棋盘”视频特效拖动到 06.jpg 上，在“效果控制”面板中设置参数，如图 5-91 所示，应用特效前后的效果如图 5-92 所示。

（6）在“效果”面板中将“油漆桶”视频特效拖动到 08.jpg 上，在“效果控制”面板中设置参数，如图 5-93 所示，应用特效前后的效果如图 5-94 所示。

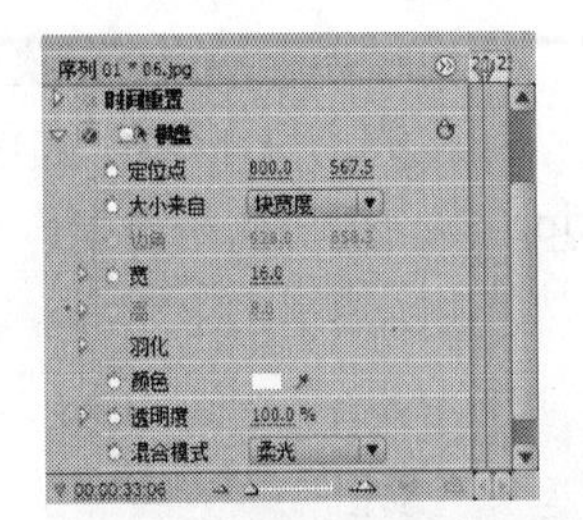

图 5-91 “效果控制”面板　　图 5-92 “棋盘”特效效果

图 5-93 “效果控制”面板　　图 5-94 “油漆桶”特效效果

（7）在“效果”面板中将“渐变”视频特效拖动到 09.jpg 上，在“效果控制”面板中设置参数，如图 5-95 所示，应用特效前后的效果如图 5-96 所示。

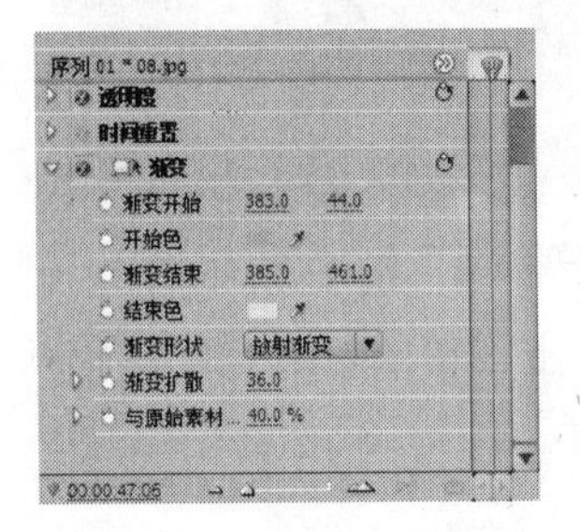

图 5-95 “效果控制”面板　　图 5-96 “渐变”特效效果

（8）在“效果”面板中将“镜头光晕”视频特效拖动到 12.jpg 上，在“效果控制”面板中设置参数，如图 5-97 所示，应用特效前后的效果如图 5-98 所示。

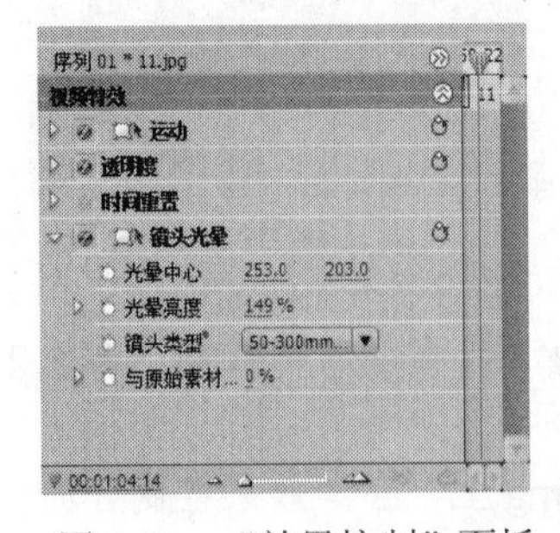

图 5-97 “效果控制”面板　　图 5-98 “镜头光晕”特效效果

（9）用相同的方法为其他素材添加视频特效，完成后按 Ctrl+S 键保存项目文件（立体化教学:\源文件\第 5 章\鲜花电子相册.prproj）。

## 5.2.11　“颜色校正”文件夹

“颜色校正”文件夹下提供了 17 种视频特效效果供用户使用，主要用于调整素材的颜色效果。

**【例 5-9】** 为“美丽的乌江.prproj”项目文件中的素材添加“颜色校正”类特效效果中的一些视频特效，并观看其效果。

（1）选择“文件/打开项目”命令，在打开的对话框中选择“美丽的乌江.prproj”项目文件（立体化教学:\实例素材\第 5 章\美丽的乌江.prproj），单击 打开(O) 按钮，打开项目文件。

（2）在“效果”面板中将“RGB 曲线”视频特效拖动到 01.jpg 上，在“效果控制”面板中设置参数，如图 5-99 所示，应用特效前后的效果如图 5-100 所示。

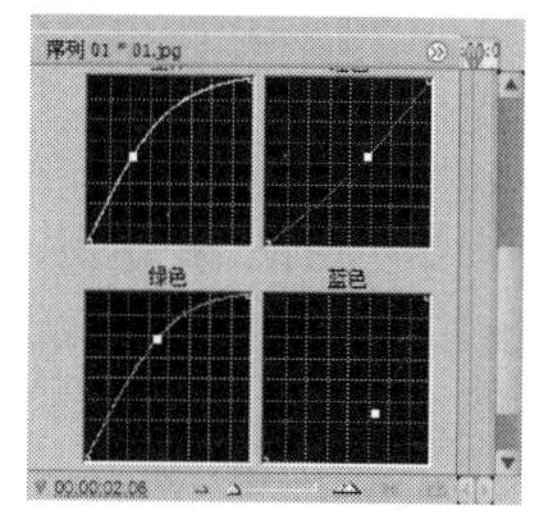


图 5-99　“效果控制”面板

图 5-100　“RGB 曲线”特效效果

（3）在“效果”面板中将“快速色彩校正”视频特效拖动到 04.jpg 上，在“效果控制”面板中设置参数，如图 5-101 所示，应用特效前后的效果如图 5-102 所示。

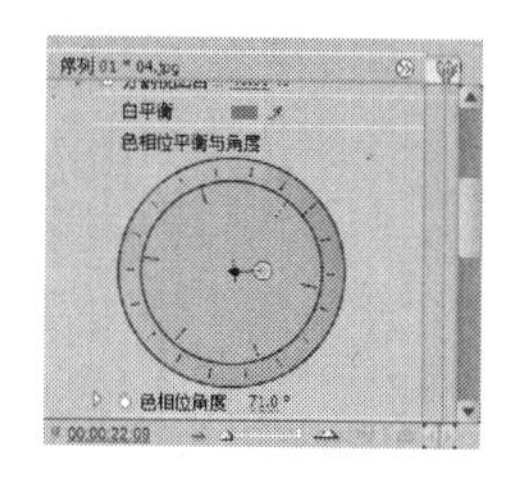


图 5-101　“效果控制”面板

图 5-102　“快速色彩校正”特效效果

（4）在“效果”面板中将“转换颜色”视频特效拖动到 06.jpg 上，在“效果控制”面板中设置参数，如图 5-103 所示，应用特效前后的效果如图 5-104 所示。

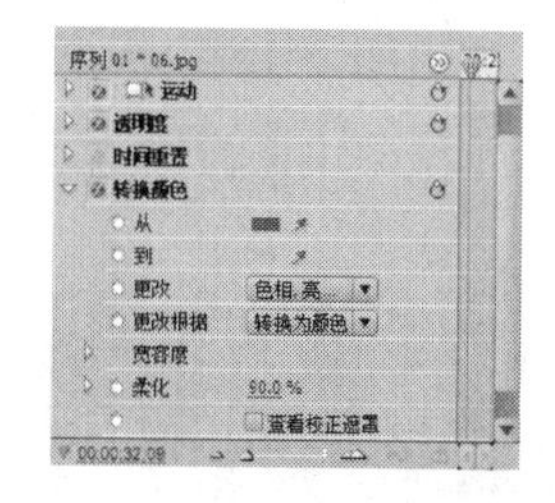


图 5-103　“效果控制”面板

图 5-104　“转换颜色”特效效果

（5）在“效果”面板中将“通道混合”视频特效拖动到 07.jpg 上，在“效果控制”面板中设置参数，如图 5-105 所示，应用特效前后的效果如图 5-106 所示。

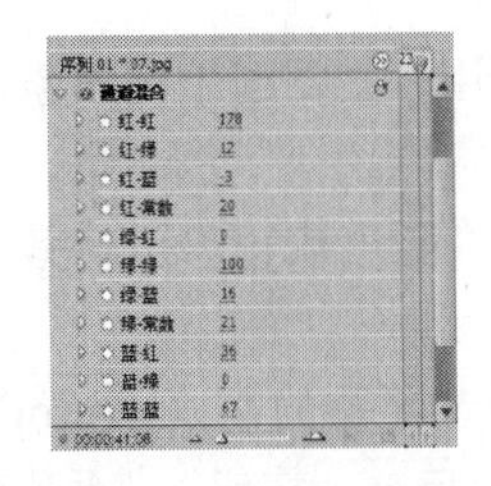

图 5-105 “效果控制”面板　　图 5-106 “通道混合”特效效果

（6）用相同的方法为其他素材添加视频特效，设置完成后按 Ctrl+S 键保存项目文件（立体化教学:\源文件\第 5 章\乌江游电子相册.prproj）。

## 5.2.12 “视频”文件夹

“视频”文件夹下提供了“时间码”特效效果，主要用于在图像中显示时间码，运用特效后，可在“效果控制”面板中设置相应参数，如图 5-107 所示，完成效果如图 5-108 所示。

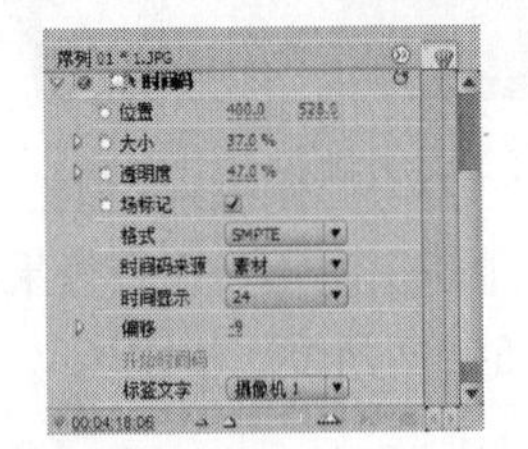

图 5-107 “效果控制”面板　　图 5-108 “时间码”特效效果

## 5.2.13 “调节”文件夹

“调节”文件夹下提供了 9 种特效效果供用户使用，主要用于调节素材的色彩亮度。

**【例 5-10】** 为“桂林山水.prproj”项目文件中的素材添加“调节”类特效效果中的一些视频特效，并观看其效果。

（1）选择“文件/打开项目”命令，在打开的对话框中选择“桂林山水.prproj”项目文件（立体化教学:\实例素材\第 5 章\桂林山水.prproj），单击 打开(O) 按钮，打开项目文件。

（2）在“效果”面板中将“照明效果”视频特效拖动到 01.jpg 上，在“效果控制”面板中设置参数，如图 5-109 所示，应用特效前后的效果如图 5-110 所示。

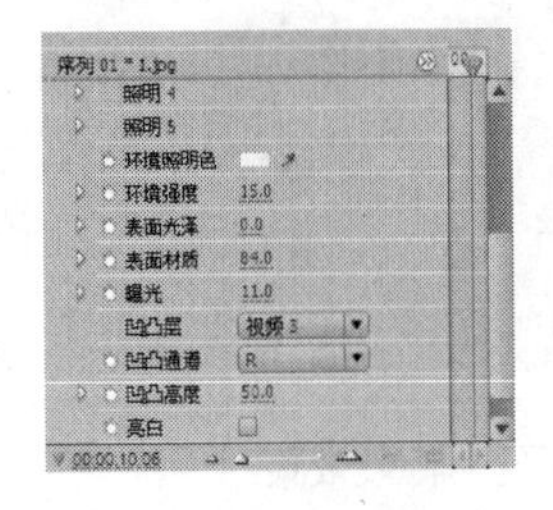

图 5-109 “效果控制”面板　　图 5-110 “照明效果”特效效果

（3）在“效果”面板中将“提取”视频特效拖动到 02.jpg 上，在“效果控制”面板中设置参数，如图 5-111 所示，应用特效前后的效果如图 5-112 所示。

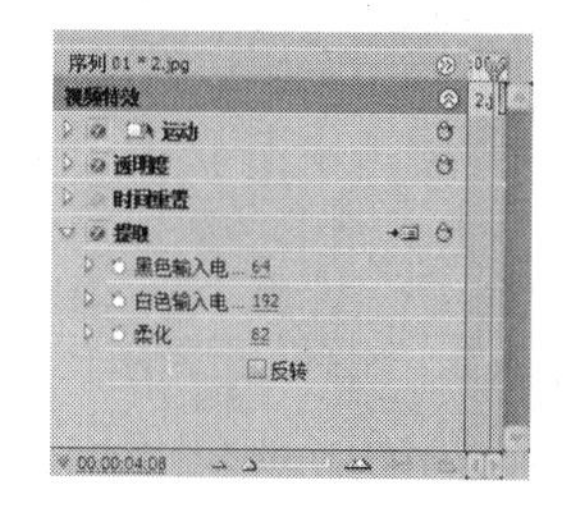


图 5-111　“效果控制”面板

图 5-112　“提取”特效效果

（4）在“效果”面板中将“调色”视频特效拖动到 05.jpg 上，在“效果控制”面板中设置参数，如图 5-113 所示，应用特效前后的效果如图 5-114 所示。

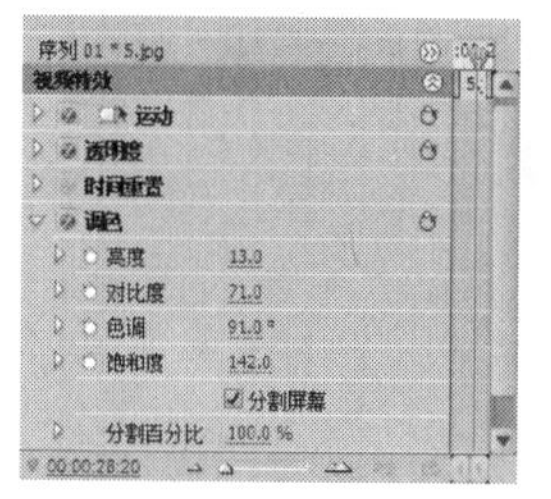


图 5-113　“效果控制”面板

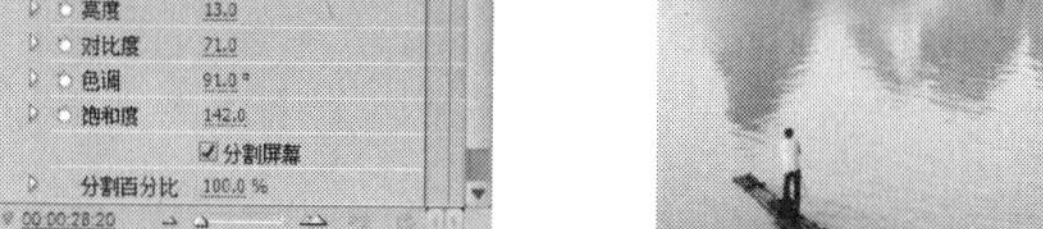

图 5-114　“调色”特效效果

（5）用相同的方法为其他素材添加视频特效，设置完成后按 Ctrl+S 键保存项目文件（立体化教学:\源文件\第 5 章\桂林山水电子相册.prproj）。

## 5.2.14　“过渡”文件夹

“过渡”文件夹下提供了 5 种特效效果供用户使用。

**【例 5-11】** 使用“过渡”类视频特效中的一些特效制作“神奇大自然”视频文件。

（1）在“项目”面板中单击鼠标右键，在弹出的快捷菜单中选择“导入”命令，导入 1.jpg~3.jpg（立体化教学:\实例素材\第 5 章\神奇大自然\1.jpg~3.jpg）图像素材，并将素材添加到“时间线”面板中。

（2）在“效果”面板中将“块溶解”视频特效拖动到 1.jpg 上，在“效果控制”面板中设置参数，如图 5-115 所示，应用特效前后的效果如图 5-116 所示。

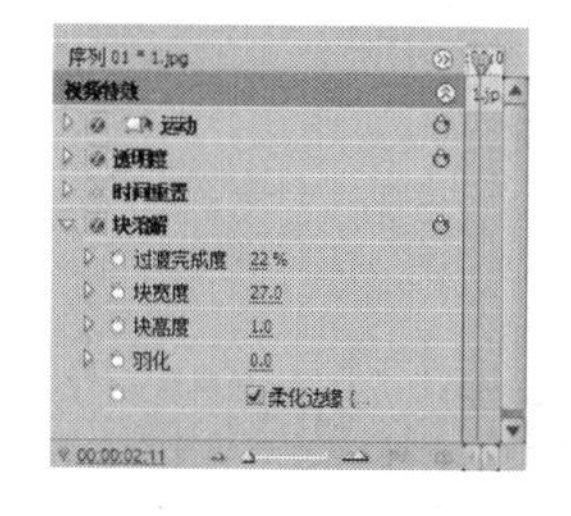


图 5-115　“效果控制”面板

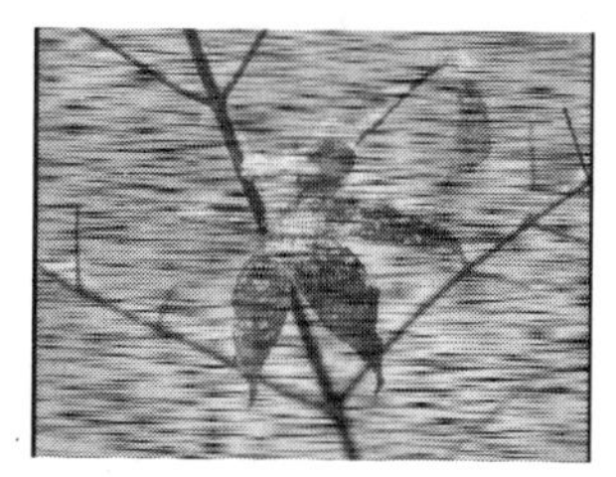

图 5-116　“块溶解”特效效果

（3）在“效果”面板中将“渐变擦除”视频特效拖动到 2.jpg 上，在“效果控制”面板中设置参数，如图 5-117 所示，应用特效前后的效果如图 5-118 所示。

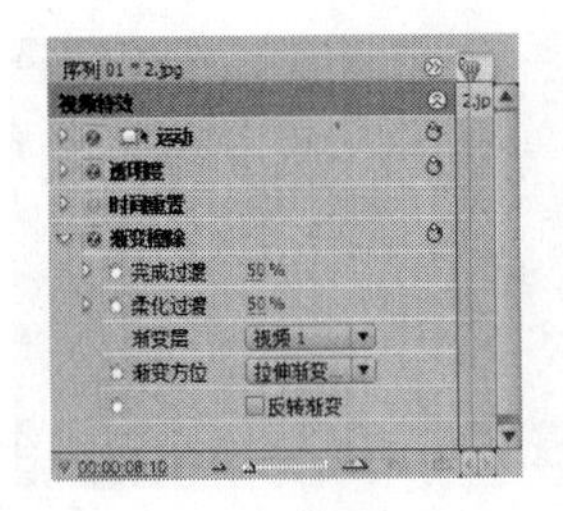


图 5-117 “效果控制”面板

图 5-118 “渐变擦除”特效效果

（4）在“效果”面板中将“百叶窗”视频特效拖动到 3.jpg 上，在“效果控制”面板中设置参数，如图 5-119 所示，应用特效前后的效果如图 5-120 所示。

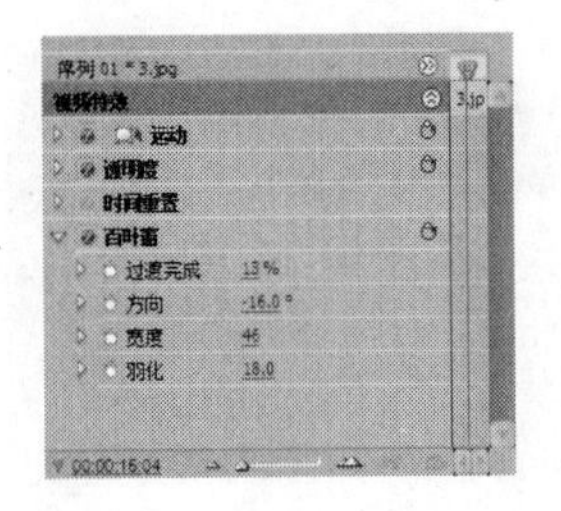


图 5-119 “效果控制”面板

图 5-120 “百叶窗”特效效果

（5）设置完成后按 Ctrl+S 键保存项目文件（立体化教学:\源文件\第 5 章\神奇大自然.prproj）。

## 5.2.15 “透视”文件夹

“透视”文件夹下提供了 5 种特效效果供用户使用。

**【例 5-12】** 使用“透视”类视频特效中的一些特效制作“调皮的小猫”视频文件。

（1）在“项目”面板中单击鼠标右键，在弹出的快捷菜单中选择“导入”命令，导入 1.jpg~3.jpg（立体化教学:\实例素材\第 5 章\调皮的小猫\1.jpg~3.jpg）图像素材，并将素材添加到“时间线”面板中。

（2）在“效果”面板中将“斜角边”视频特效拖动到 1.jpg 上，在“效果控制”面板中设置参数，如图 5-121 所示，应用特效前后的效果如图 5-122 所示。

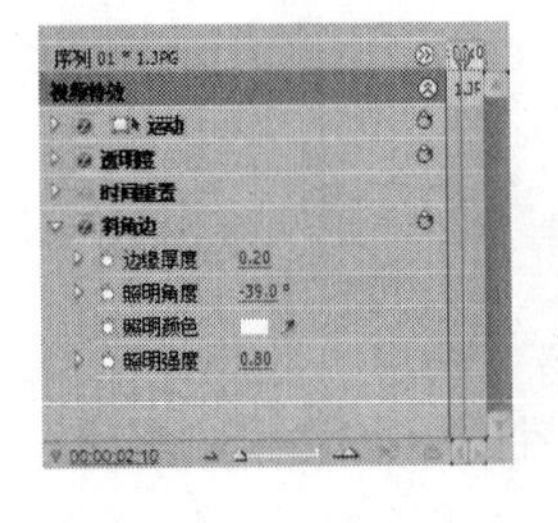


图 5-121 “效果控制”面板

图 5-122 “斜角边”特效效果

（3）在“效果”面板中将“阴影”视频特效拖动到 2.jpg 上，在“效果控制”面板中设置参数，如图 5-123 所示，应用特效前后的效果如图 5-124 所示。

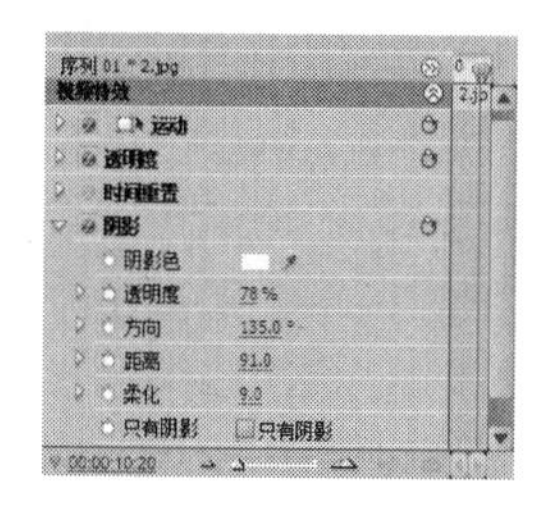


图 5-123　“效果控制”面板

图 5-124　“阴影”特效效果

（4）在“效果”面板中将“基本 3D”视频特效拖动到 3.jpg 上，在“效果控制”面板中设置参数，如图 5-125 所示，应用特效前后的效果如图 5-126 所示。

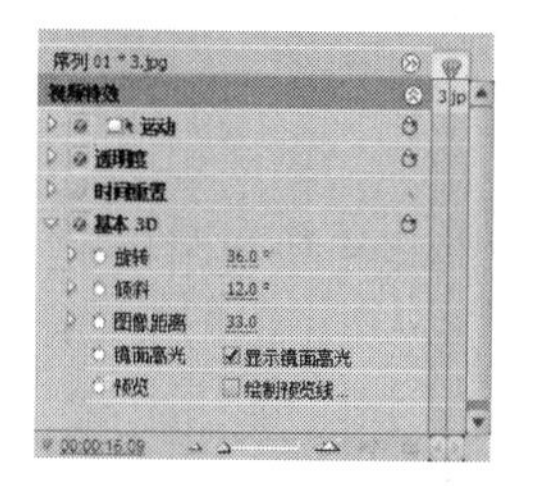


图 5-125　“效果控制”面板

图 5-126　“基本 3D”特效效果

（5）设置完成后按 Ctrl+S 键保存项目文件（立体化教学:\源文件\第 5 章\调皮的小猫.prproj）。

## 5.2.16　“通道”文件夹

“通道”文件夹下提供了 5 种特效效果供用户使用。

**【例 5-13】** 为“平乐的水.prproj”项目文件中的素材添加 “通道”类特效效果中的一些视频特效，并观看其效果。

（1）选择“文件/打开项目”命令，在打开的对话框中选择“平乐的水.prproj”项目文件（立体化教学:\实例素材\第 5 章\平乐的水.prproj），单击 打开(O) 按钮，打开项目文件。

（2）在“效果”面板中将“反转”视频特效拖动到 1.jpg 上，在“效果控制”面板中设置参数，如图 5-127 所示，应用特效前后的效果如图 5-128 所示。

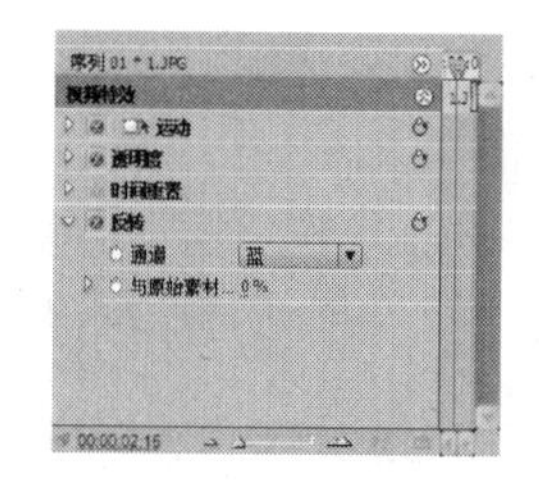


图 5-127　“效果控制”面板

图 5-128　“反转”特效效果

（3）在“效果”面板中将“设置蒙板”视频特效拖动到 2.jpg 上，在“效果控制”面板中设置参数，如图 5-129 所示，应用特效前后的效果如图 5-130 所示。

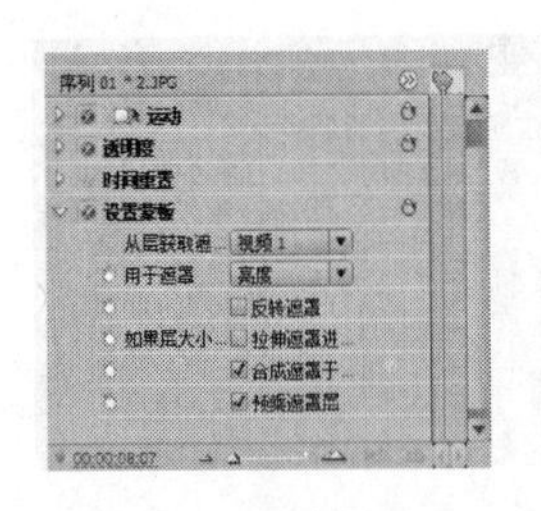


图 5-129　“效果控制”面板

图 5-130　“设置蒙板”特效效果

（4）利用相同的方法为项目文件中的其他素材添加特效效果，完成后按 Ctrl+S 键保存项目文件（立体化教学:\源文件\第 5 章\平乐游电子相册.prproj）。

## 5.2.17　“键”文件夹

“键”文件夹下提供了 14 种特效效果供用户使用。

**【例 5-14】** 为“写真花.prproj”项目文件中的素材添加“键”类特效效果中的一些视频特效，并观看其效果。

（1）选择“文件/打开项目”命令，在打开的对话框中选择“写真花.prproj”项目文件（立体化教学:\实例素材\第 5 章\写真花.prproj），单击 打开(O) 按钮，打开项目文件。

（2）在“效果”面板中将“RGB 差异键”视频特效拖动到 1.jpg 上，在“效果控制”面板中设置参数，如图 5-131 所示，应用特效前后的效果如图 5-132 所示。

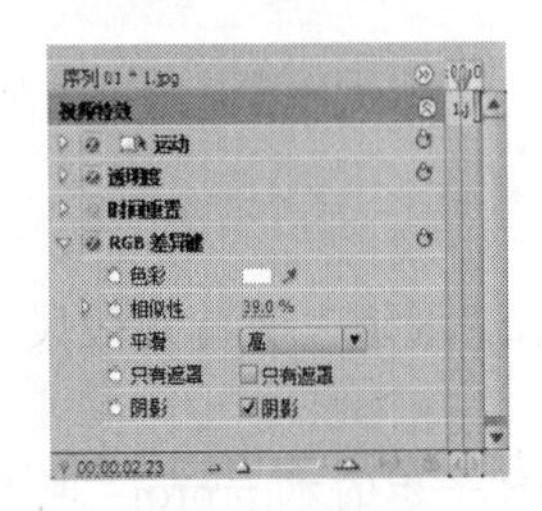


图 5-131　“效果控制”面板

图 5-132　“RGB 差异键”特效效果

（3）在“效果”面板中将“亮度键”视频特效拖动到 2.jpg 上，在“效果控制”面板中设置参数，如图 5-133 所示，应用特效前后的效果如图 5-134 所示。

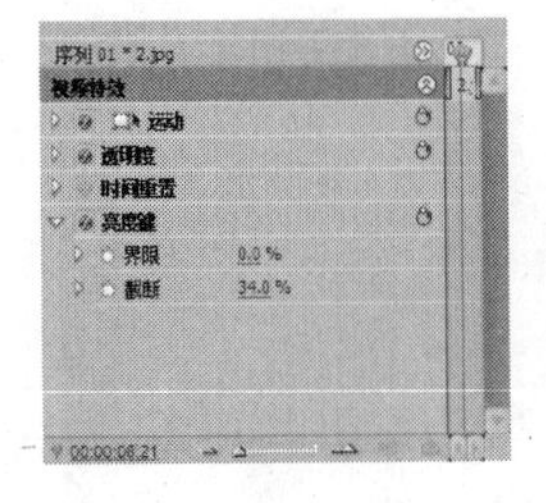


图 5-133　“效果控制”面板

图 5-134　“亮度键”特效效果

（4）利用相同的方法为项目文件中的其他素材添加特效效果，完成后按 Ctrl+S 键保存项目文件（立体化教学:\源文件\第 5 章\罂粟花电子相册.prproj）。

## 5.2.18　“风格化”文件夹

“风格化”文件夹下提供了 13 种特效效果供用户使用。

**【例 5-15】** 为“玫瑰密语.prproj”项目文件中的素材添加“风格化”类特效效果中的一些视频特效，并观看其效果。

（1）选择“文件/打开项目”命令，在打开的对话框中选择“玫瑰密语.prproj”项目文件（立体化教学:\实例素材\第 5 章\玫瑰密语.prproj），单击 打开(O) 按钮，打开项目文件。

（2）在“效果”面板中将“彩色浮雕”视频特效拖动到 1.jpg 上，在“效果控制”面板中设置参数，应用特效前后的效果如图 5-135 所示。

（3）在“效果”面板中将“查找边缘”视频特效拖动到 2.jpg 上，在“效果控制”面板中设置参数，应用特效前后的效果如图 5-136 所示。

图 5-135　“彩色浮雕”特效效果

图 5-136　“查找边缘”特效效果

（4）利用相同的方法为项目文件中的其他素材添加特效效果，完成后按 Ctrl+S 键保存项目文件（立体化教学:\源文件\第 5 章\玫瑰密语.prproj）。

## 5.2.19　应用举例——制作“天高地远”视频

使用 Premiere Pro CS3 提供的视频特效效果，创建一个关于辽阔的草原的欣赏视频，效果如图 5-137 所示（立体化教学:\源文件\第 5 章\天高地远.prproj）。

图 5-137　天高地远

操作步骤如下：

（1）选择“文件/新建/项目”命令新建一个项目，命名为“天高地远”。

（2）在“项目”面板中单击鼠标右键，在弹出的快捷菜单中选中“导入”命令，导入视频所需的“天高地远”素材（立体化教学:\实例素材\第 5 章\天高地远）。

（3）将素材按照需要的顺序拖动到“时间线”面板的“视频 1”轨道上。

（4）在左侧的“效果”面板中展开“视频特效”文件夹。

（5）在“效果”面板中将“边缘羽化”特效效果拖动到 1.jpg 素材上，在“效果控制”

面板中按照需要设置参数，“效果控制”面板和应用特效后的效果如图 5-138 所示。

（6）将“图像控制”类中的“色彩替换”效果拖动到 1.jpg 素材上，并在“效果控制”面板中按照需要设置参数，“效果控制”面板和应用特效后的效果如图 5-139 所示。

（7）利用相同的方法，为其他素材添加需要的特效效果，然后保存项目文件。

**提示：**

在为素材添加特效效果后，若发现效果不合适，可以在“效果控制”面板中需要删除的特效上单击鼠标右键，在弹出的快捷菜单中选择“清除”命令。

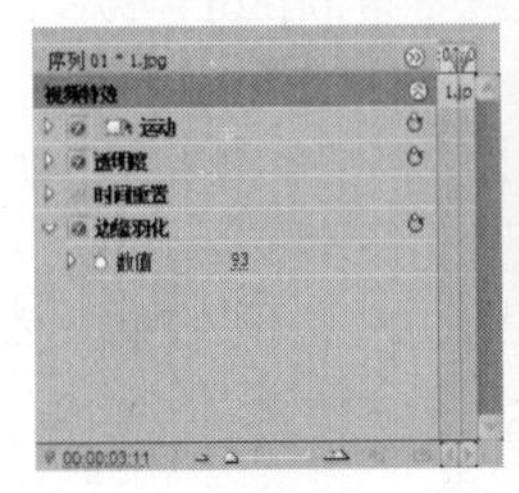

图 5-138 “边缘羽化”特效效果

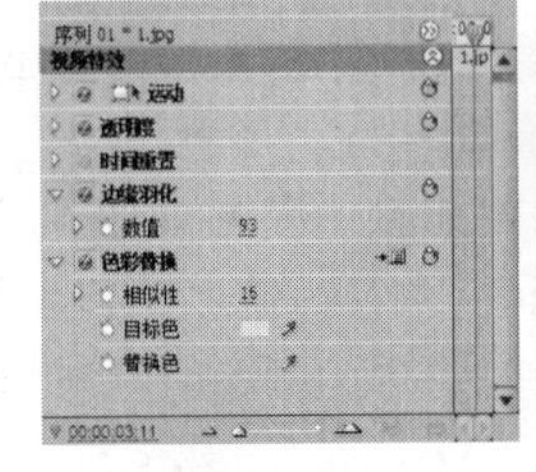

图 5-139 “色彩替换”特效效果

# 5.3 上机及项目实训

## 5.3.1 制作“雨过天晴”视频

本次实训将制作“雨过天晴”视频，其最终效果如图 5-140 所示（立体化教学:\源文件\第 5 章\雨过天晴.prproj）。在该练习中，将使用到为素材图片添加视频特效效果的操作，其中包括添加特效和设置特效效果。

图 5-140 “雨过天晴”视频

操作步骤如下：

（1）选择“文件/新建/项目”命令新建一个项目，命名为“雨过天晴”。

（2）选择“文件/导入”命令，导入素材文件 1.jpg 和 2.jpg（立体化教学:\实例素材\第 5 章\雨过天晴\1.jpg 和 2.jpg）。

（3）将素材按照一定的顺序拖动到“时间线”面板中，在“效果”面板中展开“视频特效”文件夹。

（4）将“颜色校正”类特效下的“亮度曲线”和“色彩平衡”特效效果拖动到“时间线”面板中的 1.jpg 素材上，效果参数和应用特效后的效果如图 5-141 所示。

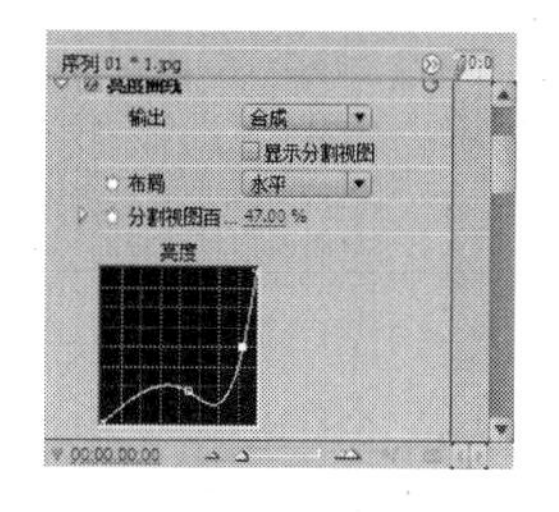

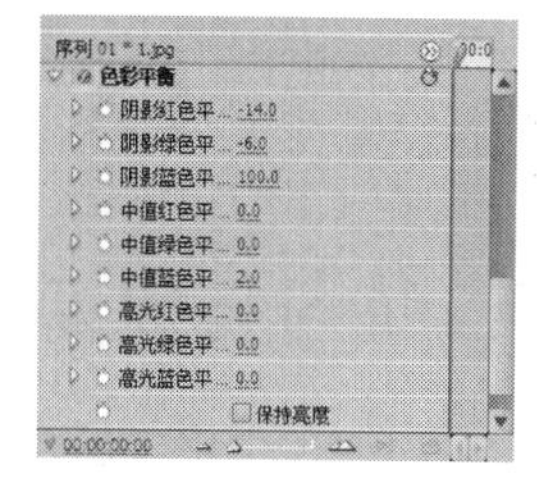

图 5-141　“颜色校正”类效果

（5）将“生成”类特效下的“闪电”效果拖动到 1.jpg 素材上，效果参数和应用特效后的效果如图 5-142 所示。

（6）将“生成”类特效下的“镜头光晕”效果拖动到 2.jpg 素材上，效果参数和应用特效后的效果如图 5-143 所示。

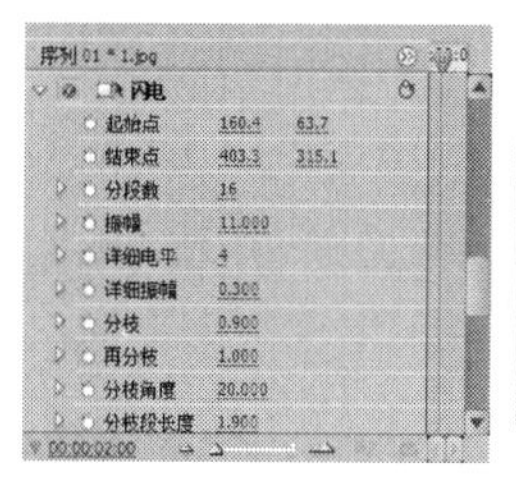

图 5-142　“闪电”特效效果

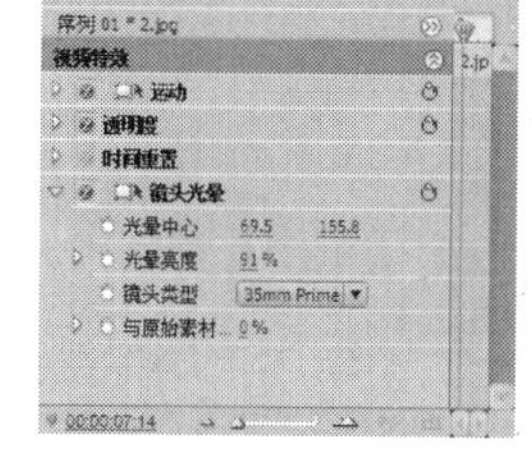

图 5-143　“镜头光晕”特效效果

（7）完成后保存项目文件。

## 5.3.2　美化“百花齐放”视频

综合利用本章和前面所学知识，美化“百花齐放”视频，完成后的最终效果如图 5-144 所示（立体化教学:\源文件\第 5 章\百花齐放.prproj）。

图 5-144　“百花齐放”视频

本练习可结合立体化教学中的视频演示进行学习（立体化教学:\视频演示\第 5 章\美化“百花齐放”视频.swf）。主要操作步骤如下：

（1）打开“百花齐放.prproj”项目文件（立体化教学:\实例素材\第 5 章\百花齐放.prproj）。

（2）在“效果”面板中将“风格化”视频特效中的“海报”效果拖动到 1.jpg 上，并在“效果控制”面板中设置其参数。

（3）单击“切换动画”按钮，添加一个关键帧，将时间标记移动到 1.jpg 的中间位置，并设置参数，然后再添加一个关键帧。

（4）在“效果”面板中将“风格化”视频特效中的“边缘粗糙”效果拖动到 2.jpg 上，

并在“效果控制”面板中设置其参数。

（5）按照同样的方法，为其他素材设置相应的特效效果。

## 5.4 练习与提高

（1）为“海边 01.mpg”和“海边 02.mpg”（立体化教学:\实例素材\第 5 章\海滩\海边 01.mpg、海边 02.mpg）两个视频片段添加特效，制作出如图 5-145 所示的视频片段（立体化教学:\源文件\第 5 章\潮起潮落.prproj）。

提示：将两个视频素材添加到“视频 1”轨道中，在“视频特效”文件夹中将“卷页”和“4 色渐变”特效效果拖动到素材上。本练习可结合立体化教学中的视频演示进行学习（立体化教学:\视频演示\第 5 章\为视频添加特效.swf）。

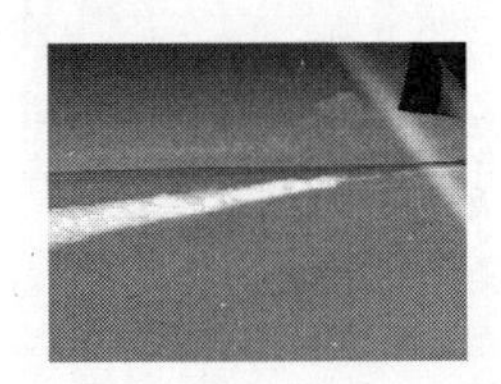

图 5-145　添加视频特效后的效果

（2）打开提供的“游乐园纪念”项目文件（立体化教学:\实例素材\第 5 章\游乐园纪念.prproj），制作出如图 5-146 所示的视频效果（立体化教学:\源文件\第 5 章\游乐园纪念. prproj）。

提示：利用剃刀工具将素材分割为多段，然后将“视频特效”文件夹中的各个转场效果拖入到素材中间即可。

图 5-146　添加视频特效效果

**经验技巧　总结快速制作精美的素材画面的方法**

本章主要介绍了为素材添加和设置各类特效效果的操作，若要快速地为视频中的素材添加生动、个性的画面元素，课后还需总结一些添加特效的技巧与方法，下面总结以下几点供大家参考与探索。

- 熟悉 Premiere Pro CS3 提供的特效效果，在设置效果时，根据“监视器”面板中对应的效果来进行参照，并可观看其效果，直到满意为止。
- 利用特效时，要注重画面的连接性，要使两张连贯的画面相互融合，形成一个有机的整体，同时，不能造成作品结构的松散和零碎。
- 也可将常用的特效存放在创建的自定义文件夹中，以方便应用。

# 第 6 章　为视频添加音频效果

## 学习目标

☑ 了解处理音频的方法和顺序
☑ 能够在作品中添加音频
☑ 熟练掌握编辑音频素材的方法
☑ 利用音频的处理方法编辑“玫瑰密语”的音频效果
☑ 掌握录音和子轨道的相关操作
☑ 根据录音与子轨道的操作知识录制一个诗歌朗诵音频文件
☑ 综合利用为视频添加音频效果的方法制作“鲜花电子相册”视频

## 目标任务&项目案例

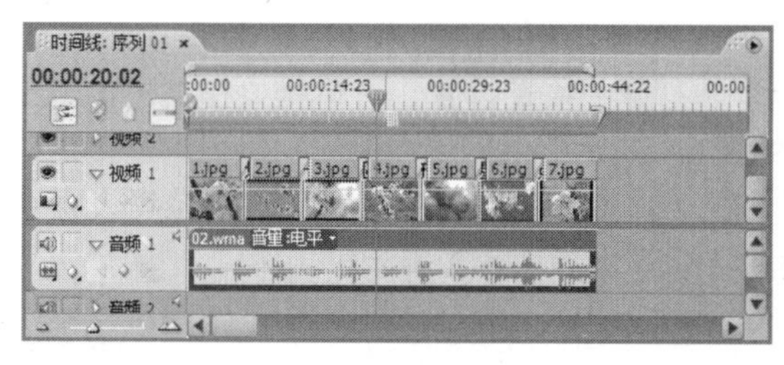


添加音频特效效果

“恒定放大”切换效果

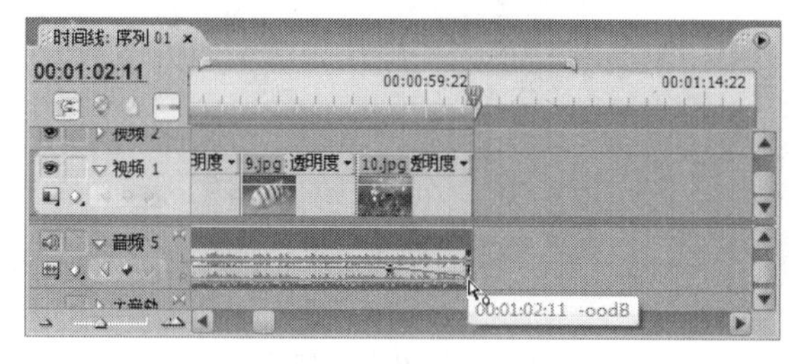


淡入淡出音频效果

记录音频

通过上述实例效果展示可以发现，Premiere Pro CS3 提供了强大的音频编辑功能，在制作影片时，添加合适的音频效果可以丰富影片的效果。本章将具体讲解音频效果的设置方法以及录音和子轨道的应用等。

# 6.1　处理音频的方法和顺序

在 Premiere Pro CS3 中为视频添加音频效果后，可以对音频素材进行编辑，包括添加音效、单声道混合和制作立体声环绕等操作，还可以在时间线上对音频进行合成操作。本节将详细介绍处理音频的一些方法和顺序。

## 6.1.1　处理音频的方法

在编辑音频之前，可以对音频的参数进行相应设置，以便于方便快捷地运用音频效果。利用 Premiere Pro CS3 处理音频主要有以下 3 种方法。

- **使用“时间线”面板：**在“时间线”面板的音频轨道上，调整关键帧的位置来对音频进行处理。
- **使用菜单命令：**选择“素材/音频选项”命令，在其下的子菜单中选择相应的命令即可对音频进行处理。
- **使用“效果”面板：**在“效果”面板中展开“音频特效”文件夹，将其下的音频效果拖动到“时间线”面板的音频素材上对音频进行编辑。

**【例 6-1】** 在 Premiere Pro CS3 中设置音频轨道上默认序列为“单声道”，音频采样格式为“毫秒”。

（1）选择“项目/项目设置/默认序列”命令，打开“项目设置”对话框，在其中的“主音轨”下拉列表框中选择“单声道”选项，如图 6-1 所示。

（2）在左侧列表框中选择“常规”选项，在“音频”栏的“显示格式”下拉列表框中选择“毫秒”选项，单击 确定 按钮即可应用设置，如图 6-2 所示。

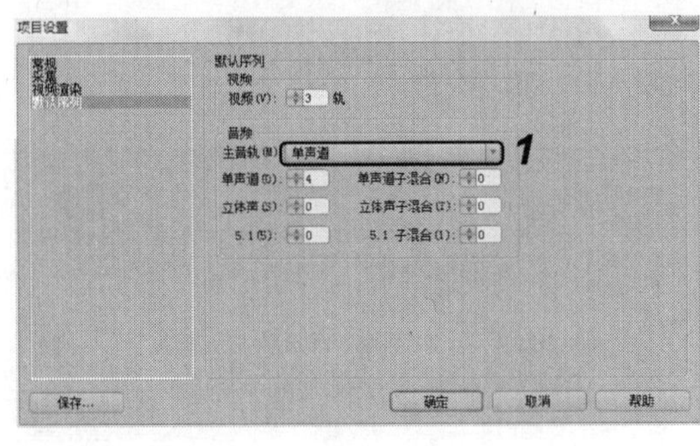


图 6-1　设置默认序列

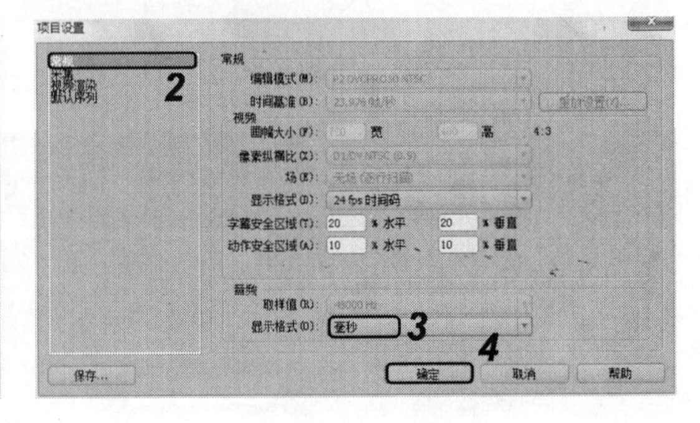


图 6-2　设置常规选项

**提示：**

选择“编辑/参数/音频”命令，打开“参数”对话框，可以在其中的“音频”选项中进行相应的设置来调整音频的默认效果。

## 6.1.2　处理音频的顺序

在 Premiere Pro CS3 中处理音频的一般顺序是：在“时间线”面板中进行相应的设置，

然后为其添加音频特效效果，并结合“音频增益”命令对音频素材进行编辑，最后在“效果控制”面板中对音频进行处理，有时候会使用到“调音台”面板，在该面板中可以对音频进行实时设置，设置完成后的结果将显示在“时间线”面板的音频轨道上。

**提示：**

根据音频处理时的需要，主音轨一般是使用立体混合声，即立体声，因此可在“项目设置”面板中更改。

### 6.1.3　应用举例——为“百花齐放”添加音频效果

使用本节所介绍的知识，为“百花齐放”项目文件（立体化教学:\实例素材\第 6 章\百花齐放.prproj）添加音频效果，完成后的最终效果如图 6-3 所示（立体化教学:\源文件\第 6 章\百花齐放.prproj）。

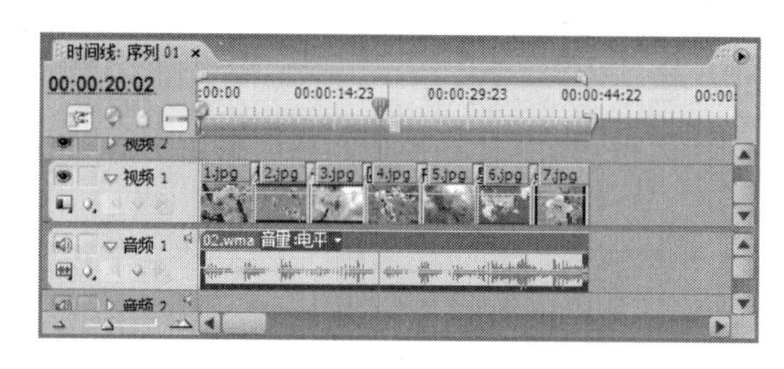


图 6-3　添加音频效果

操作步骤如下：

（1）在 Premiere Pro CS3 中打开“百花齐放”项目文件，然后导入 02.wma 音频素材。

（2）在“项目”面板中将 02.wma 音频素材拖动到“时间线”面板中的“音频 1”轨道上，效果如图 6-4 所示。

（3）通过观察发现，音频部分相对于视频部分较长，因此需要裁减。在“工具”面板中选择“剃刀工具”，在“时间线”面板中与视频结束处单击，剃出多余的音频部分，效果如图 6-5 所示。

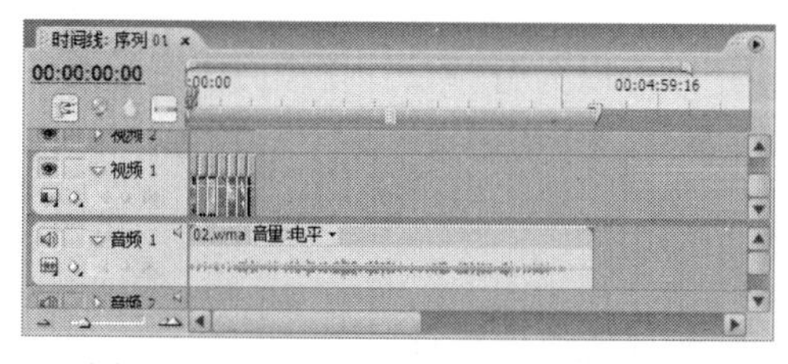


图 6-4　向“时间线”面板添加音频素材

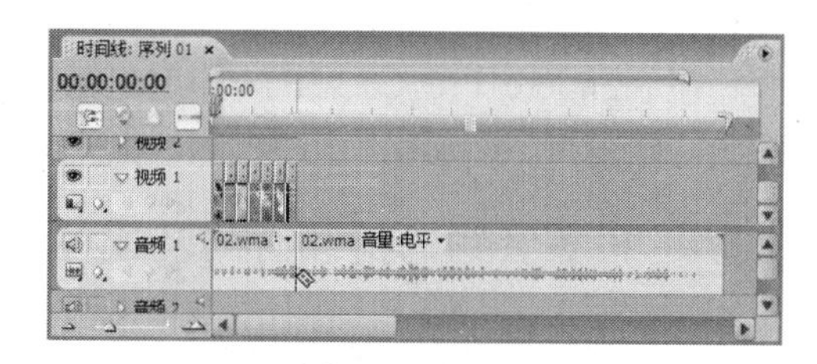


图 6-5　裁减音频

（4）在“工具”面板中选择“选择工具”，然后在“时间线”面板中选中多余的音频部分，按 Delete 键将其删除，效果如图 6-6 所示。

（5）在左侧的“效果”面板中展开“音频特效”文件夹，如图 6-7 所示。

（6）将其中“单声道”文件夹下的“带通”音频特效拖动到“时间线”面板的音频上。

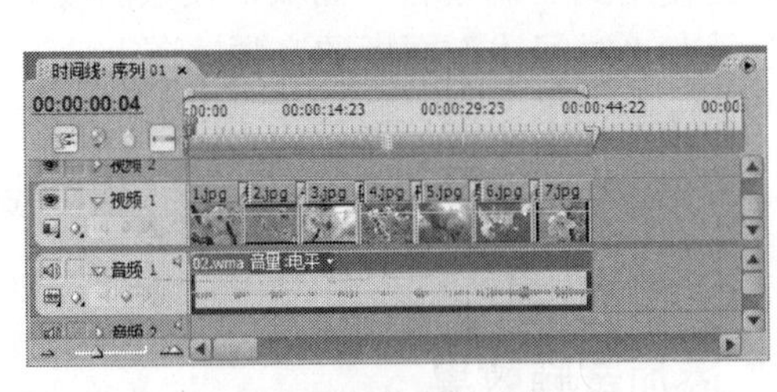

图 6-6 删除多余的音频

图 6-7 “效果”面板

（7）在“效果控制”面板中设置“带通”特效的参数，如图 6-8 所示。

（8）在“时间线”面板中的音频上单击鼠标右键，在弹出的快捷菜单中选择“音频增益”命令，如图 6-9 所示。

（9）打开“音频增益”对话框，在其中单击 标准化 按钮，设置音频增益为标准，然后单击 确定 按钮，效果如图 6-10 所示。

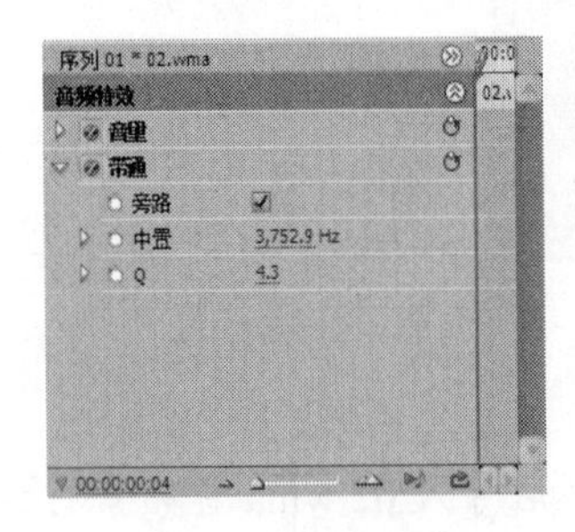

图 6-8 设置参数

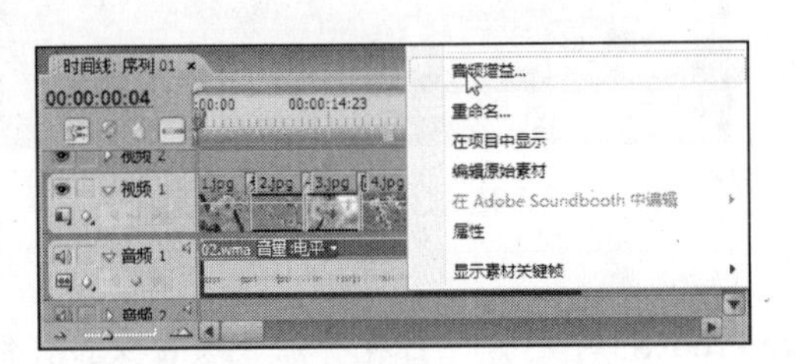

图 6-9 选择“音频增益”命令

图 6-10 设置音频增益

（10）按 Ctrl+S 键保存项目文件，然后按空格键即可在“节目”面板中预览播放。

# 6.2 编辑音频素材

在 Premiere Pro CS3 中，音频的编辑和素材一样，可以为音频设置持续时间和速度、添加特殊效果、添加切换效果以及调节音量等，本节将详细介绍编辑音频素材的操作方法。

## 6.2.1 设置音频的持续时间及速度

在编辑音频素材时，可以对音频素材的时间长度和播放速度进行设置。

**【例 6-1】** 为“春暖花开”项目文件添加音频，然后设置音频的播放速度和持续时间为原来的一半，且音频长度与视频素材长度相同。

（1）打开“春暖花开.prproj”项目文件（立体化教学:\实例素材\第 5 章\春暖花开.prproj），并将其中的音频素材添加到“时间线”面板中。

（2）在“时间线”面板中选择音频素材，然后选择“素材/速度/持续时间”命令，打

开“素材速度/持续时间”对话框，在其中按照如图 6-11 所示进行设置，然后单击 确定 按钮。

（3）在“时间线”面板中，将鼠标指针移动到音频的末尾处，当其变为形状时向左拖动，即可改变音频的长度，到与视频素材相同长度的位置释放鼠标，效果如图 6-12 所示（立体化教学:\源文件\第 6 章\春暖花开.prproj）。

图 6-11　“素材速度/持续时间”对话框

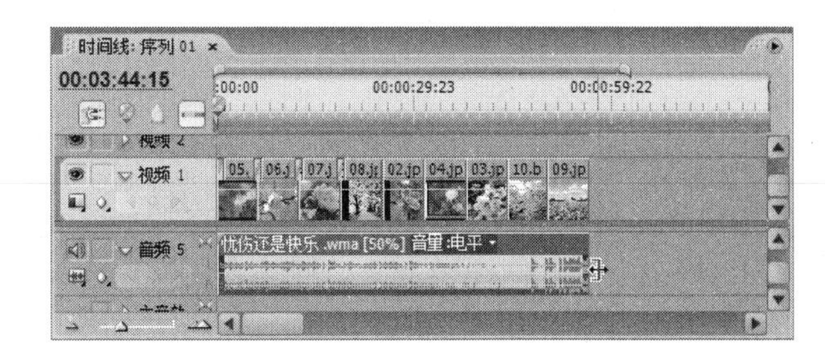


图 6-12　改变音频长度

## 6.2.2　增益音频

音频信号声调的高低即音频增益，当视频片段中同时带有多个音频时，就需要对这些音频进行音频增益操作。

**【例 6-2】** 为“视频 1.mpg”视频添加一个音频，然后设置音频增益。

（1）新建一个名为“增益音频”的项目文件，然后在“项目”面板中单击鼠标右键，在弹出的快捷菜单中选择“导入”命令，导入“视频 1.mpg”视频素材和 02.wma 音频素材（立体化教学:\实例素材\第 6 章\视频 1.mpg、02.wma），并将素材添加到“时间线”面板中，如图 6-13 所示。

（2）通过观察发现，视频中原有的音频在“音频 5”轨道中，因此，将“项目”面板中的 02.wma 音频拖动到“时间线”面板的“音频 4”轨道中，效果如图 6-14 所示。

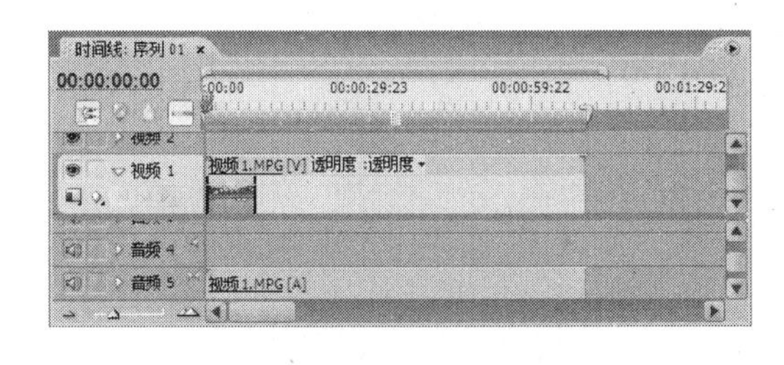


图 6-13　向“时间线”面板添加素材

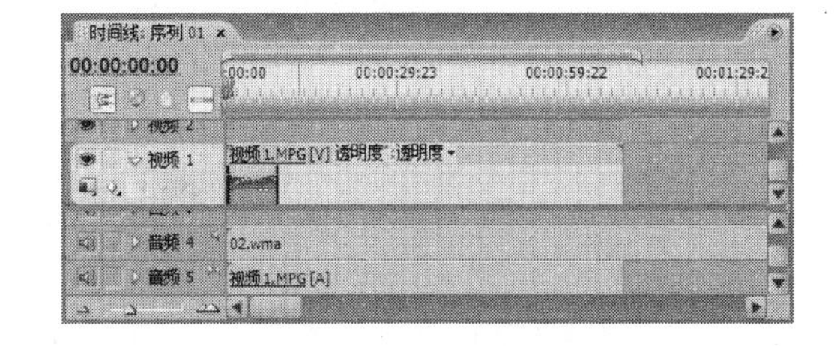


图 6-14　添加音频素材

（3）选择“素材/音频选项/音频增益”命令，打开“音频增益”对话框，在其中的数值框中按住鼠标左键，左右拖动调整数值，如图 6-15 所示，完成后单击 确定 按钮，在“时间线”面板中将显示音频增益后的效果，如图 6-16 所示（立体化教学:\源文件\第 6 章\增益音频.prproj）。

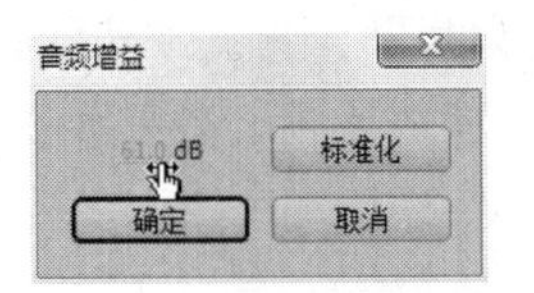


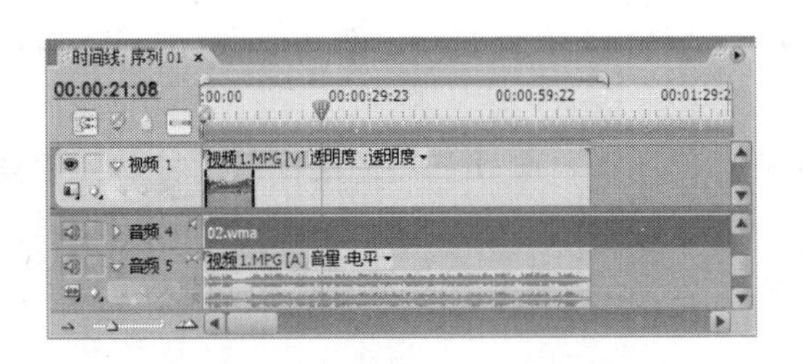

图 6-15　“音频增益”对话框

图 6-16　调整音频增益后的效果

## 6.2.3　设置音频的切换效果

音频的切换效果指“时间线”面板中各个轨道上音频素材的切换效果。

**【例 6-3】** 为“视频 1.mpg”视频素材添加 01.wma 和 02.wma 音频素材，然后为其添加音频切换效果。

（1）在“项目”面板中单击鼠标右键，在弹出的快捷菜单中选择“导入”命令，导入“视频 1.mpg”、01.wma 和 02.wma 素材（立体化教学:\实例素材\第 6 章\视频 1.mpg、01.wma、02.wma），并将素材添加到“时间线”面板中，如图 6-17 所示。

（2）在“效果”面板中展开“音频切换特效”文件夹及其下的“交叉淡化”文件夹，然后将“恒定增益”切换效果拖动到“音频 5”轨道上的两个音频中间，如图 6-18 所示。

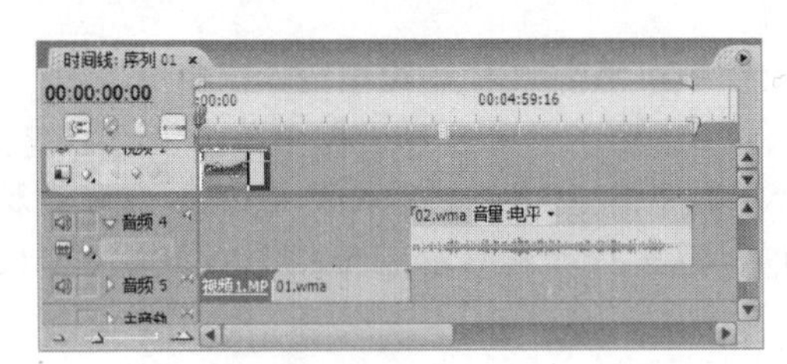


图 6-17　向“时间线”中添加素材

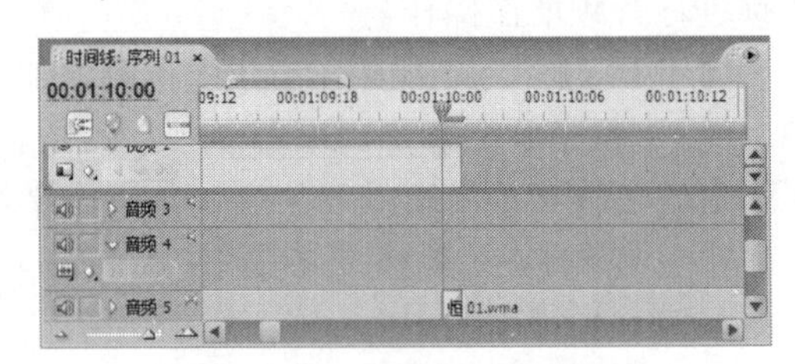


图 6-18　“恒定增益”切换效果

（3）将“恒定放大”切换特效拖动到 02.wma 素材上，如图 6-19 所示，完成后按空格键即可在“节目”面板中预览效果，如图 6-20 所示（立体化教学:\源文件\第 6 章\音频切换效果.prproj）。

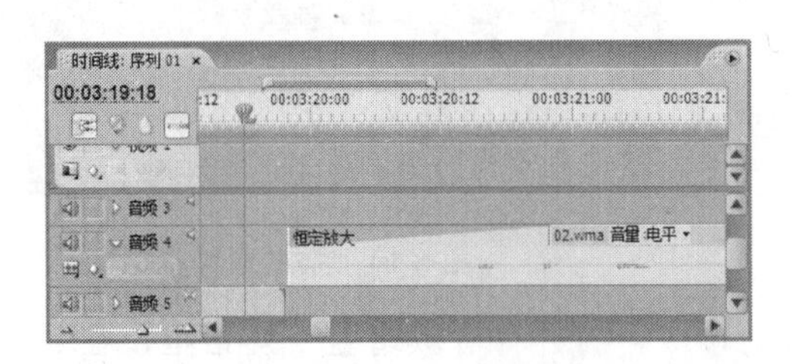


图 6-19　“恒定放大”切换效果

图 6-20　预览效果

## 6.2.4　设置音频为淡入淡出效果

将音频素材添加到音频轨道上后，可以对添加的音频设置淡入淡出的效果。

【例 6-4】 为“海底世界.prproj”项目文件（立体化教学:\实例素材\第 6 章\海底世界.prproj）添加音频，然后设置音频具有淡入淡出的效果。

（1）打开“海底世界.prproj”项目文件，然后导入 03.wma 素材（立体化教学:\实例素材\第 6 章\03.wma），并将素材添加到“时间线”面板中。

（2）将时间滑块移动到第 0 帧处，单击轨道前的“创建关键帧”按钮，创建第 1 个关键帧，如图 6-21 所示。

（3）将时间滑块移动到第 3 秒处，单击轨道前的“创建关键帧”按钮，创建第 2 个关键帧，如图 6-22 所示。

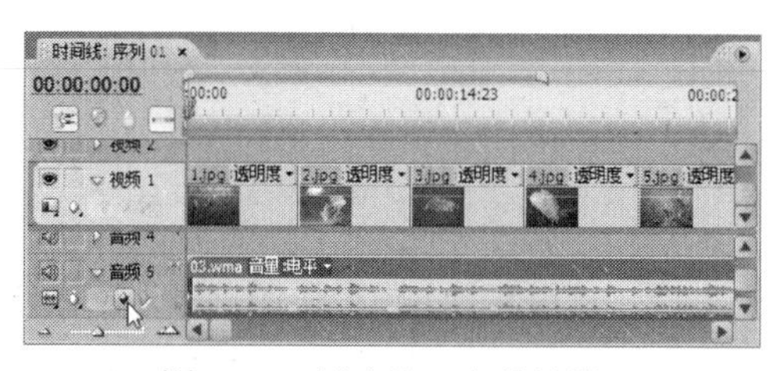


图 6-21　创建第 1 个关键帧

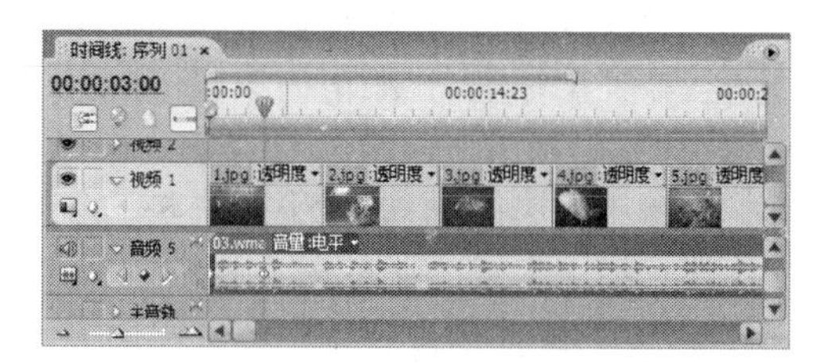


图 6-22　创建第 2 个关键帧

（4）将鼠标指针移动到第 1 个关键帧上，按住鼠标左键不放，向下拖动，如图 6-23 所示，即可设置音频的淡入效果。

（5）将时间滑块移动到第 58 秒处，单击轨道前的“创建关键帧”按钮，创建第 3 个关键帧，如图 6-24 所示。

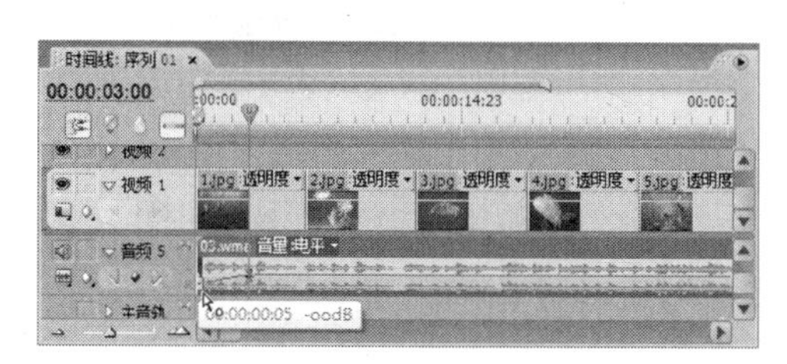


图 6-23　设置淡入效果

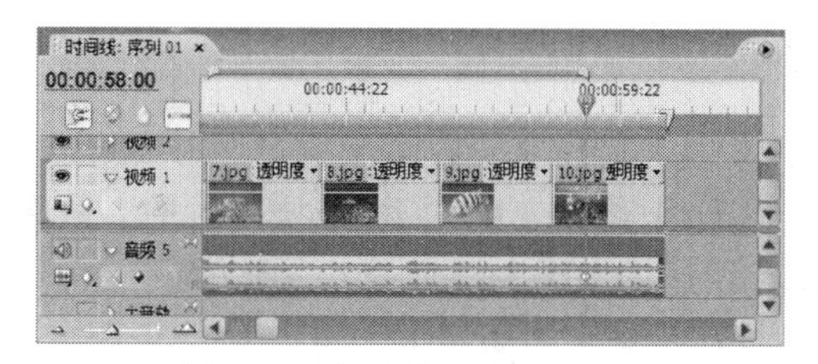


图 6-24　创建第 3 个关键帧

（6）将时间滑块移动到音频素材末尾，单击轨道前的“创建关键帧”按钮，创建第 4 个关键帧，如图 6-25 所示。

（7）在第 4 个关键帧上，按住鼠标左键不放，向下拖动，设置音频的淡出效果，如图 6-26 所示。

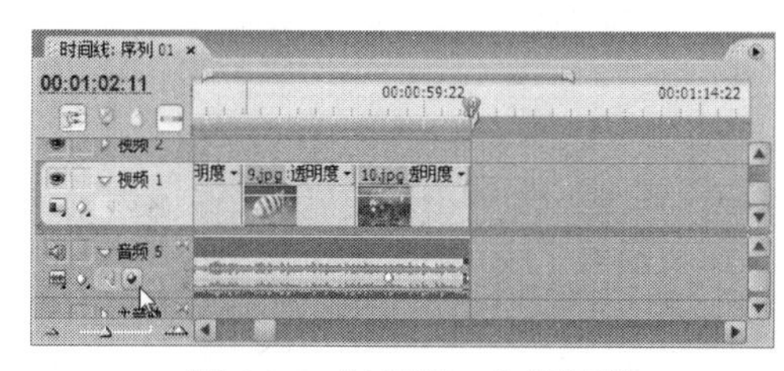


图 6-25　创建第 4 个关键帧

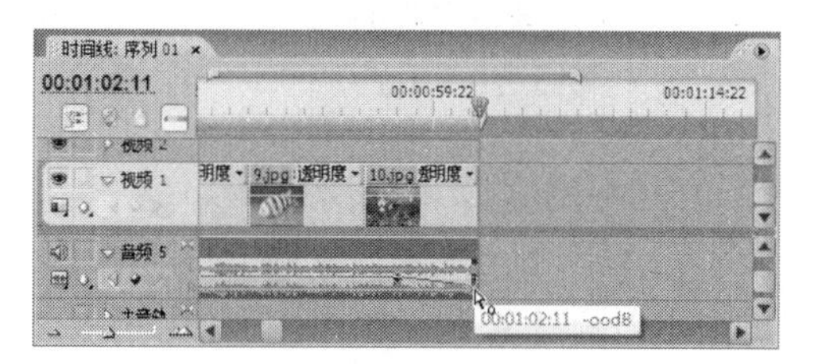


图 6-26　设置淡出效果

（8）按 Ctrl+S 键保存项目文件（立体化教学:\源文件\第 6 章\海底世界.prproj），在“节目”面板中单击“播放”按钮，即可预览效果。

### 6.2.5 应用举例——编辑“玫瑰密语”的音频效果

使用本节所介绍的知识，为“玫瑰密语”项目文件（立体化教学:\实例素材\第 6 章\玫瑰密语.prproj）添加并编辑音频，最终效果如图 6-27 所示（立体化教学:\源文件\第 6 章\玫瑰密语.prproj）。

图 6-27 添加音频效果

操作步骤如下：

（1）在 Premiere Pro CS3 中打开“玫瑰密语”项目文件，然后导入“雨的印记.wma”音频素材（立体化教学:\实例素材\第 6 章\雨的印记.wma）。

（2）在“项目”面板中将“雨的印记.wma”音频素材拖动到“时间线”面板中的“音频 1”轨道上，效果如图 6-28 所示。

（3）在“工具”面板中选择“剃刀工具”，在“时间线”面板中视频素材结束处单击，剃除多余的音频部分，效果如图 6-29 所示。

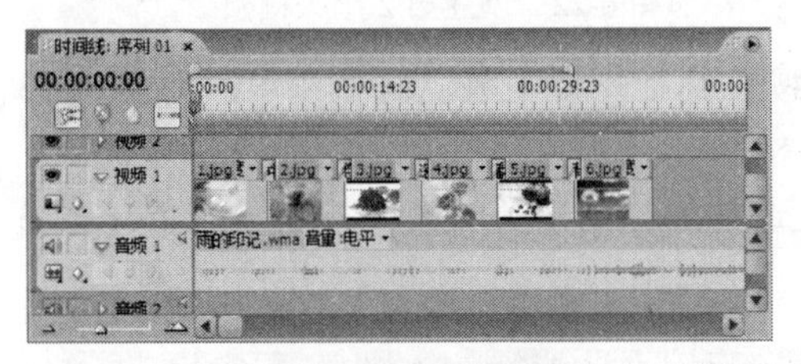

图 6-28 向“时间线”面板添加音频素材

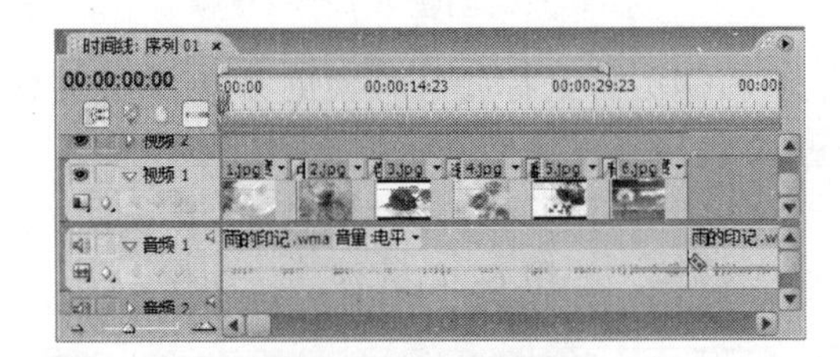

图 6-29 裁减音频

（4）选择多余的音频素材，按 Delete 键将其删除，然后选择剩下的音频部分。

（5）选择“素材/速度/持续时间”命令，打开“素材速度/持续时间”对话框，在其中设置“速度”为 50%，选中☑保持音调复选框，如图 6-30 所示，然后单击 确定 按钮。

（6）此时可以发现，音频轨道上的素材长度为原来的两倍，将鼠标指针移动到音频的末尾处，当其变为形状时向左拖动，改变音频的长度，到与视频素材相同长度的位置处释放鼠标，效果如图 6-31 所示。

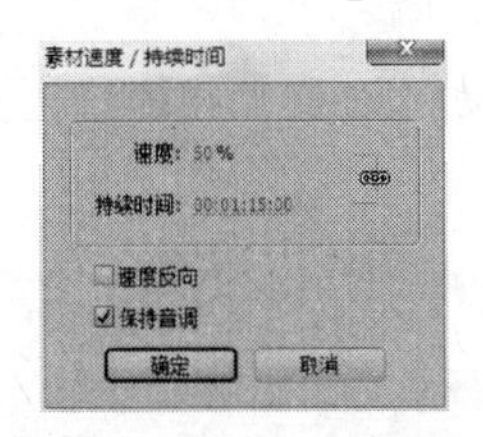

图 6-30 设置音频的速度

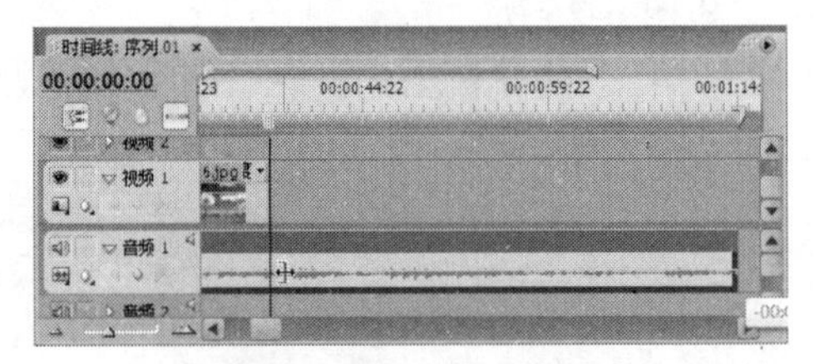

图 6-31 设置音频的持续时间

（7）在左侧“效果”面板中将“恒定增益”音频切换模式拖动到音频素材的入点位置，设置音频的切换效果，如图 6-32 所示。

（8）按 Ctrl+S 键保存项目文件（立体化教学:\源文件\第 6 章\玫瑰密语.prproj），在“节目”面板中单击“播放”按钮，即可预览效果，如图 6-33 所示。

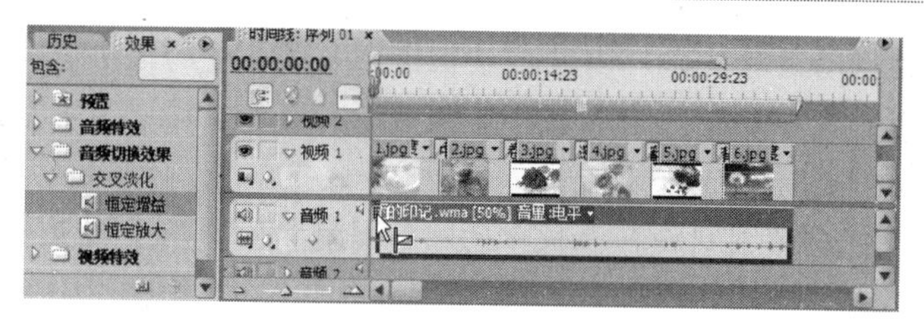


图 6-32　设置音频的切换效果

图 6-33　预览效果

## 6.3　调 节 音 频

Premiere Pro CS3 中增强了对音频的处理能力，处理音频时更专业。调节音频时，可以使用“调音台”面板和淡化器。

### 6.3.1　使用“调音台”面板调节音频

使用“调音台”面板调节音频可以更加有效地调节影片的音频，它可以实时缓和“时间线”面板中各个轨道上的音频素材。

“调音台”面板由多个轨道音频的控制器组成，包括主音频控制器和播放控制器，可以通过控制按钮和调节滑块来调节音频，如图 6-34 所示。

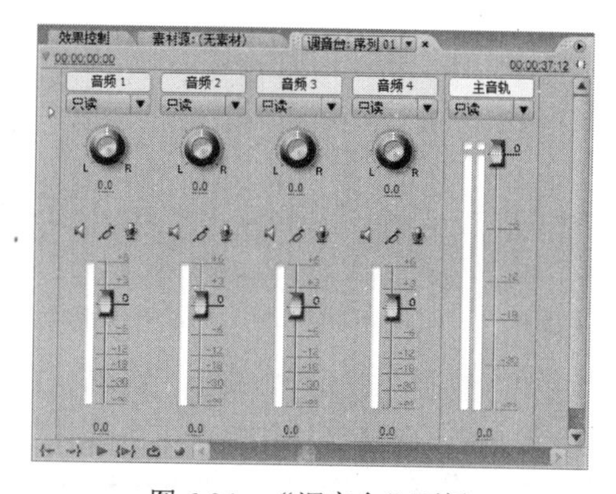


图 6-34　“调音台”面板

“调音台”面板中各按钮的含义如下。

- **“静音轨道”按钮**：单击该按钮，表示该轨道的音频将设置为静音。
- **“独奏轨道”按钮**：单击该按钮，表示将其他未设置为独奏轨道的音频设置为静音状态。
- **“激活录制轨道”按钮**：单击该按钮，可以利用输入设备将音频录制到目标轨道中。
- **“左/右声道定位”按钮**：该按钮适用于音频素材为双声道的音频，将鼠标光标移动到该按钮上，向左拖动表示输出到左声道，并增加音量；向右拖动，表示输出到右声道，并增加音量。

- **音量调节滑块**：通过拖动该滑块，可以控制该轨道上音频音量的大小，向上拖动，表示增大音频音量；向下拖动，表示减小音频音量。另外，拖动主音频轨道上的滑块，可以调节所有轨道上的音频音量。
- **“跳转到入点”按钮**：与“素材源”面板中的按钮功能相同，用于设置音频的入点。
- **“跳转到出点”按钮**：用于设置音频的出点。
- **“播放”按钮**：单击该按钮，可以播放轨道中的音频。
- **“播放入点到出点”按钮**：单击该按钮，可以播放音频中的入点到出点段的音频。
- **“录制”按钮**：单击该按钮，可以通过输入设备输入音频。

提示：

在调节音频时，也可以在滑块下方的数值框中直接输入数字设置音频音量。

**【例 6-5】** 通过设置，隐藏“调音台”面板中的“音频 2”轨道，使“时间线”面板的时间以音频单位显示，且循环播放音频。

（1）在“调音台”面板中单击右上方的按钮，在弹出的快捷菜单中选择“显示/隐藏轨道”命令，如图 6-35 所示。

（2）打开“显示/隐藏轨道”对话框，在其中取消选中 音频 2 复选框，如图 6-36 所示。

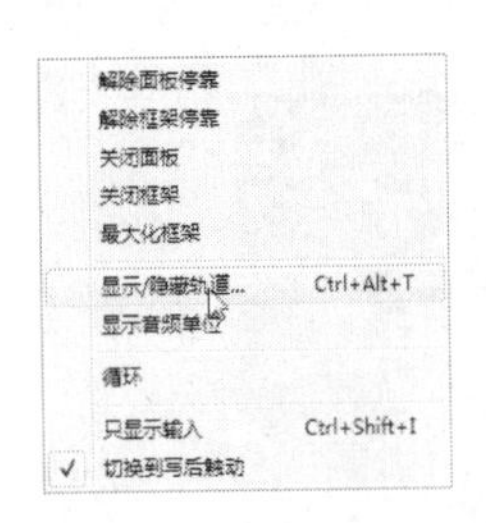


图 6-35 快捷菜单

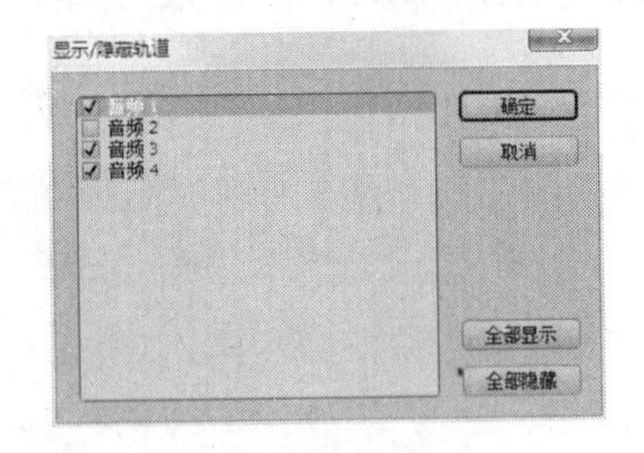


图 6-36 “显示/隐藏轨道”对话框

（3）单击 确定 按钮即可隐藏“音频 2”轨道，隐藏轨道后的效果如图 6-37 所示。

（4）继续单击右上方的按钮，在弹出的快捷菜单中选择“音频单位”命令，可以设置在“时间线”面板中以音频的单位来显示时间，如图 6-38 所示。

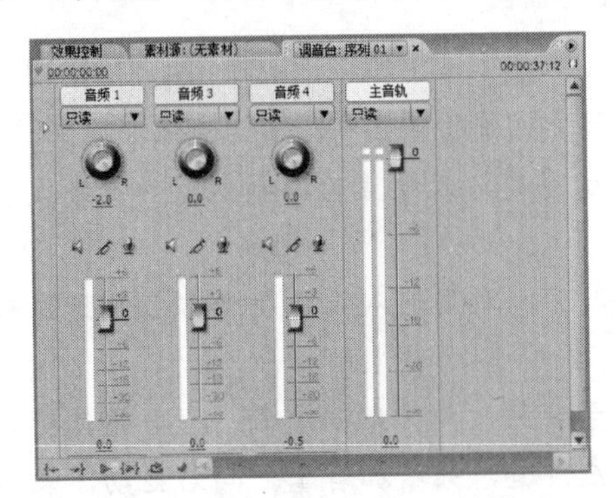

图 6-37 隐藏“音频 2”轨道

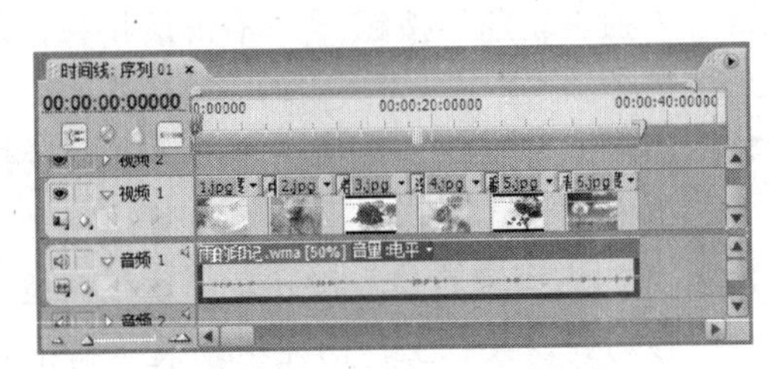

图 6-38 以音频单位显示时间

（5）继续单击右上方的▶按钮，在弹出的快捷菜单中选择“循环”命令，此时系统将循环播放音频。

### 6.3.2　使用淡化器调节音频

使用音频淡化器可以调节音频的电平，音频淡化器在默认状态下为低音量，即录音机表中的 0 分贝。

**【例 6-6】** 使用音频淡化器调节一段音频效果。

（1）选择“文件/打开项目”命令，打开“美丽的九寨沟.prproj”项目文件（立体化教学:\实例素材\第 6 章\美丽的九寨沟.prproj），然后通过“导入”命令，导入“风居住的街道.wma”音频素材（立体化教学:\实例素材\第 6 章\风居住的街道.wma），并将其添加到“时间线”面板中，如图 6-39 所示。

（2）在“效果控制”面板中，展开“运动”选项，在其中将“比例”设置为 63，效果如图 6-40 所示。

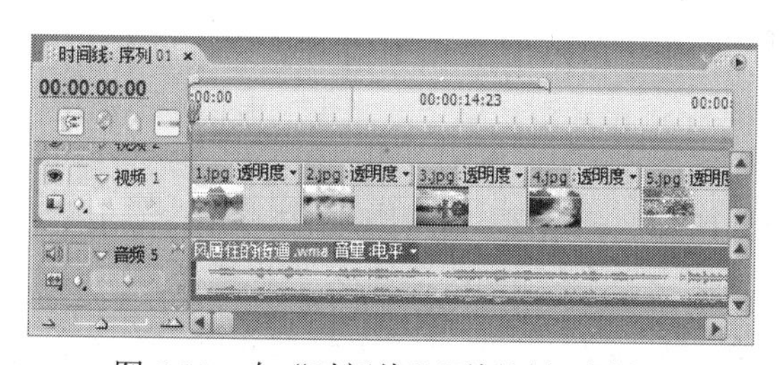


图 6-39　向“时间线”面板添加素材

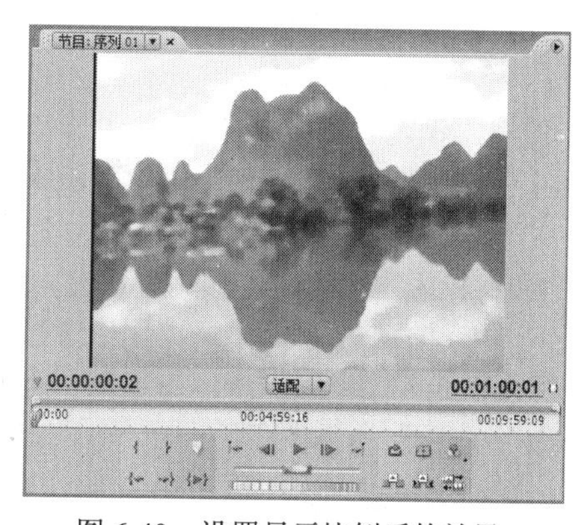


图 6-40　设置显示比例后的效果

（3）在“时间线”面板中单击“显示关键帧”按钮，在弹出的菜单中选择“显示轨道关键帧”命令，如图 6-41 所示。

（4）此时，音频轨道中的素材将显示关键帧，按住 Ctrl 键的同时，将鼠标指针移动到音频淡化器上，即黄色的线上，鼠标指针将变为带加号的箭头，单击即可创建一个关键帧。

（5）按住 Ctrl 键的同时，在“时间线”面板中拖动鼠标即可调整音频的效果，如图 6-42 所示。

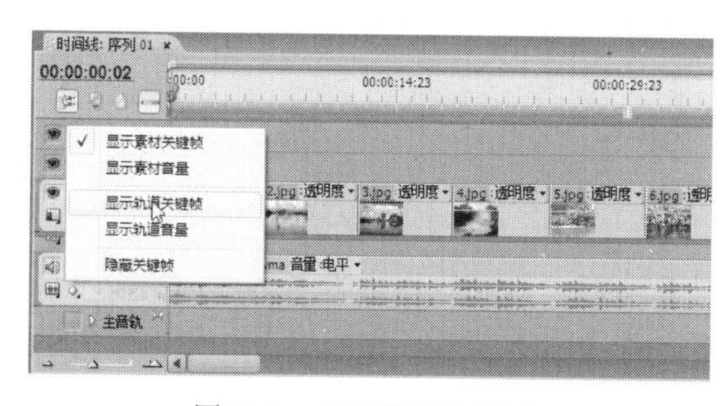


图 6-41　显示轨道关键帧

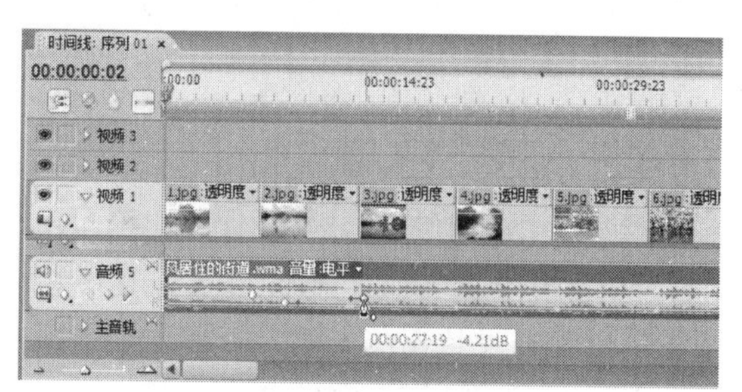


图 6-42　设置音频效果

（6）单击“显示关键帧”按钮，在弹出的菜单中选择“显示素材关键帧”命令。

（7）在素材上单击鼠标右键，在弹出的快捷菜单中选择“音频增益”命令，打开“音频增益”对话框，在其中单击标准化按钮，如图 6-43 所示，此时，系统将自动匹配素材的最佳音量。

（8）单击确定按钮，完成后的最终效果如图 6-44 所示（立体化教学:\源文件\第 6 章\美丽的九寨沟.prproj）。

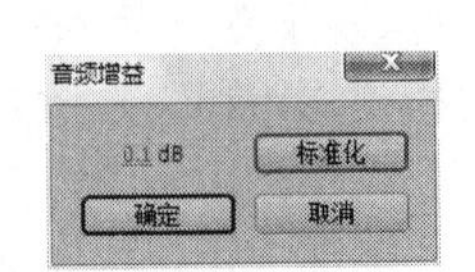


图 6-43 “音频增益”对话框

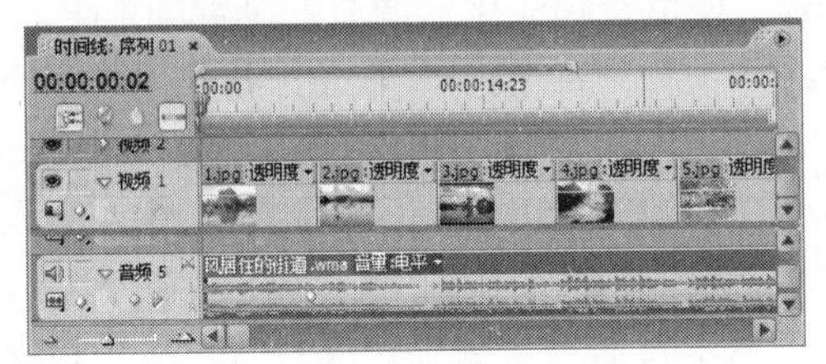


图 6-44 完成后的效果

## 6.3.3 实时调节音频

使用“调音台”面板来实时调节音频，可以让用户在音频播放时进行实时调节。

**【例 6-7】** 使用“调音台”面板对音频进行实时调节。

（1）选择“文件/导入”命令，导入“风居住的街道.wma”音频素材（立体化教学:\实例素材\第 6 章\风居住的街道.wma），并将音频素材添加到“时间线”面板中，如图 6-45 所示。

（2）在“时间线”面板中单击“显示关键帧”按钮，在弹出的快捷菜单中选择“显示轨道关键帧”命令。

（3）在“调音台”面板中单击“音频 5”轨道上的“只读”下拉列表框，在其中选择“写入”选项，如图 6-46 所示。

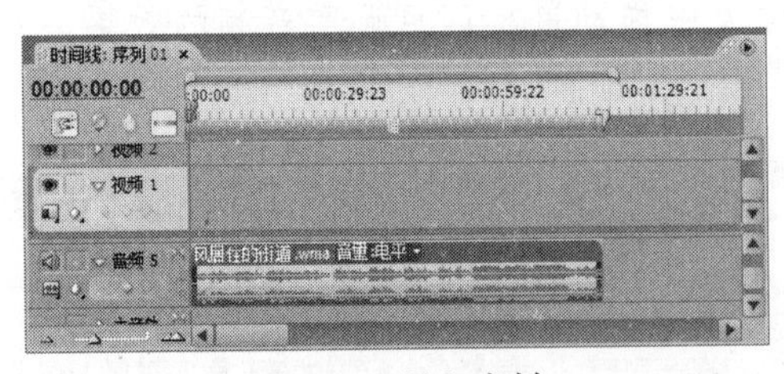


图 6-45 导入素材

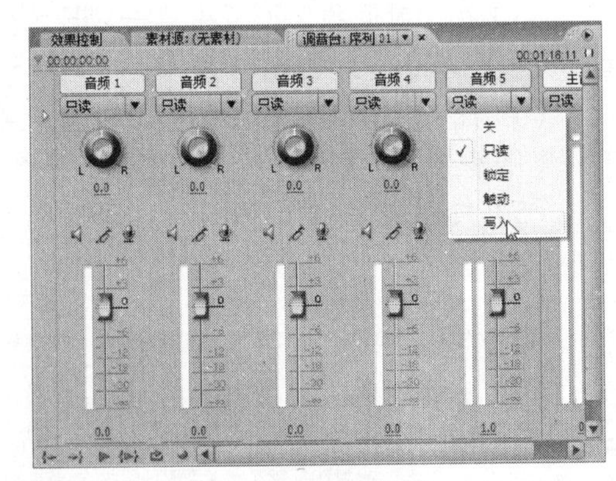


图 6-46 选择选项

（4）在“调音台”面板中单击“播放”按钮，“时间线”面板中的音频将开始播放，可以拖动滑块调节音频，调节完成后，系统将自动记录结果。效果如图 6-47 所示（立体化教学:\源文件\第 6 章\实时调节音频.prproj）。

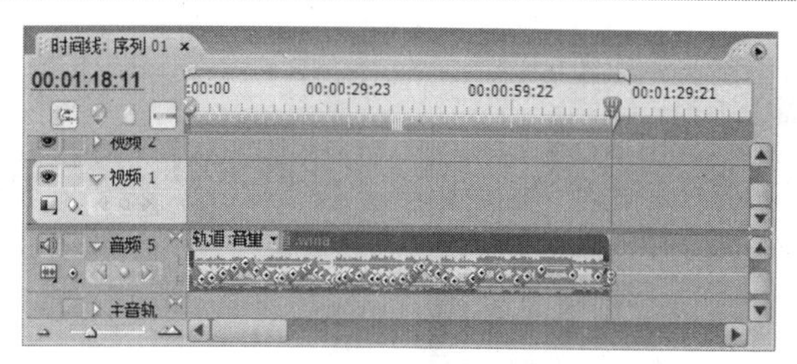

图 6-47　记录调节结果

“只读”下拉列表框中各选项的含义如下。

- **关**：选择该选项，系统将自动忽略当前轨道上音频调节的操作，只按照默认设置进行播放。
- **只读**：选择该选项，系统将读取当前音频轨道上音频调节的操作，但不能记录音频调节的过程。
- **锁定**：选择该选项，使用录制操作进行实时播放记录操作时，每调节一次，当下次再进行调节时，滑块将回到上一次调节点之后，当单击“停止”按钮■后，当前滑块将自动转换为音频编辑的参数值。
- **触动**：选择该选项，使用录制操作进行实时播放记录操作时，每调节一次，当下次调节时，滑块将返回到初始位置，并自动转换为音频编辑的参数值。
- **写入**：选择该选项，使用录制操作进行实时播放记录操作时，每调节一次，当下次调节时，滑块将回到上一次调节点之后的位置，并能够自动记录调节操作。

### 6.3.4　应用举例——对“视频 2.mpg”中的音频进行调节

使用本节所介绍的知识，对“视频 2.mpg”视频文件中的音频进行调节，使得其中的声音较低，完成后的最终效果如图 6-48 所示（立体化教学:\源文件\第 6 章\调节音频.prproj）。

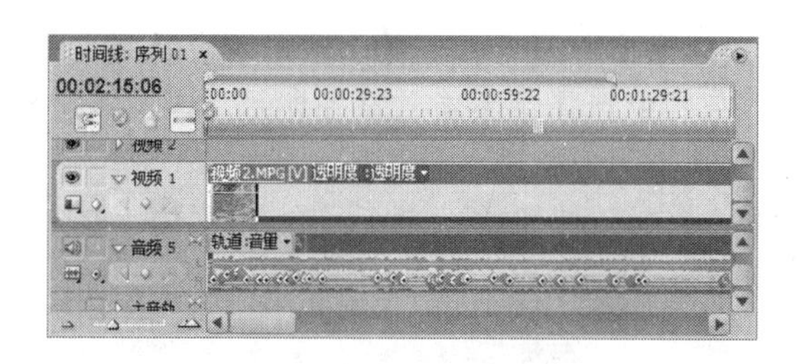

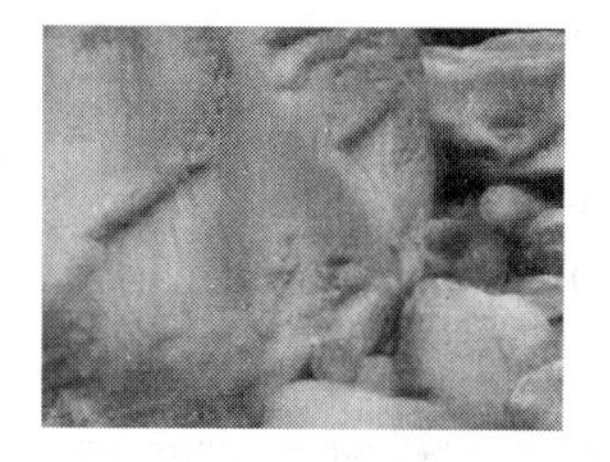

图 6-48　调节音频

操作步骤如下：

（1）在 Premiere Pro CS3 中导入“视频 2.mpg”视频素材（立体化教学:\实例素材\第 6 章\视频 2.mpg）。

（2）将素材添加到“时间线”面板中，在“效果控制”面板中展开“运动”选项，设置比例为 185，如图 6-49 所示。

（3）在“调音台”面板中的“只读”下拉列表框中选择“写入”选项，然后按空格键播放音频，在其中拖动滑块调节音频，如图 6-50 所示。

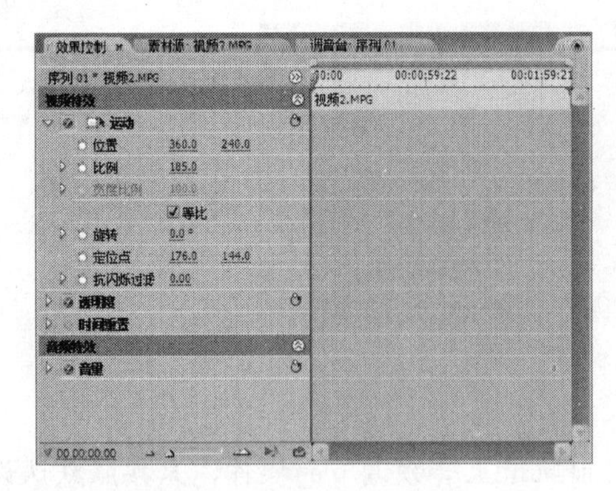

图 6-49　调节视频素材大小

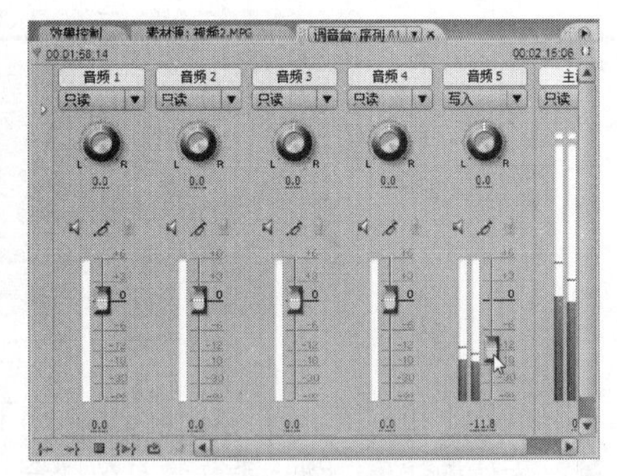

图 6-50　调节音频

（4）在“时间线”面板中单击“显示关键帧”按钮，在弹出的快捷菜单中选择“显示轨道关键帧”命令，即可看到记录的关键字，效果如图 6-48 所示。

## 6.4　录音和子轨道

Premiere Pro CS3 的“调音台”面板提供了录音和子轨道调节功能，可直接在电脑中完成录音或配音。

### 6.4.1　录音

在使用“调音台”面板进行录音前，首先应查看电脑的音频输入设备是否正确连接。录制的声音会成为音频轨道上的音频素材，也可以将其输出保存为兼容的音频文件。

**【例 6-8】** 使用“调音台”面板录制一首歌曲。

（1）新建一个命名为“录音”的项目文件。

（2）在“调音台”面板中单击“激活录音轨道”按钮，激活录音轨道，此时，在按钮的上方会出现音频输入设备的选项，在其中选择音频输入设备即可，这里保持默认设置，如图 6-51 所示。

（3）单击“调音台”面板下方的“录制”按钮，然后单击左侧的“播放”按钮，此时即可进行录制，“调音台”面板如图 6-52 所示。

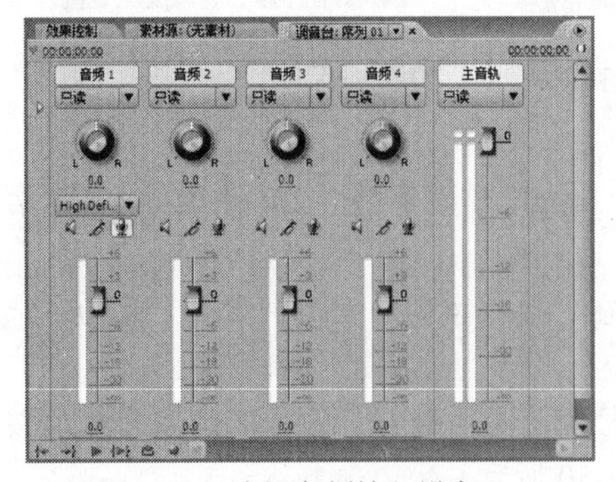

图 6-51　选择音频输入设备

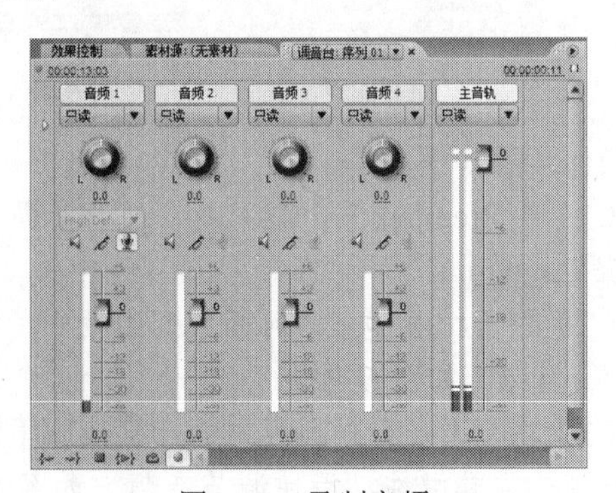

图 6-52　录制音频

（4）此时，“时间线”面板中的时间线滑块将同时移动，如图 6-53 所示。

（5）当录音完成后，单击“调音台”面板中的“停止”按钮■即可停止录音，同时，刚才录制的音频将出现在“音频 1”轨道中，效果如图 6-54 所示。

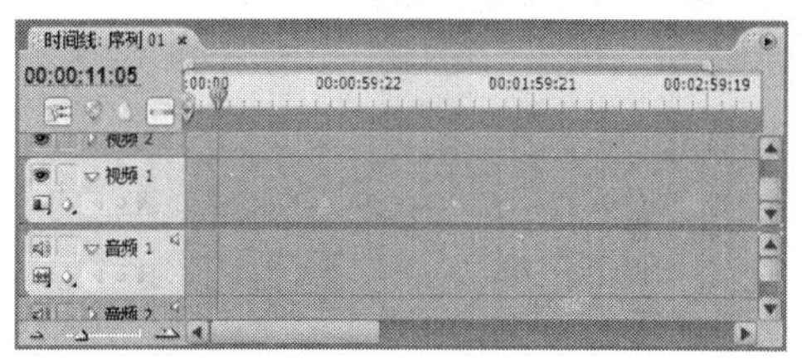

图 6-53　录制音频的时间线

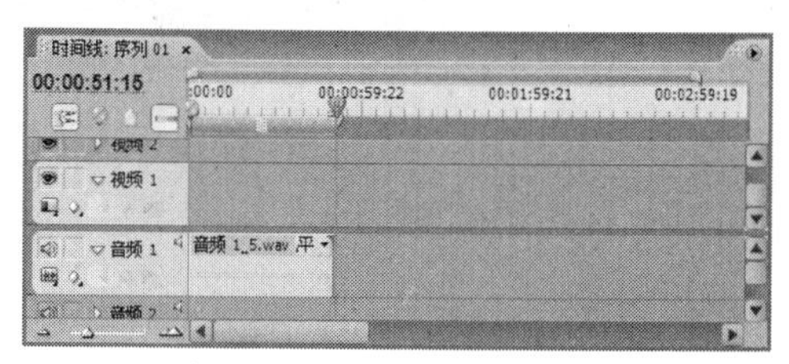

图 6-54　录制音频的效果

（6）按 Ctrl+S 键保存项目文件（立体化教学:\源文件\第 6 章\录音.prproj），在“监视器”面板中单击“播放”按钮▶，即可预览效果。

## 6.4.2　子轨道

使用子轨道可以为声音设置配音效果。

**【例 6-9】** 使用“调音台”面板中的子轨道为例 6-8 中的音频添加一个子轨道。

（1）打开“录音”项目文件。

（2）在“调音台”面板中单击左侧的▷按钮，展开特效和子轨道设置栏，单击区域中的下拉按钮▷，在其中选择“创建单声道子混合”选项，如图 6-55 所示。

（3）此时，“调音台”面板中将出现创建的子轨道，如图 6-56 所示。

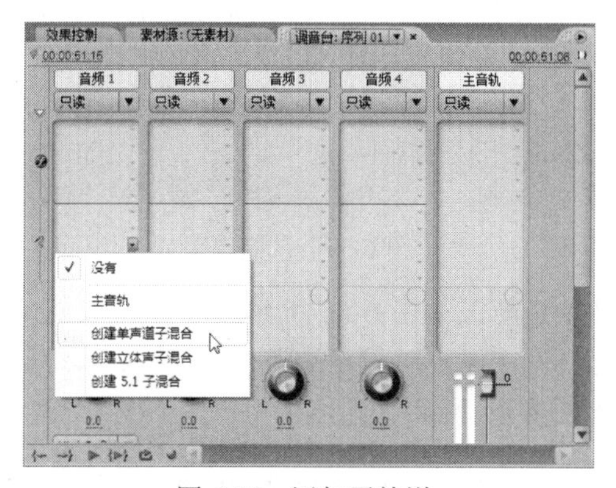



图 6-55　添加子轨道

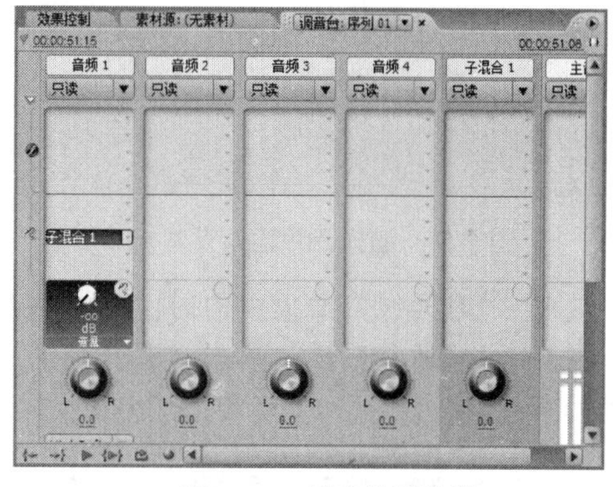

图 6-56　创建的子轨道

**提示：**

单击子轨道调节栏左侧的按钮，使其变为状态，可以屏蔽该子轨道。

## 6.4.3　应用举例——录制“诗歌朗诵”音频

使用本节所介绍的知识，录制“诗歌朗诵”音频文件，完成后的最终效果如图 6-57 所示（立体化教学:\源文件\第 6 章\诗歌朗诵.prproj）。

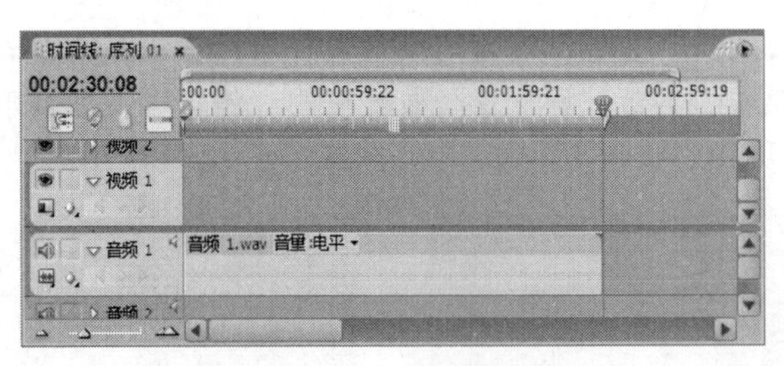


图 6-57　录制音频

操作步骤如下：

（1）在 Premiere Pro CS3 中新建一个“诗歌朗诵.prproj”项目文件。

（2）在“调音台”面板中单击“激活录音轨道”按钮，激活录音轨道，在按钮的上方选择音频输入设备，这里保持默认设置，如图 6-58 所示。

（3）单击“调音台”面板下方的“录制”按钮，然后单击左侧的“播放”按钮，此时即可开始进行诗歌朗诵，“调音台”面板如图 6-59 所示。

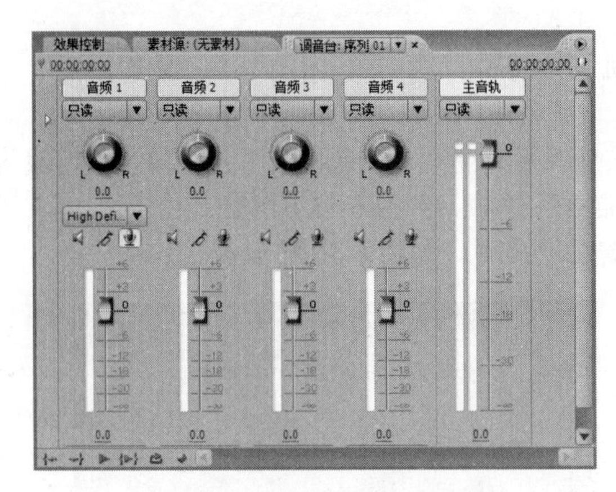


图 6-58　选择音频输入设备

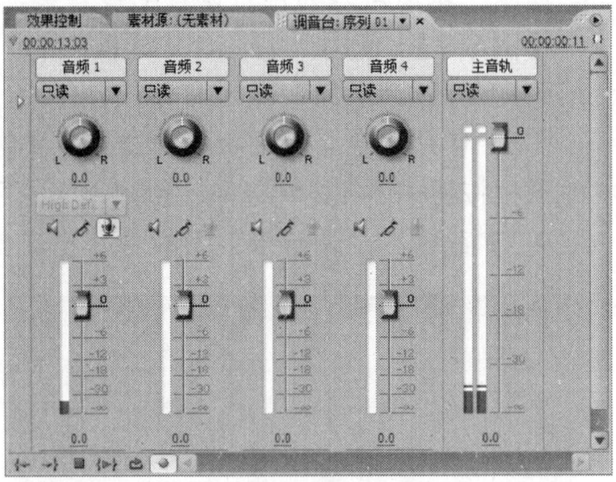

图 6-59　录制音频

（4）“时间线”面板中的时间线滑块会同时移动，如图 6-60 所示。

（5）当朗诵完成后，单击“调音台”面板中的“停止”按钮即可停止录音，同时，朗诵的声音将出现在“音频 1”轨道中，效果如图 6-61 所示。

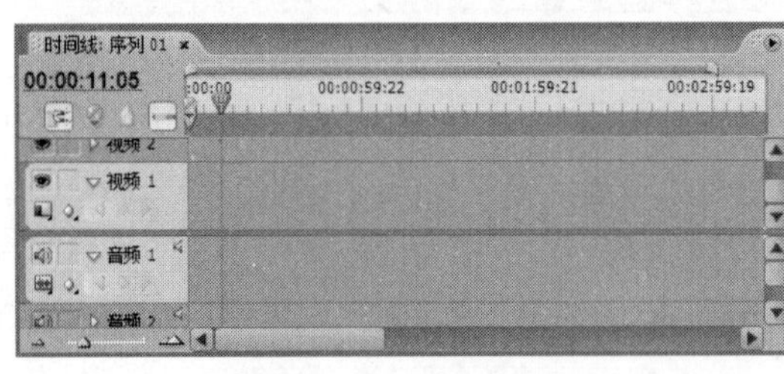


图 6-60　录制音频的时间线

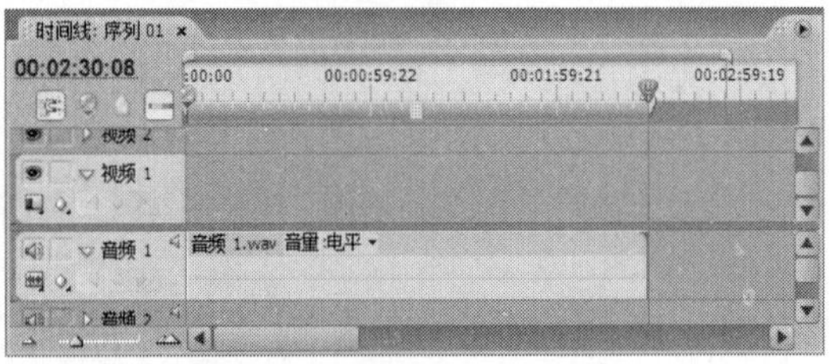

图 6-61　录制音频的效果

（6）按 Ctrl+S 键保存项目文件，按空格键即可播放声音预听效果。

# 6.5　添加音频特效

在 Premiere Pro CS3 中提供了多种多样的音频特效效果，通过这些特效，可以为素材设置回声、合声和去除噪音等。

## 6.5.1　为素材添加音频特效

为素材添加音频特效的方法与为素材添加视频特效的方法相同，只需在“效果”面板中展开“音频特效效果”文件夹，在其中将需要的音频特效拖动到“时间线”面板的音频上，然后在“效果控制”面板中设置相应的参数即可。

**提示：**

不同音频模式的文件夹特效只对相同模式的音频素材有效，如不能对一个 5.1 立体声的音频素材添加一个立体声模式的音频特效。

## 6.5.2　设置音频轨道特效

在 Premiere Pro CS3 中，不仅可以对音频素材进行编辑，也可以为音频的轨道添加特效。

**【例 6-10】** 为“天高地远.prproj”添加音频，并设置轨道特效。

（1）选择“文件/打开项目”命令，打开“天高地远.prproj”视频素材（立体化教学:\实例素材\第 6 章\天高地远.prproj）。

（2）通过“导入”命令，导入“雨的印记.wma”音频文件（立体化教学:\实例素材\第 6 章\雨的印记.wma），并将音频素材添加到“时间线”面板中，如图 6-62 所示。

（3）在“调音台”面板中单击左侧的按钮展开“轨道特效设置栏”，如图 6-63 所示。

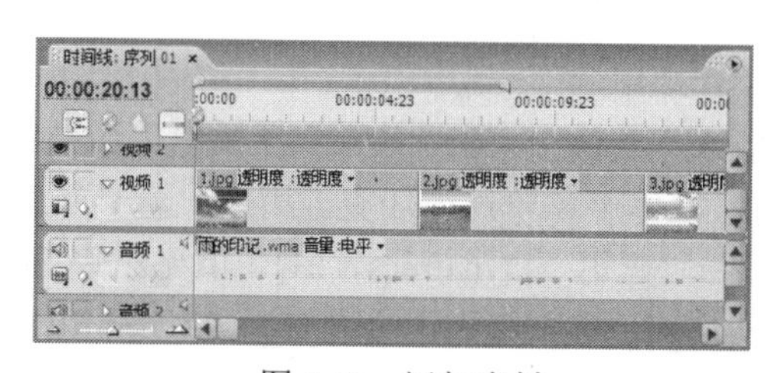


图 6-62　添加素材

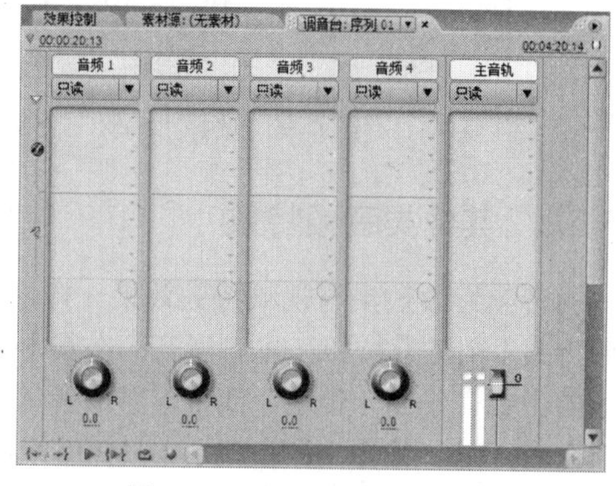


图 6-63　展开轨道特效设置栏

（4）单击轨道特效设置栏右侧的按钮，在弹出的下拉菜单中选择 DeClicker 特效效果，如图 6-64 所示。

（5）继续单击按钮，在弹出的下拉菜单中选择 EQ 特效效果，如图 6-65 所示。

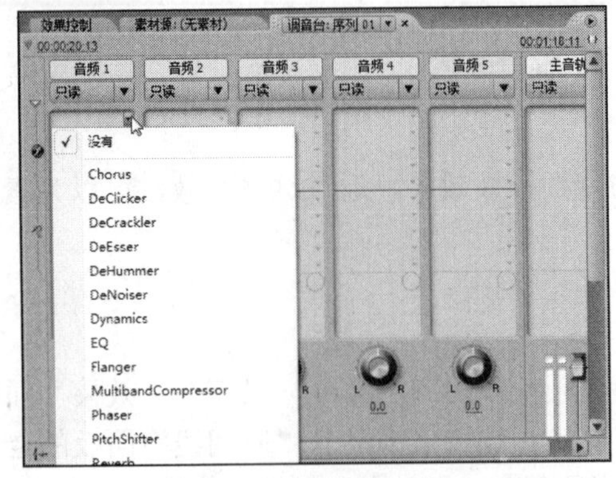


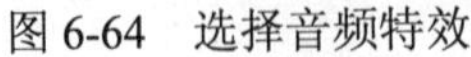

图 6-64　选择音频特效

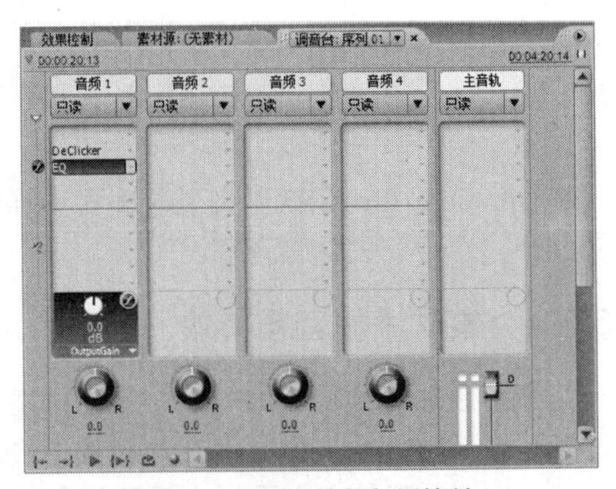


图 6-65　添加多个音频特效

（6）在 Declicker 音频特效效果上单击鼠标右键，在弹出的快捷菜单中选择“编辑”命令，如图 6-66 所示。

（7）打开特效设置对话框，在其中按照如图 6-67 所示进行设置，完成制作（立体化教学:\源文件\第 6 章\天高地远.prproj）。

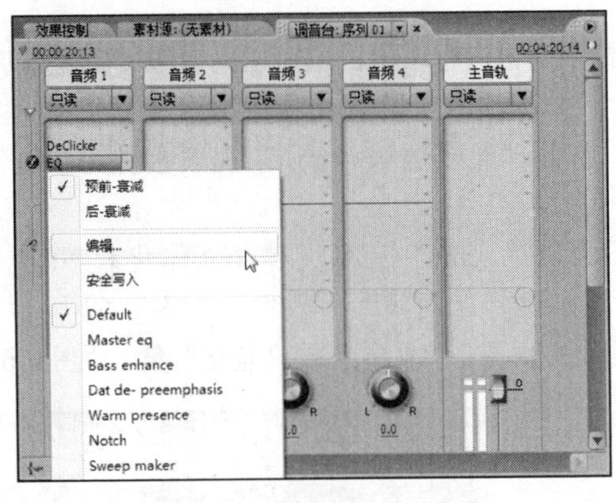


图 6-66　选择“编辑”命令

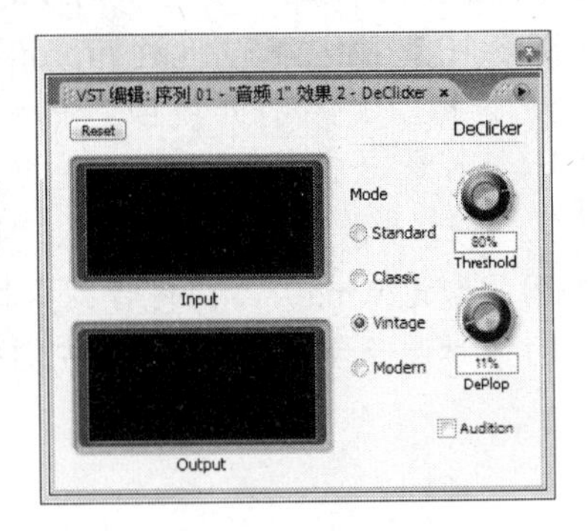


图 6-67　特效设置对话框

## 6.5.3　其他类音频特效

音频特效效果与视频特效效果一样，位于“效果”面板中。在“效果”面板中单击“音频特效”前的▷按钮，将其展开，在其中分为 5.1、立体声和单声道 3 类。用于轨道音频特效的主要有平衡、带通、低音、声道音量、DeNoiser、延迟、Dynamics、EQ、填充左声道、填充右声道、高通、低通、反向、Multi band Compressor、多重延迟、参数 EQ、PitchShifter、Reverb、声音交换、高音和音量。下面分别进行介绍。

### 1. 平衡

“平衡”特效效果可以设置左、右声道的相对音量，正值表示增大右声道的音量，负值则表示增大左声道的音量。

### 2．带通

“带通”特效效果主要用于删除不需要的频率，其控制面板如图 6-68 所示。

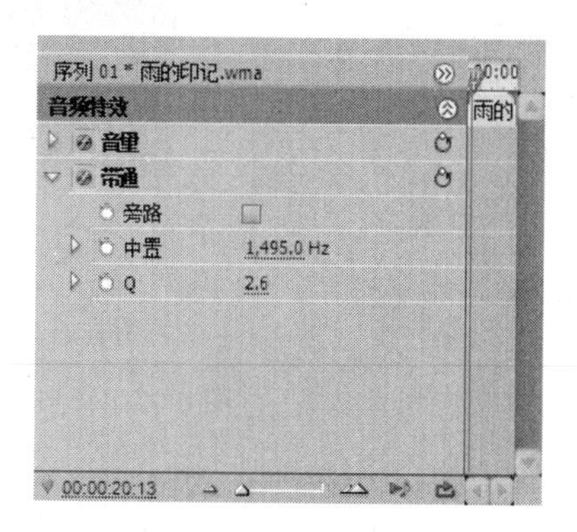


图 6-68　“带通”效果控制面板

“带通”效果控制面板中各选项的含义如下。

- **中置**：音频波动中心的频率。
- **Q**：用于指定要保留的频率的宽度，值越低，产生频段就越宽；值越高，产生频段就越窄。

### 3．低音

“低音”特效效果主要用于处理素材中重音的部分，可以增强或减弱重音，同时不会影响其他的音频部分，但仅用于处理 200Hz 以下的音频，其参数面板如图 6-69 所示。

### 4．声道音量

“声道音量”特效效果可以单独控制素材、轨道立体声或 5.1 环绕声中的每个声道的音量，其中，每个声音的电平以分贝计算，其参数面板如图 6-70 所示。

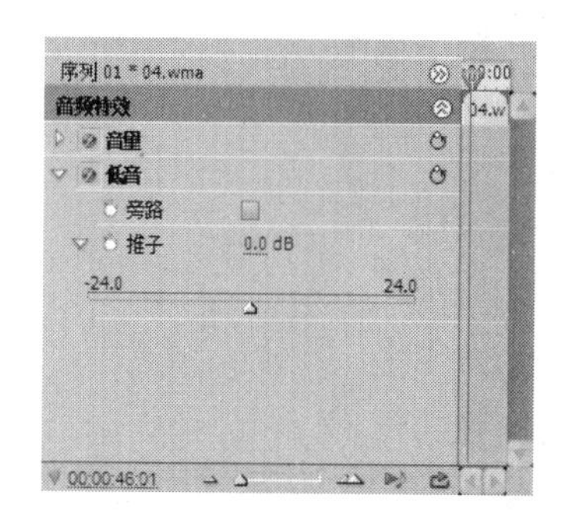


图 6-69　“低音”效果控制面板

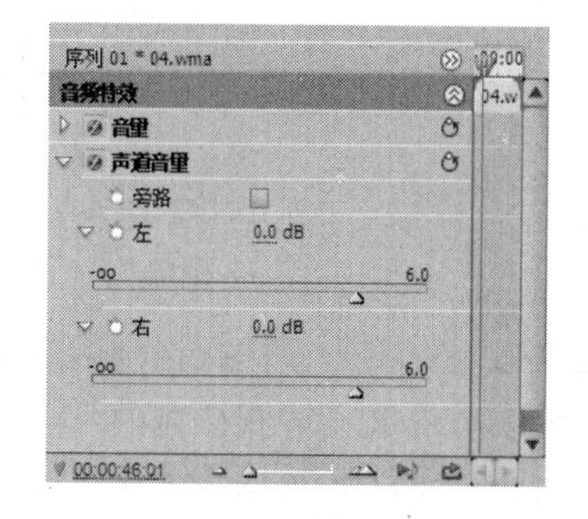


图 6-70　“声道音量”效果控制面板

### 5．DeNoiser

DeNoiser 特效效果可以自动消除录音中的噪音，利用该特效可以消除录音中的噪音。其控制面板如图 6-71 所示，其中“自定义设置”面板如图 6-72 所示。

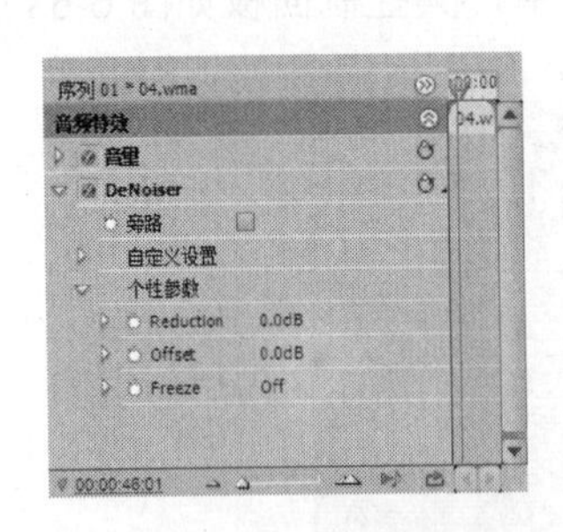


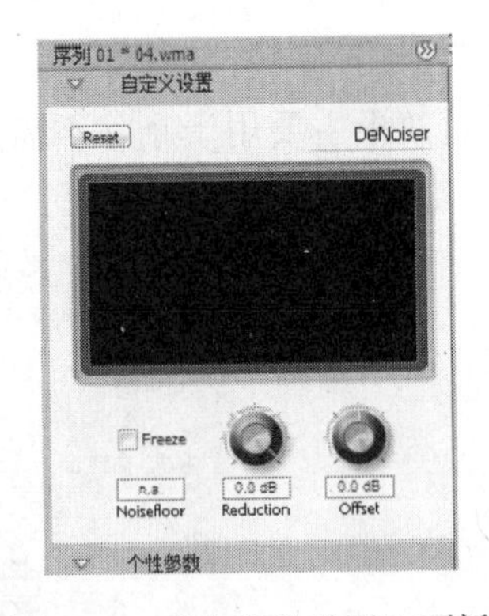


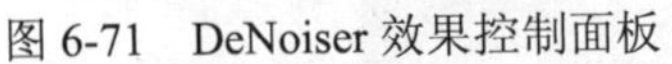
图 6-71　DeNoiser 效果控制面板　　　图 6-72　“自定义设置”面板

“自定义设置”面板中各选项的含义如下。

- Freeze：将噪音基线停止在当前值，用来确定素材消除的噪音。
- Noisefloor：用于指定素材播放时的噪音基线。
- Reduction：设置消除在-20~0dB 范围内的噪音数量。
- Offset：设置自动消除噪音和用户指定基线的偏移量，当自动消除不充分时，该特效可以设置增加控制。

### 6．延迟

“延迟”特效效果可以为素材添加回声效果，其控制面板如图 6-73 所示。

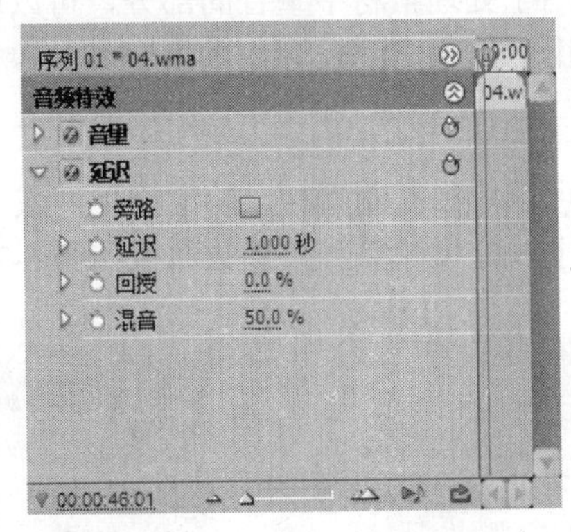


图 6-73　“延迟”效果控制面板

“延迟”效果控制面板中各选项的含义如下。

- 延迟：用于设定回声播放的延迟速度，最大值为 2 秒。
- 回授：用于设置延迟信号反馈叠加的百分比。
- 混音：用于控制回声的数量。

### 7．Dynamics

Dynamics 特效效果可以组合或独立调节音频的控制器，其控制面板如图 6-74 所示，其中“自定义设置”面板如图 6-75 所示。

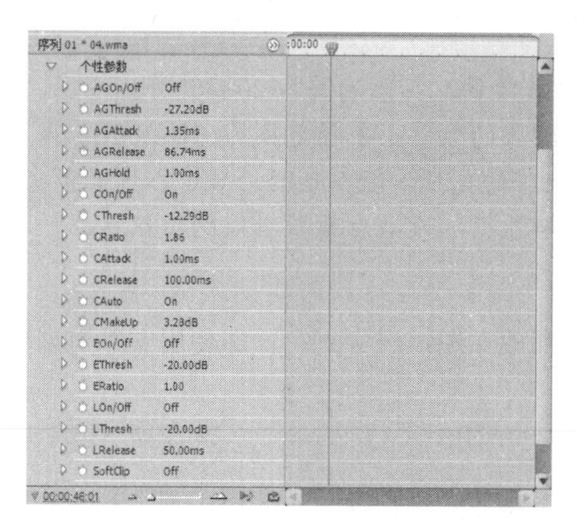

图 6-74　Dynamics 效果控制面板

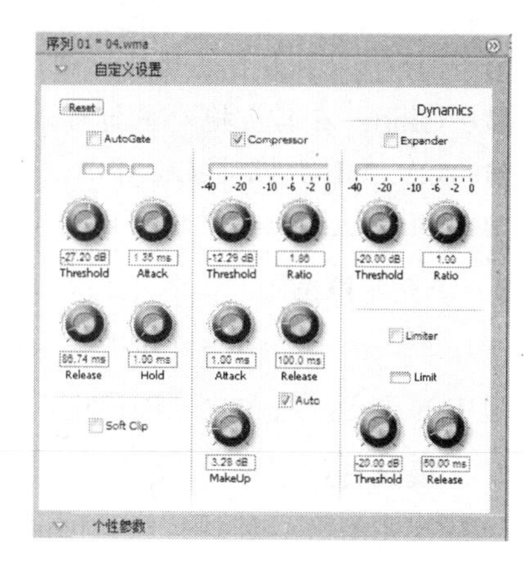


图 6-75　“自定义设置”面板

“自定义设置”面板中各选项的含义如下。

- AutoGate **复选框**：当电平低于指定的极限时，切断信号。选中该复选框，可以删除不需要录音时的背景信号，该复选框下可以设置开关随话筒的停止而关闭。
- Compressor **复选框**：通过修改低声的电平和降低大声的电平，来平衡动态范围以内产生的一个在素材整个时间内调和的电平。
- Expander **复选框**：用于降低所有低于指定极限的信号到设置的比例，计算的结果与开关控制相似，单相对于开关，更加敏感。
- Limiter **复选框**：用于还原信号峰值的音频素材的裁剪。
- Soft Clip **复选框**：与 Limiter 复选框作用相似，但不用硬性限制，可以将特效更好地应用在全面的混合中。

8．EQ

EQ 特效效果就像变量均衡器一样常以使用多频段来控制频率、带宽和电平，其控制面板如图 6-76 所示，其中“自定义设置”面板如图 6-77 所示。

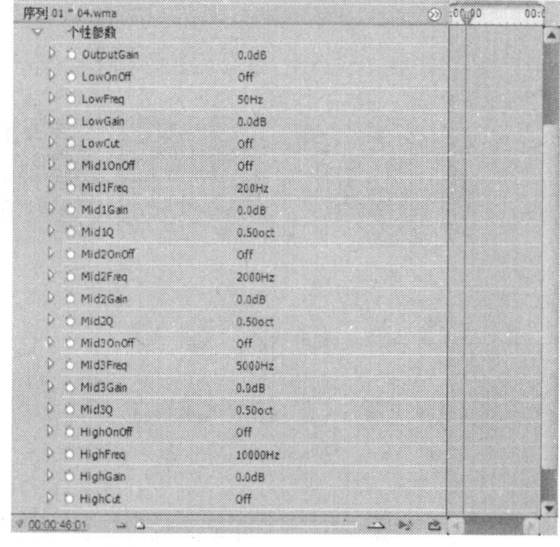


图 6-76　EQ 效果控制面板

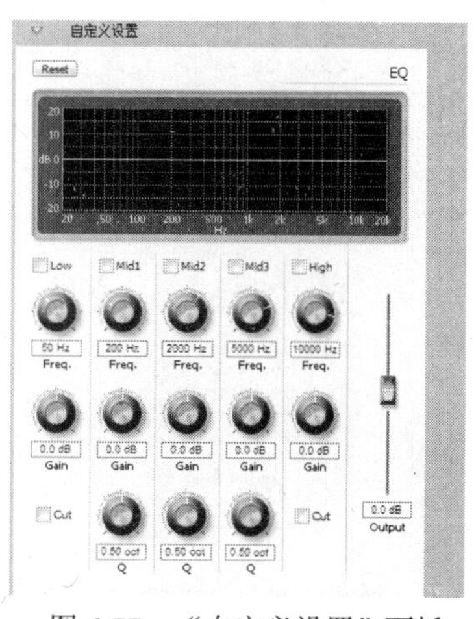


图 6-77　“自定义设置”面板

“自定义设置”面板中各参数的含义如下。

- Freq.：在其上拖动鼠标调整频率波段的数量，其值范围为 20~2000Hz。
- Gain：在其上拖动鼠标可以设置强度波段的数量，其值范围为-20~20dB。
- Q：在其上拖动鼠标可以设置过滤器波段的宽度，值在 0.05~5.0 个八度音节之间。
- Out put：拖动滑块可以对 EQ 的输出增益增加或减少频段补偿的增益量。

### 9. 填充左声道

“填充左声道”特效效果主要用于使声音回放在左声道中进行，即使用左声道来代替右声道中的声音，从而删除右声道的信息。

### 10. 填充右声道

“填充右声道”特效效果与“填充左声道”特效效果相反，主要用于使声音回放在右声道中进行，即使用右声道来代替左声道中的声音，从而删除左声道的信息。

### 11. 高通

“高通”特效效果主要用于删除高于指定频率界限的频率。

### 12. 低通

“低通”特效效果与“高通”特效效果相反，主要用于删除低于指定频率界限的频率。

### 13. 反向

应用“反向”特效效果后会将所有声道的状态反向。

### 14. Multi band Compressor

Multi band Compressor 特效效果主要是分波段控制的三波段压缩器。如需要较为柔和的声音时，便可以使用该特效，其控制面板如图 6-78 所示，其中“自定义设置”面板如图 6-79 所示。

图 6-78　Multi band Compressor 效果控制面板

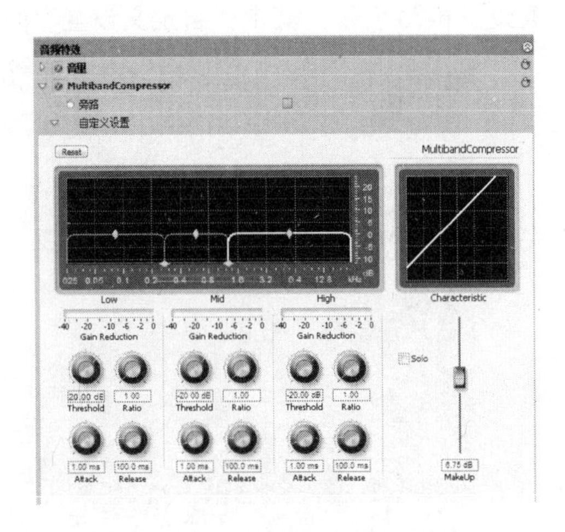

图 6-79　“自定义设置”面板

控制面板中各选项的含义如下。

- Solo **复选框**：选中该复选框，将只播放被激活的部分音频。
- **MakeUp**：拖动其上的滑块，可以以分贝为单位调整电平。
- **BandSelect**：表示选中一个波段。
- **Crossover Frequency**：可以增大选中波段的频率范围。

## 15. 多重延迟

“多重延迟”特效效果最多可以为原始音频添加 4 次回声，其效果控制面板如图 6-80 所示。

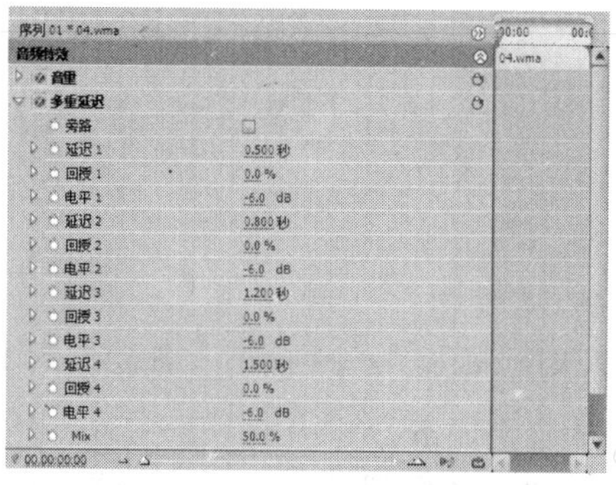


图 6-80　“多重延迟”效果控制面板

效果控制面板中各选项的含义如下。

- **延迟**：用于设置原始声音的延迟时间，最大为 2 秒。
- **回授**：用于设置放回到原始声音上的数量。
- **电平**：用于控制每个回声的音量。
- **混音**：用于设置延迟和非延迟回声的数量。

## 16. 参数 EQ

“参数 EQ”特效效果主要用于增加或减少与指定中心的频率相似的频率，其效果控制面板如图 6-81 所示。

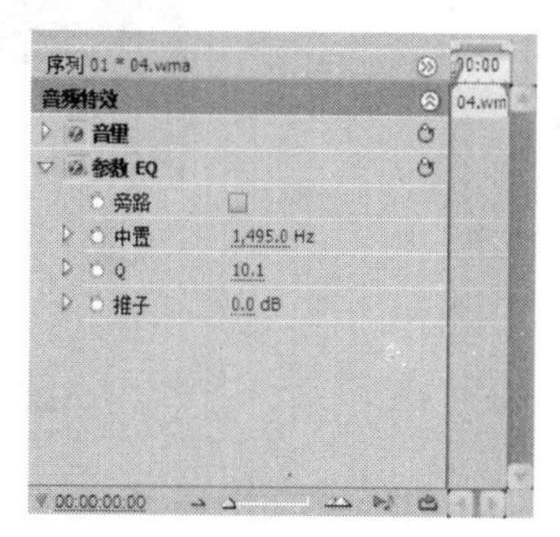


图 6-81　“参数 EQ”效果控制面板

效果控制面板中各选项的含义如下。

- **中置**：用于设置特定范围的中心频率。
- **Q**：用于设置受影响的频率范围，值越低，产生的波段越宽；值越高，产生的波段越窄。

- **推子**：用于设置增大或减小频率范围内波段的数量，其值范围为-20~20dB。

17．PitchShifter

PitchShifter 特效效果能够以半音为单位来调整高音，其控制面板如图 6-82 所示，其中“自定义设置”面板如图 6-83 所示。

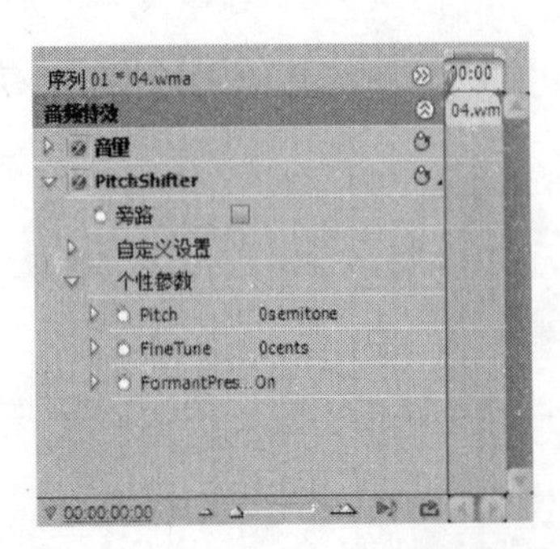


图 6-82　PitchShifter 效果控制面板

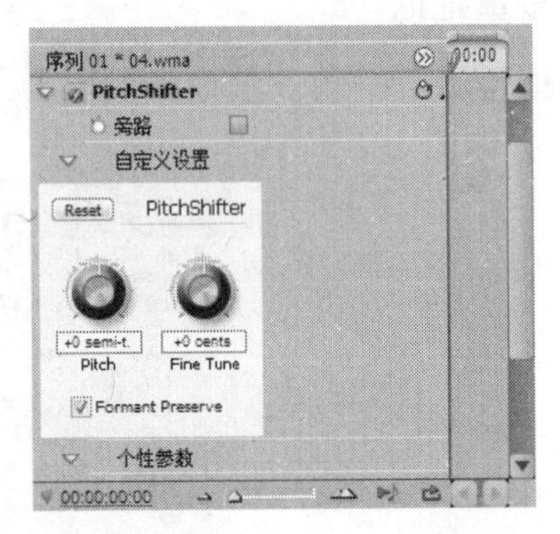


图 6-83　“自定义设置”面板

效果控制面板中各选项的含义如下。

- **Pitch**：用于设置半音过程中定调的变化程度，值的范围在-12~12dB。
- **Fine Tune**：用于在定调参数的半音格之间进行微调。
- **Formant Preserve 复选框**：用来保护音频素材的共振峰不受影响。

18．Reverb

Reverb 特效效果能够为素材添加特殊元素，如模仿在室内播放音频的声音，其控制面板如图 6-84 所示，其中“自定义设置”面板如图 6-85 所示。

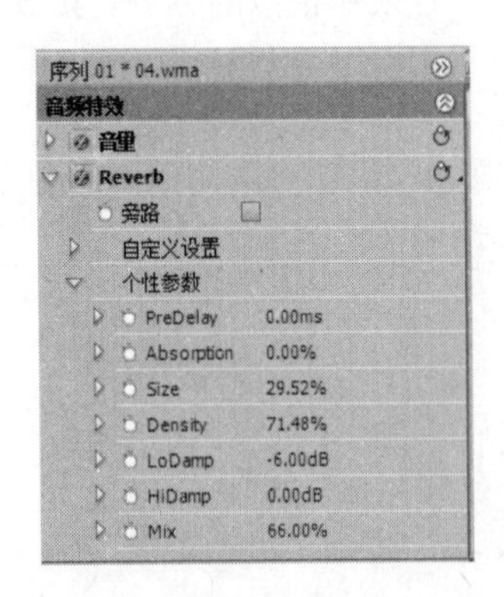


图 6-84　Reverb 效果控制面板

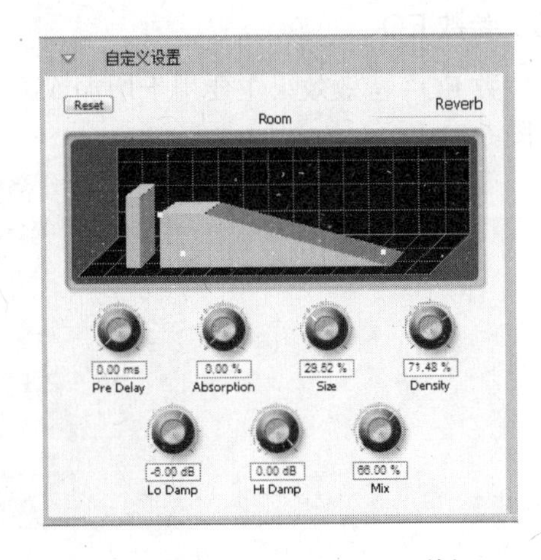


图 6-85　“自定义设置”面板

效果控制面板中各选项的含义如下。

- **PreDelay**：用于设置信号与回声之间的时间，该设置与声音传播到墙壁然后反射到现场听众的距离相关。

- Absorption：用于设置声音被吸收的百分比。
- Size：用于设置空间大小的百分比。
- Density：用于设置回声拖尾的密度。
- LoDamp：用于设置低频的衰减，以分贝为单位，设置衰减低频可以防止噪音造成的回响。
- HiDamp：用于设置低频的衰减，值越低，则回响的声音越柔和。
- Mix：用于设置回响的力度。

### 19. 声道交换

“声道交换”特效效果主要用于交换左、右声道的信息。

### 20. 高音

“高音”特效效果可以设置增大或减小高频，取值在 4000Hz 及以上。

### 21. 音量

“音量”特效效果可以在不修剪音频的前提下提高音频的电平，除非信号超过硬件允许的动态范围时才会被修剪。

## 6.5.4 应用举例——为“调皮的小猫”添加音频特效

使用本节所介绍的知识，为“调皮的小猫.prproj”项目文件（立体化教学:\实例素材\第 6 章\调皮的小猫.prproj）添加音频并设置音频特效，完成后的最终效果如图 6-86 所示（立体化教学:\源文件\第 6 章\调皮的小猫.prproj）。

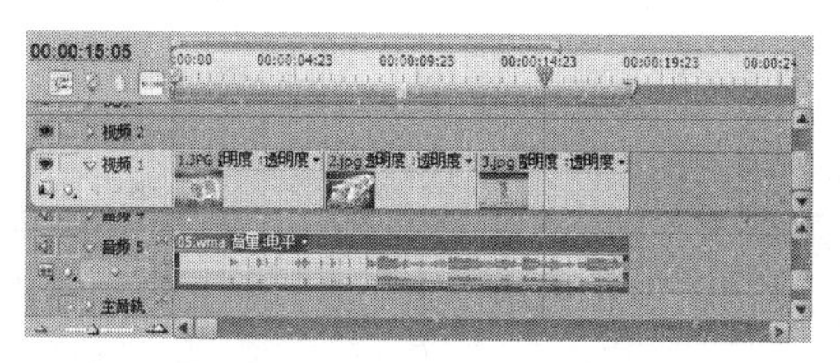


图 6-86　设置音频特效

操作步骤如下：

（1）在 Premiere Pro CS3 中打开“调皮的小猫.prproj”项目文件。

（2）在“项目”面板中单击鼠标右键，在弹出的快捷菜单中选择“导入”命令导入 05.wma 音频，然后将音频拖动到“时间线”面板中，效果如图 6-87 所示。

（3）在“效果”面板中展开“音频特效”文件夹，将“立体声”文件夹下的 Reverb 特效拖动到“时间线”面板中的音频素材上。

（4）在“效果控制”面板中设置特效参数，如图 6-88 所示。

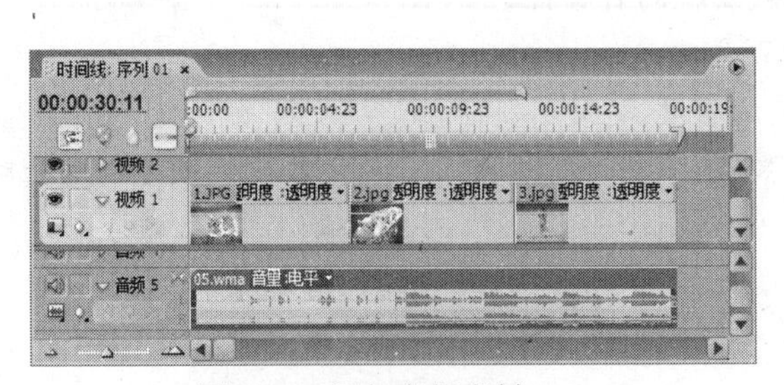


图 6-87　添加音频素材

图 6-88　参数设置面板

（5）在“效果”面板中将“立体声”文件夹下的 EQ 特效拖动到“时间线”面板中的音频素材上。

（6）在“效果控制”面板中设置特效参数，如图 6-89 所示，完成后的效果如图 6-86 所示。

图 6-89　参数设置面板

## 6.6　上机及项目实训

### 6.6.1　为“鲜花电子相册”视频编辑音频

本次实训将制作一个声情并茂的“鲜花电子相册”视频，其最终效果如图 6-90 所示（立体化教学:\源文件\第 6 章\鲜花电子相册.prproj）。在该练习中，将使用到为项目文件添加音频以及轨道特效和音频特效的操作，其中包括添加音频切换效果和添加音频特效效果。

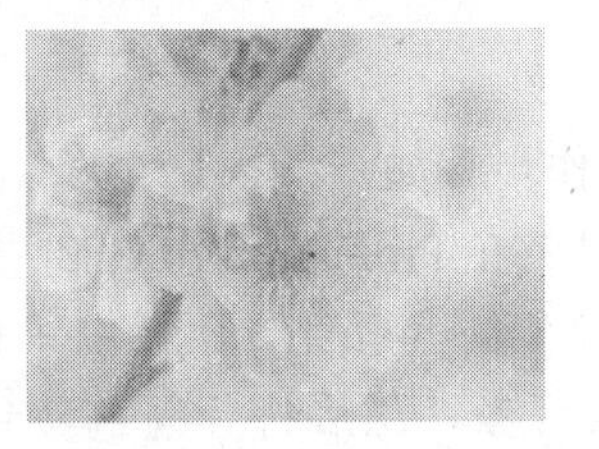

图 6-90　“鲜花电子相册”视频

操作步骤如下：

（1）选择“文件/打开项目”命令，打开“鲜花电子相册.prproj”（立体化教学:\实例素材\第 6 章\鲜花电子相册.prproj）项目文件，其“时间线”面板如图 6-91 所示。

（2）选择“文件/导入”命令，导入音频素材文件 04.wma（立体化教学:\实例素材\第 6 章\04.wma），并将音频素材拖动到“时间线”面板中，如图 6-92 所示。

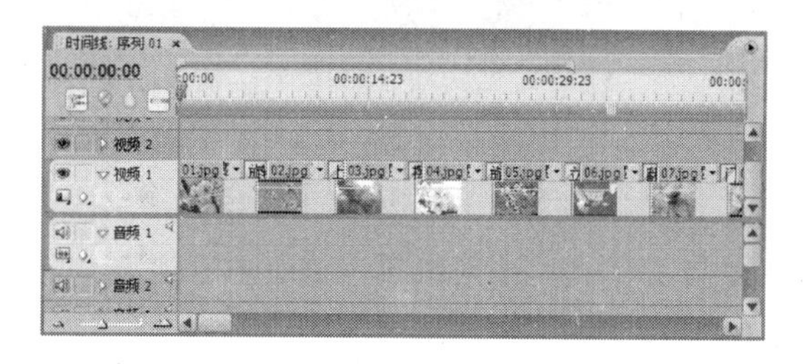

图 6-91　“时间线”面板

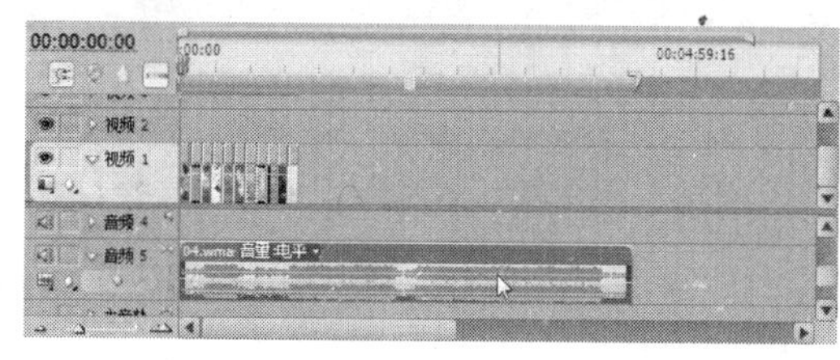

图 6-92　添加的音频

（3）在“时间线”面板中选择音频素材，然后选择“素材速度/持续时间”命令，打开“素材速度/持续时间”对话框，在其中按照如图 6-93 所示进行设置，然后单击 确定 按钮。调整速度和持续时间后的效果如图 6-94 所示。

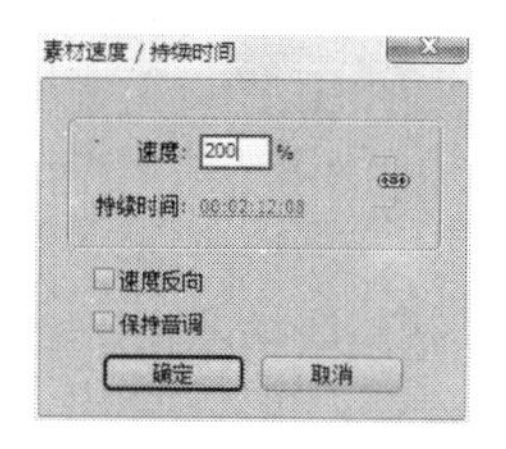


图 6-93　设置速度

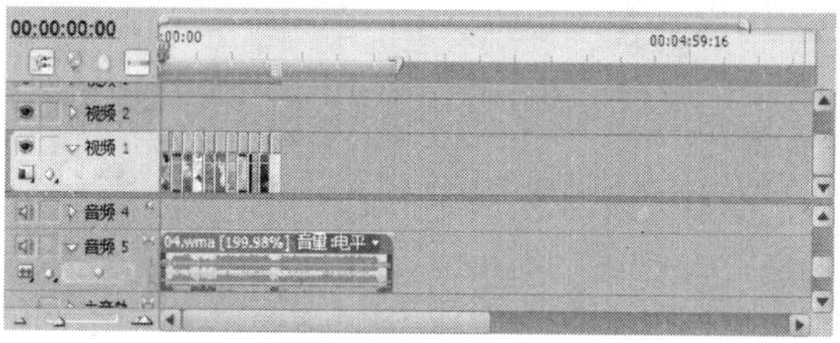

图 6-94　添加的音频

（4）通过观察发现，音频部分相对于视频部分过长，在“时间线”面板中，将鼠标指针移动到音频的末尾处，当其变为形状时向左拖动，改变音频的长度，到与视频素材相同长度的位置释放鼠标，效果如图 6-95 所示。

（5）选择“素材/音频选项/音频增益”命令，打开“音频增益”对话框，在其中直接单击 标准化 按钮，设置音频增益，如图 6-96 所示。

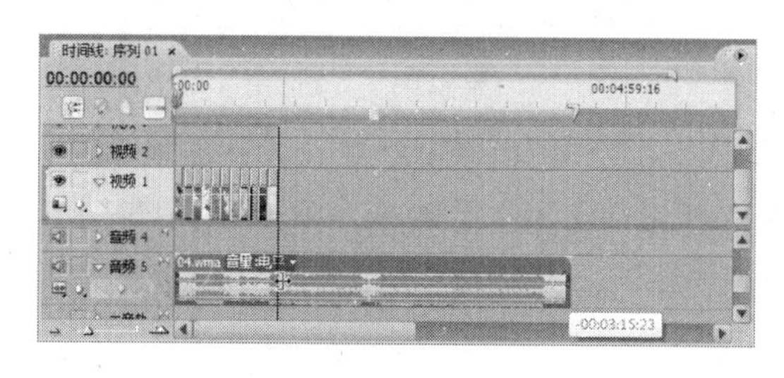

图 6-95　调整音频长度

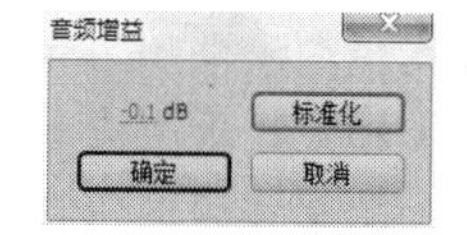


图 6-96　“音频增益”对话框

（6）完成后单击 确定 按钮，在“时间线”面板中将显示音频增益后的效果，如图 6-97 所示。

（7）在“监视器”面板中单击“跳转到入点”按钮，然后单击“时间线”面板左侧的“添加关键帧”按钮，在音频的入点处添加 1 个关键帧，如图 6-98 所示。

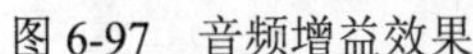

图 6-97　音频增益效果

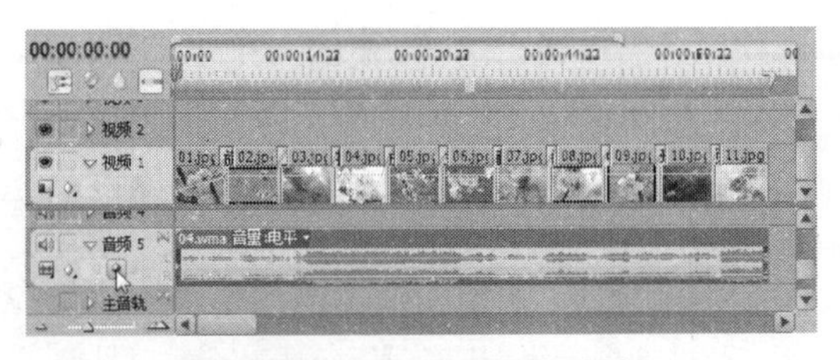

图 6-98　添加第 1 个关键帧

（8）在“时间线”面板左上角的显示时间处单击，使其进入编辑状态，然后在其中输入 00:00:11:00，设置时间线滑块的位置，如图 6-99 所示。

（9）单击“时间线”面板左侧的“添加关键帧”按钮，在音频的入点处添加第 2 个关键帧，如图 6-100 所示。

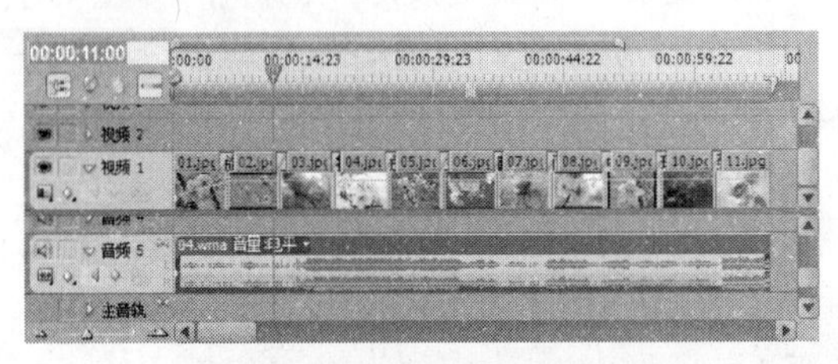

图 6-99　设置时间线滑块的位置

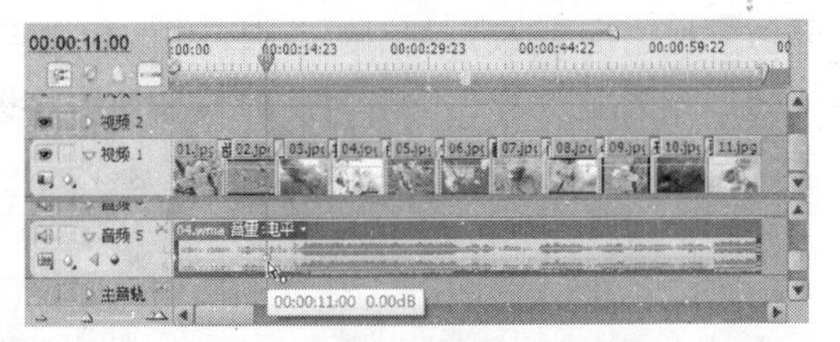

图 6-100　添加第 2 个关键帧

（10）在“时间线”面板左上角的显示时间处单击，使其进入编辑状态，然后在其中输入 00:01:01:20，设置时间线滑块的位置，如图 6-101 所示。

（11）单击“时间线”面板左侧的“添加关键帧”按钮，在音频的入点处添加第 3 个关键帧，如图 6-102 所示。

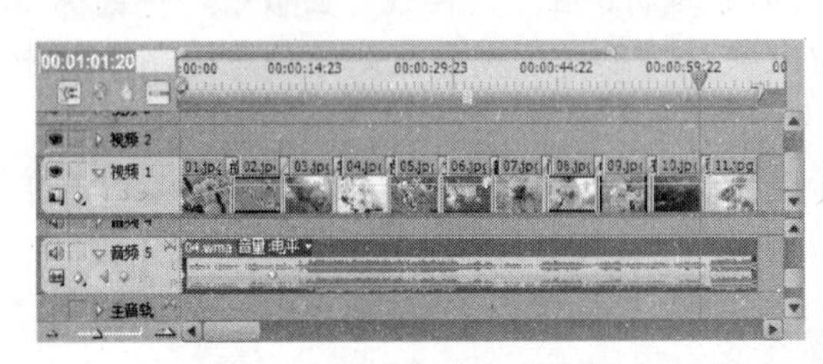

图 6-101　设置时间线滑块的位置

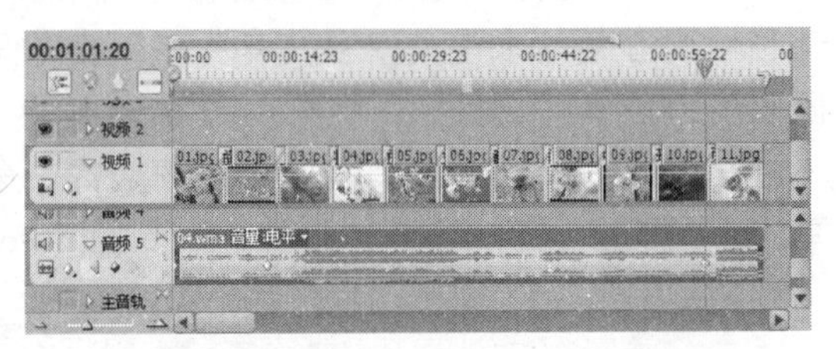

图 6-102　添加第 3 个关键帧

（12）在“监视器”面板中单击“跳转到出点”按钮，然后单击“时间线”面板左侧的“添加关键帧”按钮，在音频的入点处添加第 4 个关键帧，如图 6-103 所示。

（13）将鼠标指针移动到最后一个关键帧上，当其变为形状时，按住鼠标左键向下拖动，设置音频的淡出效果，如图 6-104 所示。

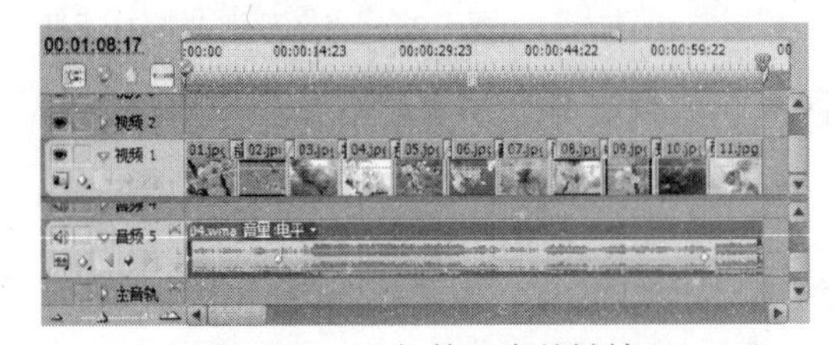

图 6-103　添加第 4 个关键帧

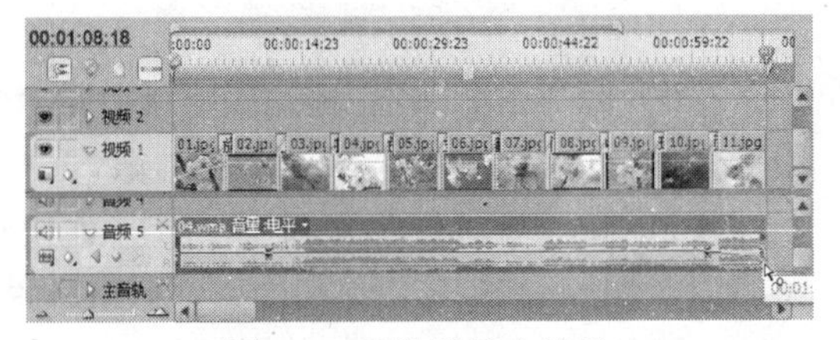

图 6-104　设置淡出效果

（14）将鼠标指针移动到第 1 个关键帧位置，当其变为形状时，按住鼠标左键向下拖动，设置音频的淡入效果，如图 6-105 所示。

（15）在“监视器”面板中单击“跳转到入点”按钮，然后按空格键试听效果，如图 6-106 所示，最后按 Ctrl+S 键保存项目文件即可。

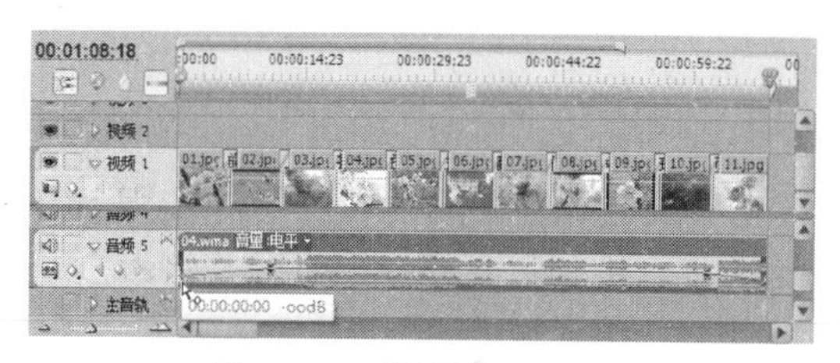


图 6-105　设置淡入效果

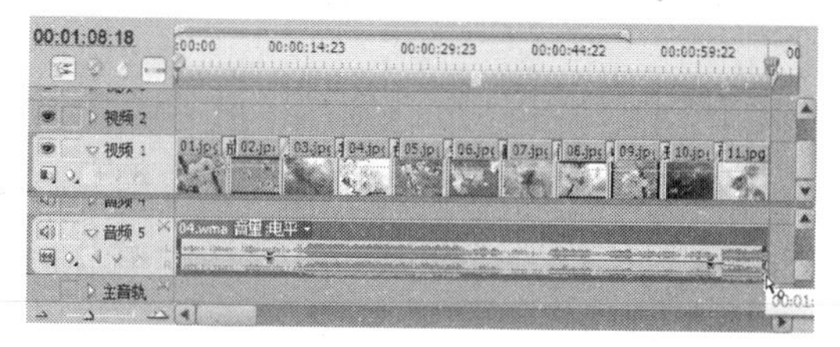


图 6-106　试听音频效果

### 6.6.2　美化“罂粟花电子相册”的音频

综合利用本章和前面所学知识，美化“罂粟花电子相册”的音频效果，完成后的最终效果如图 6-107 所示（立体化教学:\源文件\第 6 章\罂粟花电子相册.prproj）。

图 6-107　“罂粟花电子相册”视频

本练习可结合立体化教学中的视频演示进行学习（立体化教学:\视频演示\第 6 章\美化“罂粟花电子相册”的音频.swf）。主要操作步骤如下：

（1）打开“罂粟花电子相册.prproj”项目文件并导入音频素材文件 05.wma（立体化教学:\素材\第 6 章\05.wma），将其拖动到“时间线”面板中。

（2）在“工具”面板中选择“剃刀工具”，在“时间线”面板中音频与视频长度相等的位置处单击，如图 6-108 所示。

（3）选择“工具”面板中的“选择工具”，然后在“时间线”面板中选择剃出的多余的音频部分，按 Delete 键将其删除。

（4）在“效果”面板中展开“音频切换特效”文件夹及其下的“交叉淡化”文件夹，然后将“恒定增益”切换效果拖动到“音频 5”轨道上的音频之前，效果如图 6-109 所示。

图 6-108　剃出多余的音频

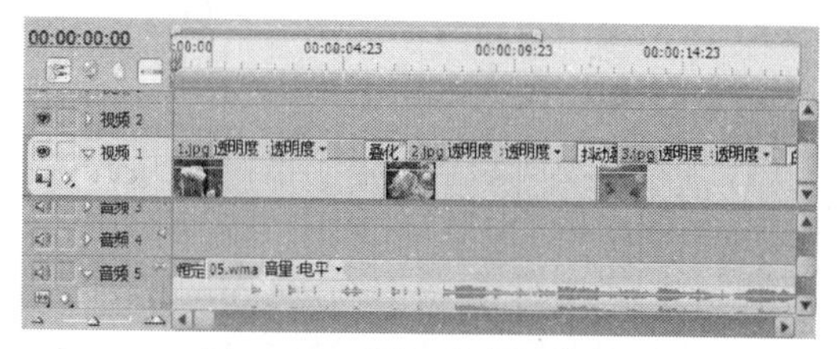


图 6-109　添加音频切换特效

（5）切换到“调音台”面板，在其中的“音频 5”栏中的“只读”下拉列表框中选择“写入”选项。

（6）按空格键播放音频，并在其中拖动滑块调节音频的播放。

（7）当音频调整完成后，在“时间线”面板中的音频轨道上将显示音频调节过程中产生的关键帧，如图 6-110 所示。

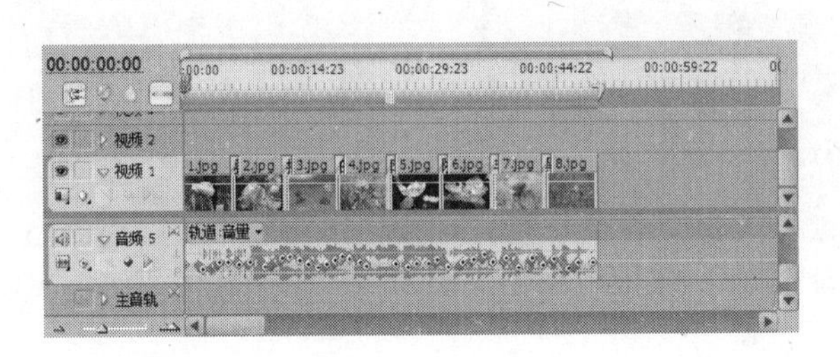


图 6-110　调节音频后的“时间线”面板

（8）在“效果”面板中展开“音频特效”文件夹下的“立体声”文件夹，在其中将 EQ 音频特效拖动到“时间线”面板的音频上，在“效果控制”面板中展开 EQ 的参数面板，其中“自定义设置”参数如图 6-111 所示，“个性参数”面板设置如图 6-112 所示。

（9）完成后将时间线标记滑块移动到音频入点位置，按空格键试听音频效果，满意后按 Ctrl+S 键保存项目文件。

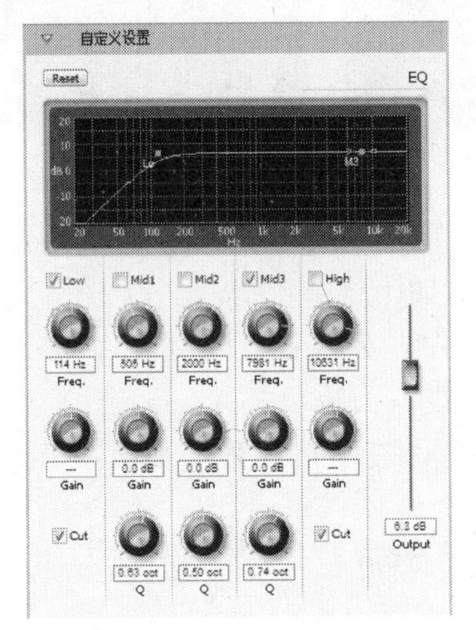


图 6-111　EQ 自定义设置

图 6-112　EQ 个性参数设置

## 6.7　练习与提高

（1）为“视频 3.mpg”和“视频 4.mpg”（立体化教学:\实例素材\第 6 章\视频 3.mpg、视频 4.mpg）两个视频片段中的音频添加音频效果，制作出如图 6-113 所示的视频片段（立体化教学:\源文件\第 6 章\旅游.prproj）。

提示：将两个视频素材添加到“时间线”面板中，在“效果控制”面板中调整视频画

面的大小，将“音频特效”文件夹下的“立体声”中的“多重延迟”和“均衡”特效效果拖动到音频素材上，然后对参数进行设置即可。

本练习可结合立体化教学中的视频演示进行学习（立体化教学:\视频演示\第 6 章\添加音频效果.swf）。

图 6-113　添加音频特效后的效果

（2）打开提供的“神奇大自然”项目文件（立体化教学:\实例素材\第 6 章\神奇大自然.prproj），在其中添加解说音频，完成后的效果如图 6-114 所示（立体化教学:\源文件\第 6 章\神奇大自然. prproj）。

提示：利用“调音台”面板录制用于解说的音频，然后对音频进行调整，进行试听后保存即可。

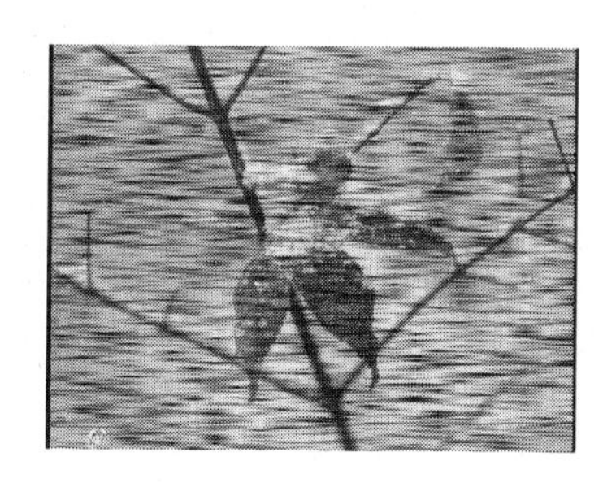
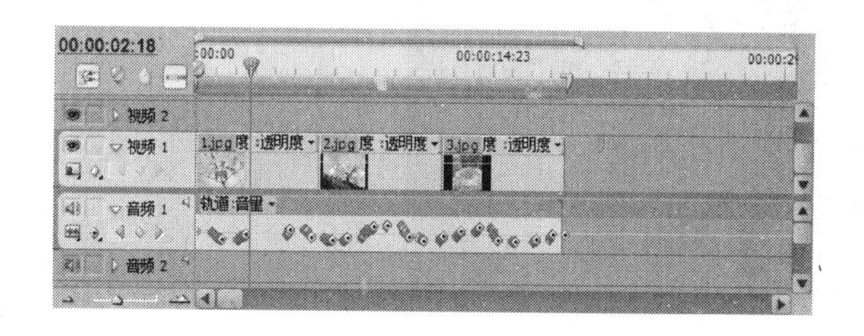


图 6-114　录制音频

**总结编辑音频的技巧**

本章主要介绍了为音频素材添加和设置各类效果的操作，Premiere Pro CS3 提供了强大的音频编辑功能，要想很好地利用音频，课后还需总结一些编辑音频的经验技巧，下面提供几点供大家参考和探索。

- 对各种音频的参数设置不同，音频的效果也不相同，因此，在日常操作过程中，要善于总结音频调节后的效果，如通过添加关键帧，然后拖动关键帧的上下位置，调整音频的淡入和淡出效果。
- 应该大致了解各种音频特效能够调整出来的效果，并熟记常用的音频效果设置参数。

# 第 7 章　添加调色、抠像与运动效果

**学习目标**

☑ 使用“查找边缘”、“电平”、“模糊&锐化”和“着色”效果制作水墨画效果
☑ 使用“无红色键”、“移除蒙版”和“轨道蒙版键”效果制作“海边风光”视频
☑ 使用“颜色键”和运动效果制作“蜻蜓飞舞”视频
☑ 使用“调色”、“颜色键”和运动效果制作日出日落视频
☑ 使用“透明度”、“查找边缘”、“电平”、“白&黑”和笔触效果制作淡彩铅笔画效果

**目标任务&项目案例**

水墨画

海边风光

蜻蜓飞舞

日出日落

淡彩铅笔画

多彩荷花

通过上述实例效果展示可以发现，在 Premiere 中，调色、抠像和运动等是非常有用的效果，制作这些实例需要综合使用调色、抠像和运动效果等。本章将具体讲解调色、抠像与运动效果的使用方法。

# 7.1　应用视频色彩

在视频编辑的过程中，经常需要设置视频素材的颜色。在 Premiere Pro CS3 的“效果”面板中的“视频特效”文件夹中包含了一些专门用于改变图像亮度、对比度和颜色的视频特效，它们分别位于“图像控制”、“色彩校正”和“调节”这 3 个子文件夹中。

## 7.1.1　应用“图像控制”类效果

“图像控制”类效果的作用是对视频素材的色彩进行特效处理，广泛应用于处理视频素材中前期拍摄时遗留下来的缺陷或使视频素材达到某种预想的效果等，包括“Gamma 校正”、“色彩传递”、“色彩匹配”、“色彩平衡（RGB）”、“色彩替换”和“黑&白”6 种效果，下面分别进行介绍。

### 1. Gamma 校正

使用“Gamma 校正”效果，可以通过改变视频素材中间调的亮度，来实现在不改变图像亮度和阴影的情况下，使整个素材的画面变得更明亮或更灰暗。

将“Gamma 校正”效果添加到素材上后，在“效果控制”面板中拖动 Gamma 滑块即可应用素材的 Gamma 值，如图 7-1 所示，应用前后的效果分别如图 7-2 和图 7-3 所示。

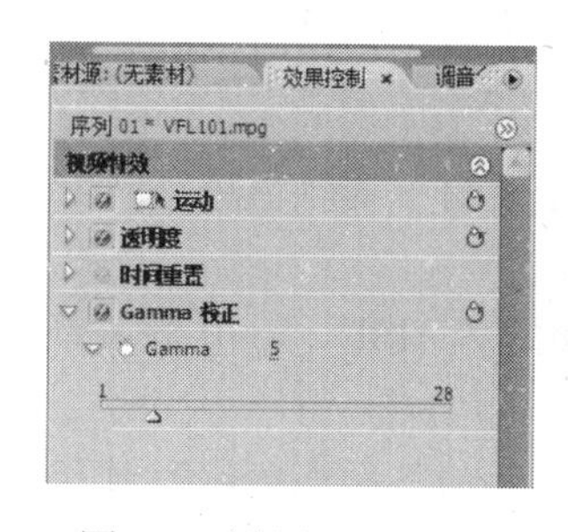


图 7-1　设置 Gamma 值

图 7-2　应用前的效果

图 7-3　应用后的效果

### 2. 色彩传递

通过“色彩传递”效果，可将选定颜色范围以外的图像颜色改为黑色和白色，被选定的颜色保持不变。在该效果的“效果控制”面板中单击“设置”按钮，将打开“色彩传递设置”对话框，如图 7-4 所示，其中各选项的含义如下。

- **素材取样**：显示素材画面，在该画面中单击，可以直接在其中选取颜色。
- **输出取样**：显示添加了效果之后的画面。
- **色彩**：要保留的颜色，单击该色块，将打开“颜色拾取”对话框，在其中可以选择要保留的颜色。
- **相似性**：用于设置显示色彩的容差性，即增加或减少所选颜色的范围。
- □反转(R) **复选框**：选中该复选框，可以使选择的颜色变为灰色，而其他颜色保持不变。

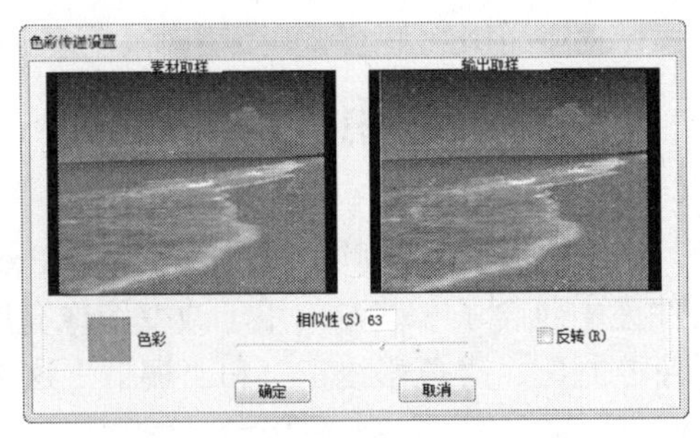


图 7-4 “色彩传递设置”对话框

应用“色彩传递”效果前后的图像分别如图 7-5 和图 7-6 所示。

图 7-5 应用前的效果

图 7-6 应用后的效果

### 3. 色彩匹配

使用“色彩匹配”效果可以将一个素材中的颜色与另一个素材中的颜色进行匹配，该效果的效果控制面板如图 7-7 所示，其中各选项的含义如下。

- **方法**：可以在该下拉列表框中选择应用的色彩的方式，有 HSL、RGB 和曲线 3 个选项。
- **主体取样**：用于设置主体颜色，可以单击色块，在打开的“颜色拾取”对话框中选择颜色，或单击后面的按钮，然后在节目监视器中单击选择颜色。
- **主体目标**：用于设置主体目标颜色，可以单击色块，在打开的“颜色拾取”对话框中选择颜色，或单击后面的按钮，然后在节目监视器中单击选择颜色。
- **阴影取样**：用于设置阴影颜色，可以单击色块，在打开的“颜色拾取”对话框中选择颜色，或单击后面的按钮，然后在节目监视器中单击选择颜色。
- **阴影目标**：用于设置阴影目标颜色，可以单击色块，在打开的“颜色拾取”对话框中选择颜色，或单击后面的按钮，然后在节目监视器中单击选择颜色。
- **中值取样**：用于设置中间调颜色，可以单击色块，在打开的“颜色拾取”对话框中选择颜色，或单击后面的按钮，然后在节目监视器中单击选择颜色。
- **中值目标**：用于设置中间调目标颜色，可以单击色块，在打开的“颜色拾取”对话框中选择颜色，或单击后面的按钮，然后在节目监视器中单击选择颜色。
- **高光取样**：用于设置高光颜色，可以单击色块，在打开的“颜色拾取”对话框中选择颜色，或单击后面的按钮，然后在节目监视器中单击选择颜色。

- **高光目标**：用于设置高光目标颜色，可以单击色块，在打开的“颜色拾取”对话框中选择颜色，或单击后面的按钮，然后在节目监视器中单击选择颜色。
- **匹配色调**：用于设置是否匹配色调。
- **匹配饱和度**：用于设置是否匹配饱和度。
- **匹配亮度**：用于设置是否匹配亮度。
- **Match 按钮**：设置完成后单击该按钮可应用颜色匹配。

应用“色彩匹配”效果前后的图像分别如图 7-8 和图 7-9 所示。

图 7-7　设置“色彩匹配”参数

图 7-8　应用前的效果

图 7-9　应用后的效果

## 4．色彩平衡（RGB）

使用“色彩平衡（RGB）”效果可以对素材的红色、绿色和蓝色进行应用，以达到改变画面颜色的效果。直接在“效果控制”面板中拖动各滑块即可实现改变画面颜色的操作，如图 7-10 所示，设置前后的效果分别如图 7-11 和图 7-12 所示。

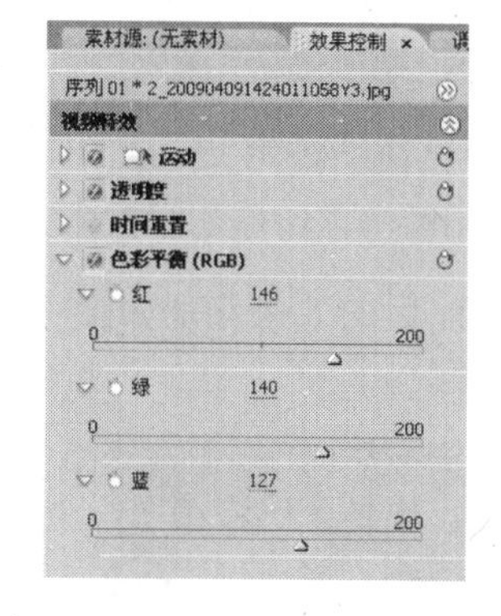


图 7-10　设置色彩平衡（RGB）

图 7-11　设置前的效果

图 7-12　设置后的效果

## 5．色彩替换

通过“色彩替换”效果可用指定的颜色替换图像中另一种颜色，并为原颜色保留一定的灰度值。在该效果的“效果控制”面板中单击“设置”按钮，将打开如图 7-13 所示的“色彩替换设置”对话框。

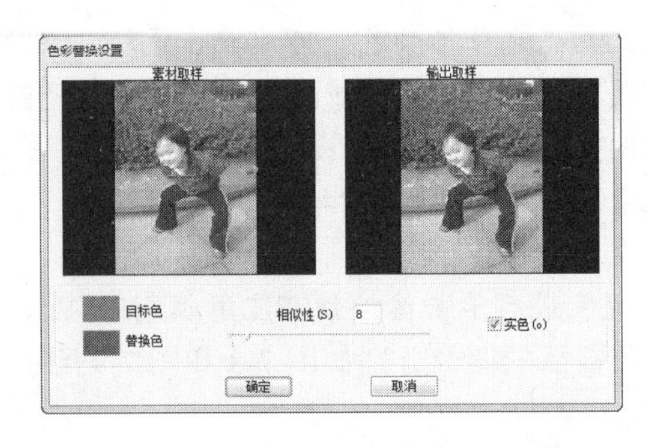


图 7-13 “色彩替换设置”对话框

该对话框中各选项的含义如下。

- **素材取样**：在该窗口中单击选择需要被替换的颜色。
- **输出取样**：可预览添加效果后的图像。
- **目标色**：单击该色块，在打开的“颜色拾取”对话框中选取需要被替换的颜色。
- **替换色**：单击该色块，在打开的“颜色拾取”对话框中选取需要替换的颜色。
- **相似性**：用于设置颜色的相似数值，其值的范围在1~100之间。
- 实色(o)**复选框**：选中该复选框，可产生不透明的替换色。

应用“色彩替换”效果前后的图像分别如图 7-14 和图 7-15 所示。

图 7-14 应用前的效果

图 7-15 应用后的效果

### 6．黑&白

通过“黑&白”效果可直接将彩色图像转为黑白图像，应用前后的效果分别如图 7-16 和图 7-17 所示。

图 7-16 应用前的效果

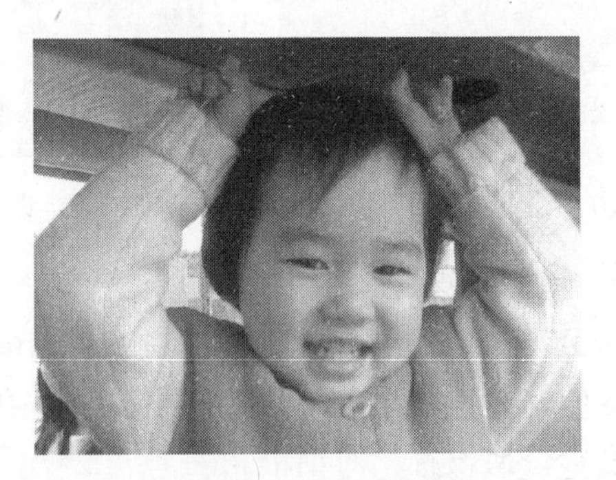

图 7-17 应用后的效果

## 7.1.2　应用“色彩校正”类效果

“色彩校正”类效果的作用是对视频素材的色彩进行校正，以纠正拍摄时遗留下来的偏色问题或使视频素材达到某种特殊的颜色效果等，包括“RGB 曲线”、“亮度&对比度”、“改变颜色”、“着色”、“色彩平衡（HLS）”和“转换颜色”等 17 种效果，下面对其中较常使用的效果进行介绍。

### 1. RGB 曲线

“RGB 曲线”效果通过曲线方式应用视频素材的主体颜色、红色、绿色和蓝色，以达到改变画面颜色的效果。其“效果控制”面板如图 7-18 所示，分别在“主体”、“红色”、“绿色”和“蓝色”框内的曲线上单击并拖动即可应用画面的颜色，应用前后的效果分别如图 7-19 和图 7-20 所示。

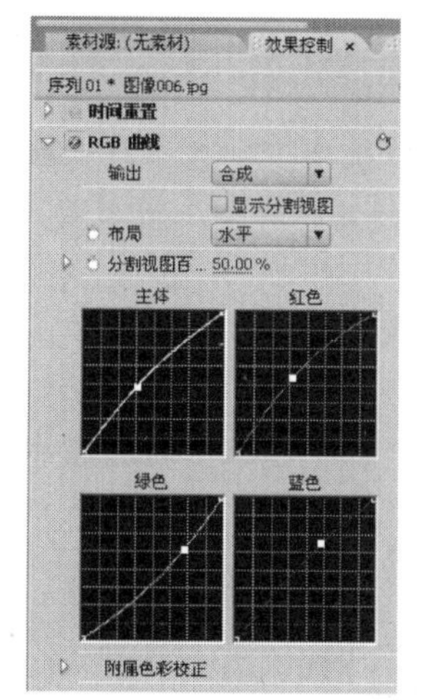


图 7-18　设置“RGB 曲线”参数

图 7-19　应用前的效果

图 7-20　应用后的效果

### 2. 亮度&对比度

“亮度&对比度”效果用于应用视频素材的亮度和对比度，直接在其“效果控制”面板中拖动“亮度”和“对比度”滑块即可进行调整，如图 7-21 所示。应用前后的效果分别如图 7-22 和图 7-23 所示。

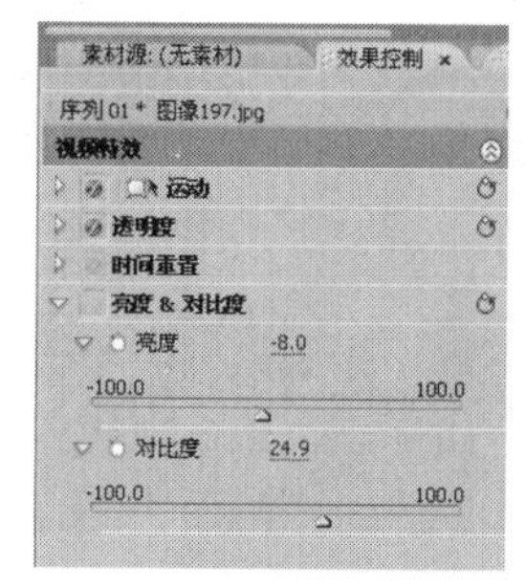


图 7-21　设置“亮度&对比度”参数

图 7-22　应用前的效果

图 7-23　应用后的效果

### 3．改变颜色

使用“改变颜色”效果可以将视频素材中指定的颜色变为另一种颜色，其“效果控制”面板如图 7-24 所示。应用前后的效果分别如图 7-25 和图 7-26 所示。

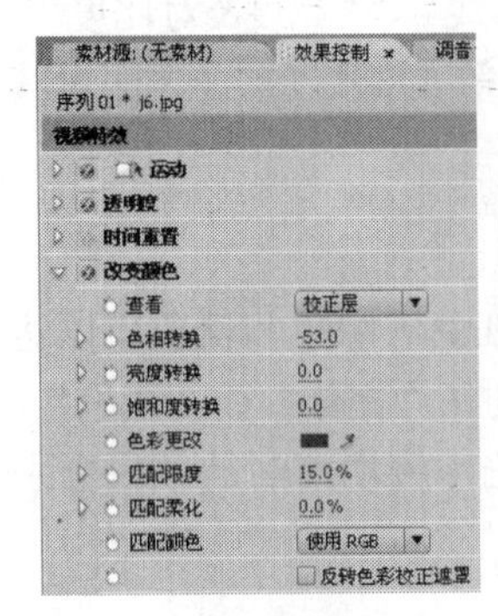


图 7-24　设置“改变颜色”参数

图 7-25　应用前的效果

图 7-26　应用后的效果

其“效果控制”面板中各选项的含义如下。

- **“查看”下拉列表框**：用于选择查看方式，选择“校正层”选项，则显示应用效果后的画面效果；选择“色彩校正遮罩”选项，则显示应用效果后所生产的遮罩。
- **色相转换**：对指定颜色的色相进行应用。
- **亮度转换**：对指定颜色的亮度进行应用。
- **饱和度转换**：对指定颜色的饱和度进行应用。
- **色彩更改**：指定要更改的颜色，可以单击色块，在打开的“颜色拾取”对话框中进行选择，或单击按钮，然后在“节目”面板中单击选择颜色。
- **匹配限度**：设置要应用颜色的相似度，值越大，则选择的颜色范围越大。
- **匹配柔化**：设置颜色范围边缘的柔化程度。
- **“匹配颜色”下拉列表框**：选择匹配颜色的方式。
- ☐反转色彩校正遮罩**复选框**：选中该复选框，则不应用指定的颜色，而是对指定颜色以外的颜色进行应用。

### 4．着色

使用“着色”效果可以将视频素材的画面变为单色或双色的效果，其“效果控制”面板如图 7-27 所示，应用前后的效果分别如图 7-28 和图 7-29 所示。

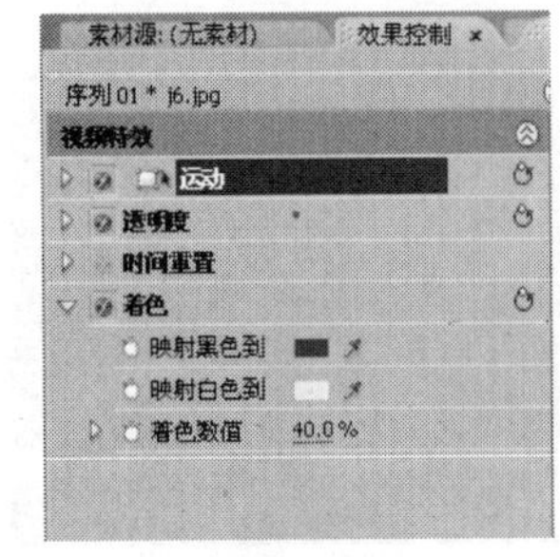


图 7-27　设置“着色”参数

图 7-28　应用前的效果

图 7-29　应用后的效果

“效果控制”面板中各选项的含义如下。

- **映射黑色到**：将黑色变为指定的颜色，可以单击色块，在打开的“颜色拾取”对话框中进行选择，或单击 按钮，然后在“节目”面板中单击选择颜色。
- **映射白色到**：将白色变为指定的颜色，可以单击色块，在打开的“颜色拾取”对话框中进行选择，或单击 按钮，然后在“节目”面板中单击选择颜色。
- **着色数值**：设置着色后的画面和视频原始画面的混合程度，如果为 100%，则不显示原始画面；如果小于 100%，则会降低着色后的画面的不透明度，以显示原始画面的颜色。

### 5．色彩平衡（HLS）

通过“色彩平衡（HLS）”效果可对图像的色调、亮度及饱和度进行调节，使画面产生色彩均衡效果。直接在其“效果控制”面板中设置“色相”、“亮度”和“饱和度”的值即可，如图 7-30 所示。应用前后的效果分别如图 7-31 和图 7-32 所示。

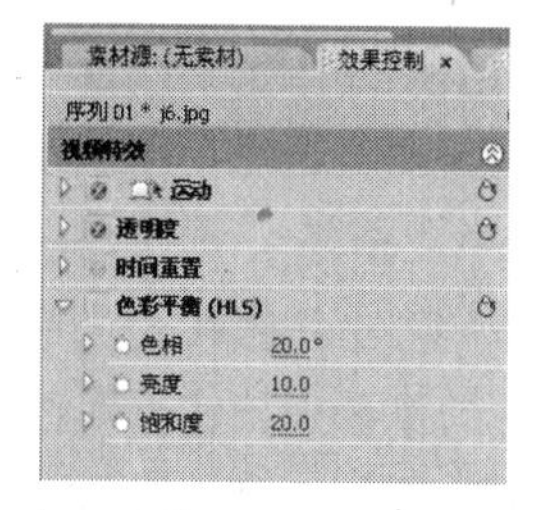


图 7-30　“效果控制”面板

图 7-31　应用前的效果

图 7-32　应用后的效果

## 7.1.3　应用“调节”类效果

“调节”类效果是使用较为频繁的一类效果，可以应用素材的亮度、对比度、色彩以及通道，修复色彩的偏色或调整曝光不足等缺陷，提高素材画面的颜色与亮度及制作特殊的色彩效果，其中共包含 9 个效果，下面分别进行讲解。

### 1．回旋核心

“回旋核心”效果通过卷积运算来改变素材中每个像素点的亮度值，其“效果控制”面板如图 7-33 所示，应用前后的效果分别如图 7-34 和图 7-35 所示。

图 7-33　“效果控制”面板

“效果控制”面板中各选项的含义如下。

- **M11 ~ M33**：在该栏中输入卷积矩阵的数值（即被计算的像素），其值范围在-30~30 之间，用户所输入的值将乘以素材亮度的原值。
- **偏移**：用于调整素材色彩明暗的偏移量。
- **比例**：卷积操作中所包含的像素亮度总和将会除以所输入的数值。
- **处理 Alpha 复选框**：选中该复选框，将对 Alpha 通道进行计算。

图 7-34　应用前的效果

图 7-35　应用后的效果

## 2．提取

通过“提取”效果可从视频素材中将颜色提取出来，从而生成一个较单一的灰度图像。在对该过滤效果进行设置时，可应用灰度级别以产生偏黑或偏白的黑白画面效果。在该效果的“效果控制”面板中单击“设置”按钮，将打开如图 7-36 所示的“提取设置”对话框。该对话框中各选项的含义如下。

- **“输入范围”文本框**：用于输入像素范围值。在其下方图中显示了当前帧每一个亮度级上的像素值。可拖动该图下方的两个滑块，设置被转换为白色或者黑色的像素范围，两个三角形滑块之间的像素将被转为白色，而其他的像素则被转为黑色。
- **“柔化”滑块**：拖动该滑块或直接在其后的文本框中输入数值，可调节图像的柔和程度，其值的范围在 0~100 之间。
- **“反转”复选框**：选中该复选框，可使画面产生黑白色反转效果，将颠倒转换为白色和转换为黑色的范围。

应用前后的效果分别如图 7-37 和图 7-38 所示。

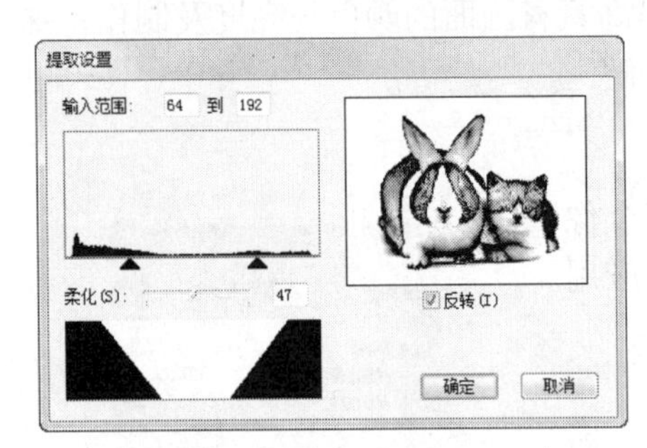


图 7-36　“提取设置”对话框

图 7-37　应用前的效果

图 7-38　应用后的效果

## 3．照明效果

使用“照明效果”效果可以最多为素材添加 5 个灯光照明，以模拟舞台追光灯的效果，在其对应的“效果控制”面板中可以设置灯光类型、方向、强度、颜色和中心点的位置等，如图 7-39 所示。应用前后的效果分别如图 7-40 和图 7-41 所示。

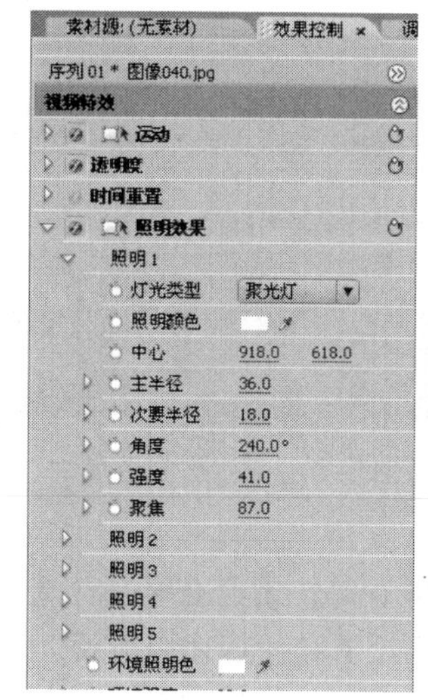


图 7-39　设置“照明效果”参数

图 7-40　应用前的效果

图 7-41　应用后的效果

## 4. 电平

通过“电平”效果可对画面的明暗度、对比度及中间色彩等进行设置。在该效果的“效果控制”面板中单击“设置”按钮，将打开如图 6-42 所示的“电平设置”对话框。

该对话框中各选项的含义如下。

- **“通道”下拉列表框**：在该下拉列表框中选择应用的颜色通道，如 RGB 通道、红色通道、蓝色通道和绿色通道等。
- **“输入电平”文本框**：用于指定画面红、绿、蓝色调的值，也可直接拖动其下方的 3 个滑块来进行设置。
- **“输出电平”文本框**：用于指定画面对比度值，也可通过其下方的滑块进行设置。

应用“电平”效果前后的图像分别如图 7-43 和图 7-44 所示。

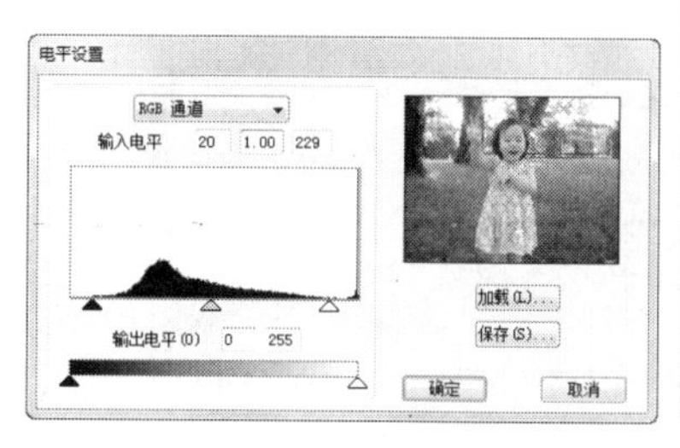


图 7-42　“电平设置”对话框

图 7-43　应用前的效果

图 7-44　应用后的效果

## 5. 自动对比度

使用“自动对比度”效果可以快速调整视频素材的对比度，其“效果控制”面板如图 7-45 所示，应用前后的效果分别如图 7-46 和图 7-47 所示。

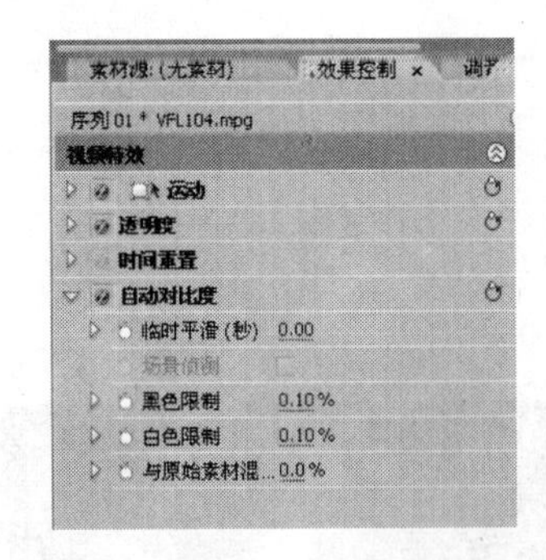


图 7-45 设置“自动对比度”参数

图 7-46 应用前的效果

图 7-47 应用后的效果

“效果控制”面板中各选项的含义如下。

- **临时平滑**：此选项用于设置一个时间间隔；当此时间为 0 时，系统会对视频素材中的每一帧进行分析；当此时间大于 0 时，系统每间隔设置时间后才分析帧。
- **场景侦测**：当“临时平滑”的值大于 0 时，该复选框将被激活，选中该复选框，系统将忽略场景变化。
- **黑色限制**：用于增加或减少画面中的黑色。
- **白色限制**：用于增加或减少画面中的白色。
- **与原始素材混合**：设置与样式素材的混合程度，当值为 0%时，只显示调整后的效果，不显示原始素材；当值为 100%时，不显示调整后的效果，只显示原始素材。

### 6. 自动电平

使用“自动电平”效果，可以自动对画面的明暗度、对比度及中间色彩等进行调整，其“效果控制”面板中的选项与“自动对比度”效果的相同。应用“自动电平”效果前后的图像分别如图 7-48 和图 7-49 所示。

图 7-48 应用前的效果

图 7-49 应用后的效果

### 7. 自动色彩

使用“自动色彩”效果，可以自动对画面的颜色进行调整，其“效果控制”面板中的选项与“自动对比度”效果的相同。应用“自动色彩”效果前后的图像分别如图 7-50 和图 7-51 所示。

图 7-50　应用前的效果

图 7-51　应用后的效果

### 8. 调色

使用“调色”效果可以同时调整素材的亮度、对比度、色调以及饱和度，是一个较为常用的效果。其“效果控制”面板如图 7-52 所示，应用前后的效果分别如图 7-53 和图 7-54 所示。

图 7-52　“效果控制”面板

图 7-53　应用前的效果

图 7-54　应用后的效果

“效果控制”面板中各选项的含义如下。

- **亮度**：调整素材的亮度。
- **对比度**：调整素材的对比度。
- **色调**：调整素材的色调。
- **饱和度**：调整素材的饱和度。
- **☑分割屏幕复选框**：选中该复选框，会将画面垂直分割为两部分，分别显示调整前后的效果，以方便对比。
- **分割百分比**：设置画面分割的百分比。

### 9. 阴影/高光

“阴影/高光”效果用于调整素材的阴影和高光区域，其“效果控制”面板如图 7-55 所示，应用前后的效果分别如图 7-56 和图 7-57 所示。

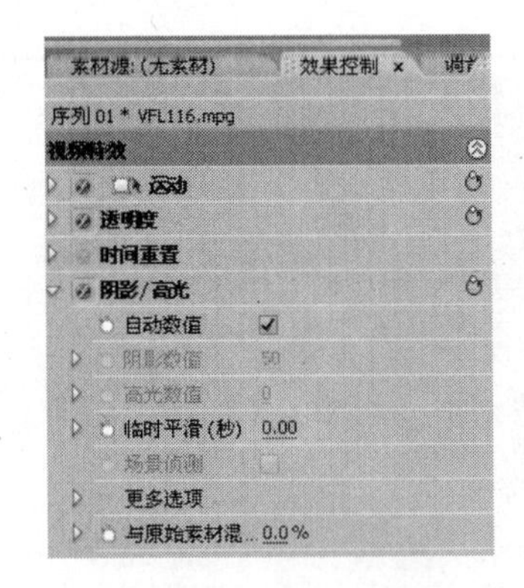


图 7-55 设置“阴影/高光”效果

图 7-56 应用前的效果

图 7-57 应用后的效果

“效果控制”面板中主要选项的含义如下。

- **自动数值**：选中后面的复选框，将自动调整素材的高光和阴影。
- **阴影数值**：取消选中“自动数值”选项后面的复选框，该选项被激活，用于调整画面的阴影。
- **高光数值**：取消选中“自动数值”选项后面的复选框，该选项被激活，用于调整画面的高光。

### 7.1.4 应用举例——制作水墨画效果

使用多种视频特效制作水墨画效果，效果如图 7-58 所示（立体化教学:\源文件\第 7 章\水墨画.prproj）。

图 7-58 水墨画

操作步骤如下：

（1）启动 Premiere Pro CS3，在打开的欢迎对话框中单击“新建项目”按钮，如图 7-59 所示。

（2）打开“新建项目”对话框，在左侧的列表框中依次展开 DVCPRO50 和 480i 文件夹，选择“DVCPRO50 24p 宽银幕”选项，单击 浏览(B)... 按钮，在打开的“选择文件夹”对话框中设置保存项目文件的位置，在“名称”文本框中输入“水墨画”文本，如图 7-60 所示，单击 确定 按钮。

图 7-59　欢迎对话框

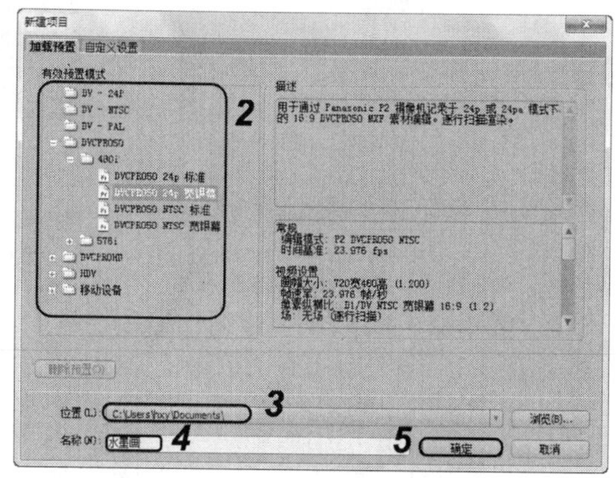


图 7-60　“新建项目”对话框

（3）选择“文件/导入”命令，在打开的“导入”对话框中选择“瀑布.jpg”文件（立体化教学:\实例素材\第 7 章\瀑布.jpg），如图 7-61 所示，单击打开(O)按钮导入该文件。

（4）在“项目”面板中选择“瀑布.jpg”选项，并将其拖动到“视频 1”轨道中，如图 7-62 所示。

图 7-61　导入“瀑布.jpg”文件

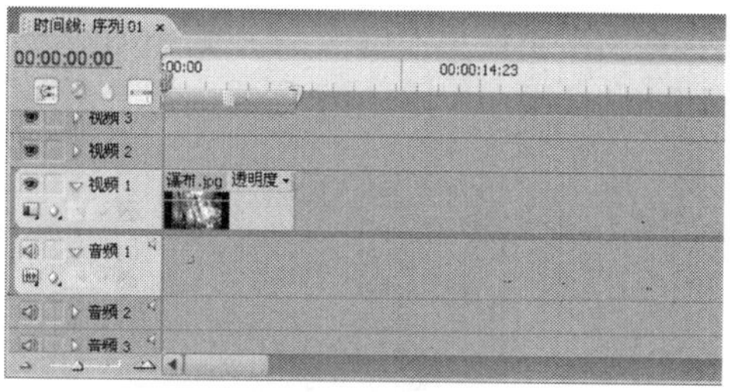

图 7-62　添加素材到视频轨道中

（5）在“效果”面板中依次展开“视频特效”和“风格化”文件夹，选择“查找边缘”选项，如图 7-63 所示。

（6）将“查找边缘”效果拖动到“视频 1”轨道中的“瀑布 1.jpg”素材上，如图 7-64 所示。

（7）在“效果控制”面板中展开“查找边缘”选项，将“与原始素材混合”选项的值设置为 50%，如图 7-65 所示。

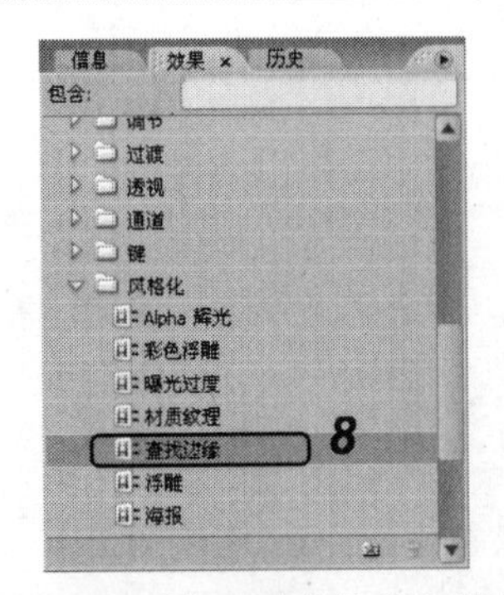


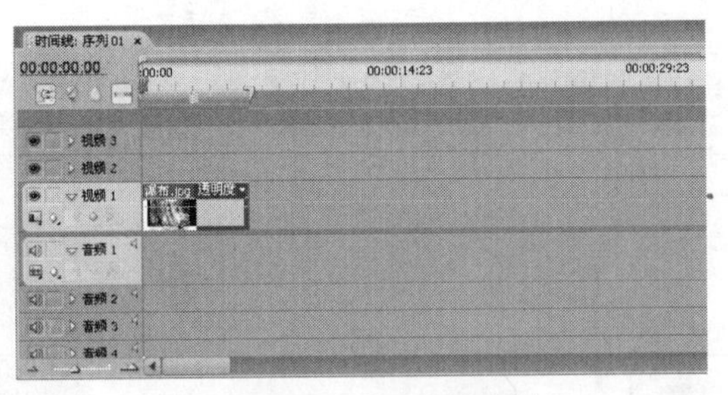


图 7-63　选择“查找边缘”选项　　　　图 7-64　添加效果到素材上

图 7-65　设置“查找边缘”效果

（8）在“效果”面板中依次展开“视频特效”和“调节”文件夹，选择“电平”选项，如图 7-66 所示。再将其拖动到“视频 1”轨道中的“瀑布 1.jpg”素材上。

（9）在“效果控制”面板中单击“电平”选项右侧的“设置”按钮，打开“电平设置”对话框，在上方的下拉列表框中选择“RGB 通道”，并设置“输入电平”为 100、1.00 和 240，如图 7-67 所示，单击 确定 按钮应用设置。

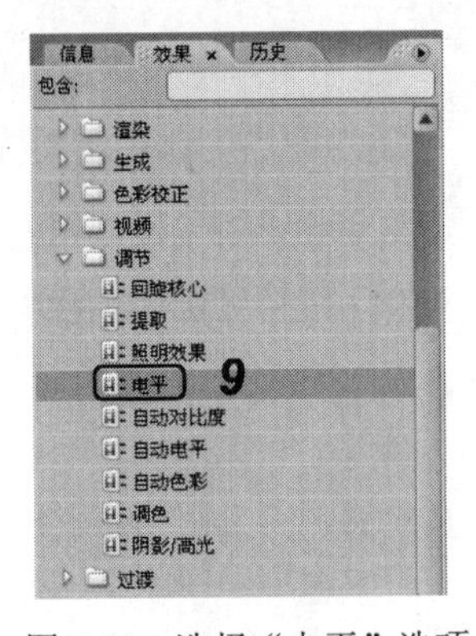


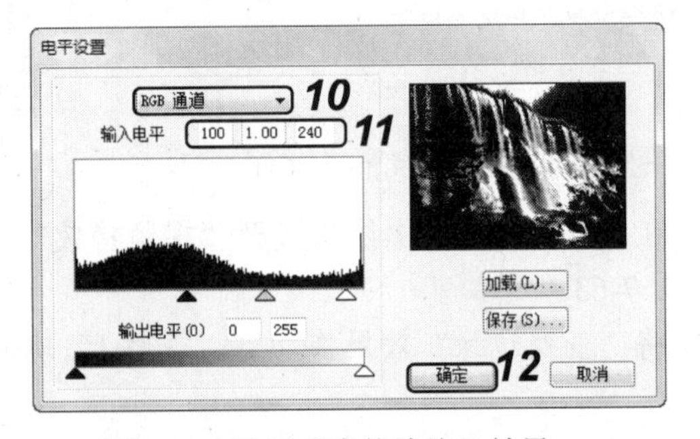


图 7-66　选择“电平”选项　　　　图 7-67　设置“查找边缘”效果

（10）在“效果”面板中依次展开“视频特效”和“模糊&锐化”文件夹，选择“高斯模糊”选项，如图 7-68 所示。再将其拖动到“视频 1”轨道中的“瀑布 1.jpg”素材上。

（11）在“效果控制”面板中展开“高斯模糊”选项，将“模糊程度”选项的值设置为 5.0，如图 7-69 所示。

图 7-68　选择“高斯模糊”选项

图 7-69　设置“高斯模糊”效果

（12）在“效果”面板中依次展开“视频特效”和“色彩校正”文件夹，选择“着色”选项，如图 7-70 所示。再将其拖动到“视频 1”轨道中的“瀑布 1.jpg”素材上。

（13）在“效果控制”面板中展开“着色”选项，将“着色数值”选项的值设置为 70.0%，如图 7-71 所示。

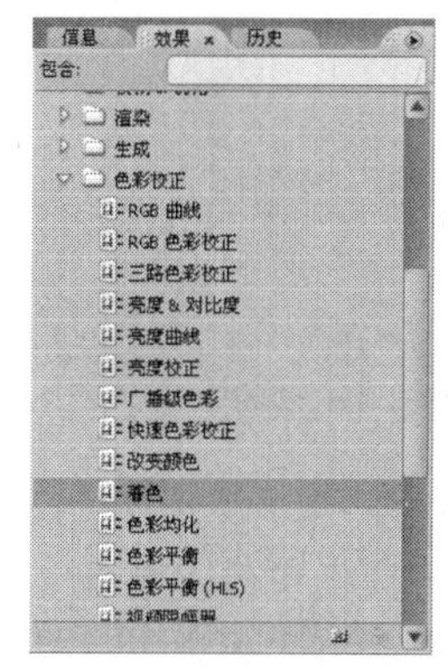

图 7-70　选择“着色”选项

图 7-71　设置“着色”效果

## 7.2　影视合成

影视合成一般用于制作效果比较复杂的影视作品，主要是通过使用多个视频素材的叠加、透明以及应用各种类型的抠像效果来实现的。

### 7.2.1　合成视频

在 Premiere Pro CS3 中，将多个视频素材添加到不同的视频轨道中，并对位于上层的视频素材设置透明度或应用抠像效果即可实现影视的合成。

【例 7-1】 使用透明度和“蓝屏键”抠像效果制作如图 7-72 所示的视频合成效果（立体化教学:\源文件\第 7 章\合成视频.prproj）。

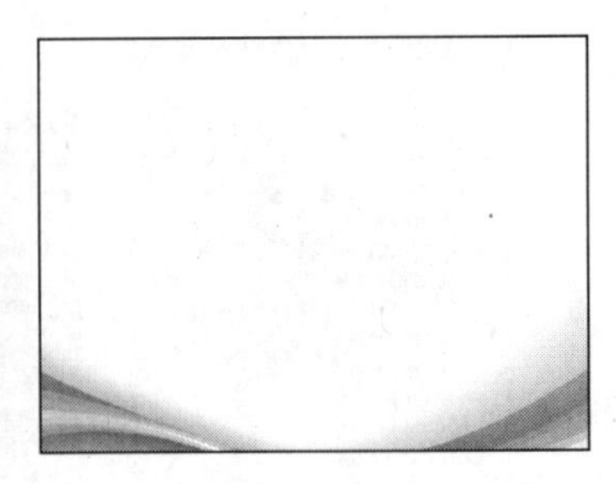

图 7-72 合成视频效果

（1）将“背景.jpg”和“小孩.bmp”图像文件（立体化教学:\实例素材\第 7 章\背景.jpg、小孩.bmp）导入到“项目”面板中，如图 7-73 所示。

（2）分别将素材“背景.jpg”和“小孩.bmp”拖动到“时间线”面板中的“视频 1”和“视频 2”轨道上，如图 7-74 所示。

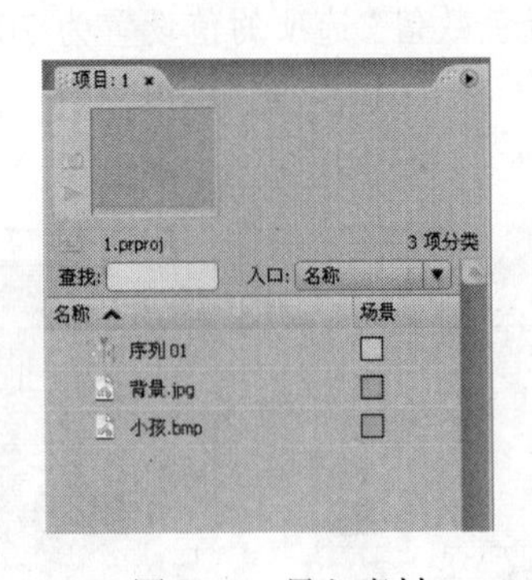


图 7-73 导入素材

图 7-74 添加素材到时间轴

（3）此时，“节目”面板中的效果如图 7-75 所示，在“效果”面板中依次展开“视频特效”和“键”文件夹，选择“蓝屏键”选项，再将其拖动到“视频 1”轨道中的“小孩.bmp”素材上，去除视频素材的蓝色背景，效果如图 7-76 所示。

图 7-75 应用前的效果

图 7-76 应用后的效果

（4）将鼠标指针移动到“视频 2”轨道的“小孩.bmp”素材的黄色线条上，按住 Ctrl 键不放，当鼠标指针变为形状时，单击创建 1 个关键帧，如图 7-77 所示。

（5）使用相同的方法，在“小孩.bmp”素材上创建第 2 个关键帧，并且用鼠标向下拖动该关键帧以降低不透明度，如图 7-78 所示。

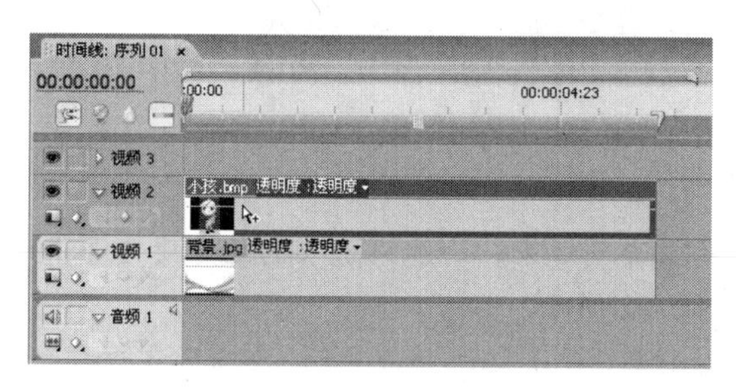


图 7-77　创建关键帧

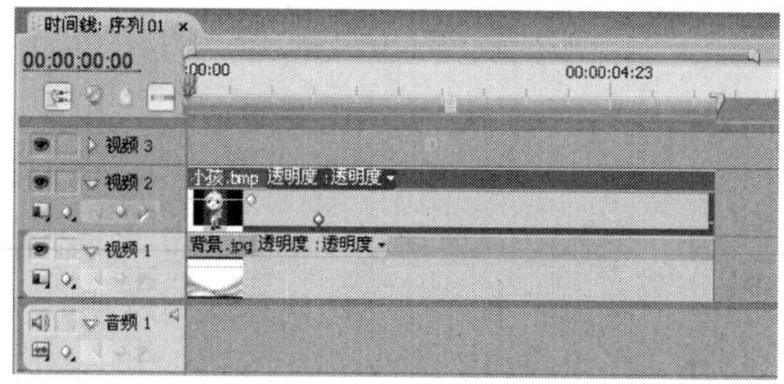


图 7-78　创建第 2 个关键帧

（6）使用相同的方法，在“小孩.bmp”素材上再创建两个关键帧，并调整不透明度，如图 7-76 所示。

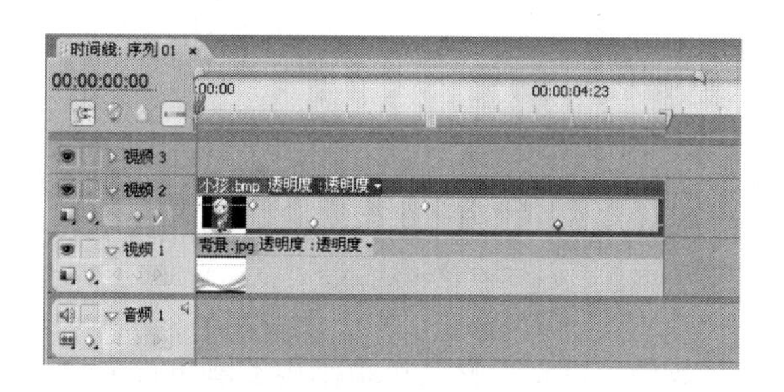


图 7-79　创建其他关键帧

（7）将时间标记移动到 00:00 位置，然后在“节目”面板中单击“播放”按钮，预览视频合成效果，如图 7-72 所示。

### 7.2.2　内置抠像方式的应用

Premiere Pro CS3 一共提供了 14 种抠像效果，全部放置在“效果”面板中 “视频特效”文件夹下的“键”文件夹中。下面将详细介绍各抠像效果的含义及功能。

#### 1. Alpha 调节

有很多素材本身具有透明效果，这是因为这些素材具有 Alpha 通道，通过 Alpha 通道控制素材透明的范围和程度。使用“Alpha 调节”特效可以对素材的 Alpha 通道进行调整，其“效果控制”面板如图 7-80 所示，其中各选项的含义如下。

- **透明度**：用于调整素材的透明度。
- 忽略 Alpha **复选框**：选中该复选框，将忽略 Alpha 通道，即没有透明效果，如图 7-81 所示。

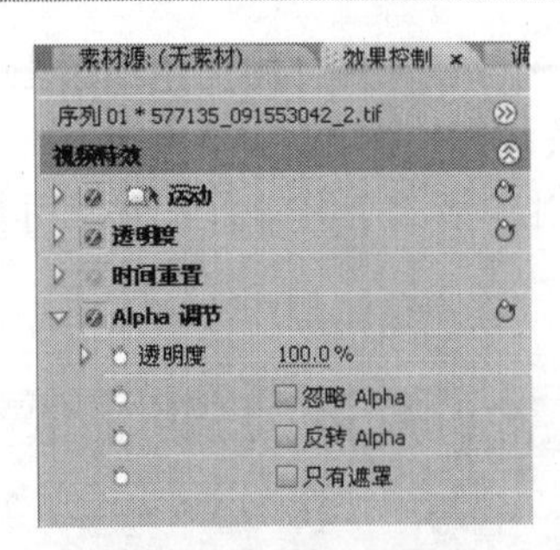


图 7-80　Alpha 调节

图 7-81　忽略 Alpha

- 反转 Alpha 复选框：选中该复选框，将反转透明效果，即原来透明的地方变为不透明，原来不透明的地方变为透明，如图 7-82 所示。
- 只有遮罩 复选框：选中该复选框，将只显示遮罩，而不显示素材的色彩，如图 7-83 所示。

图 7-82　反转 Alpha

图 7-83　只有遮罩

### 2. RGB 差异键

使用“RGB 差异键”效果可以将素材某个范围内的颜色设为透明，其“效果控制”面板如图 7-84 所示，设置前后的效果分别如图 7-85 和图 7-86 所示。

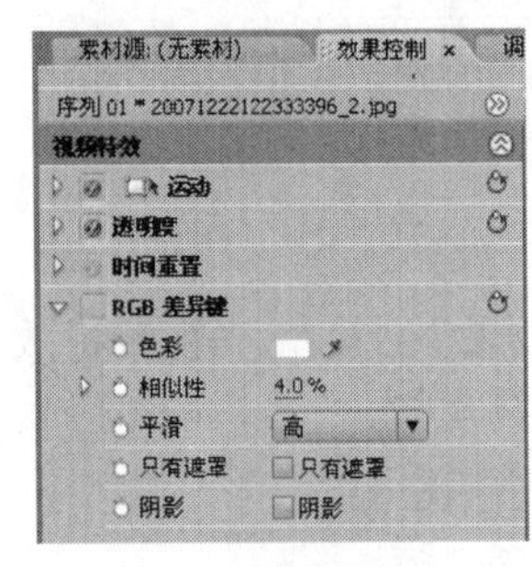


图 7-84　“效果控制”面板

图 7-85　设置前的效果

图 7-86　设置后的效果

“效果控制”面板中各选项的含义如下。

- 色彩：设置透明区域的颜色。
- 相似性：调整用作透明度的颜色区域，其值越大，透明范围也就越大。
- “平滑”下拉列表框：选择透明部分与不透明部分边界的柔化程度。
- 只有遮罩 复选框：选中该复选框，将只显示遮罩，而不显示素材的色彩。
- 阴影 复选框：为不透明部分添加阴影。

### 3．亮度键

使用“亮度键”效果，将根据画面颜色的亮度来设置透明效果，越亮的地方越不透明，越暗的地方越透明，该效果对明暗对比非常强烈的素材十分有用，设置前后的效果分别如图 7-87 和图 7-88 所示。

图 7-87　设置前的效果

图 7-88　设置后的效果

### 4．四点蒙版扫除

“四点蒙版扫除”效果通过 4 个控制点来调整素材图像的透明区域，应用该效果前后的效果分别如图 7-89 和图 7-90 所示。

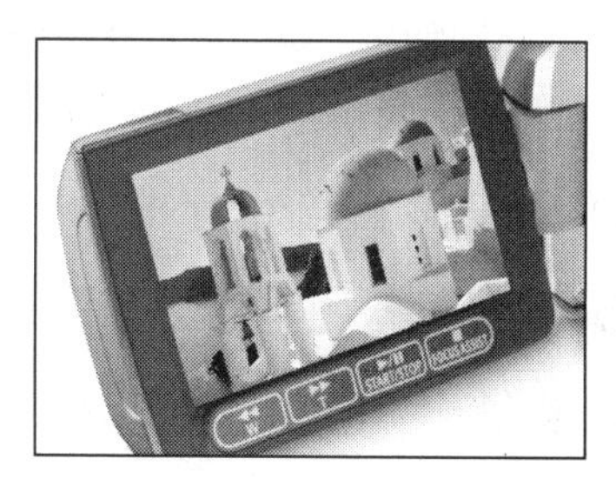

图 7-89　设置前的效果

图 7-90　设置后的效果

### 5．八点蒙版扫除

“八点蒙版扫除”效果通过 8 个控制点来调整素材图像的透明区域，应用该效果前后的效果分别如图 7-91 和图 7-92 所示。

图 7-91　设置前的效果

图 7-92　设置后的效果

### 6．十六点蒙版扫除

“十六点蒙版扫除”效果通过 16 个控制点来调整素材图像的透明区域，应用该效果前后的效果分别如图 7-93 和图 7-94 所示。

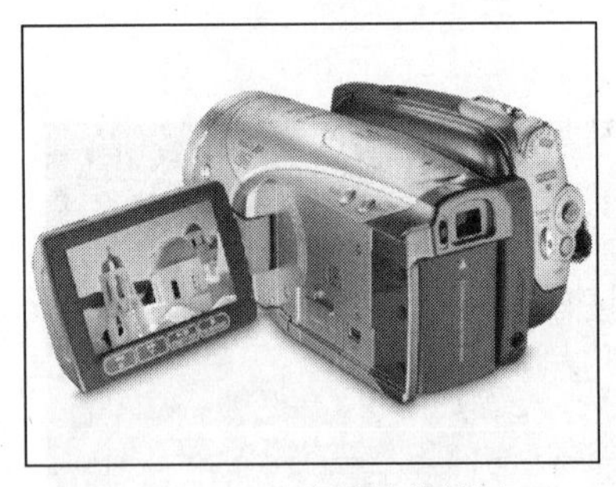

图 7-93　设置前的效果

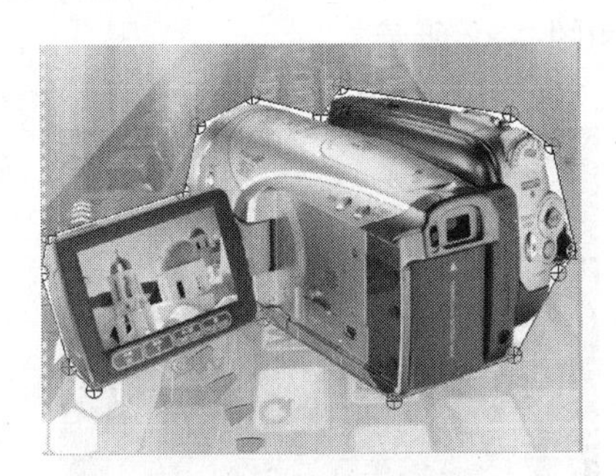

图 7-94　设置后的效果

### 7．图像蒙版键

使用“图像蒙版键”效果，将使用一幅图片作为素材的遮罩。素材中相对于遮罩图像白色区域的部分将保持不透明，而相对于遮罩图像黑色区域的部分将变为透明，处于白色与黑色之间的部分将呈现出不同程度的透明。在该效果的“效果控制”面板中单击“设置”按钮，在打开的“选择蒙版图像”对话框中选择要作为蒙版的图像文件后，单击打开(O)按钮即可。设置前的效果、蒙版图像以及设置后的效果分别如图 7-95~图 7-97 所示。

图 7-95　设置前的效果

图 7-96　蒙版图像

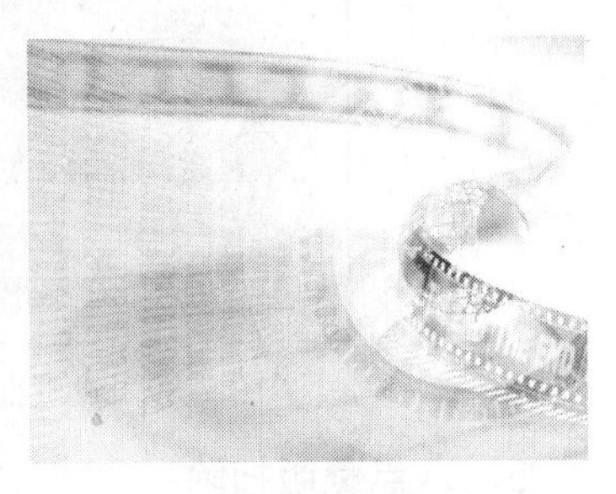

图 7-97　设置后的效果

### 8．差异蒙版键

“差异蒙版键”效果可将两个素材色彩相近的区域变为透明色，而保存差异较大的区域。其“效果控制”面板如图 7-98 所示，其中各选项的功能如下。

- **“查看”下拉列表框**：选择查看方式，可以查看最终效果、原始图像和产生的蒙版。
- **“差异层”下拉列表框**：选择和哪一个视频轨道中的素材进行比较。
- **“如果层大小不同”下拉列表框**：设置当两个素材的大小不一致时的处理方式。
- **匹配宽容度**：设置匹配颜色的相似程度，值越小，透明区域越少；值越大，透明区域越多。
- **匹配柔化**：设置透明区域边缘的模糊程度。
- **差异前模糊**：设置匹配素材的模糊程度。

应用“差异蒙版键”效果前后的效果如图 7-99 和图 7-100 所示。

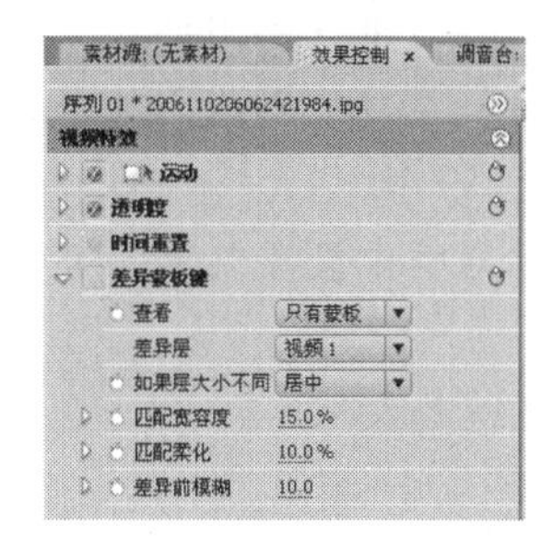


图 7-98　设置“差异蒙版键”参数

图 7-99　设置前的效果

图 7-100　设置后的效果

### 9．无红色键

使用“无红色键”效果可以去除素材的蓝色或绿色背景，其“效果控制”面板如图 7-101 所示，其中各选项的功能如下。

- **界限**：调整该值，可调整素材的半透明度。
- **切断**：调整该值，可调整素材的不透明度。
- **“指定颜色通道”下拉列表框**：选择使素材的蓝色部分还是绿色部分透明。
- **“平滑”下拉列表框**：设置透明区域边缘的平滑度。
- **“只有遮罩”复选框**：选中该复选框，将只显示遮罩。

应用“无红色键”效果前后的效果如图 7-102 和图 7-103 所示。

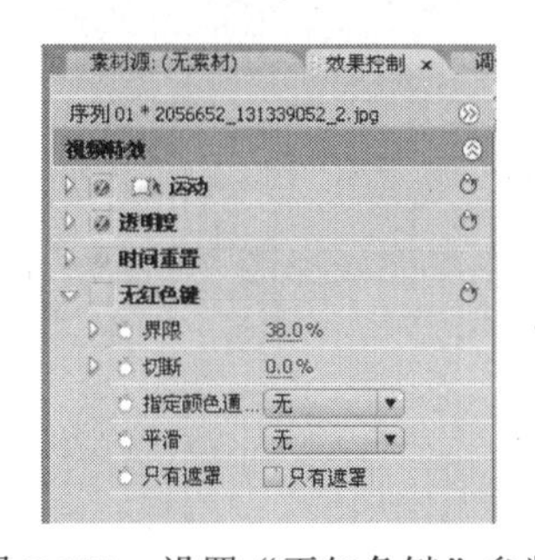


图 7-101　设置“无红色键”参数

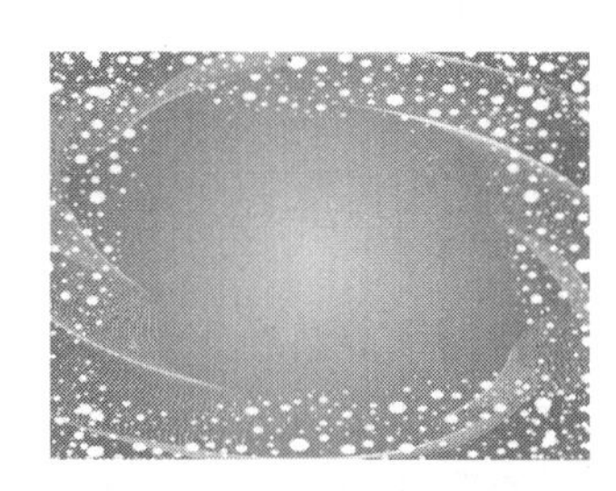

图 7-102　设置前的效果

图 7-103　设置后的效果

### 10．移除蒙版

使用“移除蒙版”效果可以将透明效果中的黑色区域或白色区域进行移除，其“效果控制”面板如图 7-104 所示，应用“移除蒙版”效果前后的效果如图 7-105 和图 7-106 所示。

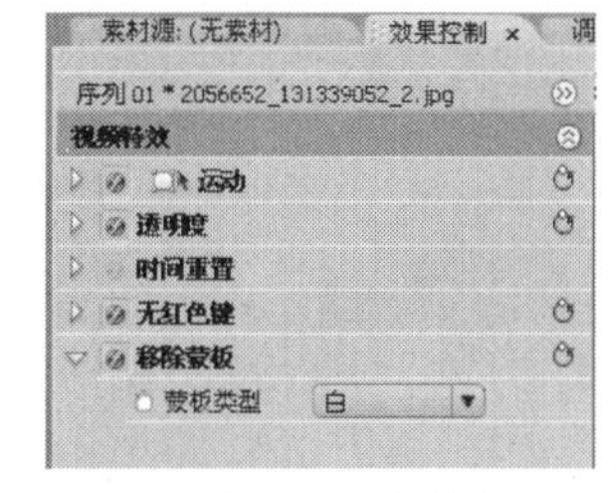


图 7-104　设置“移除蒙版”参数

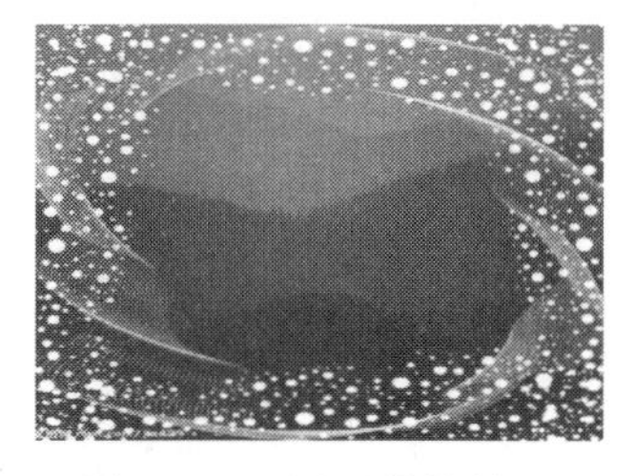

图 7-105　设置前的效果

图 7-106　设置后的效果

### 11．色度键

使用“色度键”效果可对素材中的某种颜色或某个范围内的颜色进行透明处理，对去除具有纯色背景的素材的背景特别有用，其“效果控制”面板如图 7-107 所示，其中各选项的功能如下。

- **颜色**：指定透明颜色，可以直接单击色块，在打开的对话框中设置或单击吸管按钮在画面中选择。
- **相似性**：调整透明的颜色范围。其值越大，颜色范围也就越大。
- **混合**：调整背景素材与前景素材的混合程度。
- **界限**：调整被叠加素材阴暗部分的大小。其值越大，被叠加素材的阴暗部分越多。
- **截断**：调整被叠加素材阴暗部分的明暗度。其值越大，阴影越黑。
- **“平滑”下拉列表框**：设置透明区域边缘的平滑度。
- **“只有遮罩”复选框**：选中该复选框，将只显示遮罩。

应用“色度键”效果前后的效果如图 7-108 和图 7-109 所示。

图 7-107　设置“色度键”参数

图 7-108　设置前的效果

图 7-109　设置后的效果

### 12．蓝屏键

使用“蓝屏键”效果可以去除素材的蓝色背景，其“效果控制”面板如图 7-110 所示，其中各选项的功能如下。

- **界限**：调整该值，可调整素材的半透明度。
- **截断**：调整该值，可调整素材的不透明度。
- **“平滑”下拉列表框**：设置透明区域边缘的平滑度。
- **“只有遮罩”复选框**：选中该复选框，将只显示遮罩。

应用“蓝屏键”效果前后的效果如图 7-111 和图 7-112 所示。

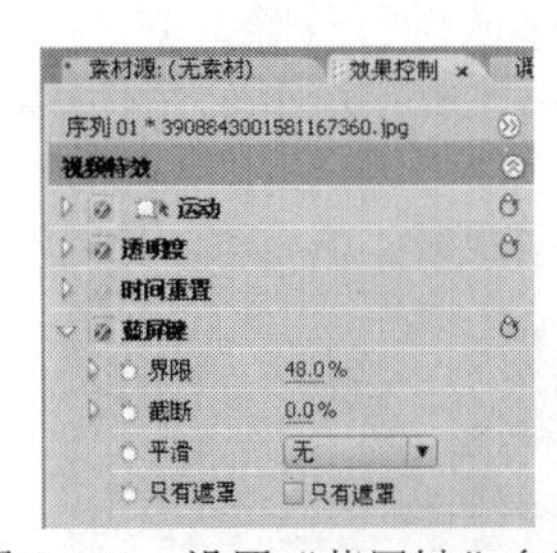


图 7-110　设置“蓝屏键”参数

图 7-111　设置前的效果

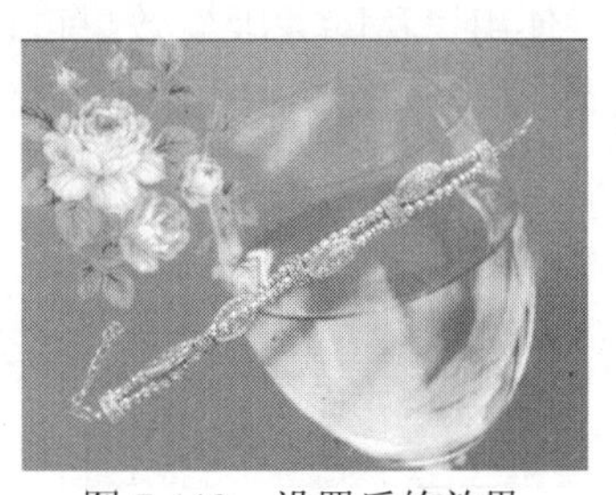

图 7-112　设置后的效果

### 13. 轨迹蒙版键

使用“轨迹蒙版键”效果可以选择当前视频轨道以上的视频轨道中的素材作为遮罩使用，其“效果控制”面板如图 7-113 所示，其中各选项的功能如下。

- **“蒙版”下拉列表框：**选择作为蒙版的视频轨道。
- **“合成使用”下拉列表框：**选择使用蒙版素材的 Alpha 通道还是图像的亮度作为蒙版。
- **“反转”复选框：**反转透明区域。

应用“轨迹蒙版键”效果前后的效果如图 7-114 和图 7-115 所示。

图 7-113　设置“轨迹蒙版键”参数

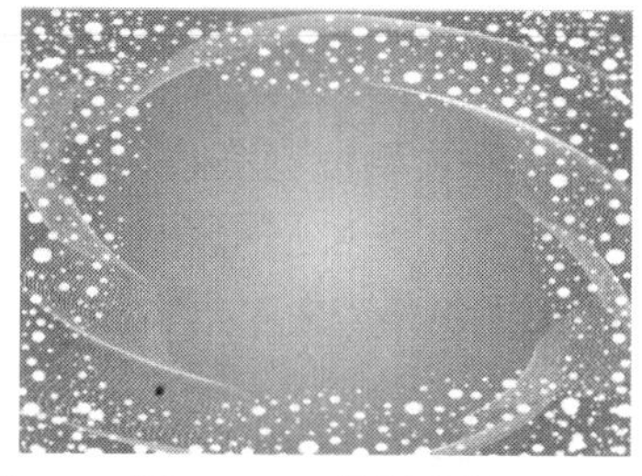

图 7-114　蒙版素材

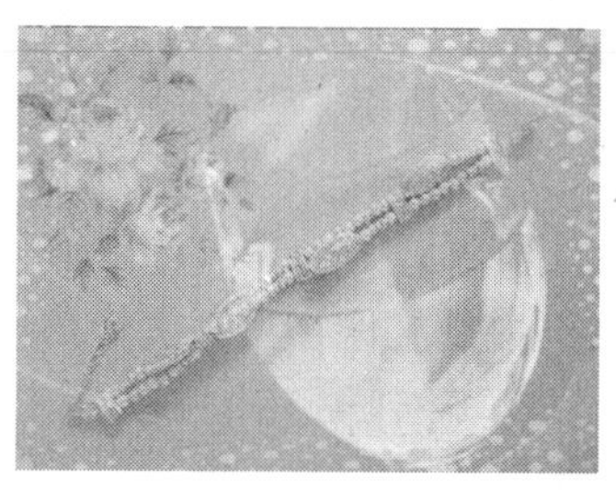

图 7-115　设置后的效果

### 14. 颜色键

“颜色键”效果与“色度键”效果类似，也是对素材中的某种颜色或某个范围内的颜色进行透明处理。其“效果控制”面板如图 7-116 所示，其中各选项的功能如下。

- **键颜色：**指定透明颜色，可以直接单击色块，在打开的对话框中设置或单击“吸管”按钮在画面中选择。
- **色彩宽容度：**用于调整透明的颜色范围。其值越大，颜色范围也就越大。
- **边缘变薄：**增加或减少透明区域。
- **边缘羽化：**设置透明区域边缘的羽化程度。

应用“颜色键”效果前后的效果如图 7-117 和图 7-118 所示。

图 7-116　设置“颜色键”参数　　图 7-117　设置前的效果　　图 7-118　设置后的效果

## 7.2.3　应用举例——制作“海边风光”视频

使用多种视频特效制作“海边风光”视频，效果如图 7-119 所示（立体化教学:\源文件\第 7 章\海边风光.prproj）。

图 7-119 海边风光

操作步骤如下：

（1）启动 Premiere Pro CS3，在打开的欢迎对话框中单击“新建项目”按钮，如图 7-120 所示。

（2）打开“新建项目”对话框，在左侧的列表框中依次展开 DVCPRO50 和 480i 文件夹，再选择 DVCPRO50 24p 宽银幕选项，单击浏览(B)...按钮，在打开的“选择文件夹”对话框中设置保存项目文件的位置，在“名称”文本框中输入“海边风光”文本，如图 7-121 所示，单击确定按钮。

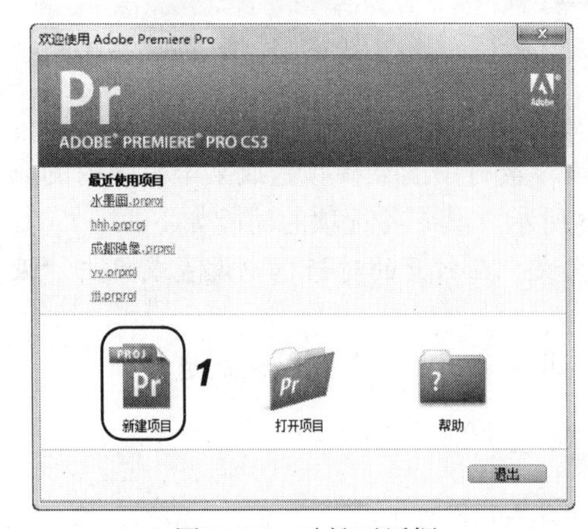


图 7-120 欢迎对话框

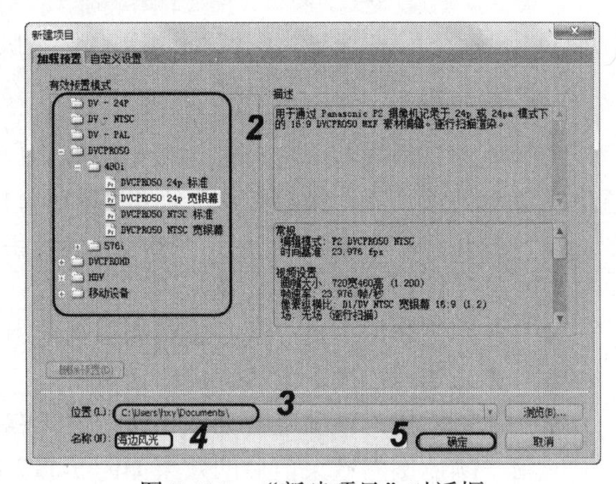


图 7-121 “新建项目”对话框

（3）选择“文件/导入”命令，在打开的“导入”对话框中选择“白云.jpg”、“海边.mpg”和“遮罩.bmp”3 个文件（立体化教学:\实例素材\第 7 章\白云.jpg、海边.mpg、遮罩.bmp），如图 7-122 所示，单击打开(O)按钮导入文件。

（4）在“项目”面板中选择“海边.mpg”选项，将其拖动到“视频 1”轨道中，如图 7-123 所示。

（5）在“项目”面板中选择“白云.jpg”选项，将其拖动到“视频 2”轨道中，并调整其长度与“视频 1”轨道中的“海边.mpg”素材的长度一致，如图 7-124 所示。

（6）在“节目”面板中调整“白云.jpg”的大小和位置，如图 7-125 所示。

（7）在“效果”面板中依次展开“视频特效”和“键”文件夹，选择“无红色键”选项，如图 7-126 所示。再将其拖动到“视频 2”轨道中的“白云.jpg”素材上。

（8）在“效果控制”面板中展开“键”文件夹并选择“无红色键”选项，设置“界限”为 30%、“切断”为 0%、“平滑”为“高”，并选中“只有遮罩”复选框，如图 7-127 所示。

图 7-122　导入素材

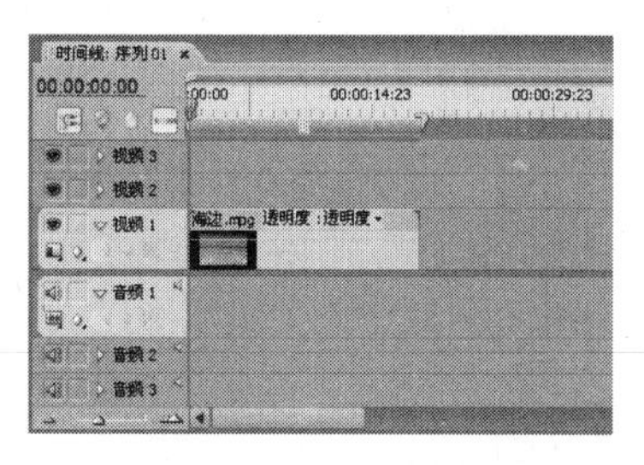


图 7-123　添加素材“海边”到视频轨道上

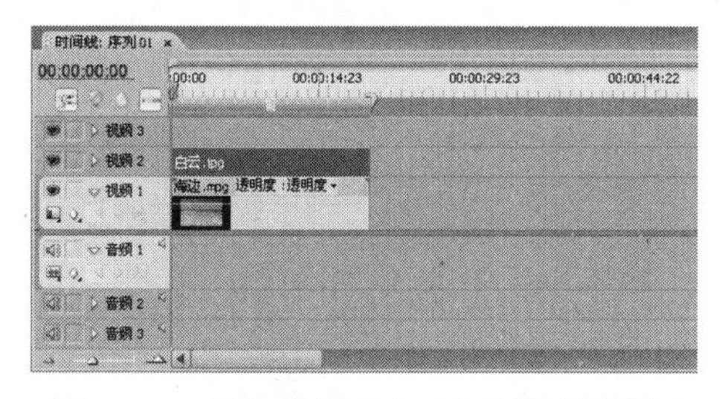


图 7-124　添加素材“白云”到视频轨道上

图 7-125　调整素材“白云”的大小和位置

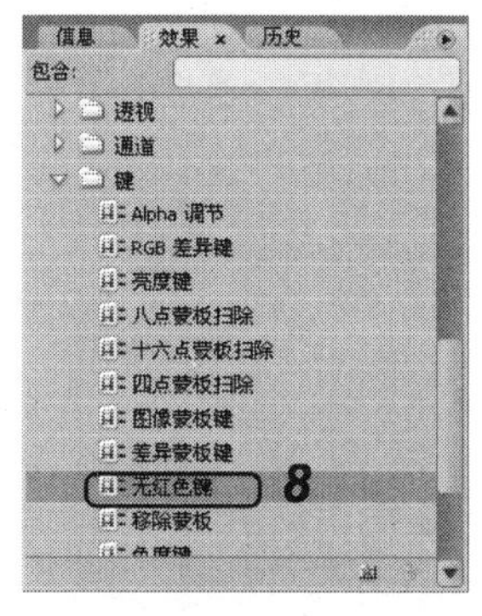


图 7-126　选择“无红色键”选项

图 7-127　设置“无红色键”效果

（9）在“效果”面板中依次展开“视频特效”和“键”文件夹，选择“移除蒙版”选项，如图 7-128 所示。再将其拖动到“视频 2”轨道中的“白云.jpg”素材上。

（10）在“效果控制”面板中展开“移除蒙版”选项，在“蒙版类型”下拉列表框中选择“黑”选项，如图 7-129 所示。

（11）在“项目”面板中选择“遮罩.bmp”选项，将其拖动到“视频 3”轨道中，并调整其长度与“视频 1”轨道中的“海边.mpg”素材的长度一致，如图 7-130 所示。

（12）在“节目”面板中调整“遮罩.bmp”的大小和位置，如图 7-131 所示。

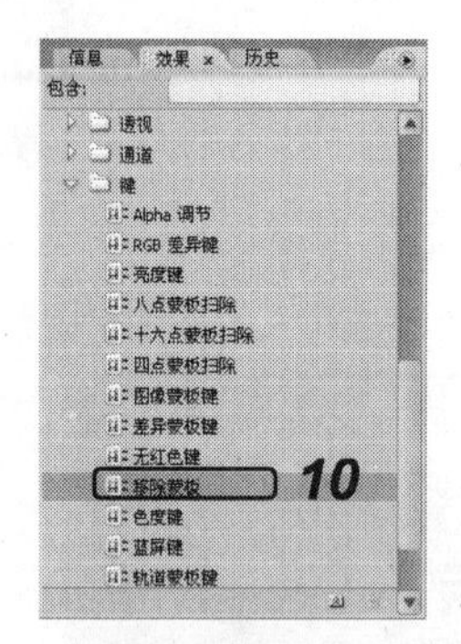


图 7-128　选择“移除蒙版”选项

图 7-129　设置“移除蒙版”效果

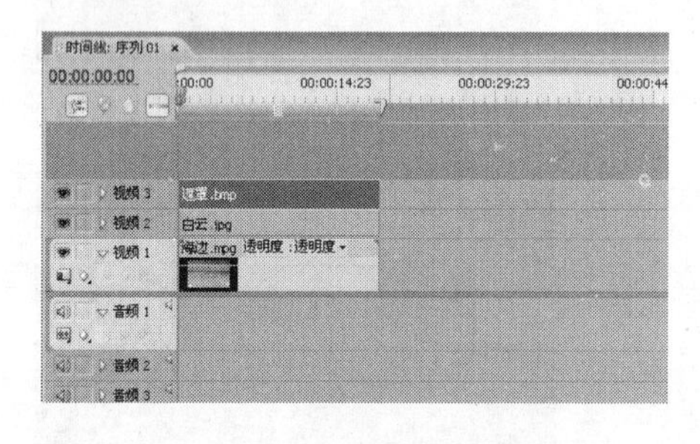


图 7-130　添加素材“遮罩”到视频轨道上

图 7-131　调整素材“遮罩”的大小和位置

（13）在“效果”面板中依次展开“视频特效”和“键”文件夹，选择“轨道蒙版键”选项，如图 7-132 所示。再将其拖动到“视频 2”轨道中的“白云.jpg”素材上。

（14）在“效果控制”面板中展开“轨道蒙版键”选项，在“蒙版”下拉列表框中选择“视频 3”选项，在“合成使用”下拉列表框中选择“蒙版亮度”选项，然后选中“反转”选项后的复选框，如图 7-133 所示。

图 7-132　选择“轨道蒙版键”选项

图 7-133　设置“轨道蒙版键”效果

## 7.3　为素材创建运动效果

Premiere 虽然不是动画制作软件，但却有强大的运动生成功能，通过运动设定，能轻易地将图像（或视频）进行移动、旋转、缩放以及变形等，可让静态的图像产生运动效果。

### 7.3.1　认识运动效果

在每一个视频素材的“效果控制”面板中都默认有一个“运动”效果，通过该效果可以使素材产生运动效果，如图 7-134 所示。

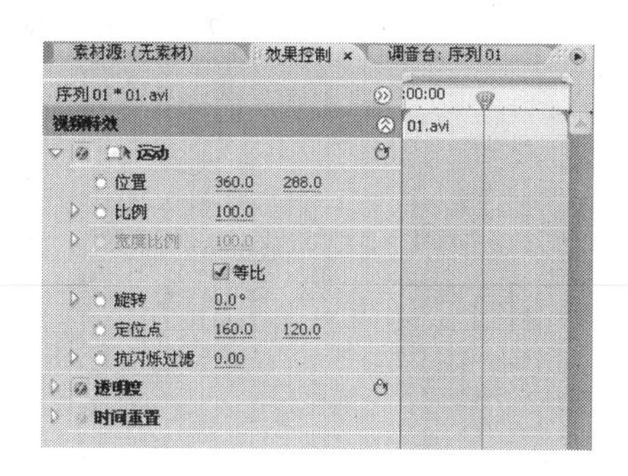


图 7-134　“运动”效果

其中各选项的含义如下。

- **位置**：当前素材的中心点在整个视频画面中的位置。
- **比例**：指定素材的缩放比例。
- ☑等比**复选框**：选中该复选框，表示等比缩放当前对象，长和宽同时改变；取消选中□等比复选框，“比例”选项变为“高度比例”选项，同时，“宽度比例”选项将被激活，通过这两个选项，可以单独调整宽度和高度的缩放比例。
- **旋转**：指定素材的旋转角度。
- **定位点**：设置图像旋转的中心点。

### 7.3.2　创建运动效果

通过“效果控制”面板和“节目”面板可为素材创建运动效果。

在“时间线”面板中选择要创建运动效果的素材，在“效果控制”面板中单击“运动”选项前面的▷按钮展开“运动”选项。

单击“位置”前面的“切换动画”按钮○使其呈选中状态，并添加一个关键帧，然后在“节目”面板中移动素材的位置，如图 7-135 所示。

图 7-135　添加关键帧并移动素材位置

移动时间指针到移动的位置，然后在“节目”面板中移动素材的位置，此时，将自动生成一个关键帧，并产生位置移动的运动效果，如图 7-136 所示。

图 7-136　制作位置移动的运动效果

使用相同的方法还可以为“比例”、“旋转”等选项添加运动效果，如图 7-137 所示。

图 7-137　制作其他选项的运动效果

通过移动路径中的控制点可以调整素材的移动路径，如图 7-138 所示。

图 7-138　修改移动路径

**提示：**

除了改变值时自动添加关键帧外，也可以单击选项后的“添加/删除关键帧”按钮来添加一个关键帧。单击“跳转到前一个关键帧”按钮，可以将时间指针移动到上一个关键帧；单击“跳转到下一个关键帧”按钮，可以将时间指针移动到下一个关键帧。

### 7.3.3　应用举例——制作“蜻蜓飞舞”视频

使用移动效果制作“蜻蜓飞舞”视频，效果如图 7-139 所示（立体化教学:\源文件\第 7 章\蜻蜓飞舞.prproj）。

图 7-139　蜻蜓飞舞

操作步骤如下：

（1）启动 Premiere Pro CS3，在打开的欢迎对话框中单击“新建项目”按钮，如图 7-140 所示。

（2）打开“新建项目”对话框，在左侧的列表框中依次展开 DVCPRO50 和 480i 文件夹，再选择“DVCPRO50 24p 宽银幕”选项，单击 浏览(B)... 按钮，在打开的“选择文件夹”对话框中设置保存项目文件的位置，在“名称”文本框中输入“蜻蜓飞舞”文本，如图 7-141 所示，单击 确定 按钮。

图 7-140　欢迎对话框

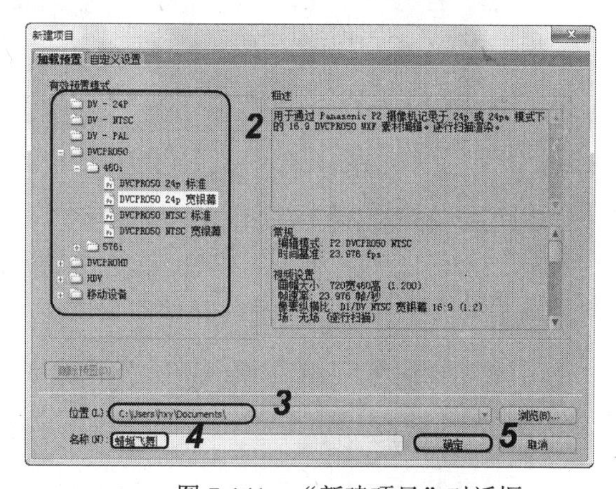


图 7-141　“新建项目”对话框

（3）选择“文件/导入”命令，在打开的“导入”对话框中选择“荷花.jpg”、“蜻蜓.jpg”文件（立体化教学:\实例素材\第 7 章\荷花.jpg、蜻蜓.jpg），如图 7-142 所示，单击 打开(O) 按钮导入文件。

（4）在“项目”面板中选择“荷花.jpg”选项，将其拖动到“视频 1”轨道中，并在

“节目”面板中调整其大小和位置，如图 7-143 所示。

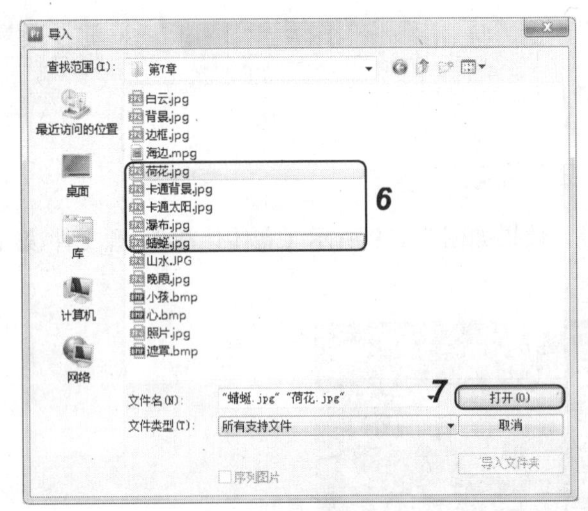


图 7-142　导入素材

图 7-143　添加素材

（5）在“项目”面板中选择“蜻蜓.jpg”选项，将其拖动到“视频 2”轨道中，并在“节目”面板中调整其大小和位置，如图 7-144 所示。

（6）为“蜻蜓.jpg”素材添加“颜色键”效果，设置“键颜色”为白色、“色彩宽容度”为 0、“边缘变薄”为 2、“边缘羽化”为 5，如图 7-145 所示。

图 7-144　添加素材

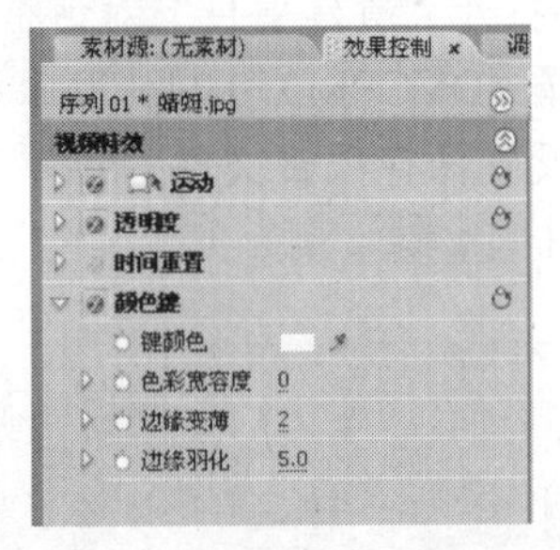


图 7-145　添加“颜色键”效果

（7）在“效果控制”面板中单击“运动”选项前的▷按钮，展开该选项。单击“位置”和“旋转”前的“切换动画”按钮◎以选中它并添加关键帧，然后在“节目”面板中拖动蜻蜓到画面的左上角处，并旋转移动的角度，如图 7-146 所示。

图 7-146　设置第 1 个关键帧

（8）将时间指针向右移动一段距离，然后在“节目”面板中拖动蜻蜓到画面中第 1 朵荷花上，并调整旋转角度，然后拖动控制柄调整移动路径，如图 7-147 所示。

图 7-147　设置第 2 个关键帧

（9）将时间指针向右移动一段距离，单击“位置”和“旋转”选项后的“添加/关键帧”按钮添加关键帧，然后在“节目”面板中调整蜻蜓的角度，这样蜻蜓在移动到第 1 朵荷花上后将停一小段时间，如图 7-148 所示。

图 7-148　调整第 3 个关键帧

（10）使用相同的方法设置蜻蜓飞行到第 2 朵荷花和画面右下角的动画，如图 7-149 所示。

图 7-149　设置剩余的关键帧

# 7.4 上机及项目实训

## 7.4.1 制作“日出日落”视频

本次实训将制作“日出日落”视频，其最终效果如图 7-150 所示（立体化教学:\源文件\第 7 章\日出日落.prproj）。在该练习中，将使用素材的调色、抠像以及运动等效果，其中，使用“调色”效果对背景图像进行调整使其产生亮度变化，使用“颜色键”效果对太阳图像进行抠像，并为太阳图像添加运动效果。

图 7-150 日出日落

### 1. 添加背景图像并调色

将背景图像添加到“视频 1”轨道中，并使用“调色”效果调整素材的亮度，操作步骤如下：

（1）启动 Premiere Pro CS3，在打开的欢迎对话框中单击“新建项目”按钮，如图 7-151 所示。

（2）打开“新建项目”对话框，在左侧的列表框中依次展开 DVCPRO50 和 480i 文件夹，选择“DVCPRO50 24p 标准”选项，单击 浏览(B)... 按钮，在打开的“选择文件夹”对话框中设置保存项目文件的位置，在“名称”文本框中输入“日出日落”文本，如图 7-152 所示，单击 确定 按钮。

图 7-151 欢迎对话框

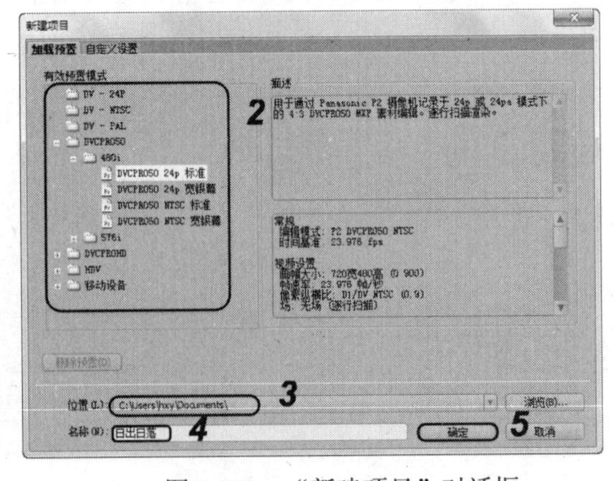


图 7-152 “新建项目”对话框

（3）选择“文件/导入”命令，在打开的“导入”对话框中选择“卡通背景.jpg”、“卡通太阳.jpg”文件（立体化教学:\实例素材\第 7 章\卡通背景.jpg、卡通太阳.jpg），如图 7-153 所示，单击 打开(O) 按钮导入文件。

（4）在“项目”面板中选择“卡通背景.jpg”选项，将其拖动到“视频 1”轨道中，并在“节目”面板中调整其大小和位置，如图 7-154 所示。

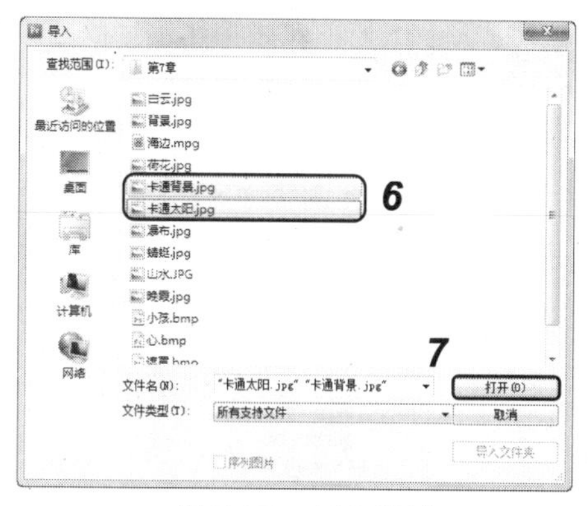


图 7-153　导入素材

图 7-154　添加素材

（5）在“效果”面板中依次展开“视频特效”和“调节”文件夹，选择“调色”选项，如图 7-155 所示。再将其拖动到“视频 1”轨道中的“卡通背景.jpg”素材上。

（6）在“效果控制”面板中展开“调色”选项，单击“亮度”选项前的“切换动画”按钮，然后将“亮度”设置为-80，如图 7-156 所示。

图 7-155　选择“色调”选项

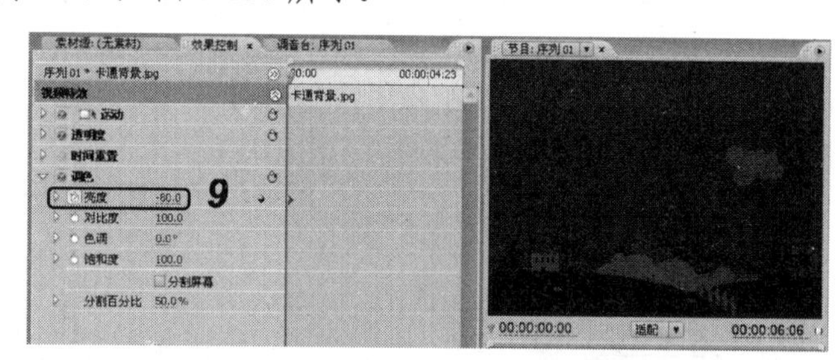


图 7-156　设置第 1 个关键帧的亮度

（7）向右移动时间指针到整个素材的中间位置，然后将“亮度”设置为 0，如图 7-157 所示。

（8）向右移动时间指针到整个素材的结束位置，然后将“亮度”设置为-80，如图 7-158 所示。

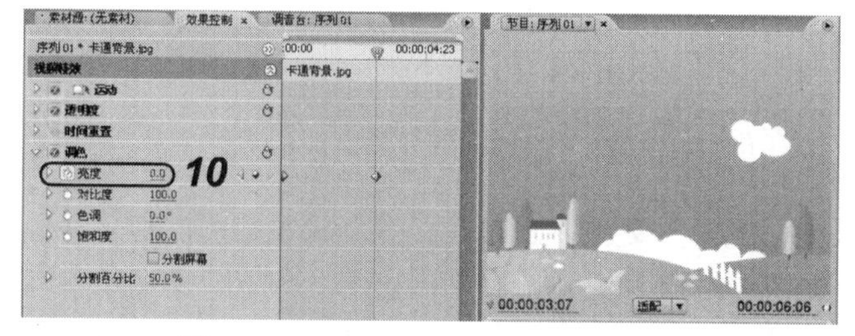


图 7-157　设置第 2 个关键帧的亮度

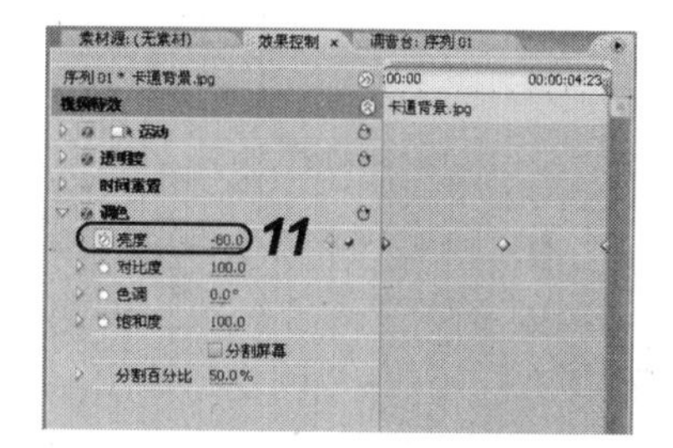


图 7-158　设置第 3 个关键帧的亮度

### 2．添加太阳素材并抠像

将“卡通太阳”素材添加到“视频 2”轨道中，并使用“颜色键”效果进行抠像，操作步骤如下：

（1）在“项目”面板中选择“卡通太阳.jpg”选项，将其拖动到“视频 2”轨道中，并在“节目”面板中调整其大小，如图 7-159 所示。

（2）在“效果”面板中依次展开“视频特效”和“键”文件夹，选择“颜色键”选项，如图 7-160 所示。再将其拖动到“视频 2”轨道中的“卡通太阳.jpg”素材上。

图 7-159　添加太阳素材

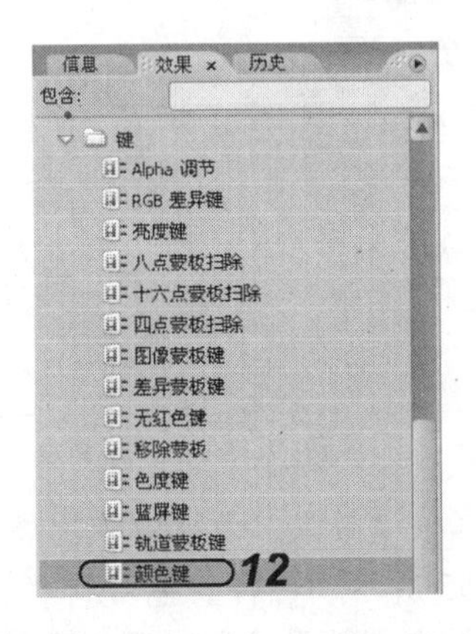


图 7-160　选择“颜色键”选项

（3）在“效果控制”面板中展开“颜色键”选项，然后设置“键颜色”为白色、“色彩宽容度”为 2、“边缘变薄”为 2、“边缘羽化”为 10，如图 7-161 所示。

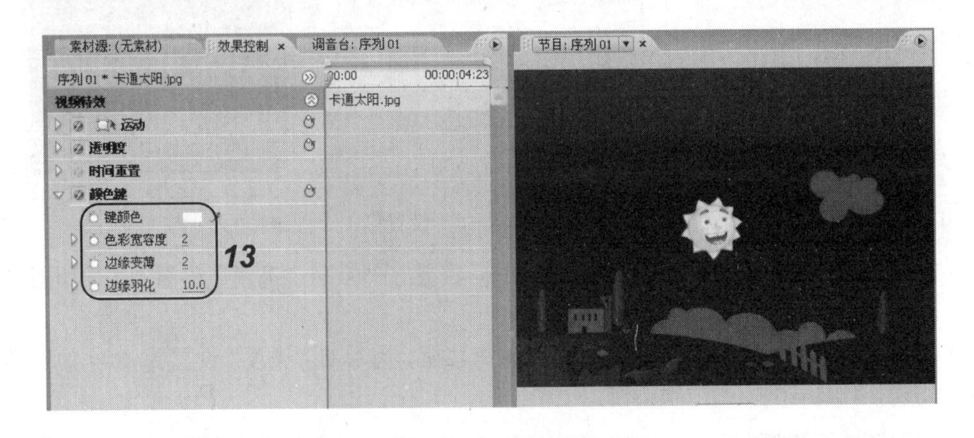


图 7-161　设置“颜色键”选项

### 3．添加运动效果

为太阳素材添加运动效果，操作步骤如下：

（1）在“效果控制”面板中展开“运动”选项，单击“位置”选项前的“切换动画”按钮，然后在“节目”面板中移动太阳的位置到画面左下方的外面，如图 7-162 所示。

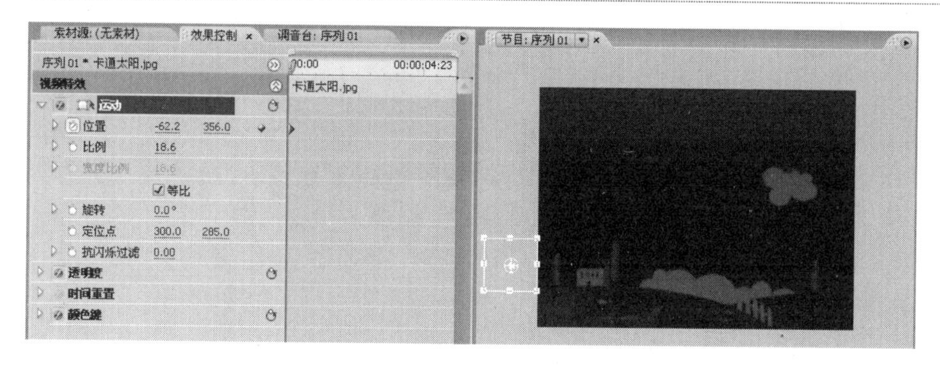


图 7-162　设置第 1 个关键帧

（2）向右移动时间指针到整个素材的中间位置，然后在“节目”面板中移动太阳的位置到画面上方居中位置，如图 7-163 所示。

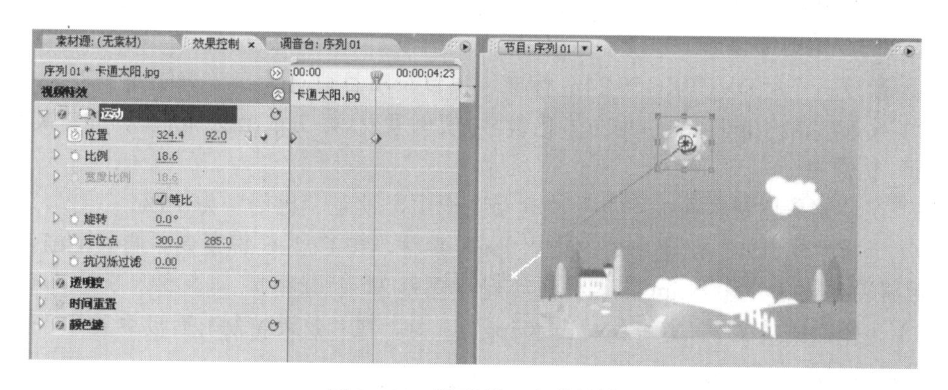


图 7-163　设置第 2 个关键帧

（3）向右移动时间指针到整个素材的结束位置，然后在“节目”面板中移动太阳的位置到画面右下方的外面，并拖动句柄调整路径，使其更加平滑，如图 7-164 所示。

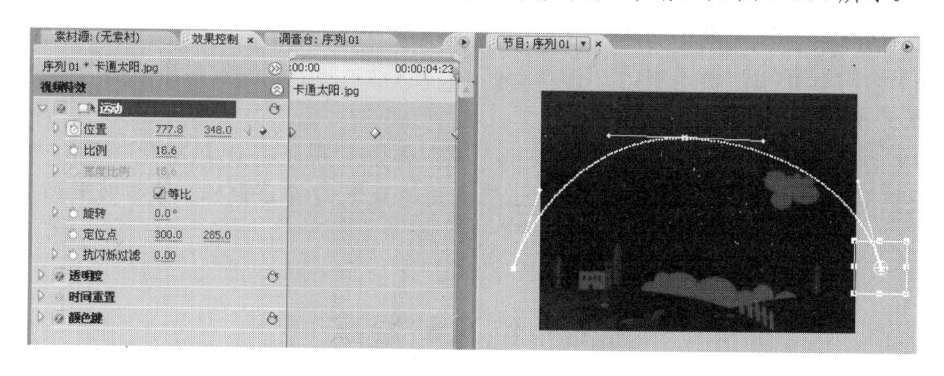


图 7-164　设置第 3 个关键帧

### 7.4.2　制作淡彩铅笔画效果

综合利用本章和前面所学知识，制作淡彩铅笔画效果，完成后的最终效果如图 7-165 所示（立体化教学:\源文件\第 7 章\淡彩铅笔画.prproj）。

图 7-165　淡彩铅笔画

本练习可结合立体化教学中的视频演示进行学习（立体化教学:\视频演示\第 7 章\淡彩铅笔画.swf）。主要操作步骤如下：

（1）新建一个“DVCPRO50 24p 标准”项目，项目命名为“淡彩铅笔画”。

（2）导入“山水.jpg”文件（立体化教学:\实例素材\第 7 章\山水.jpg），并将其拖动到“视频 1”轨道中。

（3）在“效果控制”面板中展开“运动”选项，设置“比例”为 76%。

（4）选择“视频 1”轨道中的“山水.jpg”素材，按 Ctrl+C 键复制，再按 Ctrl+V 键粘贴，然后将粘贴出的“山水.jpg”素材拖动到“视频 2”轨道中。

（5）选择“视频 2”轨道中的“山水.jpg”素材，在“效果控制”面板中展开“透明度”选项，设置透明度为 70%。

（6）为“视频 2”轨道中的“山水.jpg”素材添加“视频特效/风格化”下的“查找边缘”效果，将“与原始素材混合”设置为 50%。

（7）为“视频 2”轨道中的“山水.jpg”素材添加“视频特效/调节”下的“电平”效果，设置 RGB 黑色输入电平为 18，RGB 白色输入电平为 183。

（8）为“视频 2”轨道中的“山水.jpg”素材添加“视频特效/图像控制”下的“白&黑”效果。

（9）为“视频 2”轨道中的“山水.jpg”素材添加“视频特效/风格化”下的“笔触”效果，设置笔触大小为 0.3、画笔密度为 2、随机画笔为 1.5。完成制作，最终效果如图 7-165 所示。

## 7.5　练习与提高

（1）由如图 7-166 所示的图像（立体化教学:\实例素材\第 7 章\荷花.jpg）制作如图 7-167 所示的图像（立体化教学:\源文件\第 7 章\多彩荷花.prproj）。

提示：将荷花素材分别添加到“视频 1”、“视频 2”和“视频 3”轨道中，并使用“改变颜色”和“八点蒙版扫除”效果。

图 7-166　原图像

图 7-167　多彩荷花

（2）利用提供的图像素材（立体化教学:\实例素材\第 7 章\心.bmp、晚霞.jpg），制作如图 7-168 所示的心形遮罩效果（立体化教学:\源文件\第 7 章\心形遮罩.prproj）。

提示：使用“轨迹蒙版键”、“高斯模糊运动”等效果制作该练习。本练习可结合立体化教学中的视频演示进行学习（立体化教学:\视频演示\第 7 章\制作心形遮罩效果.swf）。

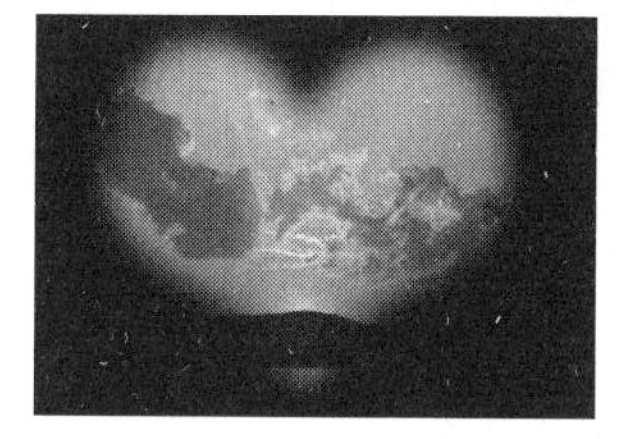

图 7-168　心形遮罩

（3）利用提供的图像素材（立体化教学:\实例素材\第 7 章\边框.jpg、照片.jpg），制作如图 7-169 所示的花边框效果（立体化教学:\源文件\第 7 章\花边框.prproj）。

提示：使用“轨迹蒙版键”、“高斯模糊运动”等效果制作。

图 7-169　花边框

**经验技巧　总结调色、抠像及运动等效果的使用技巧**

本章主要介绍了 Premiere 中调色、抠像及运动等效果的使用方法，要想在作品中灵活运用这些效果，课后还必须学习和总结一下效果的使用技巧，这里总结以下几点供大家参考和探索。

- 有时单独使用一种效果不能达到所需的效果，则可尝试配合使用多种效果，得到满意的效果。
- Premiere 中效果的绝大部分选项都可以添加关键帧，灵活运用效果的关键帧可以为静态图像添加动态效果。

# 第 8 章　添加字幕效果

## 学习目标

☑ 使用字幕制作“望庐山瀑布”视频

☑ 使用文字工具、垂直文字工具、路径文字工具和垂直路径文字工具制作“美景”视频

☑ 使用文字工具、垂直文字工具和矩形工具制作“春联”视频

☑ 使用字幕模板制作“成都映像”视频

☑ 使用垂直文字工具、垂直文本框工具、模板和标志等制作“李白诗词欣赏”视频

☑ 使用垂直文本框工具、字幕样式和动态字幕等制作“赤壁怀古”视频

## 目标任务&项目案例

望庐山瀑布

美景

春联

成都映像

李白诗词欣赏

赤壁怀古

通过上述实例效果的展示可以发现，在 Premiere 中可以制作各种不同类型风格的字幕效果。本章将具体讲解在 Premiere 中制作字幕的方法。

# 8.1　认识“字幕”窗口

Premiere Pro CS3 提供了一个专门用来创建及编辑字幕的“字幕”窗口。选择“字幕/新建字幕”子菜单中的相应命令，就可以打开“字幕”窗口，如图 8-1 所示。所有文字编辑及处理都是在该窗口中完成的。其功能非常强大，不仅可以制作各种各样的文字效果，而且能够绘制各种图形，为用户的文字编辑工作提供了很大的方便。

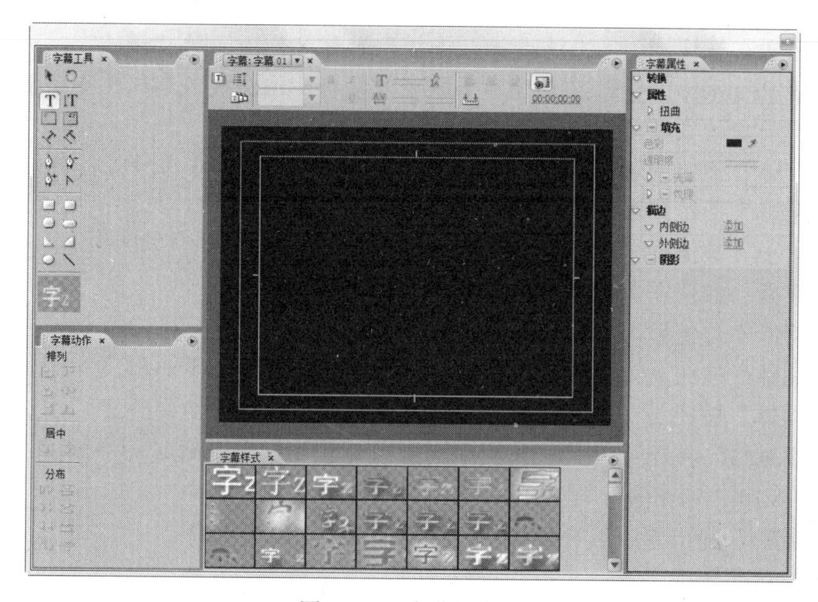


图 8-1　“字幕”窗口

“字幕”窗口主要由字幕属性栏、“字幕工具”面板、“字幕动作”面板、“字幕属性”面板、字幕编辑区和“字幕样式”面板 6 个部分组成。

## 8.1.1　字幕属性栏

字幕属性栏主要用于设置字幕的运动类型、字体、加粗、斜体、下划线等，如图 8-2 所示。

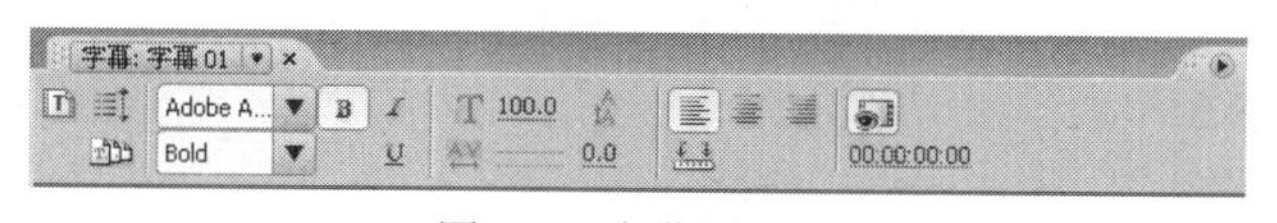


图 8-2　字幕属性栏

其中各选项的含义介绍如下。

- **“基于当前字幕新建字幕”按钮**：单击该按钮，将打开如图 8-3 所示的“新建字幕”对话框，可以以当前字幕为基础新建一个字幕。
- **“滚动/游动选项”按钮**：单击该按钮，将打开“滚动/游动选项”对话框，在其中可以设置字幕的运动类型，如图 8-4 所示。

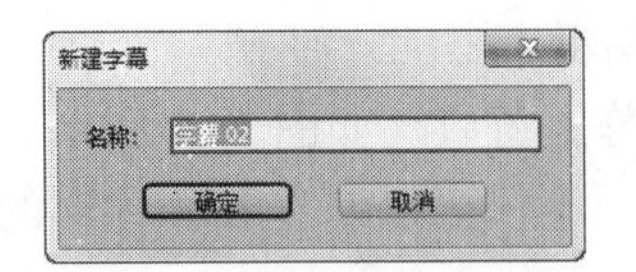


图 8-3 “新建字幕”对话框

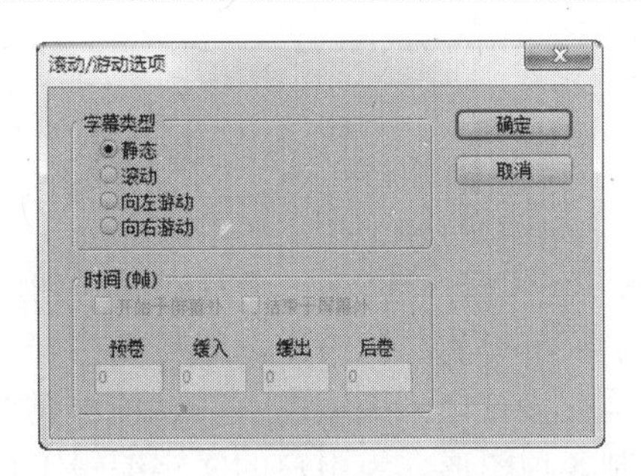


图 8-4 “滚动/游动选项”对话框

- **“模板”按钮**：单击该按钮，将打开如图 8-5 所示的“模板”对话框，其中包含了 Premiere Pro CS3 自带的多种字幕模板。这些模板不仅具备字幕特效，而且还有一定的主题，有的还带有背景图。
- **“字体”下拉列表框**：用于设置字幕的字体。
- **“字形”下拉列表框**：用于设置字幕的字形。
- **“大小”数值框**：用于设置字体的大小。
- **“字距”数值框**：用于设置字间距。
- **“行距”数值框**：用于设置行间距。
- **“粗体”按钮**：单击该按钮，可以将当前选中的文字加粗。
- **“斜体”按钮**：单击该按钮，可以将当前选中的文字倾斜。
- **“下划线”按钮**：单击该按钮，可以为文字添加下划线。
- **“左对齐”按钮**：单击该按钮，可将所选文本左对齐。
- **“居中”按钮**：单击该按钮，可将所选文本居中对齐。
- **“右对齐”按钮**：单击该按钮，可将所选文本右对齐。
- **“停止跳格”按钮**：单击该按钮，将打开如图 8-6 所示的“跳格停止”对话框。其中，“左对齐制表符”按钮用于设置制表符（Tab 键）后的字符为左对齐，并指定对齐位置；“居中对齐制表符”按钮用于设置制表符（Tab 键）后的字符为居中对齐，并指定对齐位置；“右对齐制表符”按钮用于设置制表符（Tab 键）后的字符为右对齐，并指定对齐位置。

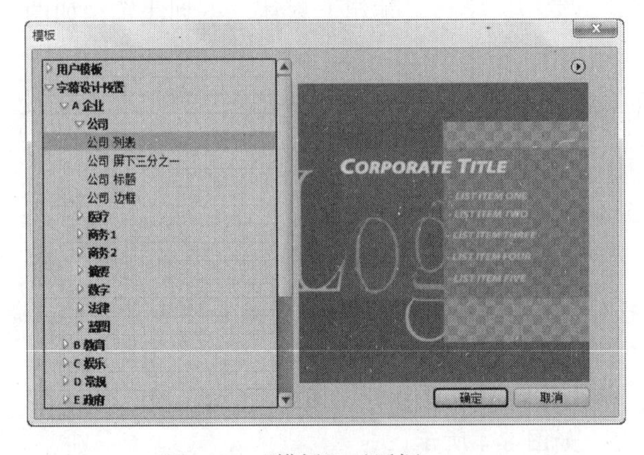


图 8-5 “模板”对话框

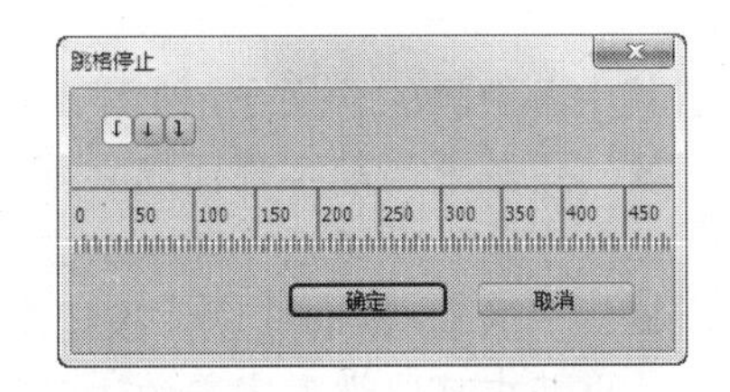


图 8-6 “跳格停止”对话框

- **"显示视频为背景"按钮**：当该按钮呈选中状态时，将以当前时间指针所处位置的画面作为背景显示；也可以在下方的时间码中输入一个有效的时间值，以调整显示画面。

## 8.1.2　"字幕工具"面板

"字幕工具"面板中提供了一些制作文字与图形的常用工具，如图 8-7 所示。利用这些工具，可以为影片添加标题及文本、绘制几何图形、定义文本样式等。其中各工具的作用分别介绍如下。

- **"选择工具"**：用于选择某个对象或文字。选中某个对象后，在对象的周围会出现带有 8 个控制手柄的矩形，拖曳控制手柄可以调整对象的大小和位置。
- **"旋转工具"**：用于对所选对象进行旋转操作。在此要注意的是，必须先使用选择工具选中对象，然后再选择旋转工具，单击并按住鼠标拖曳即可旋转对象。
- **"文字工具"**：选择该工具，在字幕工作区中单击时，将出现文字输入光标，在光标闪烁的位置可以输入文字。另外，使用该工具也可以对输入的文本进行修改。
- **"垂直文字工具"**：使用该工具，可以在字幕工作区中输入垂直文字。

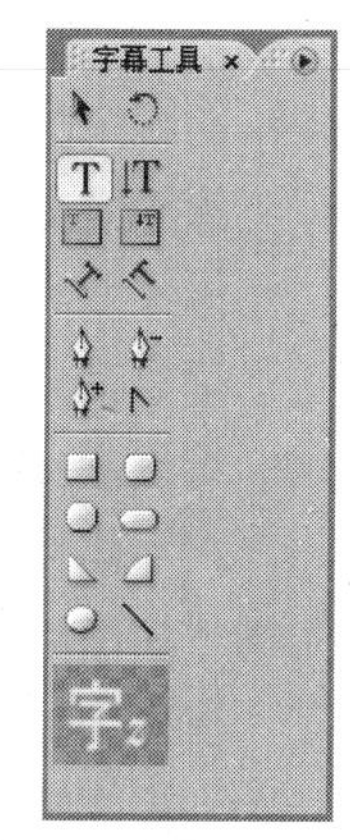

图 8-7　字幕工具面板

- **"文本框工具"**：使用该工具，可在字幕工作区中拖曳出文本框。
- **"垂直文本框工具"**：使用该工具，可在字幕工作区中拖曳出垂直文本框。
- **"路径输入工具"**：使用该工具，可先绘制一条路径，然后输入文字，且输入的文字平行于路径。
- **"垂直路径输入工具"**：使用该工具，可先绘制一条路径，然后输入文字，且输入的文字垂直于路径。
- **"钢笔工具"**：用于创建或调整路径。将钢笔工具置于路径的定位点或手柄上，可以调整定位点的位置和路径的形状。
- **"删除定位点工具"**：用于在已创建的路径上删除定位点。
- **"添加定位点工具"**：用于在已创建的路径上添加定位点。
- **"转换定位点工具"**：用于调整路径的形状，将平滑定位点转换为角定位点，或将角定位点转换为平滑定位点。
- **"矩形工具"**：使用该工具可以绘制矩形。
- **"圆角矩形工具"**：使用该工具可以绘制圆角矩形。
- **"切角矩形工具"**：使用该工具可以绘制切角矩形。
- **"圆矩形工具"**：使用该工具可以绘制圆矩形。
- **"三角形工具"**：使用该工具可以绘制三角形。

- “圆弧工具”：使用该工具可以绘制圆弧，即扇形。
- “椭圆工具”：使用该工具可以绘制椭圆形。
- “直线工具”：使用该工具可以绘制直线。

**技巧：**

在绘制图形时，可以根据需要结合使用 Shift 键，这样可以快捷地绘制出需要的图形，如在使用矩形工具时，按住 Shift 键不放可以绘制正方形；使用椭圆工具时，按住 Shift 键不放可以绘制圆形。

### 8.1.3 “字幕动作”面板

“字幕动作”面板中的各个按钮主要用于快速地排列或者分布文字，如图 8-8 所示。其中各按钮的含义如下。

- **“水平左对齐”按钮**：以选中的文字或图形左水平线为基准对齐。
- **“垂直顶对齐”按钮**：以选中的文字或图形顶部水平线为基准对齐。
- **“水平居中”按钮**：以选中的文字或图形垂直中心线为基准对齐。
- **“垂直居中”按钮**：以选中的文字或图形水平中心线为基准对齐。
- **“水平右对齐”按钮**：以选中的文字或图形右水平线为基准对齐。
- **“垂直底对齐”按钮**：以选中的文字或图形底部水平线为基准对齐。

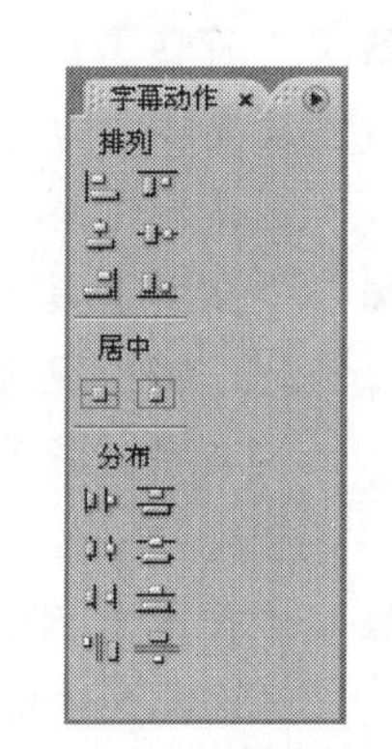


图 8-8 “字幕动作”

- **“垂直居中”按钮**：使选中的文字或图形在屏幕上水平居中。
- **“水平居中”按钮**：使选中的文字或图形在屏幕上垂直居中。
- **“水平左对齐”按钮**：以选中的文字或图形的左垂直线来分布文字或图形。
- **“垂直顶对齐”按钮**：以选中的文字或图形的顶部水平线来分布文字或图形。
- **“水平居中”按钮**：以选中的文字或图形的垂直中心线来分布文字或图形。
- **“垂直居中”按钮**：以选中的文字或图形的水平中心线来分布文字或图形。
- **“水平右对齐”按钮**：以选中的文字或图形的右垂直线来分布文字或图形。
- **“垂直底对齐”按钮**：以选中的文字或图形的底部水平线来分布文字或图形。
- **“水平平均”按钮**：以屏幕的垂直中心线来分布文字或图形。
- **“垂直平均”按钮**：以屏幕的水平中心线来分布文字或图形。

### 8.1.4 字幕编辑区

字幕编辑区是制作字幕和绘制图形的区域，位于“字幕”窗口的中心。默认情况下，在字幕编辑区会显示两个白色的矩形线框，其中内线框是字幕安全框，外线框是字幕动作安全框。如果将文字或者图像放置在动作安全框之外，那么这部分内容可能不会在屏幕上

显示出来；即使能够显示，也可能出现模糊或者变形现象。因此，在创建字幕时最好将文字和图像放置在安全框之内。

**提示:**

如果字幕编辑区中没有显示字幕安全框或动作安全框，可以选择“字幕/查看/字幕安全框”命令或“字幕/查看/动作安全框”命令将其显示出来。

### 8.1.5　“字幕样式”面板

“字幕样式”面板位于“字幕”窗口的中下部，其中包含了各种已经设置好的文字效果和多种字体效果，如图 8-9 所示。如果要为一个文本应用预设的风格效果，只需选中该文本，然后在“字幕样式”面板中单击要应用的样式即可。

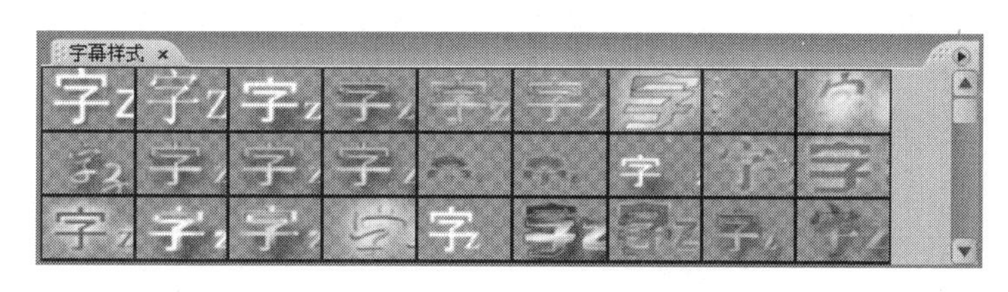


图 8-9　“字幕样式”面板

### 8.1.6　“字幕属性”面板

在字幕编辑区中输入文字后，可在位于“字幕”窗口右侧的“字幕属性”面板中设置文字的具体属性参数，如图 8-10 所示。“字幕属性”面板主要分为转换、属性、填充、描边和阴影 5 个部分，其作用分别介绍如下。

- **转换**：可以设置对象的位置、高度、宽度、旋转角度以及透明度等相关的属性。
- **属性**：可以设置对象的一些基本属性，如文本的大小、字体、字间距、行间距和字形等。
- **填充**：可以设置文本或者图形对象的颜色和纹理。
- **描边**：可以设置文本或者图形对象的边缘，使其边缘与文本或者图形主体呈现不同的颜色。
- **阴影**：可以为文本或者图形对象设置各种阴影属性。

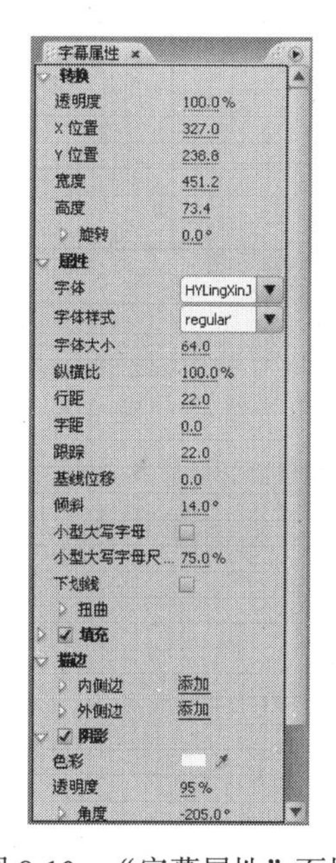


图 8-10　“字幕属性”面板

### 8.1.7　应用举例——制作“望庐山瀑布”视频

使用“字幕”窗口制作“望庐山瀑布”视频，效果如图 8-11 所示（立体化教学:\源文件\第 8 章\望庐山瀑布.prproj）。

图 8-11　望庐山瀑布

操作步骤如下：

（1）新建一个项目文件，导入“望庐山瀑布.jpg”图像文件（立体化教学:\实例素材\第 8 章\望庐山瀑布.jpg），将其拖动到“视频 1”轨道中，并在“节目”面板中调整其大小，如图 8-12 所示。

（2）选择“字幕/新建字幕/默认静态字幕”命令，打开“新建字幕”对话框，在“名称”文本框中输入“诗词”，如图 8-13 所示。

图 8-12　导入素材

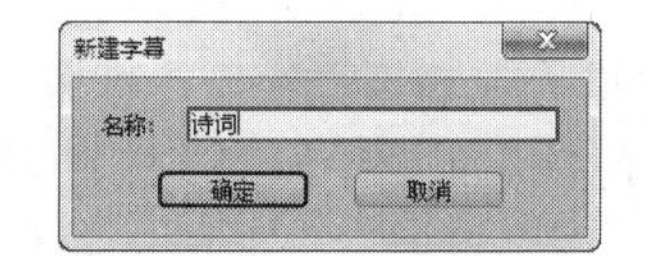


图 8-13　“新建字幕”对话框

（3）单击 确定 按钮，新建“诗词”字幕并打开“字幕”窗口。

（4）单击“垂直文本框工具”按钮，在编辑区中字幕安全框内部右上角绘制一个矩形文本框，并输入唐诗《望庐山瀑布》，然后设置“字体”为 FZHuangCao-S09S（方正黄草简体）、“字体大小”为 29、“字距”为 10、“行距”为 3，且居中对齐，如图 8-14 所示。

图 8-14　输入文本并设置格式

（5）单击“字幕”窗口右上角的“关闭”按钮关闭“字幕”窗口，拖动生成的“诗词”字幕到“视频 2”轨道中，完成后的效果如图 8-11 所示。

## 8.2　创建字幕对象

要制作字幕，首先需要在其中添加字幕对象，包括文字对象、图形对象以及标志等，下面分别介绍。

### 8.2.1　创建文字对象

在 Premiere 中，一个字幕中可以包含一个或多个不同类型的文字对象，包括水平或垂直文字、水平或垂直段落文字以及水平或垂直路径文字。

#### 1. 创建水平或垂直文字

使用文字工具或垂直文字工具直接在编辑区中单击，就可以创建水平或垂直文字对象。

**【例 8-1】** 使用文字工具和垂直文字工具创建水平文字对象和垂直文字对象（立体化教学:\源文件\第 8 章\彩云追月.prproj）。

（1）打开“彩云追月.prproj”项目文件（立体化教学:\实例素材\第 8 章\彩云追月.prproj）。

（2）选择“字幕/新建字幕/默认静态字幕”命令，打开“新建字幕”对话框，单击 确定 按钮，新建字幕并打开“字幕”窗口。

（3）单击“文字工具”按钮，在编辑区中单击，定位插入点，然后输入文本“彩云追月”，如图 8-15 所示。

（4）单击“字幕”窗口右上角的“关闭”按钮，关闭“字幕”窗口。

（5）选择“字幕/新建字幕/默认静态字幕”命令，打开“新建字幕”对话框，单击 确定 按钮，新建字幕并打开“字幕”窗口。

（6）单击“垂直文字工具”按钮，在编辑区中单击，定位插入点，然后输入文本“彩云追月”，如图 8-16 所示。

图 8-15　创建文字对象

图 8-16　创建垂直文字对象

（7）单击“字幕”窗口右上角的“关闭”按钮，关闭“字幕”窗口。

### 2. 创建段落文字

使用文本框工具或垂直文本框工具在编辑区中拖动鼠标绘制一个文本框，就可以创建水平或垂直段落文字对象。

【例 8-2】 使用文本框工具和垂直文本框工具创建水平段落文字对象和垂直段落文字对象（立体化教学:\源文件\第 8 章\静夜思.prproj）。

（1）打开“静夜思.prproj”项目文件（立体化教学:\实例素材\第 8 章\静夜思.prproj）。

（2）选择“字幕/新建字幕/默认静态字幕”命令，打开“新建字幕”对话框，单击 确定 按钮，新建字幕并打开“字幕”窗口。

（3）单击“文本框工具”按钮，在编辑区中拖动鼠标绘制文本框，然后输入唐诗《静夜思》，如图 8-17 所示。

（4）单击“字幕”窗口右上角的“关闭”按钮，关闭“字幕”窗口。

（5）选择“字幕/新建字幕/默认静态字幕”命令，打开“新建字幕”对话框，单击 确定 按钮，新建字幕并打开“字幕”窗口。

（6）单击“垂直文本框工具”按钮，在编辑区中拖动鼠标绘制垂直文本框，然后输入唐诗《静夜思》，如图 8-18 所示。

图 8-17　创建水平段落文本

图 8-18　创建垂直段落文本

（7）单击“字幕”窗口右上角的“关闭”按钮，关闭“字幕”窗口。

### 3. 创建路径文字

使用路径输入工具或垂直路径输入工具可以在编辑区中绘制一条路径，然后选择任意一种文字或文本框工具，在路径上单击，就可以创建水平或垂直路径文字对象。

【例 8-3】 使用路径输入工具和垂直路径输入工具创建路径文字对象和垂直路径文字对象（立体化教学:\源文件\第 8 章\神奇的九寨沟.prproj）。

（1）打开“神奇的九寨沟.prproj”项目文件（立体化教学:\实例素材\第 8 章\神奇的九寨沟.prproj）。

（2）选择“字幕/新建字幕/默认静态字幕”命令，打开“新建字幕”对话框，单击 确定 按钮，新建字幕并打开“字幕”窗口。

（3）单击“路径输入工具”按钮，在编辑区中绘制一条路径，如图 8-19 所示。

（4）选择任意一种文字或文本框工具，然后在路径上单击并输入文本“神奇的九寨沟”，如图 8-20 所示。

图 8-19　绘制路径

图 8-20　输入文本

（5）单击“字幕”窗口右上角的“关闭”按钮，关闭“字幕”窗口。

（6）选择“字幕/新建字幕/默认静态字幕”命令，打开“新建字幕”对话框，单击 确定 按钮，新建字幕并打开“字幕”窗口。

（7）单击“垂直路径输入工具”按钮，在编辑区中绘制一条路径，如图 8-21 所示。

（8）选择任意一种文字或文本框工具，然后在路径上单击并输入文本“神奇的九寨沟”，如图 8-22 所示。

图 8-21　绘制路径

图 8-22　输入文本

### 4．设置文字属性

除了可以在字幕属性栏中设置文字的属性外，也可以在“字幕属性”面板的“属性”栏中进行设置，如图 8-23 所示。其中各选项的含义分别介绍如下。

- **字体**：用于设置文字的字体。
- **字体样式**：用于设置文字的字形。
- **字体大小**：用于设置字体的大小。
- **纵横比**：用于设置文字的碎片缩放比例。
- **行距**：用于设置行间距。
- **字距**：用于设置字间距。
- **跟踪**：用于设置文字之间的距离。
- **基线位移**：用于设置文字垂直方向上的偏移距离。
- **倾斜**：用于设置文字的倾斜角度。
- **小型大写字母**：用于将小写英文字母转换为小型大写字母。

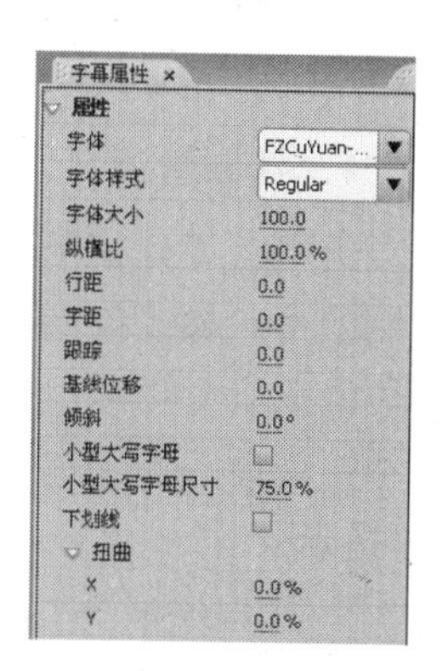


图 8-23　“属性”栏

- **小型大写字母尺寸**：用于设置小型大写字母的大小。
- **下划线**：用于添加下划线。
- **扭曲**：用于设置文字在水平或垂直方向上的扭曲程度。

**【例 8-4】** 为 The Blue Ocean.prproj 项目文件创建字幕（立体化教学:\源文件\第 8 章\The Blue Ocean.prproj）。

（1）打开 The Blue Ocean.prproj 项目文件（立体化教学:\实例素材\第 8 章\The Blue Ocean.prproj）。

（2）选择"字幕/新建字幕/默认静态字幕"命令，打开"新建字幕"对话框，单击 确定 按钮，新建字幕并打开"字幕"窗口。

（3）单击"文字工具"按钮，在编辑区中单击并输入文本 The Blue Ocean，然后设置其"字体"为 FZCuYuan-M03S（方正粗圆简体）、"字体大小"为 100、"纵横比"为 70%，选中"小型大写字母"选项后的复选框，设置"小型大写字母尺寸"为 50%，选中"下划线"选项后的复选框，将"扭曲"栏下的 Y 设置为 50%，如图 8-24 所示。

（4）单击"字幕"窗口右上角的"关闭"按钮，关闭"字幕"窗口。

（5）将生成的字幕拖动到"视频 2"轨道中，效果如图 8-25 所示。

图 8-24 设置文字属性

图 8-25 最终效果

### 8.2.2 绘制图形

在字幕中可以绘制的图形分为两大类：一种是利用各种图形工具绘制的普通几何图形；一种是用钢笔工具绘制的贝赛尔曲线。

#### 1. 绘制普通几何图形

绘制普通几何图形的方法较简单，只需要选择相应的工具，然后在编辑区中拖动鼠标绘制即可。如要绘制一个矩形，只需单击"矩形工具"按钮，然后在编辑区中拖动鼠标即可绘制一个矩形，如图 8-26 所示。如果在拖动鼠标时按住 Shift 键不放，则可以绘制正方形，如图 8-27 所示。

**提示:**

在图形对象的"字幕属性"面板的"属性"栏中有一个"绘图类型"下拉列表框，在该下拉列表框中选择相应的选项可以将当前图形对象转换为所选择的图像，如图 8-28 所示。

图 8-26　绘制矩形

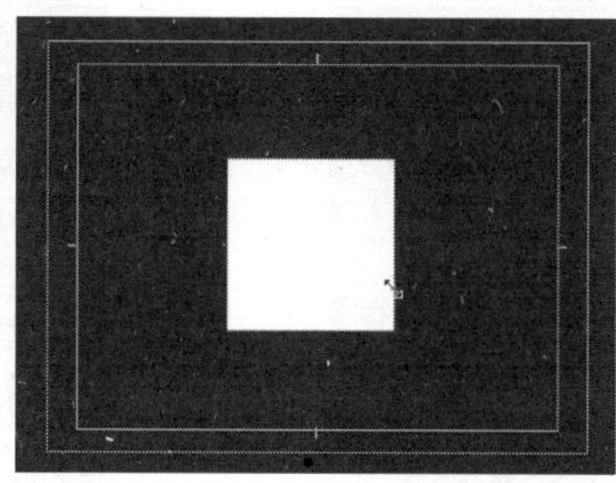

图 8-27　绘制正方形

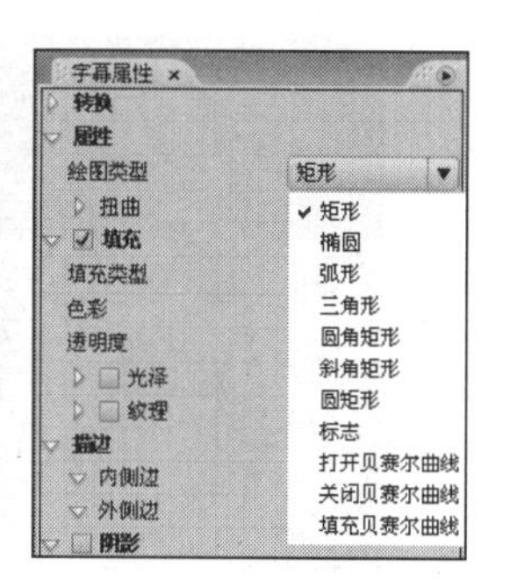


图 8-28　转换类型

### 2．绘制贝赛尔曲线

使用钢笔工具并配合添加定点工具、删除定点工具以及转换定点工具可以绘制任意形状的贝赛尔曲线。

**【例 8-5】** 用钢笔工具并配合添加定点工具、删除定点工具以及转换定点工具绘制一个心形（立体化教学:\源文件\第 8 章\心形.prproj）。

（1）新建一个项目文件，选择“字幕/新建字幕/默认静态字幕”命令，打开“新建字幕”对话框，单击 确定 按钮，新建字幕并打开“字幕”窗口。

（2）单击“钢笔工具”按钮，依次在编辑区左上角、右上角、下方中间单击，最后再单击左上角的点，绘制一个三角形，如图 8-29 所示。

（3）单击“添加定点工具”按钮，在三角形上方边的中点处单击，增加一个点，如图 8-30 所示。

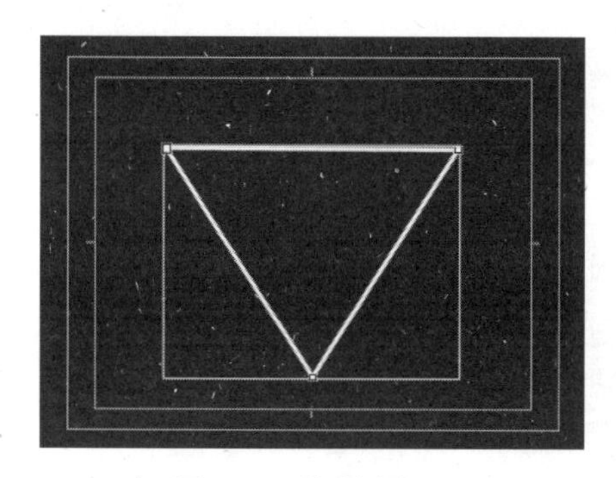

图 8-29　绘制路径

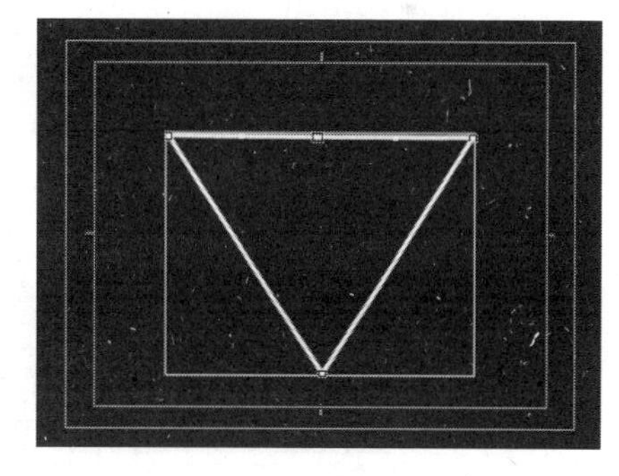

图 8-30　添加点

（4）单击“钢笔工具”按钮，将鼠标指针移动到新添加的点上，然后按住鼠标左键不放向下拖动，将该点向下移动，如图 8-31 所示。

（5）单击“转换定点工具”按钮，将鼠标指针移动到新添加的点上并单击，转换该点，如图 8-32 所示。

（6）将鼠标指针移动到左上角的点上，然后向右上方拖动鼠标，转换该点，如图 8-33 所示。

（7）将鼠标指针移动到右上角的点上，然后向右下方拖动鼠标，转换该点，如图 8-34 所示。

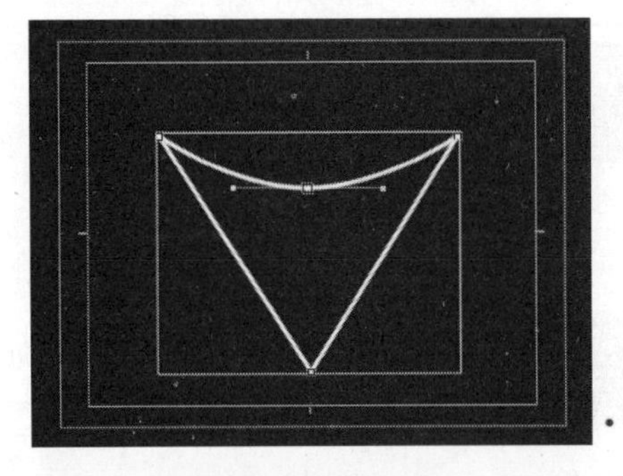

图 8-31　移动点

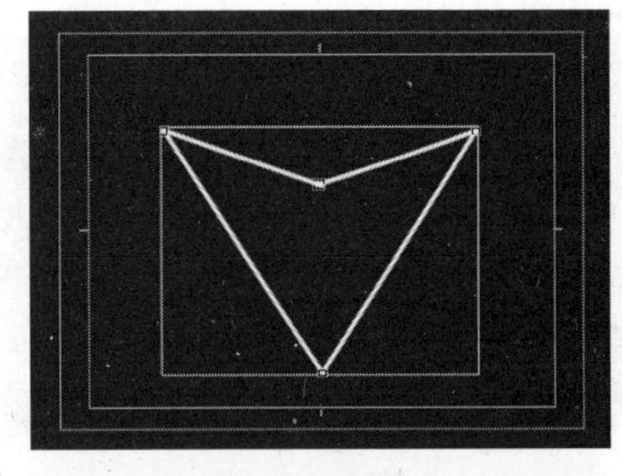

图 8-32　转换点 1

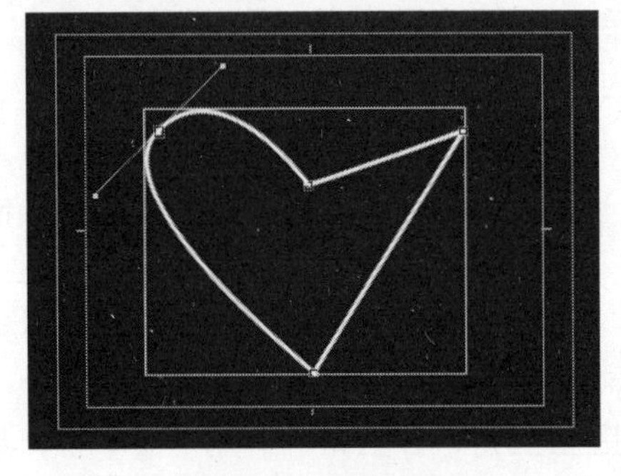

图 8-33　转换点 2

图 8-34　转换点 3

（8）在“字幕属性”面板“属性”栏的“绘图类型”下拉列表框中选择“填充贝赛尔曲线”选项，效果如图 8-35 所示。

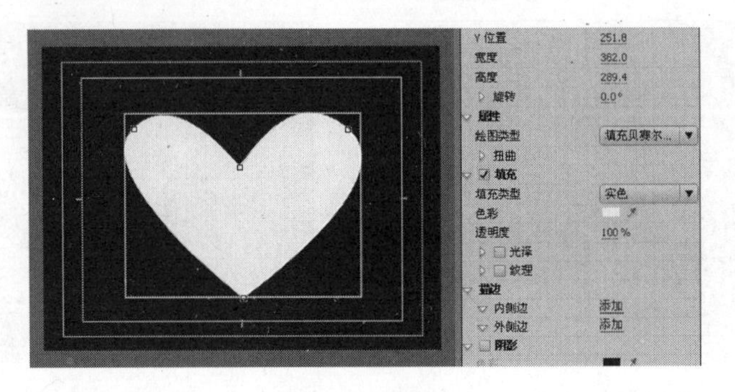


图 8-35　填充

**提示:**

在“打开贝赛尔曲线”、“关闭贝赛尔曲线”以及直线的“字幕属性”面板的“属性”栏中都有一个“线宽”选项，通过该选项可以调整线条的宽度。

## 8.2.3　插入标志

在字幕中可以插入一个图像文件来作为标志，选择“字幕/标志/插入标志”命令，在打开的“导入图像为标志”对话框中选择一个图像文件，然后单击打开(O)按钮即可导入该图像，如图 8-36 所示。

另外，在文字对象中也可以插入图像，将光标插入点定位到要插入图像的位置，然后选择“字幕/标志/插入标志到正文”命令，在打开的“导入图像为标志”对话框中选择一个图像文件，然后单击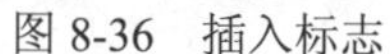按钮即可将该图像导入到文字对象中，如图 8-37 所示。

**提示:**

在“标志”的“字幕属性”面板的“属性”栏中有一个“标志位图”选项，如图 8-38 所示，单击该选项后的缩略图，在打开的“选择一个纹理图像”对话框中选择一个图像文件可替换当前的图像。

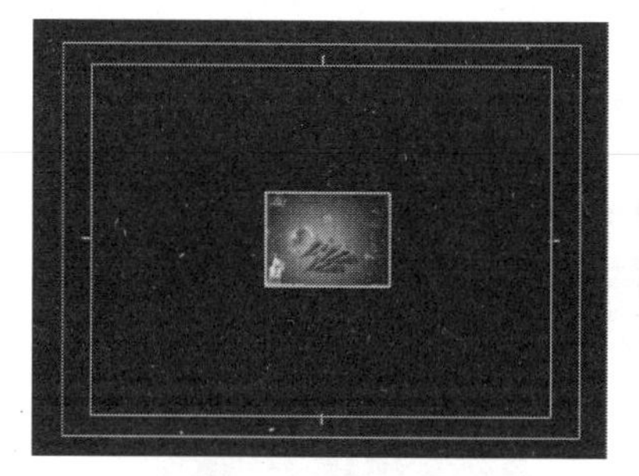

图 8-36　插入标志

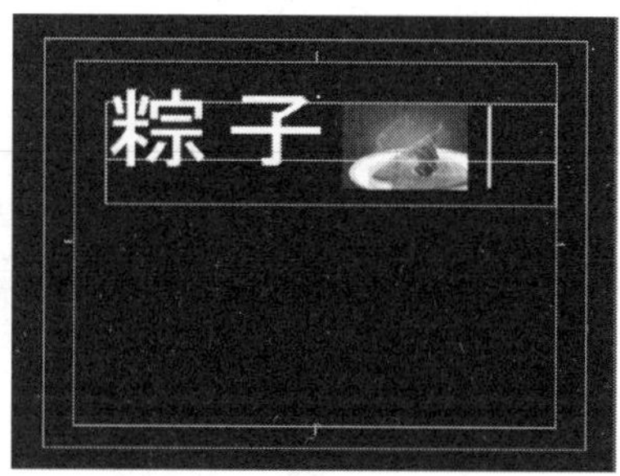


图 8-37　插入标志到正文

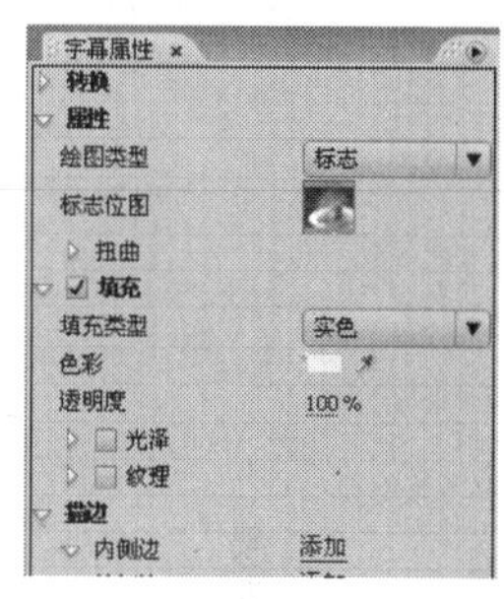


图 8-38　“字幕属性”面板

## 8.2.4　应用举例——在“美景”文件中添加字幕

使用文字工具、垂直文字工具、路径输入工具和垂直路径输入工具等制作“美景.prproj”项目文件（立体化教学:\源文件\第 8 章\美景.prproj）中的字幕，效果如图 8-39 所示。

（a）　（b）　（c）　（d）

图 8-39　“美景.prproj”项目文件中的字幕效果

操作步骤如下：

（1）选择“文件/打开”命令，打开“美景.prproj”项目文件（立体化教学:\实例素材\

第 8 章\美景.prproj）。

（2）选择“字幕/新建字幕/默认静态字幕”命令，打开“新建字幕”对话框，在“名称”文本框中输入“峨眉天下秀”，如图 8-40 所示，单击 确定 按钮，新建字幕并打开“字幕”窗口。

（3）单击“垂直文字工具”按钮，在编辑区中的左上角单击，定位插入点，然后输入文本“峨眉天下秀”，并设置字体为 HYXiXingKaiJ（汉仪细行楷简）、大小为 40、字距为 17，如图 8-41 所示。

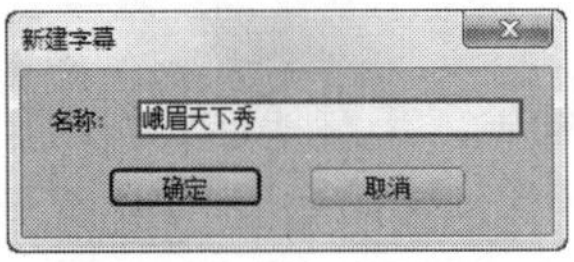

图 8-40 “新建字幕”对话框

图 8-41 输入文字

（4）单击“字幕”窗口右上角的“关闭”按钮，关闭“字幕”窗口。

（5）将生成的“峨眉天下秀”字幕拖动到“视频 2”轨道中，如图 8-42 所示，效果如图 8-39（a）所示。

（6）选择“字幕/新建字幕/默认静态字幕”命令，打开“新建字幕”对话框，在“名称”文本框中输入“夔门天下雄”，如图 8-43 所示，单击 确定 按钮，新建字幕并打开“字幕”窗口。

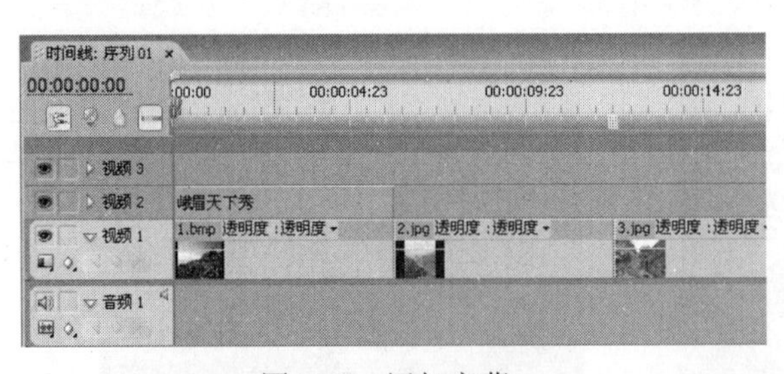


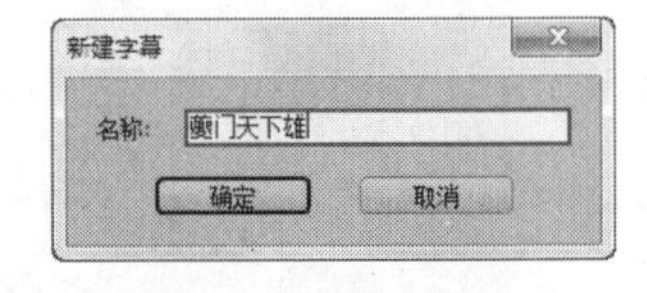


图 8-42 添加字幕

图 8-43 “新建字幕”对话框

（7）将背景视频时间码设置为 00:00:07:00，然后单击“文字工具”按钮，在编辑区中的右下角单击，定位插入点，然后输入文本“夔门天下雄”，并设置字体为 HYFangDieJ（汉仪方叠简）、大小为 40，如图 8-44 所示。

（8）单击“字幕”窗口右上角的“关闭”按钮，关闭“字幕”窗口。

（9）将生成的“夔门天下雄”字幕拖动到“视频 2”轨道中，如图 8-45 所示，效果如图 8-39（b）所示。

图 8-44　输入文字

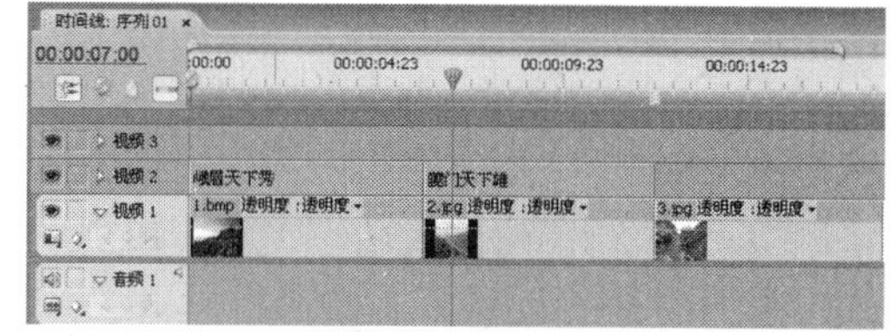


图 8-45　添加字幕

（10）选择“字幕/新建字幕/默认静态字幕”命令，打开“新建字幕”对话框，在“名称”文本框中输入“剑门天下险”，如图 8-46 所示，单击 确定 按钮，新建字幕并打开“字幕”窗口。

（11）将背景视频时间码设置为 00:00:14:00，然后单击“垂直路径输入工具”按钮，在编辑区中的右侧绘制一条路径，如图 8-47 所示。

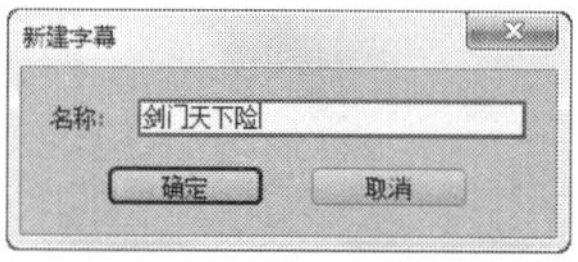

图 8-46　“新建字幕”对话框

图 8-47　绘制路径

（12）选择任意一种文字或文本框工具，然后在路径上单击并输入文本“剑门天下险”，并设置字体为 FZShuiHei-M21S（方正水黑简体）、大小为 40、字距为 15，如图 8-48 所示。

（13）单击“字幕”窗口右上角的“关闭”按钮，关闭“字幕”窗口。

（14）将生成的“剑门天下险”字幕拖动到“视频 2”轨道中，如图 8-49 所示，效果如图 8-39（c）所示。

图 8-48　输入文本

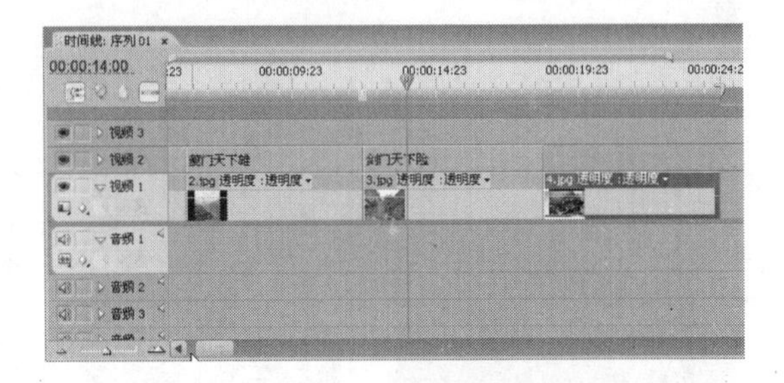

图 8-49　添加字幕

（15）选择“字幕/新建字幕/默认静态字幕”命令，打开“新建字幕”对话框，在“名称”文本框中输入“青城天下幽”，如图 8-50 所示，单击确定按钮，新建字幕并打开“字幕”窗口。

（16）将背景视频时间码设置为 00:00:12:00，然后单击“路径输入工具”按钮，在编辑区中的右下角绘制一条路径，如图 8-51 所示。

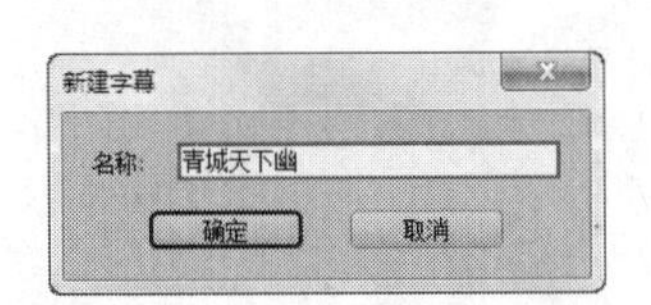


图 8-50　“新建字幕”对话框

图 8-51　绘制路径

（17）选择任意一种文字或文本框工具，然后在路径上单击输入文本“青城天下幽”，并设置字体为 FZHuangCao-S09S（方正黄草简体）、大小为 59，如图 8-52 所示。

（18）单击“字幕”窗口右上角的“关闭”按钮，关闭字幕”窗口。

（19）将生成的“青城天下幽”字幕拖动到“视频 2”轨道中，如图 8-53 所示，效果如图 8-39（d）所示。

图 8-52　输入文本

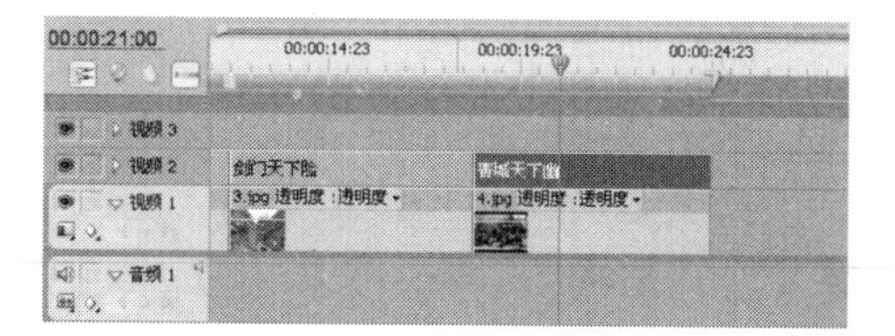


图 8-53　添加字幕

## 8.3　编辑字幕对象

在字幕中添加好各种对象后，还可以对这些对象进行各种编辑，如移动、缩放、旋转、透明等操作，或设置对象的填充、描边或阴影等属性。

### 8.3.1　移动对象

移动对象主要有将对象移动到某个具体的位置以及将对象移动到某个特殊的位置两种方式。

#### 1．移动对象到某个具体的位置

移动对象到某个具体的位置可通过多种方法实现，分别介绍如下。

- **使用菜单命令**：使用选择工具选择要移动的对象，然后选择“字幕/转换/位置”命令，在打开的“位置”对话框中的“X 轴位置”或“Y 轴位置”文本框中输入新的坐标位置，如图 8-54 所示，然后单击 确定 按钮即可。
- **使用选择工具**：使用选择工具拖动对象的方式来移动对象，此时，“字幕属性”面板中“转换”栏下“X 位置”和“Y 位置”选项的值会随着鼠标的移动而发生变化，如图 8-55 所示，到合适位置后释放鼠标即可。
- **直接输入值**：直接在“X 位置”和“Y 位置”选项中输入新位置的值，如图 8-56 所示。

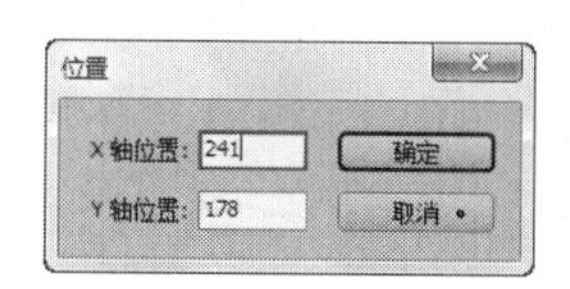


图 8-54　“位置”对话框

图 8-55　移动文本

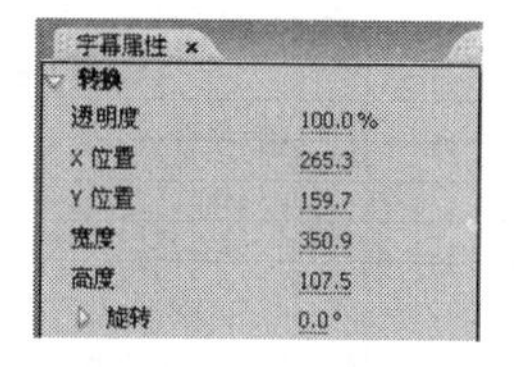


图 8-56　“转换”栏

提示：

如果要微移对象，可以按"↑"、"↓"、"←"或"→"键，向上、下、左或右移动一个像素的距离，如果同时按住 Shift 键不放，则可以移动 10 个像素。

2. 移动对象到特殊位置

移动对象到特殊位置有"水平居中"、"垂直居中"和"屏幕下方三分之一处"3 种方式。下面分别进行介绍。

- **水平居中**：选择对象后，选择"字幕/位置/水平居中"命令，可以将文字的水平位置移动到屏幕的正中间，如图 8-57 所示。
- **垂直居中**：选择"字幕/位置/垂直居中"命令，可以将文字的垂直位置移动到屏幕的正中间，如图 8-58 所示。
- **屏幕下方三分之一处**：选择"字幕/位置/屏幕下方三分之一处"命令，可以将文字的垂直位置移动到屏幕下方的字幕安全框处，如图 8-59 所示。

图 8-57 水平居中

图 8-58 垂直居中

图 8-59 屏幕下方三分之一处

### 8.3.2 缩放对象

缩放对象可分为等比缩放与非等比缩放两种方式，分别介绍如下。

- **等比缩放**：使用选择工具选择要缩放的对象，然后选择"字幕/转换/比例"命令，打开"比例"对话框，默认选中"一致"单选按钮，如图 8-60 所示，此时，在"比例"文本框中输入放大或缩小的比例，然后单击"确定"按钮即可。
- **非等比例缩放**：选中"不一致"单选按钮将激活"水平"和"垂直"文本框，如图 8-61 所示，在其中分别输入水平和垂直的缩放比例，然后单击"确定"按钮即可。

提示：

将鼠标指针移动到对象四周的 8 个控制点上并拖动鼠标，也可以对对象进行缩放，如果按住 Shift 键不放并拖动，则可以等比例缩放，如图 8-62 所示。

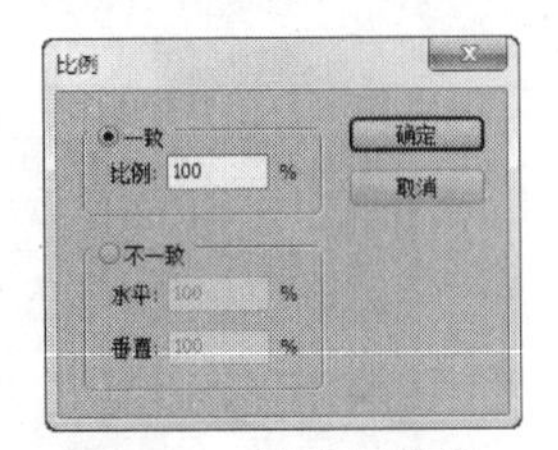

图 8-60 等比例缩放

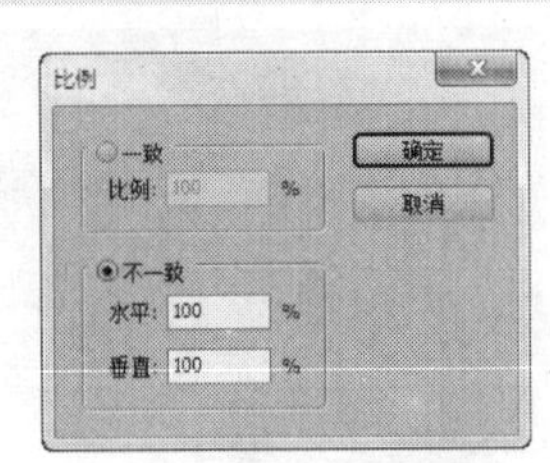

图 8-61 非等比例缩放

图 8-62 拖动缩放

**提示：**

直接在"字幕属性"面板中"转换"栏下的"宽度"和"高度"选项中输入新的宽度和高度值，也可以实现缩放对象的功能。

### 8.3.3　旋转对象

使用选择工具选择要旋转的对象，然后选择"字幕/转换/旋转"命令，打开"旋转"对话框，在"角度"文本框中输入角度值，如图 8-63 所示，单击 确定 按钮即可旋转对象。

另外，将鼠标指针移动到对象 4 个角的外侧，当鼠标指针变为带箭头的弧线形状时，拖动鼠标即可旋转对象，如图 8-64 所示。

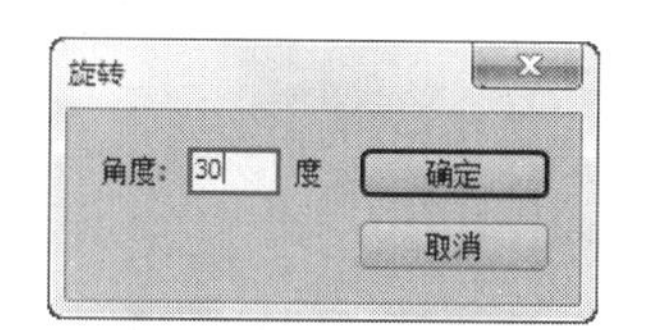


图 8-63　"旋转"对话框

图 8-64　拖动旋转

**提示：**

直接在"字幕属性"面板中"转换"栏下的"旋转"选项中输入旋转角度值，也可以实现旋转对象的功能。

### 8.3.4　设置对象透明度

使用选择工具选择要设置透明度的对象，然后选择"字幕/转换/透明度"命令，打开"透明度"对话框，在"透明度"文本框中输入透明度值，如图 8-65 所示，然后单击 确定 按钮即可设置对象透明度。设置后的效果如图 8-66 所示。

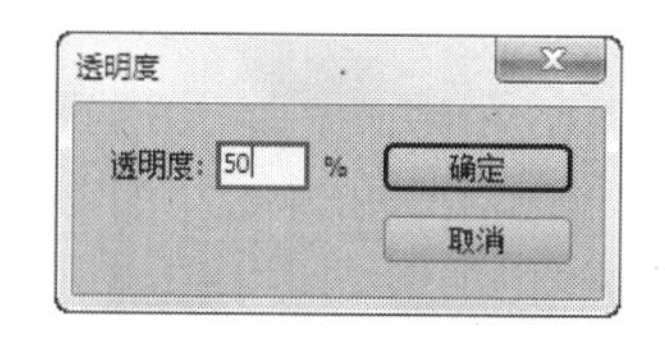


图 8-65　"透明度"对话框

图 8-66　设置透明度后的效果

### 8.3.5　设置填充属性

默认情况下，输入的各种文字对象以及绘制的图形对象的填充颜色都是白色，而在"字幕属性”对话框中的“填充”栏中可以以多种方式为这些对象设置填充颜色，并且还可以添加光泽和纹理。

### 1．设置实色填充

选择要填充颜色的对象后，在“字幕属性”面板“填充”栏中的“填充类型”下拉列表框中选择“实色”选项，即可为选择的对象设置实色填充。此时的“填充”栏如图 8-67 所示，其中各选项的含义如下。

- **色彩**：设置填充的颜色，可以单击其后的色块，在打开的“颜色拾取”对话框中选择所需要的颜色，也可以单击“吸管工具”按钮，从绘图区域的对象上或从背景的视频素材中选取颜色。
- **透明度**：修改填充颜色的透明度。
- **光泽复选框**：选中该复选框，可以为当前对象添加光泽效果。
- **纹理复选框**：选中该复选框，可以选择一个图像作为对象的纹理。

应用实色填充的效果如图 8-68 所示。

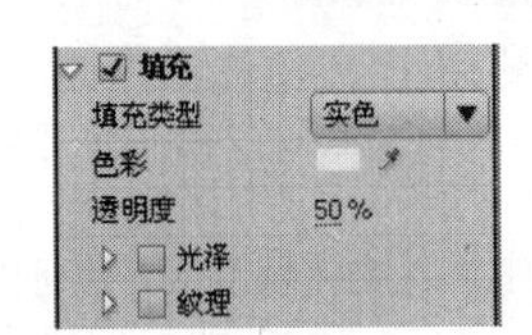

图 8-67 “填充”栏

图 8-68 应用填充后的效果

**提示：**

“填充”栏本身为复选框选项，默认为选中状态，表示有填充效果，取消选中该复选框，将会取消填充效果。

### 2．设置光泽

在“字幕属性”面板“填充”栏中选中光泽复选框，可以为当前选择的对象添加光泽，单击光泽复选框前的按钮，展开“光泽”选项，如图 8-69 所示，其中各选项的含义如下。

- **色彩**：设置光泽的颜色，可以单击其后的色块，在打开的“颜色拾取”对话框中选择所需要的颜色，也可以单击“吸管工具”按钮，从绘图区域的对象上或从背景的视频素材中选取颜色。
- **透明度**：设置光泽的透明度。
- **大小**：设置光泽的宽度。
- **角度**：设置光泽的角度。
- **偏移**：设置光泽相对于对象中心的距离。

应用光泽后的效果如图 8-70 所示。

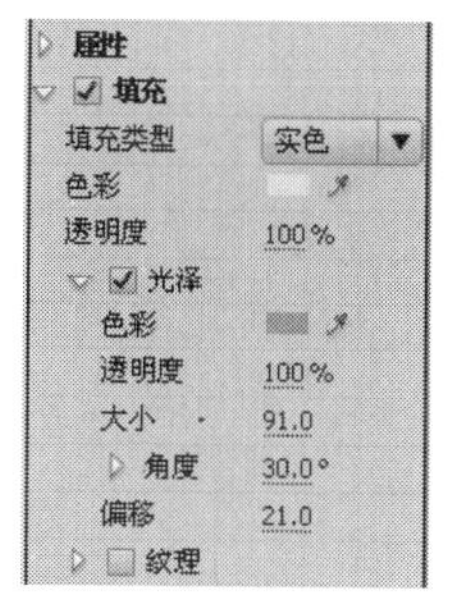

图 8-69　设置光泽选项

图 8-70　应用光泽后的效果

### 3．设置纹理

在“字幕属性”面板“填充”栏中选中纹理复选框，可以为当前选择的对象添加纹理，单击纹理复选框前的按钮，展开“纹理”选项，如图 8-71 所示。单击“纹理”选项后的缩略图，在打开的“选择一个纹理图像”对话框中打开一个图像文件，即可为对象添加纹理，效果如图 8-72 所示。

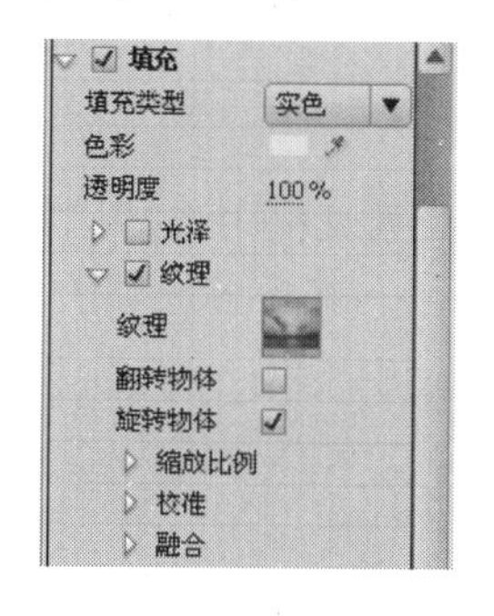

图 8-71　设置“纹理”效果

图 8-72　设置“纹理”效果后的效果

### 4．设置渐变填充

在“字幕属性”面板“填充”栏的“填充类型”下拉列表框中选择“线性渐变”、“放射渐变”或“4 色渐变”选项，就可以为对象添加渐变填充效果，选择这 3 个选项后的“填充”栏分别如图 8-73~图 8-75 所示。

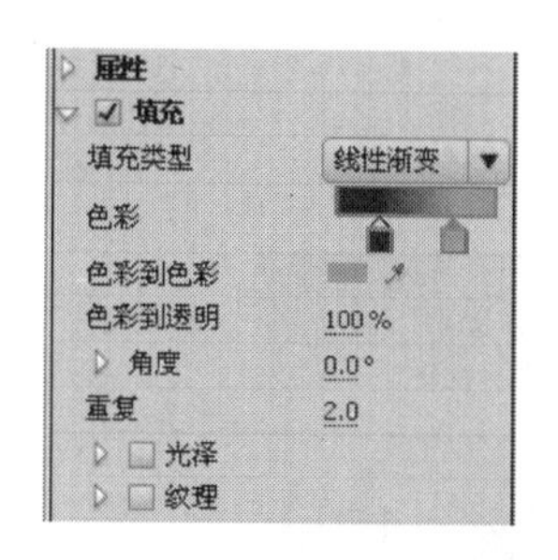

图 8-73　设置“线性渐变”

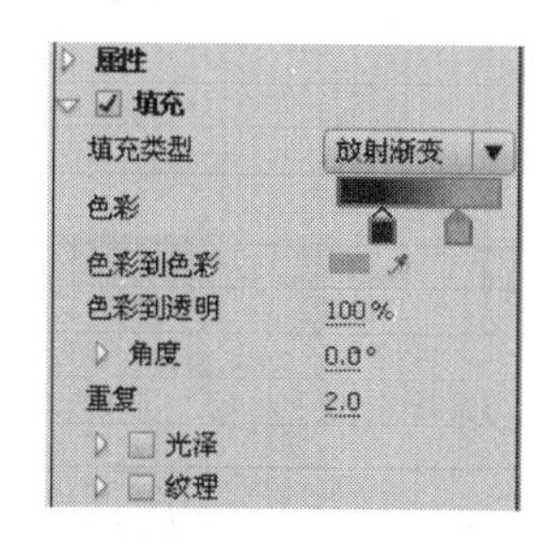

图 8-74　设置“放射渐变”

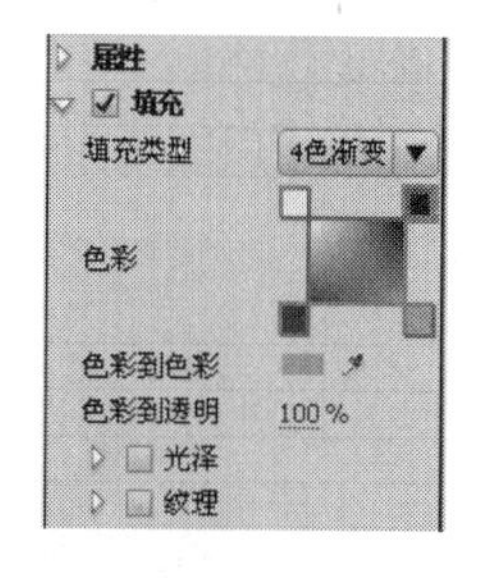

图 8-75　设置“4 色渐变”

3 种渐变填充大部分属性设置选项是相同的，其中各选项的含义如下。

- **色彩**：设置渐变色的颜色，线性渐变和放射渐变一样，都有两个颜色样本，拖动颜色样本块的位置可以调整该颜色样本所在比例和位置。在 4 色渐变中有 4 个颜色样本，分别为色彩块的 4 个角。

- **色彩到色彩**：用于设置当前选择的色彩样本的颜色。
- **色彩到透明**：用于设置当前选择的色彩样本的透明度。
- **角度**：只有线性渐变和放射渐变有该选项，用于设置渐变的旋转角度。
- **重复**：只有线性渐变和放射渐变有该选项，用于设置渐变的重复次数。

这 3 种渐变的效果分别如图 8-76~图 8-78 所示。

图 8-76　线性渐变

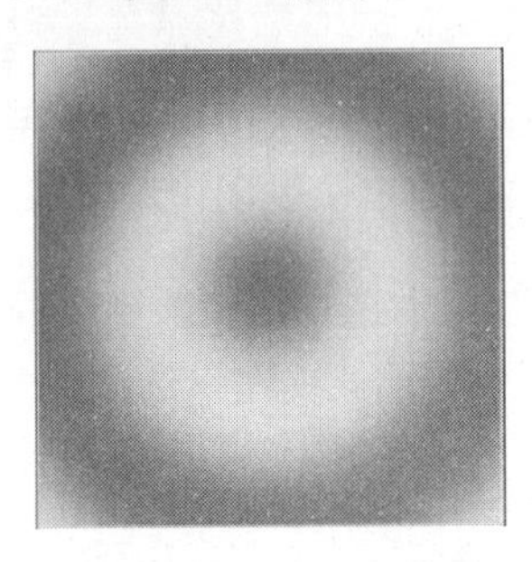
图 8-77　放射渐变

图 8-78　4 色渐变

#### 5．设置斜角边

在“字幕属性”面板“填充”栏的“填充类型”下拉列表框中选择“斜角边”选项，可以为对象添加斜角边，此时的“填充”栏如图 8-79 所示。其中各选项的含义如下。

- **高亮颜色**：设置高亮颜色。
- **高亮透明**：设置高亮颜色的透明度。
- **阴影颜色**：设置阴影颜色。
- **阴影透明**：设置阴影颜色的透明度。
- **平衡**：增加或减少高亮颜色，增加高亮颜色会减少阴影颜色，反之亦然。
- **大小**：设置斜角边的尺寸。
- **变亮**：选中该选项后的复选框，可以增强斜角边效果，使其看起来更具立体感。
- **亮度角度**：用于调整高亮的角度。
- **亮度级别**：用于调整高亮的强度。
- **管状**：选中该复选框，可以增强斜角边效果，会在高亮和阴影区域之间显示一个管状修饰。

应用斜角边后的效果如图 8-80 所示。

图 8-79　设置“斜角边”

图 8-80　设置“斜角边”后的效果

### 8.3.6　设置描边属性

为了使字幕的内容能够与背景区分开来，有时需要对字幕添加描边。选择要添加描边的对象后，在"字幕属性"面板中单击"描边"栏前的▷按钮，展开"描边"栏，单击"内侧边"选项后的"添加"超链接可以在对象边的内侧添加描边，单击"外侧边"选项后的"添加"超链接可以在对象边的外侧添加描边。

每添加一个描边都会在"内侧边"或"外侧边"选项下增加一个"内侧边"或"外侧边"选项，其中的选项都相同，如图 8-81 所示，各选项的含义如下。

- ☑内侧边**复选框**：取消选中该复选框，将暂时取消显示该描边，单击其后的"删除"超链接将彻底删除该描边。
- **类型**：设置描边的类型，有"凸出"、"边缘"和"凹进"3 个选项。
- **大小**：设置边缘的粗细。
- **填充类型**：设置边缘的填充方式。
- **色彩**：设置填充的颜色。
- **透明度**：设置填充的透明度。
- **光泽**：设置边缘的光泽。
- **纹理**：设置边缘的纹理。

添加描边后的效果如图 8-82 所示。

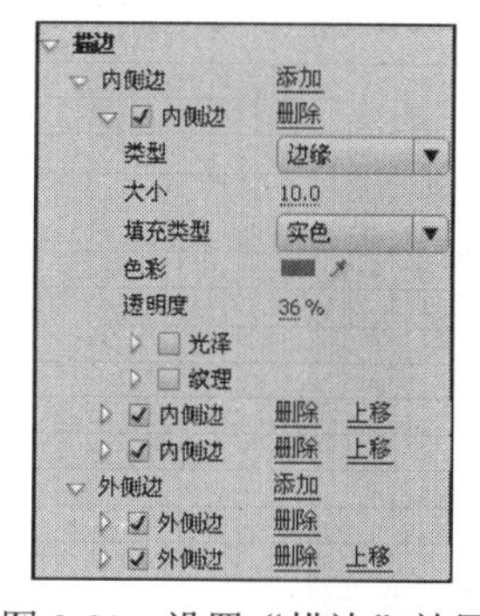


图 8-81　设置"描边"效果

图 8-82　设置"描边"效果后的效果

**提示：**

如果添加有多个内侧边或外侧边，后添加的内侧边或外侧边后有一个"上移"超链接，单击该超链接可以将该内侧边或外侧边向上移动一个位子，以调整各个描边的顺序。

### 8.3.7　设置阴影属性

在 Premiere 中，还可以为字幕中的对象添加阴影。在"字幕属性"面板中选中"阴影"栏前的复选框，单击该选项前的▷按钮，展开"阴影"栏，在其中可以对阴影的属性进行设置，如图 8-83 所示，其中各选项的含义如下。

- **色彩**：修改阴影的颜色，可以单击色块在打开的"颜色拾取"对话框中设置，也可以使用"吸管工具"从屏幕中拾取颜色。

- **透明度**：设置阴影的透明度。
- **角度**：设置阴影的角度。
- **距离**：设置阴影的偏移距离。
- **大小**：设置阴影的大小。
- **扩散**：设置阴影边缘的柔化程度。

添加阴影后的效果如图 8-84 所示。

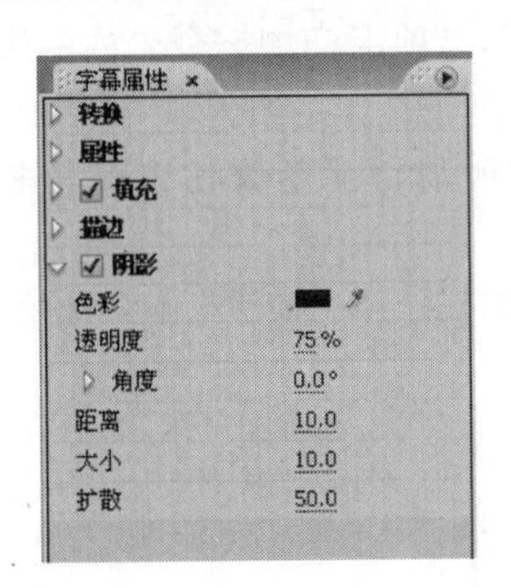


图 8-83 设置“阴影”效果

图 8-84 设置“阴影”效果后的效果

### 8.3.8 应用举例——制作“春联”文件中的字幕

使用文字工具、矩形工具等制作“春联.prproj”项目文件（立体化教学:\源文件\第 8 章\春联.prproj）中的字幕，效果如图 8-85 所示。

图 8-85 “春联.prproj”项目文件中的字幕效果

操作步骤如下：

（1）选择“文件/打开”命令，打开“春联.prproj”项目文件（立体化教学:\源文件\第 8 章\春联.prproj）。

（2）选择“字幕/新建字幕/默认静态字幕”命令，打开“新建字幕”对话框，单击 确定 按钮，新建字幕并打开“字幕”窗口。

（3）单击“矩形工具”按钮，在编辑区左侧拖动鼠标，绘制一个矩形，如图 8-86 所示。

（4）在“字幕属性”面板中单击“填充”选项左侧的按钮，展开“填充”选项。

（5）选中 纹理 复选框，然后单击“纹理”选项左侧的按钮，展开“纹理”选项。

（6）单击“纹理”选项后的缩略图，在打开的“选择一个纹理图像”对话框中选择“底纹.bmp”文件（立体化教学:\实例素材\第 8 章\底纹.bmp），单击 打开(O) 按钮，效果如图 8-87 所示。

图 8-86　绘制矩形

图 8-87　设置填充纹理

（7）在“字幕属性”面板中单击“描边”选项左侧的▷按钮，展开“描边”选项。

（8）单击“内侧边”选项后的“添加”超链接添加一个内侧边，设置“大小”为 3、“色彩”为黄色，如图 8-88 所示。

（9）再次单击“内侧边”选项后的“添加”超链接添加一个内侧边，设置“大小”为 10，选中 ☑ 纹理 复选框，然后单击“纹理”选项左侧的▷按钮，展开“纹理”选项。

（10）单击“纹理”选项后的缩略图，在打开的“选择一个纹理图像”对话框中选择“底纹.bmp”文件（立体化教学:\源文件\第 8 章\底纹.bmp），单击 打开(O) 按钮，效果如图 8-89 所示。

图 8-88　添加描边

图 8-89　添加第 2 层描边

（11）在“字幕属性”面板中选中“阴影”复选框，再单击“阴影”复选框左侧的▷按钮，展开“阴影”选项。

（12）设置“色彩”为黑色、“透明度”为 75%、“角度”为-225.0°、“距离”为 10、“大小”为 0、“扩散”为 50，如图 8-90 所示。

（13）按 Ctrl+C 键，再按 Ctrl+V 键，复制一个矩形，然后使用选择工具将复制的矩形移动到编辑区右侧，然后将两个矩形向下移动，使它们的下边缘靠齐字幕安全框，如图 8-91 所示。

图 8-90　添加阴影

图 8-91　复制矩形

（14）再使用矩形工具在编辑区上方绘制一个矩形，此时的矩形将自动应用刚才设置的格式，如图 8-92 所示。

（15）使用“垂直文字工具”在左侧的春联上输入“春满人间福满园”，设置“字体”为 HYXingKaiJ（汉仪行楷简）、“字体大小”为 25、“字距”为 22，如图 8-93 所示，此时字体的格式与矩形格式相同。

图 8-92　绘制矩形

图 8-93　输入文本

（16）在“字幕属性”面板中展开“填充”选项，设置“色彩”为黄色，并取消选中☑纹理复选框，如图 8-94 所示。

（17）在“字幕属性”面板中展开“描边”选项，再展开其中的“内侧边”选项，然后取消选中两个□内侧边复选框，如图 8-95 所示。

图 8-94　修改填充

图 8-95　取消描边

（18）在“字幕属性”面板中选中☑阴影复选框并展开“阴影”选项，修改“距离”为1、“扩散”为 5，如图 8-96 所示。

（19）使用垂直文字工具在右侧的春联上输入“天增岁月人增寿”，使用文字工具在横批上输入“春满人间”，如图 8-97 所示，文字格式自动保持与前面的设置一致。

图 8-96　修改阴影

图 8-97　输入其他文字

## 8.4　制作动态字幕

用户在创建视频的致谢部分或者长篇幅的文字时，很可能希望文字能够活动起来，如在屏幕上下滚动或左右游动。使用 Premiere 的动态字幕就能够满足这一需求。

Premiere 的动态字幕分为滚动字幕和游动字幕两种。其中，滚动字幕是指字幕中的内容从下往上滚动，游动字幕是指字幕中的内容从左往右移动或从右往左移动。

在制作动态字幕时，可以制作默认的动态字幕，也可以手动制作动态字幕。

### 8.4.1　制作默认的动态字幕

制作默认动态字幕的方法很简单，选择“字幕/新建字幕/默认滚动字幕”命令，可以新建默认的滚动字幕；选择“字幕/新建字幕/默认游动字幕”命令，可以新建默认的游动字幕。然后添加字幕对象和设置字幕属性即可。

**【例 8-6】** 利用“默认滚动字幕”命令制作“工作人员名单”字幕（立体化教学:\源文件\第 8 章\工作人员名单.prproj）。

（1）新建一个项目文件，选择“字幕/新建字幕/默认滚动字幕”命令，打开“新建字幕”对话框，在“名称”文本框中输入“工作人员名单”，单击 确定 按钮，新建字幕并打开“字幕”窗口。

（2）使用文本框工具在编辑区中拖动鼠标绘制一个文本框，并输入工作人员的名单，如图 8-98 所示。

（3）单击右上角的“关闭”按钮，关闭“字幕”窗口，然后将“工作人员名单”字幕拖动到时间轴中的视频轨道中，单击“节目”面板中的“播放”按钮▶播放视频，效果如图 8-99 所示。

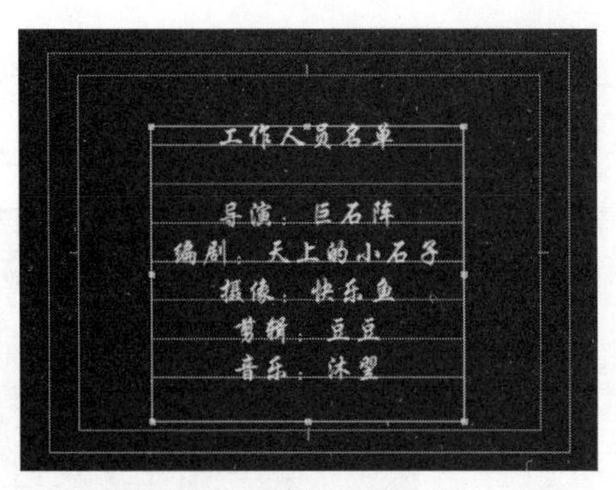


图 8-98　制作动态字幕

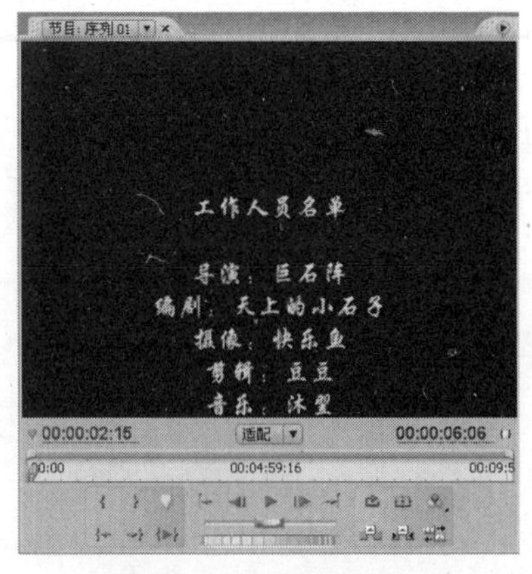


图 8-99　观看效果

## 8.4.2　手动制作动态字幕

默认的动态字幕有时不能满足实际的需求，这时就需要手动制作动态字幕，其方法是：首先新建一个字幕（静态字幕或动态字幕均可），然后单击“字幕属性”栏中的“滚动/游动选项”按钮，在打开的“滚动/游动选项”对话框中可以修改字幕的类型或对动态字幕的效果进行具体设置，如图 8-100 所示，其中各选项的含义如下。

- **静态单选按钮**：选中该单选按钮，将字幕转换为静态字幕。
- **滚动单选按钮**：选中该单选按钮，将字幕转换为滚动字幕。
- **向左游动单选按钮**：选中该单选按钮，将字幕转换为从右向左游动的字幕。
- **向右游动单选按钮**：选中该单选按钮，将字幕转换为从左向右游动的字幕。
- **开始于屏幕外复选框**：选中该复选框，可以使滚动或游动效果从屏幕外开始。
- **结束于屏幕外复选框**：选中该复选框，可以使滚动或游动效果到屏幕外结束。
- **“预卷”文本框**：如果希望文字在动作开始之前静止不动，那么可在该文本框中输入静止状态的帧数目。
- **“缓入”文本框**：如果希望字幕滚动或游动的速度逐渐增加直到正常播放速度，那么可在该文本框中输入加速过程的帧数目。
- **“缓出”文本框**：如果希望字幕滚动或游动的速度逐渐减小直到静止不动，那么可在该文本框中输入减速过程的帧数目。
- **“后卷”文本框**：如果希望文字在动作结束之后静止不动，那么可在该文本框中输入静止状态的帧数目。

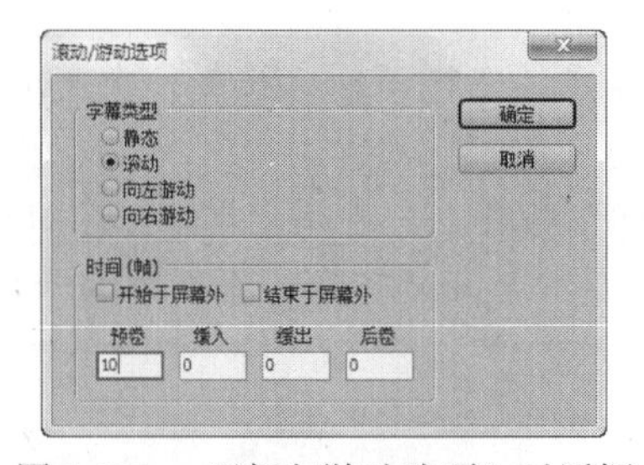


图 8-100　“滚动/游动选项”对话框

### 8.4.3　应用举例——为“动态春联”文件中的字幕添加动态效果

为“动态春联.prproj”项目文件（立体化教学:\源文件\第 8 章\动态春联.prproj）中的字幕添加从右侧进入的动态效果，效果如图 8-101 所示。

图 8-101　“动态春联.prproj”项目文件中的动态字幕效果

操作步骤如下：

（1）选择“文件/打开”命令，打开“动态春联.prproj”项目文件（立体化教学:\源文件\第 8 章\动态春联.prproj）。

（2）双击“视频 2”轨道上的字幕，打开“字幕”窗口，单击“字幕属性”栏中的“滚动/游动选项”按钮，打开“滚动/游动选项”对话框。

（3）选中“字幕类型”栏中的 向左游动 单选按钮，选中“时间（帧）”栏中的 开始于屏幕外 复选框，在“缓入”文本框中输入 50，如图 8-102 所示。

（4）单击 确定 按钮应用设置，再单击窗口右上角的“关闭”按钮，关闭“字幕”窗口，然后单击“节目”面板中的“播放”按钮播放视频，效果如图 8-101 所示。

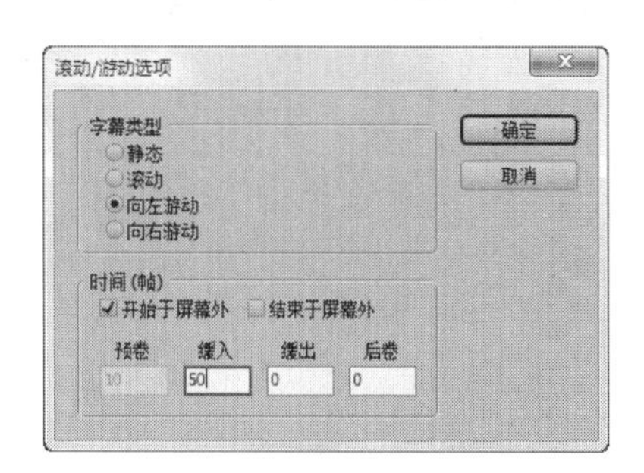


图 8-102　设置字幕动态效果

## 8.5　使用字幕样式和模板

为了能够快速地创建风格一致的字幕，Premiere 提供了字幕样式和模板功能。通过字幕样式，可以为字幕中的字幕对象快速应用所需的格式；通过模板，可以快速创建一个有内容、有版式的字幕，然后修改其中的内容即可。

## 8.5.1 使用字幕样式

虽然设置字幕对象的属性很简单，但是当一个项目中有很多字幕时，一个一个单独设置就非常耗时。花很长时间调整好对象的属性后，可能会希望对其他对象应用同样的属性，这时就可以使用字幕样式来保存这些属性，然后对其他对象应用样式即可。

### 1．应用样式

在“字幕”窗口的“字幕样式”面板中默认显示了 Premiere 提供的预置样式的缩略图，要应用这些样式很简单，首先选择要应用样式的字幕对象，然后在“字幕样式”面板中单击要应用的样式对应的缩略图即可，如图 8-103 所示。

**提示:**

直接应用样式是不会改变字体大小的，在样式的缩略图上单击鼠标右键，在弹出的快捷菜单中选择“应用样式和字体大小”命令，不仅会应用样式而且会改变文字的字体大小；选择“仅应用样式色彩”命令，将只应用填充属性，而不会改变字体和字体大小，如图 8-104 所示。

图 8-103　直接应用样式

图 8-104　其他应用样式的方式

### 2．新建样式

Premiere 提供的预置样式通常不能满足实际工作中的需求，此时可新建所需的样式。

【例 8-7】 新建样式。

(1) 在编辑区中创建字幕对象，并设置相应属性。

(2) 在“字幕样式”面板中单击右上角的 按钮，在弹出的菜单中选择“新建样式”命令。

(3) 在打开的“新建样式”对话框的“名称”文本框中输入样式的名称，如图 8-105 所示，然后单击 确定 按钮。

(4) 此时，在“字幕样式”面板的最后将增加一个样式，将鼠标指针移动到该样式的缩略图上时将显示该样式的名称，如图 8-106 所示。

图 8-105　输入样式名称

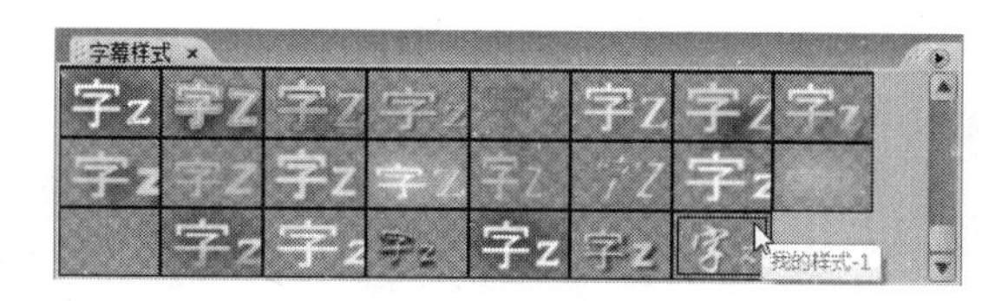

图 8-106　新建的样式

## 8.5.2　保存字幕

用户可以将制作好的字幕保存为字幕文件，以方便在其他项目中使用。其方法是：创建好一个字幕后，在“项目”面板中选择该字幕，如图 8-107 所示，然后选择“文件/导出/字幕”命令，打开“保存字幕”对话框，如图 8-108 所示，设置好保存位置和保存路径后单击 保存(S) 按钮即可。

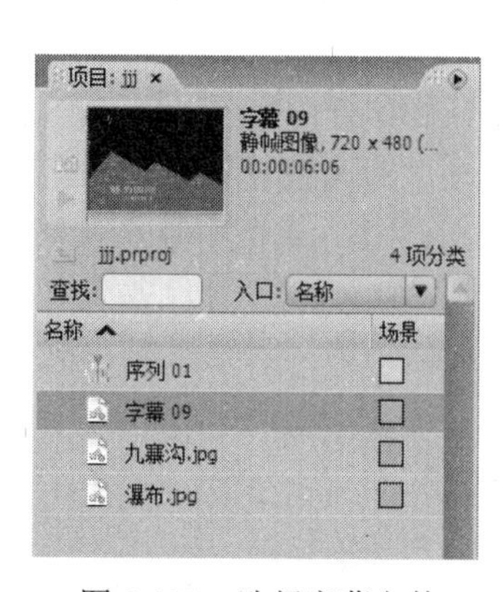

图 8-107　选择字幕文件

图 8-108　保存字幕

**提示：**

使用保存的字幕文件和使用其他素材的方法一样，选择“文件/导入”命令，在打开的“导入”对话框中导入字幕文件即可。

## 8.5.3　使用模板

Premiere 自带了很多字幕模板，通过这些模板来创建字幕，可以大大提高工作效率。另外，用户也可以将自己制作的字幕保存为模板，以便以后使用。

### 1．从模板新建字幕

从模板新建字幕的方法很简单，首先选择“字幕/新建字幕/基于模板”命令，打开“新建字幕”对话框。在左侧的列表框中选择一种模板，在“名称”文本框中输入字幕的名称，如图 8-109 所示，然后单击 确定 按钮即可基于该模板新建一个字幕，并打开“字幕”窗口。最后修改文字的内容，并替换标准的图像即可完成字幕的制作，如图 8-110 所示。

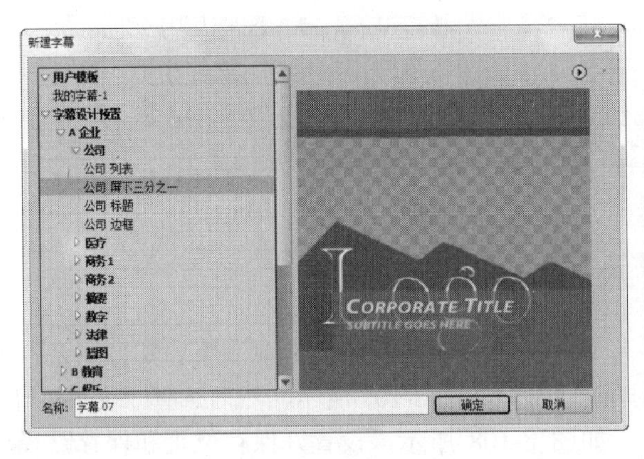


图 8-109　从模板新建字幕

图 8-110　修改字幕

### 2. 保存字幕为模板

用户可将当前字幕文件保存为模板，以方便在不同项目中重复使用。

**【例 8-8】** 将当前字幕保存为模板。

（1）新建一个字幕并制作好字幕内容或双击打开已经制作好的字幕。

（2）单击“字幕属性”栏中的“模板”按钮，打开“新建字幕”对话框。

（3）单击右上角的三角形按钮，在弹出的菜单中选择“导入当前字幕为模板”命令，打开“另存为”对话框，在“名称”文本框中输入模板的名称，如图 8-111 所示。

（4）单击 确定 按钮将字幕保存为模板，此时，在左侧的列表框中的“用户模板”栏下将显示刚才保存的模板名称，如图 9-112 所示。

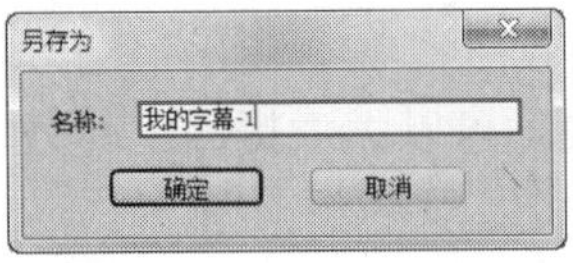

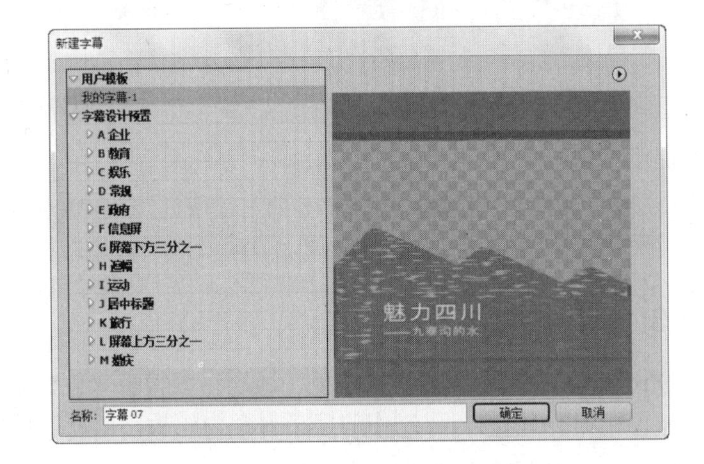


图 8-111　“另存为”对话框

图 8-112　“新建字幕”对话框

**提示：**

也可以将已经保存了的字幕文件保存为模板，单击“模板”对话框右上角的三角形按钮，在弹出的菜单中选择“导入文件为模板”命令，在打开的“导入文件为模板”对话框中选择保存的字幕文件，再单击 打开(O) 按钮即可。

### 8.5.4　应用举例——制作“成都映像”文件中的字幕

使用模板和样式制作“成都映像.prproj”项目文件（立体化教学:\源文件\第 8 章\成都映像.prproj）中的字幕，效果如图 8-113 所示。

图 8-113　“成都映像.prproj”项目文件中的字幕效果

操作步骤如下：

（1）选择“文件/打开”命令，打开“成都映像.prproj”项目文件（立体化教学:\实例素材\第 8 章\成都映像.prproj）。

（2）选择“字幕/新建字幕/基于模板”命令，打开“新建字幕”对话框，在左侧的列表框中依次展开“字幕设计预设”、“旅行”和“水”选项，再选择“水_HD_屏下三分之一”选项，在“名称”文本框中输入“成都映像”文本，如图 8-114 所示。单击 确定 按钮新建字幕并打开“字幕”窗口。

（3）将标题的文本修改为“成都映像”，然后单击“字幕样式”面板中的“方正金质大黑”样式，为文字应用样式，如图 8-115 所示。

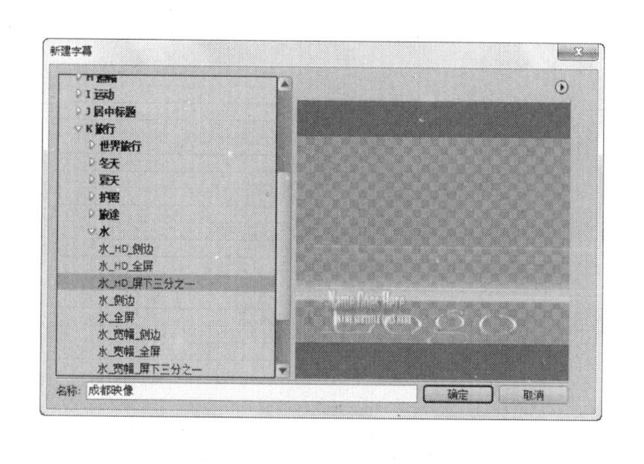


图 8-114　“新建字幕”对话框

图 8-115　修改标题

（4）将副标题的文本修改为“——锦里古街”，然后单击“字幕样式”面板中的“黑体”样式，为文字应用样式，如图 8-116 所示。

（5）选择 Logo 标志对象，然后在“字幕属性”面板的“属性”栏中单击“标志位图”选项后的缩略图，在打开的对话框中打开“底纹.bmp”图像文件（立体化教学:\实例素材\

第 8 章\底纹.bmp），如图 8-117 所示。

（6）保持 Logo 标志对象的选择状态，选择“字幕/排列/退后一层”命令，将该对象后退一层，然后再降低该对象的高度，最终效果如图 8-113 所示。

图 8-116 修改副标题

图 8-117 修改标志对象

## 8.6 上机及项目实训

### 8.6.1 制作“李白诗词欣赏”视频

本次实训将制作“李白诗词欣赏”视频，最终效果如图 8-118 所示（立体化教学:\源文件\第 8 章\李白诗词欣赏.prproj）。在该练习中，将使用到新建字幕、添加字幕对象、设置字幕对象属性、创建并使用模板等功能。

图 8-118 李白诗词欣赏

### 1．创建片头字幕

创建片头字幕，在其中绘制一个白色的矩形作为背景，然后插入素材图像，输入标题文字，操作步骤如下：

（1）启动 Premiere Pro CS3，在打开的欢迎对话框中单击“新建项目”按钮，如图 8-119 所示。

（2）打开“新建项目”对话框，在左侧的列表框中依次展开 DVCPRO50 和 480i 文件夹，再选择“DVCPRO50 24p 标准”选项，单击 浏览(B)... 按钮，在打开的“选择文件夹”对话框中设置保存项目文件的位置，在“名称”文本框中输入“李白诗词欣赏”文本，如图 8-120 所示，单击 确定 按钮。

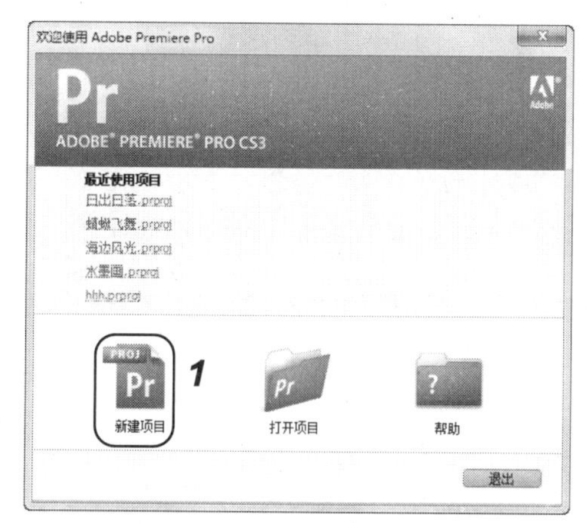


图 8-119　欢迎对话框

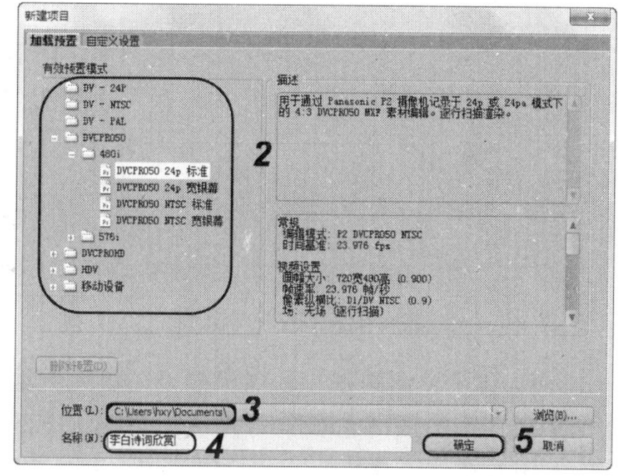


图 8-120　“新建项目”对话框

（3）选择“文件/导入”命令，在打开的“导入”对话框中选择“背景.png”图像（立体化教学:\实例素材\第 8 章\背景.png），单击 打开(O) 按钮导入该文件。

（4）在“项目”面板中选择“背景.png”选项，将其拖动到“视频 1”轨道中，如图 8-121 所示。

（5）选择“字幕/新建字幕/默认静态字幕”命令，打开“新建字幕”对话框，在“名称”文本框中输入“片头”，如图 8-122 所示，单击 确定 按钮打开“字幕”窗口。

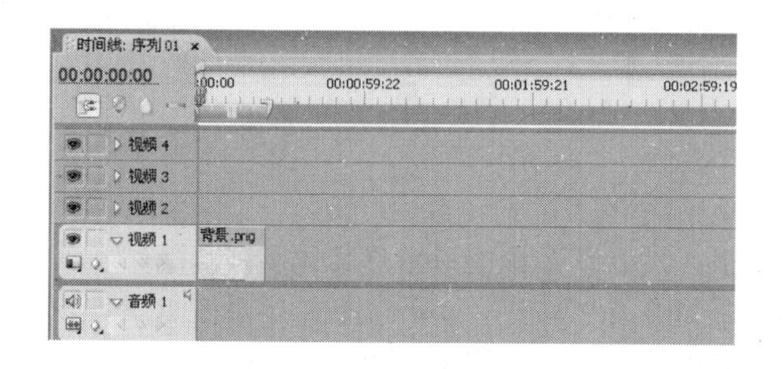


图 8-121　添加素材到时间轴

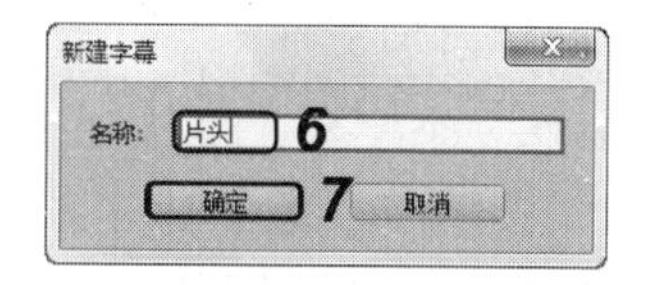


图 8-122　新建字幕

（6）选择“字幕/标志/插入标志”命令，在打开的“导入图像为标志”对话框中选择

"李白.png"图像（立体化教学:\实例素材\第8章\李白.png），单击[打开(O)]按钮导入该文件。

（7）缩小图像的大小，并将其移动到画面的左侧，如图8-123所示。

（8）单击"垂直文字工具"按钮，在画面的右侧输入文本"李白诗词欣赏"，设置"字体"为FZHuangCao-S09S（方正黄草简体）、"字体大小"为50、"字距"为19，如图8-124所示。

图8-123　插入图像

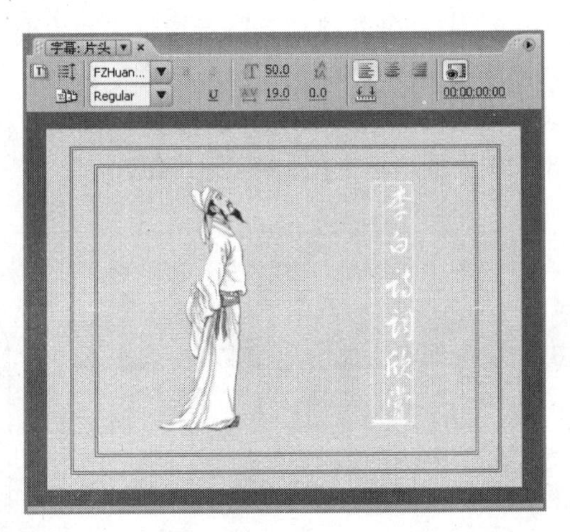


图8-124　输入文本

（9）在"字幕属性"面板中展开"填充"选项，在"填充类型"下拉列表框中选择"实色"选项，并设置"色彩"为黑色，如图8-125所示。

（10）在"字幕属性"面板中选中☑阴影复选框，然后展开"阴影"选项，设置"色彩"为黑色、"角度"为-210°、"距离"为5、"大小"为0、"扩散"为20，如图8-126所示。

（11）单击窗口右上角的"关闭"按钮，关闭"字幕"窗口。

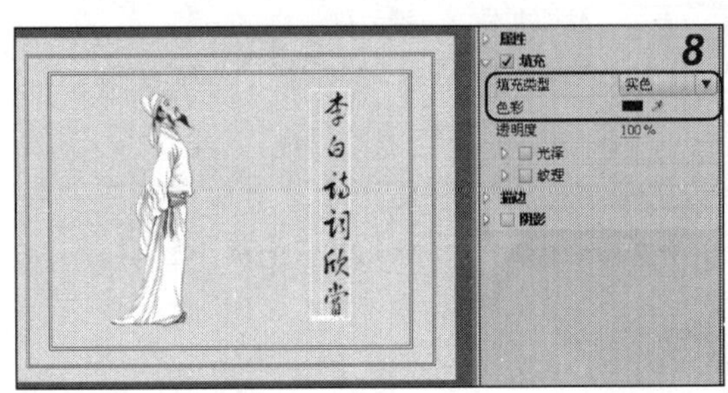


图8-125　设置填充属性

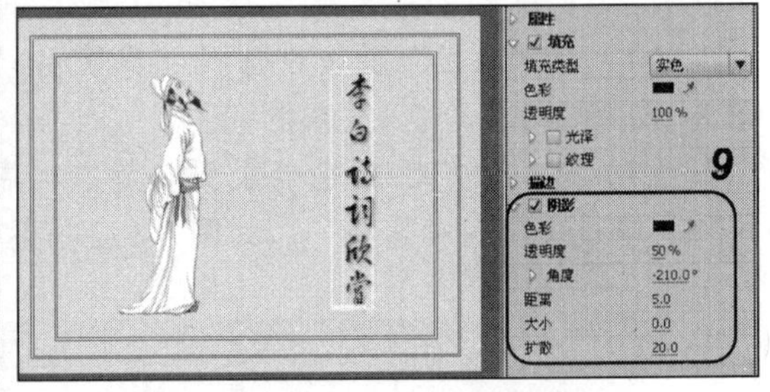


图8-126　设置阴影属性

**2. 制作诗词字幕**

先制作一个字幕并将其保存为模板，然后基于该模板新建其他字幕，操作步骤如下：

（1）选择"字幕/新建字幕/默认静态字幕"命令，打开"新建字幕"对话框，在"名称"文本框中输入"诗词"，如图8-127所示，单击[确定]按钮打开"字幕"窗口。

（2）选择"字幕/标志/插入标志"命令，在打开的"导入图像为标志"对话框中选择"图1.png"图像（立体化教学:\实例素材\第8章\图1.png），单击[打开(O)]按钮导入该文件。

（3）缩小图像的大小，并将其移动到画面的右侧，如图 8-128 所示。

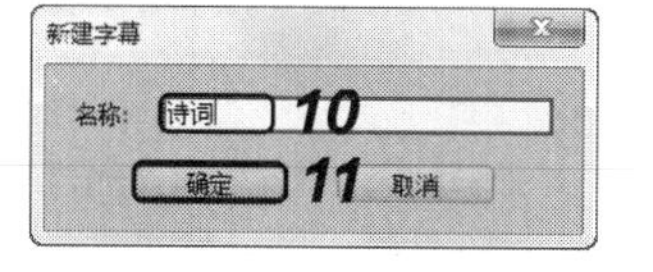


图 8-127　新建字幕

图 8-128　插入图像

（4）使用“垂直文本框工具”在画面的左侧输入诗词《静夜思》的文本，设置“字体”为 FZHuangCao-S09S（方正黄草简体）、“大小”为 45、“字距”为 14，如图 8-129 所示。

（5）单击“字幕属性”面板中的“模板”按钮，打开“模板”对话框，单击右上角的三角形按钮，在弹出的菜单中选择“导入当前字幕为模板”命令，如图 8-130 所示。

图 8-129　输入文本

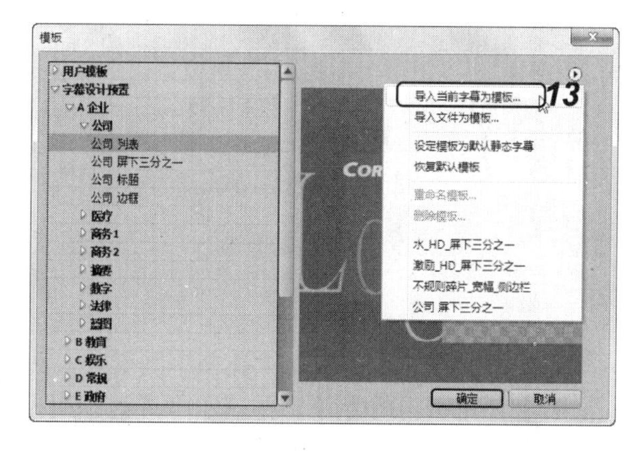


图 8-130　保存为模板

（6）打开“另存为”对话框，在“名称”文本框中输入“诗词”文本，如图 8-131 所示，单击 确定 按钮新建模板，并返回“模板”对话框。

（7）单击 确定 按钮关闭“模板”对话框，再单击窗口右上角的“关闭”按钮，关闭“字幕”窗口。

（8）选择“字幕/新建字幕/基于模板”命令，打开“新建字幕”对话框，在左侧的列表框中选择“用户模板”下的“诗词”选项，在“名称”文本框中输入“诗词 2”文本，如图 8-132 所示。

（9）单击 确定 按钮，新建字幕并打开“字幕”窗口，将左侧文本框中的文本修改为诗词《赠汪伦》的文本，如图 8-133 所示。

（10）选择右侧的图像，然后单击“字幕属性”面板“属性”栏中“标志位图”选项右侧的缩略图，在打开的“选择一个纹理图像”对话框中选择“图 2.png”图像（立体化教学:\实例素材\第 8 章\图 2.png），单击 打开(O) 按钮导入该文件，如图 8-134 所示。

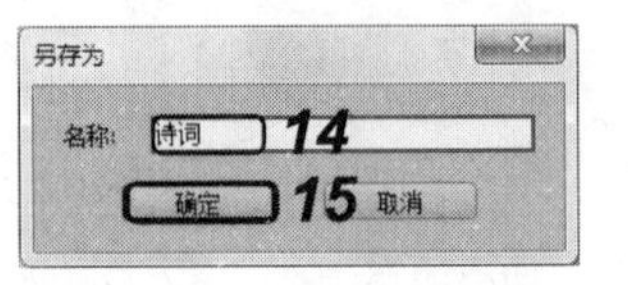


图 8-131 “另存为”对话框

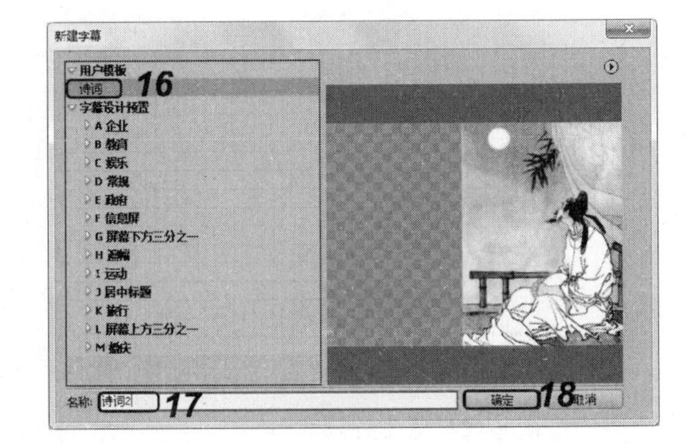


图 8-132 新建字幕

图 8-133 修改文本

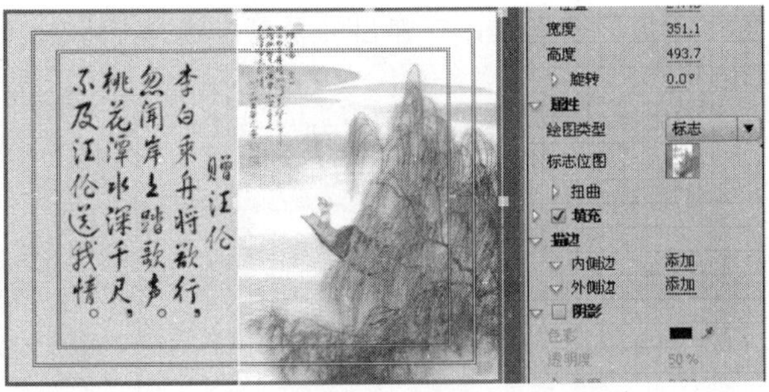

图 8-134 替换图像

（11）单击窗口右上角的“关闭”按钮，关闭“字幕”窗口。

（12）使用相同的方法，再基于“诗词”面板新建“诗词 3”字幕，将文本替换为诗词《望天门山》的文本。将图像替换为“图 3.png”图像（立体化教学:\实例素材\第 8 章\图 3.png），效果如图 8-135 所示。

（13）将“片头”、“诗词”、“诗词 2”和“诗词 3” 4 个字幕添加到“视频 2”轨道中，如图 8-136 所示。

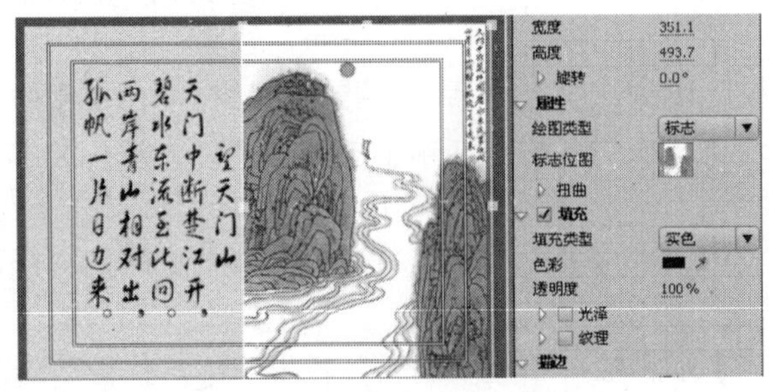


图 8-135 制作“诗词 3”字幕

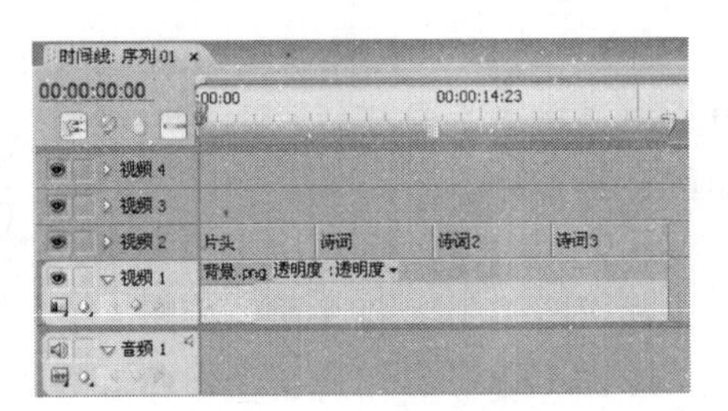


图 8-136 添加字幕到时间轴

### 8.6.2　制作“赤壁怀古”视频

本例将制作如图 8-137 所示的诗词欣赏字幕（立体化教学:\源文件\第 8 章\赤壁怀古.prproj），该字幕将在背景素材上由左至右进行淡入淡出移动。

图 8-137　赤壁怀古

本练习可结合立体化教学中的视频演示进行学习（立体化教学:\视频演示\第 8 章\赤壁怀古.swf）。主要操作步骤如下：

（1）新建一个“DVCPRO50 24p 宽银幕”项目文件，名称为“赤壁怀古”。

（2）导入“赤壁.jpg”文件（立体化教学:\实例素材\第 8 章\赤壁.jpg），并将其拖动到“视频 1”轨道中。

（3）选择“字幕/新建字幕/默认静态字幕”命令，打开“新建字幕”对话框，在“名称”文本框中输入“赤壁怀古”，单击确定按钮打开“字幕”窗口。

（4）选择“垂直文本框工具”在画面中输入文本“赤壁怀古”，设置大小为 12、字距为 5、行距为 10，然后在“字幕样式”面板中选择“方正隶变”选项。

（5）单击“字幕属性”面板中的“滚动/游动选项”按钮，打开“滚动/游动选项”对话框。

（6）选中“字幕类型”栏中的向左游动单选按钮，选中“时间（帧）”栏中的开始于屏幕外复选框，然后单击确定按钮应用设置，再单击窗口右上角的“关闭”按钮，关闭“字幕”窗口。

（7）将标题字幕添加到“视频 2”轨道中。在“效果控制”面板中展开“透明度”选项，在 0 秒处添加一个关键帧并设置透明度为 0%，在 3 秒处添加一个关键帧并设置透明度为 100%。

## 8.7　练习与提高

（1）制作如图 8-138 所示的类似电影“星球大战”片头中的纵深滚动字幕（立体化教学:\源文件\第 8 章\纵深滚动字幕.prproj）。

提示：将“太空.jpg”素材（立体化教学:\实例素材\第 8 章\太空.jpg）添加到“视频 1”

轨道中，并应用“球面化”效果，制作滚动字幕 Star WAR 并添加到“视频 2”轨道中，然后为其添加“边角固定”效果。

图 8-138　纵深滚动字幕

（2）制作如图 8-139 所示的类似电影“黑客帝国”片头中的文字雨字幕效果（立体化教学:\源文件\第 8 章\文字雨.prproj）。

提示：将“背景 02.jpg”素材（立体化教学:\实例素材\第 8 章\背景 02.jpg）添加到“视频 1”轨道中，并应用“紊乱置换”效果，制作滚动字幕并添加到“视频 2”轨道中，然后为其添加“拖尾”和“Alpha 辉光”效果。本练习可结合立体化教学中的视频演示进行学习（立体化教学:\视频演示\第 8 章\制作文字雨效果.swf）。

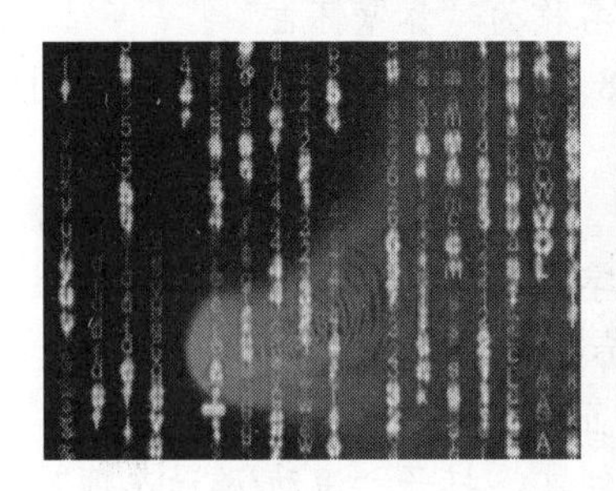
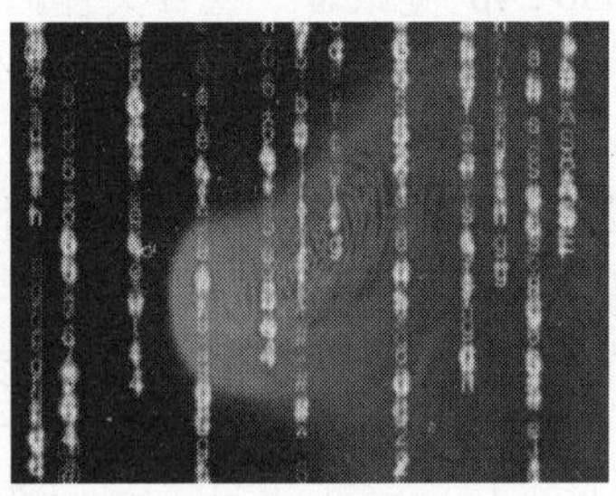
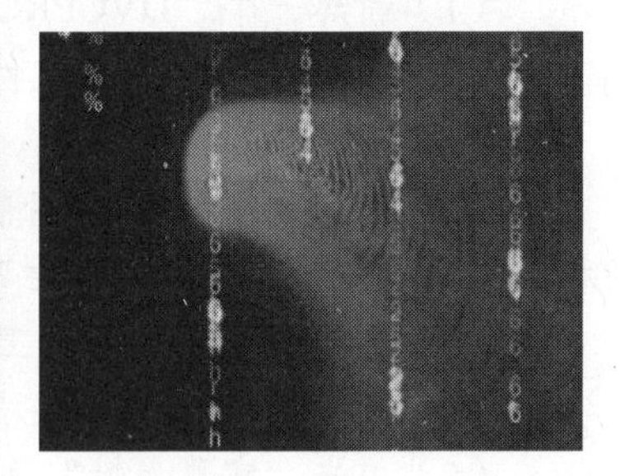

图 8-139　文字雨

### 经验技巧　总结制作字幕的技巧

本章主要介绍了 Premiere 制作字幕的方法，要想在作品中灵活制作出各种特殊效果的字幕，课后还必须学习和总结一些字幕效果的使用技巧，这里总结以下几点供大家参考和探索。

- 字幕和其他视频素材一样，可以为其添加各种视频特效，这样就弥补了字幕本身动态效果较少的缺陷。
- 字幕的制作方法是千变万化的，同一种效果的制作方法也可能会有好几种，读者在学习时，不要局限于书本中的知识，要根据实际情况具体考虑制作方法，并同时思考这些方法是否能够实现其他效果。

# 第 9 章 影 片 输 出

## 学习目标

- ☑ 掌握输出 AVI 影片的方法
- ☑ 熟悉影片输出参数的设置方法
- ☑ 掌握图片序列、单帧图像文件和音频文件的输出方法
- ☑ 了解 Adobe Media Encoder 的使用

## 目标任务&项目案例

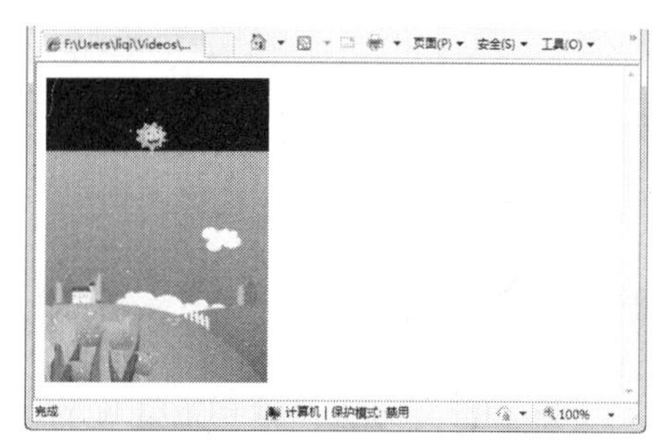

输出并播放 GIF 动画

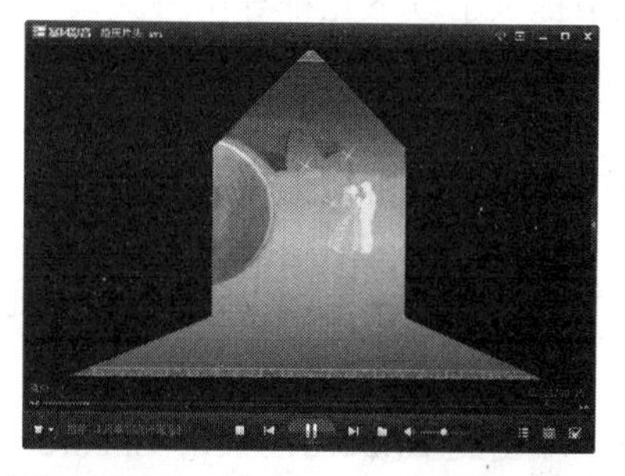

制作和输出“婚庆片头”AVI 格式影片

输出并播放 FLV 视频

制作和输出“美味点心”AVI 格式影片

通过上述实例效果展示可以发现，影片编辑的最后一步工作便是生成影视文件，生成影视文件后，便可以在多媒体播放器上播放。本章将具体讲解影片输出的相关知识，读者应重点掌握不同对象的各种输出方法，如输出静止图像文件和合成影片文件的方法等，并掌握输出影片的常规设置选项等。

# 9.1 输出影片及参数设置

.prproj 格式的项目文件只能在 Premiere 中使用，因此，当用户完成对影片的编辑操作后，便可以对影片项目进行输出操作。Premiere 支持多种文件类型的输出，选择“文件/导出”命令，将弹出如图 9-1 所示的“导出”子菜单。

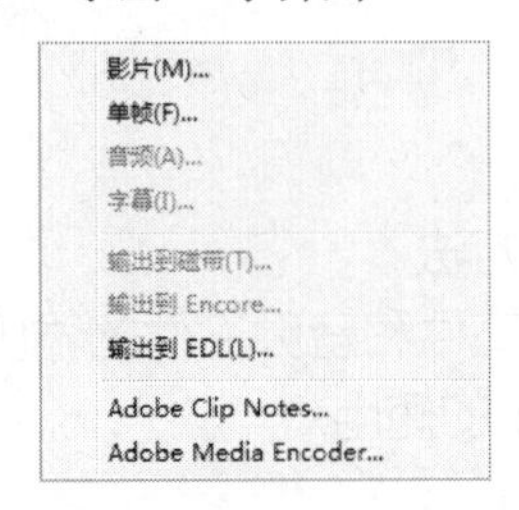


图 9-1 “导出”子菜单

其中提供了以下几种导出方式。

- **影片**：用于将项目输出为电影文件。
- **单帧**：输出项目中的帧。
- **音频**：输出项目中的音频。
- **字幕**：输出单独的字幕文件。
- **输出到磁带**：将项目导出到外部的录音带上，只有在连接了数码录像机或摄像机时，此选项才可以使用。
- **输出到 Encore**：使用 Encore 和 DVD 刻录机，可以将当前项目刻录成 DVD。
- **输出到 EDL**：用于创建编辑定制列表。
- **Adobe Clip Notes**：输出 Adobe 剪辑注释。
- **Adobe Media Encoder**：输出为多种格式的文件。

下面先介绍最常使用的输出影片的操作及相关参数设置。

## 9.1.1 输出影片

在 Premiere 中可以输出多种格式的视频文件，包括 AVI、WAV、电影胶片和 GIF 动画等格式，以便于在计算机上使用媒体播放器进行播放。

**【例 9-1】** 将第 7 章制作的“蜻蜓飞舞.prproj”项目文件输出为 AVI 格式影片。

（1）打开“蜻蜓飞舞.prproj”项目文件，在“时间线”面板中选择需要输出的视频序列（本例只有一个默认的“序列 01”），如图 9-2 所示。

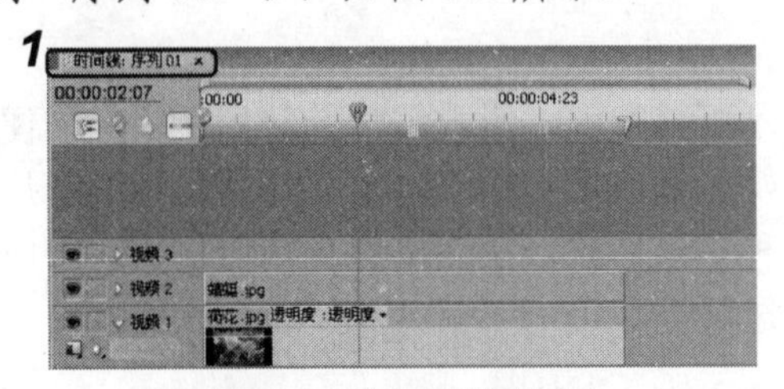


图 9-2 选择视频序列

（2）选择“文件/导出/影片”命令，打开如图 9-3 所示的“导出影片”对话框。

（3）在“保存在”下拉列表框中选择视频输出的保存位置，在“文件名”文本框中输入保存名称“蜻蜓戏荷”，默认将输出为.avi 格式文件。

（4）单击 设置... 按钮，打开“导出影片设置”对话框，在“常规”选项区域中的“文件类型”下拉列表框中选择视频文件格式，并可对输出范围进行设置，完成后单击 确定 按钮，如图 9-4 所示，返回“导出影片”对话框。

图 9-3　“导出影片”对话框

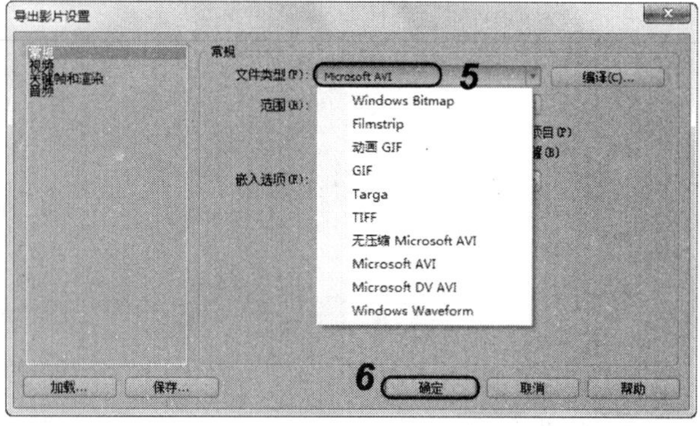


图 9-4　选择导出影片的格式

（5）单击 保存(S) 按钮，将根据设置的输出参数进行视频的输出，同时在打开的对话框中将显示输出进度和所需时间，如图 9-5 所示。

（6）输出完成后打开设置的保存文件夹，便可看到输出的“蜻蜓戏荷.avi”文件，如图 9-6 所示，双击便可使用播放器软件进行影片播放（立体化教学:\源文件\第 9 章\蜻蜓戏荷.avi）。

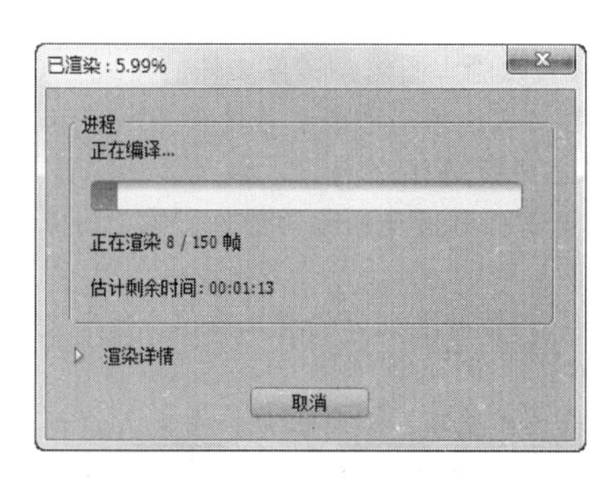


图 9-5　输出影片的进度

图 9-6　查看输出的影片文件

**提示：**

输出影片需要的时间由计算机的硬件配置决定，配置越高，导出的速度越快。相同配置的计算机，当输出视频参数设置不一样时，所需的时间也不相同。

在输出影片时，通过“导出影片设置”对话框可以对影片的视频、音频等参数进行详细设置。下面将以输出 AVI 格式为例，分别介绍该对话框中各个选项区域中参数的含义。

## 9.1.2 “常规”输出设置

在“导出影片设置”对话框左侧选择“常规”选项，切换到如图 9-7 所示的对话框，可以对影片的输出格式等常规选项进行设置，下面将进行具体介绍。

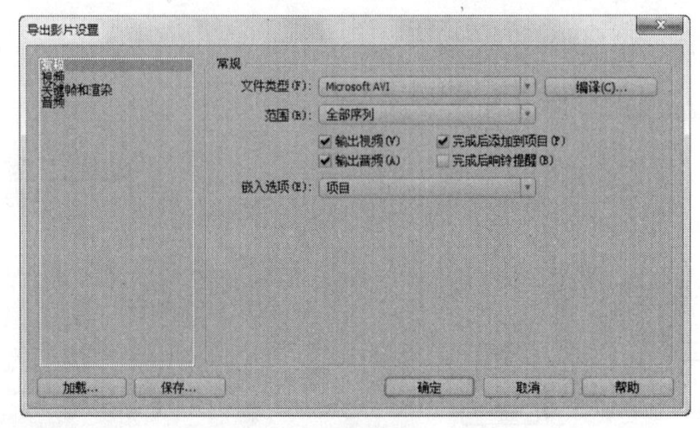

图 9-7 “常规”输出设置

### 1. 文件类型

用于选择影片输出的文件格式，以满足不同的使用需要，Premiere 提供了如下几种输出格式。

- Windows Bitmap（窗口位图序列）：将影片输出为一系列 BMP 格式的静止图像。
- Filmstrip（电影胶片）：将影片输出为电影胶片带，输出后可使用图像处理软件 Photoshop 打开后进行逐帧编辑。输出为电影胶片带时会占用大量的磁盘空间。
- 动画 GIF（GIF 动画）：将影片输出为 GIF 动画格式，该格式可连续存储视频的每一帧，并支持在网页上进行播放，但不支持声音效果。
- GIF（GIF 序列）：将影片输出为一系列的静止图像，图像文件的格式为 GIF。
- Microsoft AVI（微软 AVI）：为默认的格式选项，即将影片输出为 AVI 格式的视频文件，可使用 Windows 自带的播放器进行播放。
- Targa（TGA 序列）：将影片输出为一系列带有序列号的静止图像，图像文件的格式为 TGA。
- TIFF（TIFF 序列）：将影片输出为一系列带有序列号的静止图像，每个文件对应影片的每一帧，图像文件的格式为 TIFF。
- Microsoft AVI（微软 AVI）：为默认的格式选项，即将影片输出为 AVI 格式的视频文件，可使用 Windows 自带的播放器进行播放。
- Microsoft DV AVI（微软 DV AVI）：将影片输出为微软的 AVI 数字视频格式。
- Windows Waveform（WAV）：将影片输出为 WAV 格式的影片声音文件。

### 2. 范围

“范围”下拉列表框用于选择影片输出的范围，用户可选择输出“全部序列”（整个项目），选择“工作区域栏”选项则表示输出“时间线”面板工作区中的内容，在选择该选项之前必须先在“时间线”面板中设置工作区域范围。

在“范围”栏中还可以选择输出的内容，各个复选框的含义如下。

- ☑输出视频(V)**复选框**：选中该复选框，可输出影片中的视频部分；取消选中，则不能输出视频部分。
- ☑输出音频(A)**复选框**：选中该复选框，可输出影片中的音频部分；取消选中，则不能输出音频部分。
- ☑完成后添加到项目(P)**复选框**：选中该复选框，当影片输出完成后，将在 Premiere 中的项目预览窗口中播放影片输出效果。
- ☐完成后响铃提醒(B)**复选框**：选中该复选框，当影片输出完成后，系统发出声音提示。

### 3．嵌入选项

在“嵌入选项”下拉列表框中选择在输出影片时是否包括数据编辑的指令，相当于原文件的编辑功能，为了实现编辑，应在该下拉列表框中选择“项目”选项。

## 9.1.3　“视频”输出设置

在“导出影片设置”对话框左侧选择“视频”选项，切换到如图 9-8 所示的对话框，在该对话框中可对影片的视频部分进行参数设置，下面将进行具体介绍。

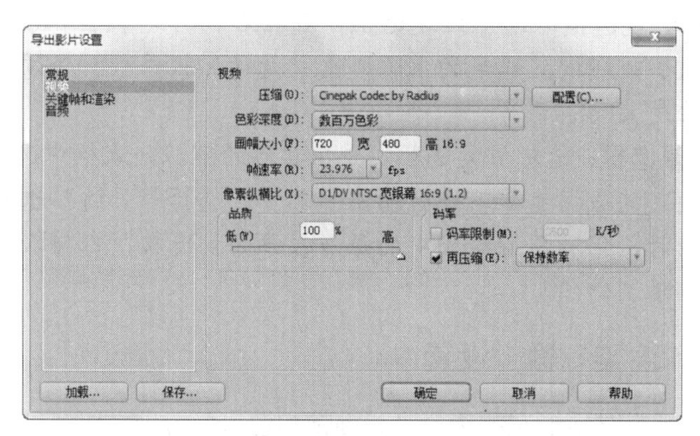


图 9-8　“视频”输出设置

### 1．视频

“视频”栏中各选项的含义如下。

- **“压缩”下拉列表框**：为了减少视频文件所占用的磁盘空间，在输出时可以对文件进行压缩。方法是在该下拉列表框中选择影片输出的压缩方式，如图 9-9 所示。单击其后的 配置(C)... 按钮，在打开的对话框中可对压缩方式的有关参数进行设置，通常使用默认的压缩参数设置便可。
- **“色彩深度”下拉列表框**：当用户将影片输出为静止的图片格式时，在该下拉列表框中设置视频画面输出后的颜色深度（颜色数）。
- **“画幅大小”文本框**：在该选项右侧的文本框中输入影片输出的视频画面尺寸，包括宽和高。

- **“帧速率”下拉列表框**：在该下拉列表框中选择影片的播放速率（每秒播放画布的帧数），以帧/秒为单位。
- **“像素纵横比”下拉列表框**：在该下拉列表框中选择所需的像素纵横比例，如图 9-10 所示。

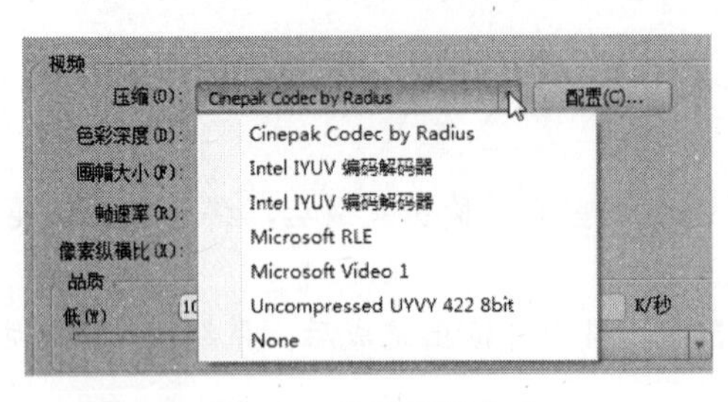


图 9-9　选择压缩方式

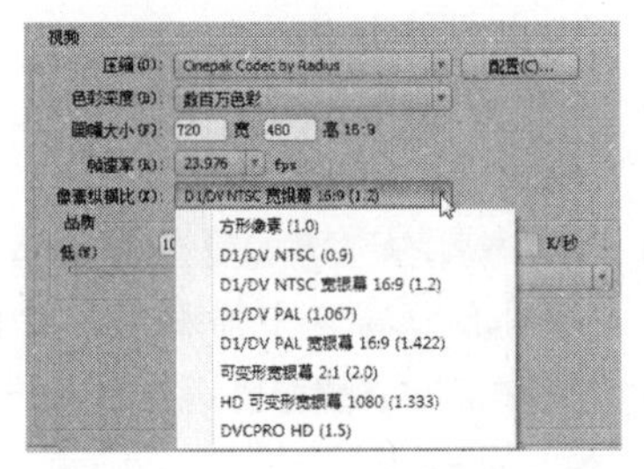


图 9-10　选择像素纵横比

### 2．品质

在“品质”栏中通过拖动三角形滑块，可以设置影片画面的质量，质量越高，则画面效果越好，同时，所占用的磁盘空间也越大。

### 3．码率

码率是指播放输出的视频文件的数据速率，“码率”栏中各选项的含义如下。

- **码率限制(M):复选框**：选中该复选框，并在右侧的文本框中输入数值，可以限制数据流的大小，即设置码率的上限，也就是计算机每秒钟必须处理的视频信息数量，其单位是 K/秒。
- **再压缩(E)复选框**：选中该复选框，并在其后的下拉列表框中选择所需的选项，可使影片在指定的数据速率下进行输出。其中，选择“始终”选项，当码率已低于设置的码率时，仍可压缩视频中的每一帧画面；选择“保持数率”选项，将只压缩超过压缩限制的帧。

## 9.1.4　“关键帧和渲染”输出设置

在“导出影片设置”对话框左侧选择“关键帧和渲染”选项，切换到如图 9-11 所示的对话框，在该对话框中可对影片的关键帧及预演操作等参数进行设置，下面将进行具体介绍。

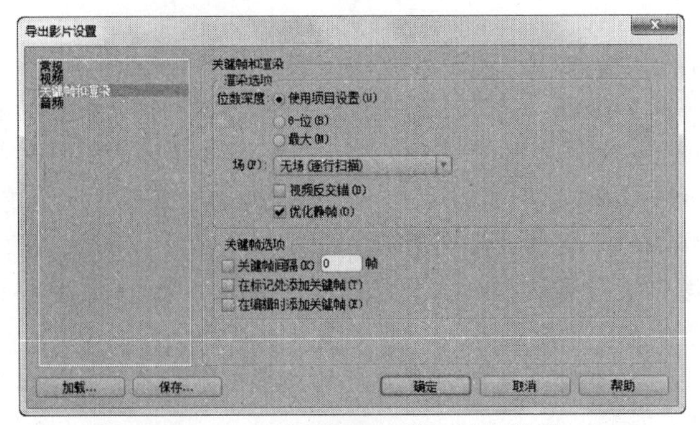


图 9-11　“关键帧和渲染”输出设置

### 1．渲染选项

“渲染选项”栏中各选项的含义如下。

- **“位数深度”栏**：用于设置输出影片的质量，可以选中“使用项目设置(U)”、“8-位(8)”和“最大(M)”3 个单选按钮中的一个。
- **“场”栏**：在其右侧的下拉列表框中选择输出视频的扫描场，包括“无场（逐行扫描）”、“上场优先”和“下场优先”3 个选项。另外，选中“视频反交错(D)”复选框时，将无法在上方选择扫描场；选中“优化静帧(O)”复选框，表示对静止图像进行优化计算。

### 2．关键帧选项

“关键帧选项”栏中各选项的含义如下。

- **“关键帧间隔(K)”复选框**：选中该复选框，并在其后的文本框中指定输出时每隔多少帧添加一个关键帧。
- **“在标记处添加关键帧(T)”复选框**：选中该复选框，在素材标记点处添加关键帧。设置时，标记点必须在素材序列的时间标尺上。
- **“在编辑时添加关键帧(E)”复选框**：选中该复选框，在编辑位置处添加关键键，此时，视频素材必须放置在素材序列中。

## 9.1.5　“音频”输出设置

在“导出影片设置”对话框左侧选择“音频”选项，切换到如图 9-12 所示的对话框，在该对话框中可对音频部分进行参数设置。

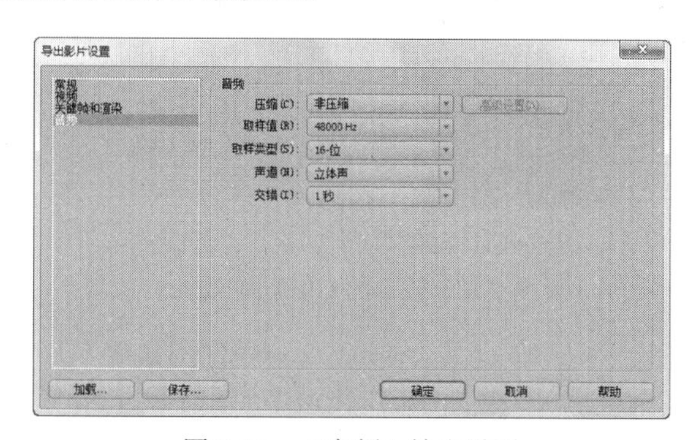


图 9-12　“音频”输出设置

其中各选项的含义如下。

- **“压缩”下拉列表框**：在该下拉列表框中选择音频的压缩格式。Premiere 提供了 GSM 6.10、CCITT u-Law、CCITT A-Law、Microsoft ADPCM、IMA ADPCM 和非压缩（不压缩）等音频压缩格式。
- **“取样值”下拉列表框**：在该下拉列表框中选择影片音频部分的采样速率。选择的速率越高，音质就越好，所需的磁盘空间就越大。其中，44100KHz 采样率相当于 CD 音质，11025KHz 采样率相当于一般的电话声音效果，用户应根据实际情况选择合适的音频采样率。
- **“取样类型”下拉列表框**：在该下拉列表框中选择输出音频的采样倍数，可将音频输出为 8 位或 16 位的单声道或立体声格式，最高可提供 32 位比特声。

- **“声道”下拉列表框**：在该下拉列表框中选择输出音频为单声道或立体声。
- **“交错”下拉列表框**：在该下拉列表框中设置在输出视频多少帧之间插入音频数据，通常默认选择“1 秒”。

完成设置后单击 确定 按钮，返回“导出影片”对话框进行影片输出。

**技巧：**

在“导出影片设置”对话框中设置好导出参数后，可以单击 保存... 按钮，将所设置的参数保存到计算机中，下次使用时直接单击 加载... 按钮，调用计算机中已有的参数设置文件，以提高输出效率。

## 9.1.6 应用举例——输出“移动的太阳”GIF 动画视频

将在第 7 章制作的“日出日落.prproj”影片输出为 GIF 动画，以便于在网页中使用，并设定输出的视频画面尺寸大小为高 450、宽 450，帧速率为 29.97fps，输出后文件名称为“移动的太阳.gif”。如图 9-13 所示为用 IE 浏览器查看输出的 GIF 动画的效果（立体化教学:\源文件\第 9 章\移动的太阳.gif）。

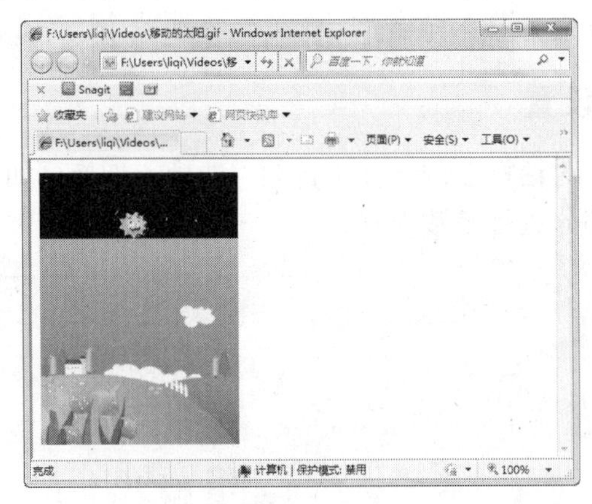


图 9-13 输出的 GIF 动画效果

操作步骤如下：

（1）打开“日出日落”项目文件（立体化教学:\实例素材\第 9 章\日出日落.prproj），在“时间线”面板中选择“序列 01”。

（2）选择“文件/导出/影片”命令，打开“导出影片”对话框，单击 设置... 按钮，打开“导出影片设置”对话框。

（3）在“常规”选项区域中的“文件类型”下拉列表框中选择“动画 GIF”选项，如图 9-14 所示。

（4）在左侧列表框中选择“视频”选项，在“画幅大小”右侧的“宽”文本框中输入“450”，在“高”文本框中输入“450”，在“帧速率”下拉列表框中选择“29.97”选项，如图 9-15 所示。

（5）单击 确定 按钮，返回“导出影片”对话框，选择保存位置后输入文件名为“移动的太阳.gif”，如图 9-16 所示。

（6）单击 保存(S) 按钮，开始输出 GIF 动画视频，输出完成后打开设置的保存文件夹，便可看到输出的“移动的太阳.gif”文件，如图 9-17 所示，双击该视频文件便可播放。

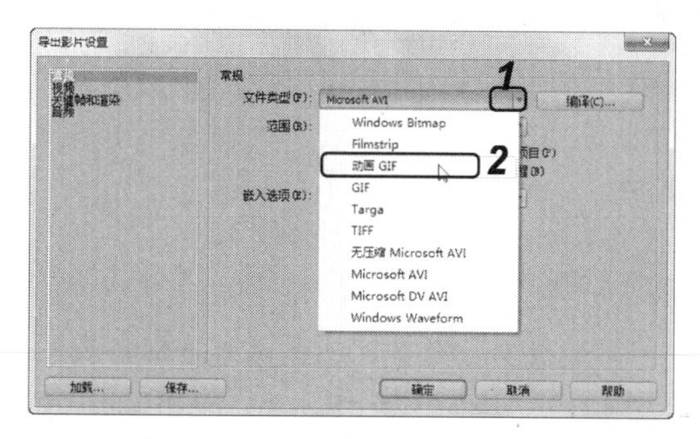


图 9-14　选择 GIF 动画格式

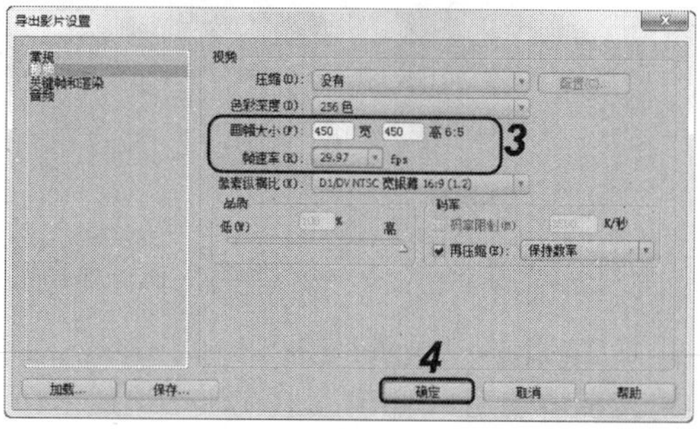

图 9-15　设置画面尺寸和帧速率

图 9-16　设置文件名和输出位置

图 9-17　查看输出的动画文件

# 9.2　输出其他常用格式文件

在 Premiere 中，不仅可以输出整个影片，还可以输出单帧图像、音频文件以及脱机剪辑表 EDL 和 Adobe 剪辑注释等其他格式的视频文件。

## 9.2.1　输出单帧图像文件

通过 9.1 节介绍的输出影片的方法，在输出时选择 TIFF、Targa 等选项便可将影片的所有帧都输出为静止图像（即图像序列）。在 Premiere 中，还可将影片的某一帧输出为静止图像，以便为视频动画制作定格效果，与输出影片的操作大致相同。

**【例 9-2】** 将“日出日落.prproj”项目文件输出为 TIFF 格式的单帧图像，文件名为“卡通背景.bmp”。

（1）打开“日出日落.prproj”项目文件，在“时间线”面板中将时间标记拖动至需要输出单帧图像的位置，也可在“监视器”或“素材”窗口中定位到要输出的画面，如图 9-18 所示。

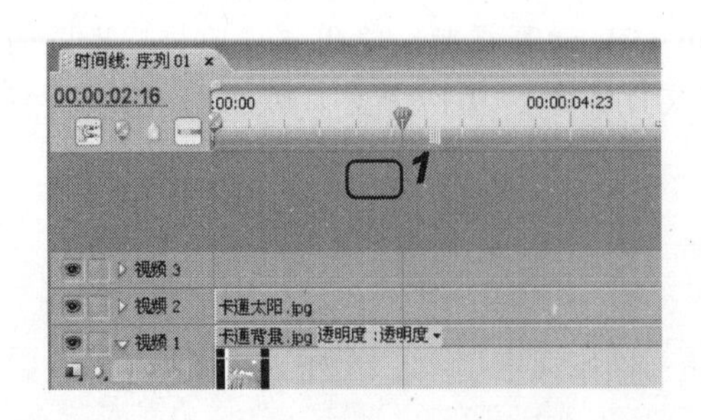

图 9-18　选择要输出的画面所在的帧

（2）选择“文件/导出/单帧”命令，打开“输出单帧”对话框，在该对话框中指定文件名及保存位置，如图 9-19 所示。

（3）单击 设置... 按钮，打开“导出单帧设置”对话框，在“常规”栏中的“文件类型”下拉列表框中选择单帧图像的文件格式，这里选择 TIFF 选项，如图 9-20 所示。

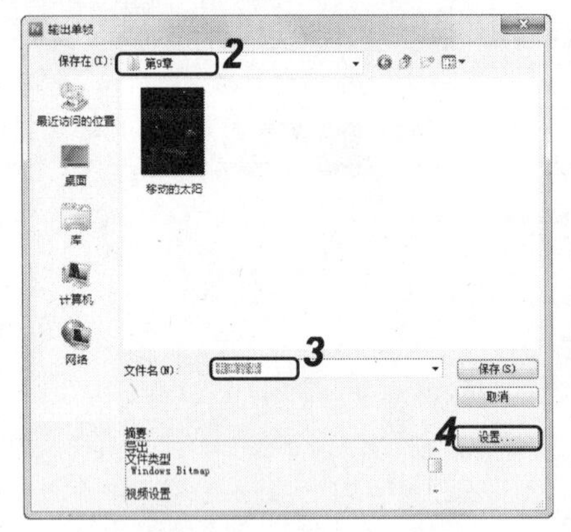

图 9-19　“输出单帧”对话框

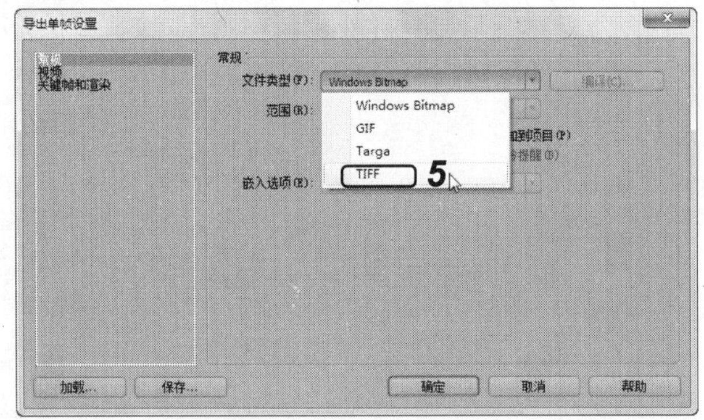

图 9-20　选择图像格式

（4）在对话框左侧选择“视频”选项，可对图像的大小和像素比进行设置，其参数设置与前面的影片输出是类似的，如图 9-21 所示。

（5）单击 确定 按钮，返回“输出单帧”对话框，单击 保存(S) 按钮，即可将指定的帧画面按照设置输出为 TIFF 格式图像，并保存到指定的文件夹下，如图 9-22 所示。

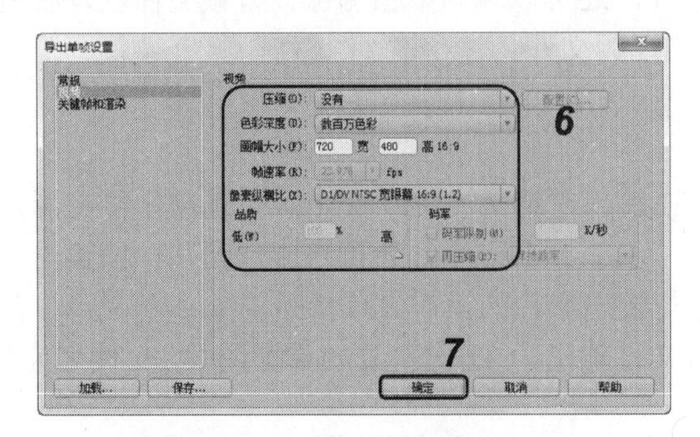

图 9-21　“视频”输出设置

图 9-22　查看输出的图像

## 9.2.2　输出音频文件

在 Premiere 中，可将影片中的一段声音或歌曲输出为音频文件，以便于播放和制作成音乐光盘等。

**【例 9-3】** 新建一个项目文件，导入一个有声音的视频素材，然后将其中的音频输出为音频文件。

（1）按 Ctrl+Alt+N 键新建一个项目文件，名称为“宝贝”，选择“文件/导入”命令，在打开的“导入”对话框中选择素材“美好童年.avi”（立体化教学:\实例素材\第 9 章\美好童年.avi），单击 打开(O) 按钮，将素材导入到“项目”面板中。

（2）选择“文件/导出/音频”命令，打开“输出音频”对话框，在该对话框中指定文件名及保存位置，如图 9-23 所示。

（3）单击 设置... 按钮，打开“导出音频设置”对话框，在“常规”栏中的“文件类型”下拉列表框中选择输出的音频文件格式，一般选择 Windows Waveform 选项，如图 9-24 所示。

图 9-23　“输出音频”对话框

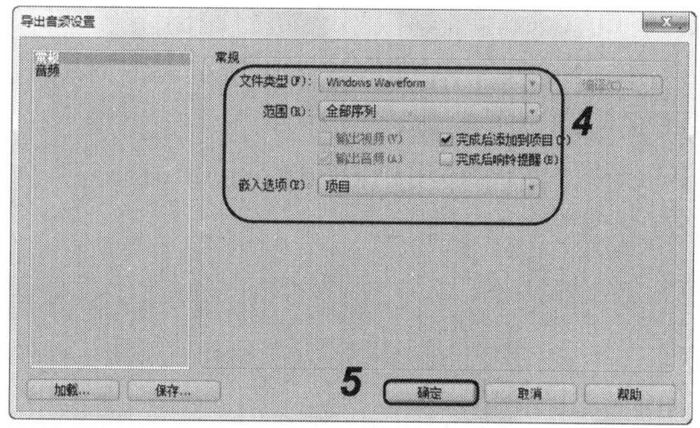


图 9-24　选择音频格式

（4）在对话框左侧选择“音频”选项，根据需要可对音频的取样类型和声道进行设置。

（5）单击 确定 按钮，返回“输出音频”对话框，单击 保存(S) 按钮，即可将指定的帧画面按照设置输出为 WAV 格式的音频文件，并保存到指定的文件夹中。

## 9.2.3　输出到 EDL

创建 EDL 即编辑定制表，以便于将项目送到制作机房进一步编辑，在 Premiere 中可输出为 CMX3600 EDL 格式的 EDL。选择“文件/导出/输出到 EDL”命令，打开如图 9-25 所示的“EDL 输出设置”对话框，各主要选项的含义如下。

- **“EDL 标题”文本框：** 在该文本框中可以输入 EDL 的名称。
- **“开始时间码”文本框：** 在该文本框中设置开始的时间点。
- **“音频处理”下拉列表框：** 在该下拉列表框中选择音频信息与视频信息在编辑定制列表中的位置，包括“音频跟随视频”、“音频独立”和“输出音频”3 种。

➘ “轨道输出”栏：在该栏中可指定各条音轨映射到EDL标准中的音轨。

完成设置后，单击 确定 按钮，在打开的“保存序列为 EDL”对话框中指定 EDL 保存的位置及文件名即可。完成保存后，输出的 EDL 文件可使用记事本打开，如图 9-26 所示。

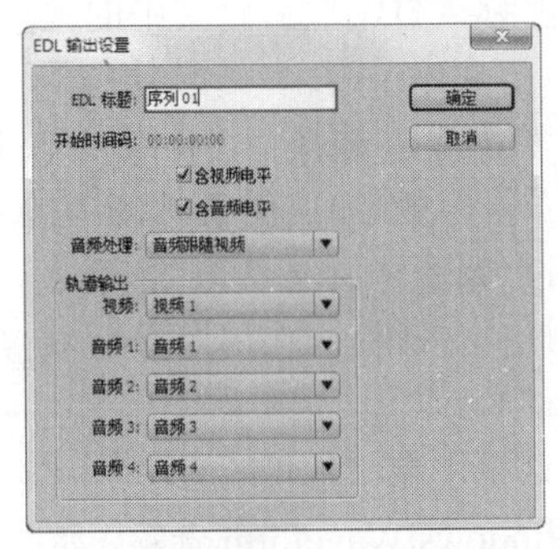


图 9-25 “EDL 输出设置”对话框

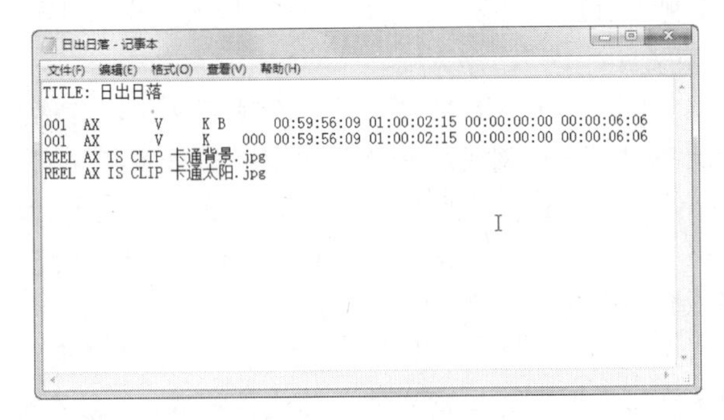


图 9-26 输出 EDL 并显示输出信息

## 9.2.4 使用 Adobe Media Encoder

Adobe Media Encoder 是 Adobe 视频软件共同使用的格式编码器，因此，利用 Adobe Media Encoder，可以根据不同的输出终端输出不同格式的视频，主要包括以下 4 种高端文件格式：MPEG、Windows Media、RealMedia 和 QuickTime。对于每一种输出格式，都提供了大量的预置参数。

选择“文件/导出/Adobe Media Encoder”命令，可打开如图 9-27 所示的 Export Settings（输出设置）对话框。

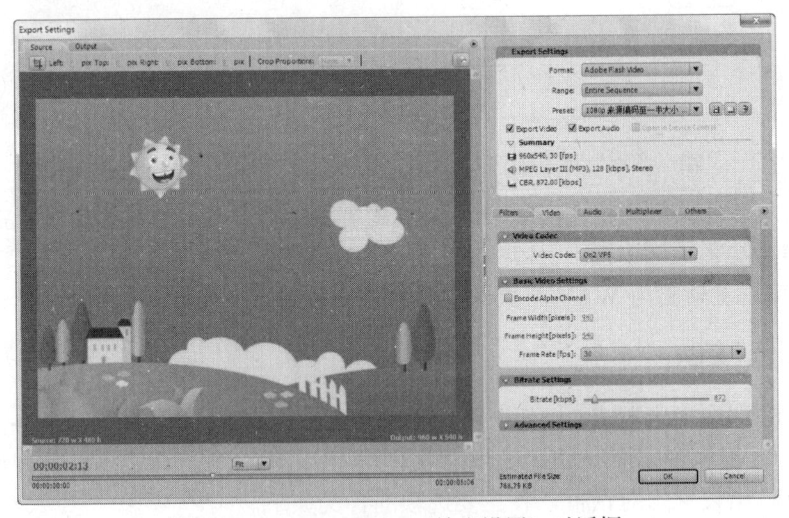


图 9-27 Export Settings（输出设置）对话框

各主要选项的含义如下。

➘ Format（格式）下拉列表框：在该下拉列表框中可以选择输出的文件格式，包括 MPEG1、MPEG1-VCD、MPEG2、MPEG2 Blu-ray、MPEG2-DVD、MPEG2-SVCD、

H.264、H.264 Blu-ray、Adobe Flash Video、QuickTime、RealMedia 和 Windows Media 格式，如图 9-28 所示。

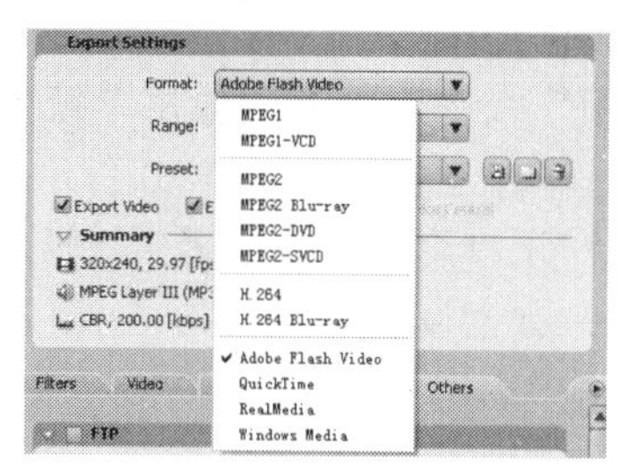


图 9-28　选择输出格式

- **Range（范围）下拉列表框**：用于设置输出的范围。
- **Preset（预设）下拉列表框**：该下拉列表框中的选项会根据选择格式的不同而不同，其中提供了系统中提供的默认设置。
- **Export Video（输出视频）和 Export Audio（输出音频）复选框**：选中 Export Video（输出视频）和 Export Audio（输出音频）复选框，表示输出的影片将包含相应的内容。
- **自定义设置**：在参数设置区下方有 5 个功能选项卡，其内容会因输出格式的不同而略有差异，一般有 Filters（滤镜）、Video（视频）、Audio（音频）、Multiplexer（多路复用）和 Others（其他）5 个选项卡，单击可进行详细的参数设置，一般保持默认设置便可。

完成设置后，单击 OK 按钮，在打开的对话框中指定视频文件的保存位置及文件名即可。完成保存后，输出的文件可使用相应的播放器进行播放。

**提示：**

选择“文件/导出/Adobe Clip Notes”命令，可以将项目输出为一个 PDF 文件，其中包含序列视频，可以打开播放视频，并直接在 PDF 文件中添加注释意见。

## 9.2.5　应用举例——输出“可爱卡通”图像和 FLV 格式文件

将在第 7 章制作的“视频合成”影片输出为一张宽 800、高 600 的位图图像（立体化教学:\源文件\第 9 章\可爱卡通.bmp），然后再使用 Adobe Media Encoder 将其输出为 FLV 格式文件，如图 9-29 所示为使用暴风影音播放 FLV 视频的效果（立体化教学:\源文件\第 9 章\可爱卡通.flv）。

图 9-29　播放 FLV 格式视频

操作步骤如下：

（1）打开“视频合成”项目文件（立体化教学:\源文件\第 7 章\合成视频.prproj），然后定位到要输出单帧图像的画面位置。

（2）选择“文件/导出/单帧”命令，打开“输出单帧”对话框，在该对话框中指定文件名为“可爱卡通”，然后选择保存位置，如图 9-30 所示。

（3）单击 设置... 按钮，打开“导出单帧设置”对话框，选择“视频”选项，设置图像的画幅大小为宽 800、高 600，如图 9-31 所示。

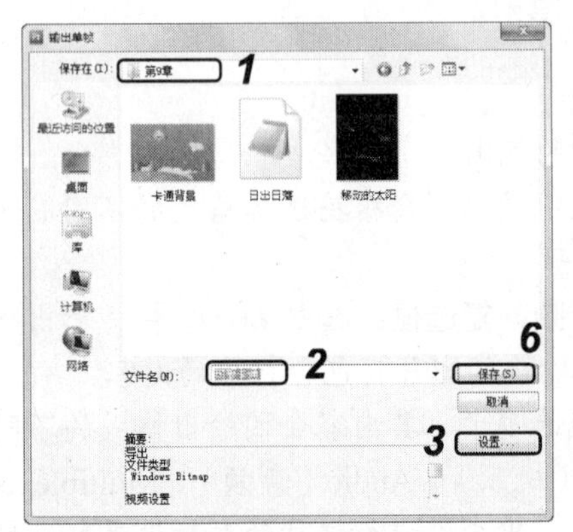

图 9-30 “输出单帧”对话框

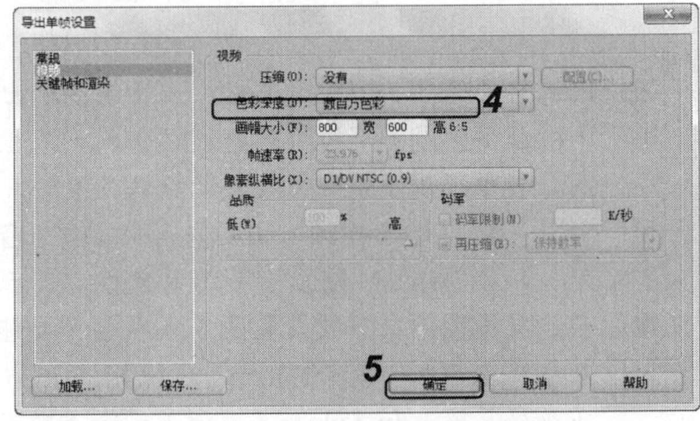

图 9-31 设置图像画幅大小

（4）单击 确定 按钮，返回“输出单帧”对话框，单击 保存(S) 按钮，将指定的帧画面按照设置输出为位图格式图像，并保存到指定的文件夹下，其导出效果如图 9-32 所示。

（5）选择“文件/导出/Adobe Medizncoder”命令，打开 Export Settings（输出设置）对话框，在 Format（格式）下拉列表框中选择 Adobe Flash Video 选项，然后在 Preset（预设）下拉列表框中选择如图 9-33 所示的编码方式。

图 9-32 输出的位图图像

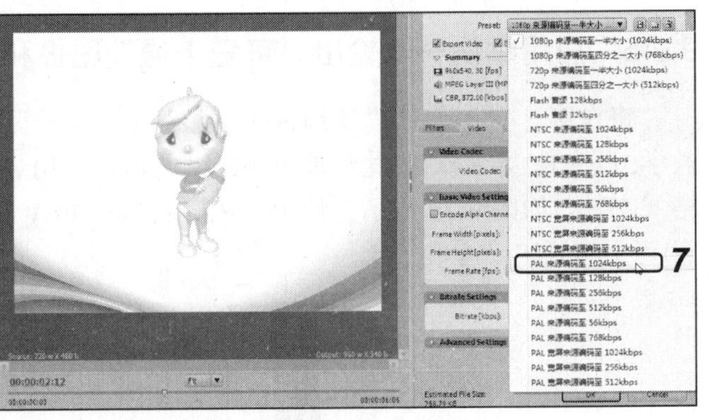

图 9-33 选择预设编码方式

（6）单击 OK 按钮，在打开的对话框中指定视频文件的保存位置及文件名“可爱卡通”。

（7）单击 保存(S) 按钮，打开输出进度对话框，完成后便可输出为 FLV 格式的文件，双击可使用暴风影音等播放软件进行播放。

# 9.3　上机及项目实训

## 9.3.1　制作和输出“婚庆片头”AVI 格式影片

本实例将制作一个结婚纪念视频的片头。在本实例中，首先导入一张图片素材和一个音频文件，然后利用“字幕”窗口制作相应的字幕素材，并为字幕素材添加特效，最后输出为 AVI 格式的影片，实例的最终效果如图 9-34 所示（立体化教学:\源文件\第 9 章\婚庆片头.avi）。

图 9-34　“婚庆片头.avi”播放效果

### 1. 制作影片

下面先制作本例的影片，操作步骤如下：

（1）选择“文件/新建/项目”命令新建一个项目，名称为“婚庆片头”，如图 9-35 所示。

（2）在“项目”面板中单击鼠标右键，在弹出的快捷菜单中选择“导入”命令，打开“导入”对话框，选择视频所需的“喜庆背景”素材（立体化教学:\实例素材\第 9 章\喜庆背景.jpg），然后单击 打开(O) 按钮，如图 9-36 所示。

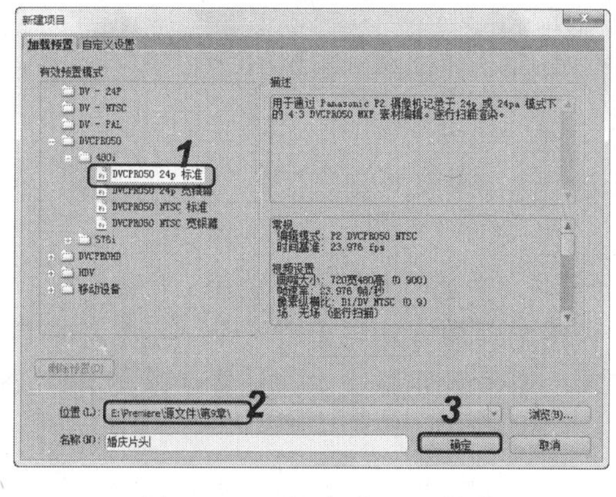


图 9-35　“新建项目”对话框

图 9-36　导入“喜庆背景”素材

（3）将导入的图片素材拖到“时间线”面板的“视频 1”轨道上，按“+”键设置素材的显示大小，如图 9-37 所示。

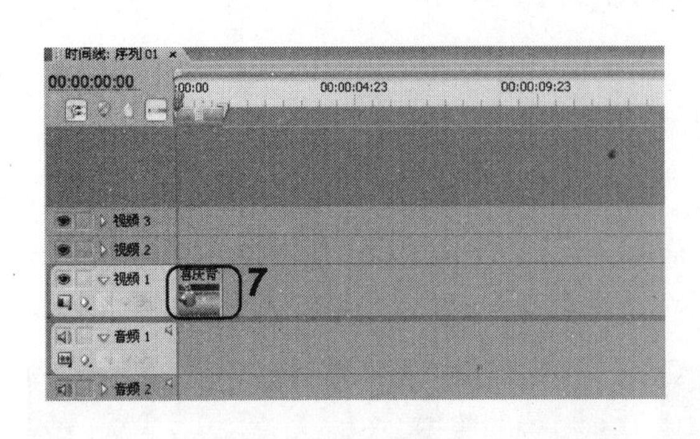


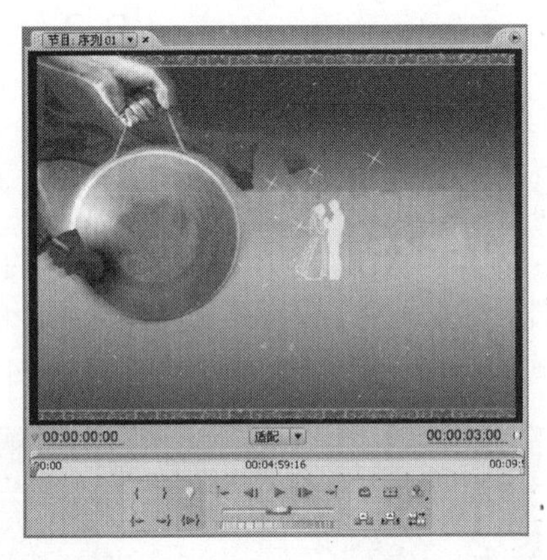


图 9-37　将素材添加到时间线并调整大小

（4）选择“字幕/新建字幕/默认静态字幕”命令，打开“新建字幕”对话框，在其中输入“婚庆主题”，单击 确定 按钮，如图 9-38 所示。

（5）在打开的“字幕”窗口中选择“文字工具” T，然后在字幕工作区中输入“囍”文本，将其移至左侧锣的中间位置，如图 9-39 所示。

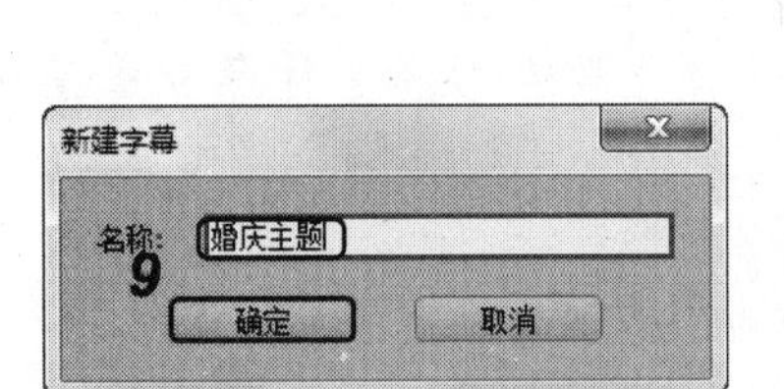


图 9-38　新建字幕

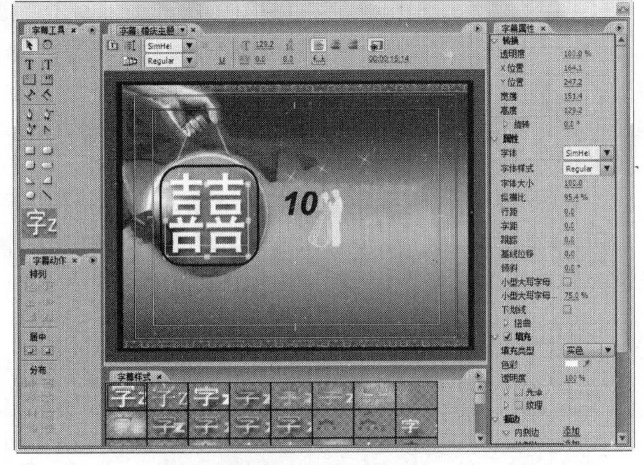


图 9-39　输入字幕

（6）在“字幕”窗口中设置“囍”文本的“字幕样式”为 Lithos Gold Strokes 52，并调整好字幕的大小，效果如图 9-40 所示。

（7）设置完成后单击“字幕”窗口右上角的“关闭”按钮，关闭“字幕”窗口，系统将自动保存新建的字幕到“项目”面板中。用前面的方法再新建一个“祝福”字幕，然后在打开的“字幕”窗口中用“垂直文字工具”输入字幕文本并设置字幕文本样式，如图 9-41 所示。

（8）单击“字幕”窗口右上角的“关闭”按钮，关闭“字幕”窗口，系统将自动保存新建的字幕到“项目”面板中。在“项目”面板中分别将两个字幕拖到“视频 2”和“视频 3”轨道中，并调整素材的长度，最终效果如图 9-42 所示。

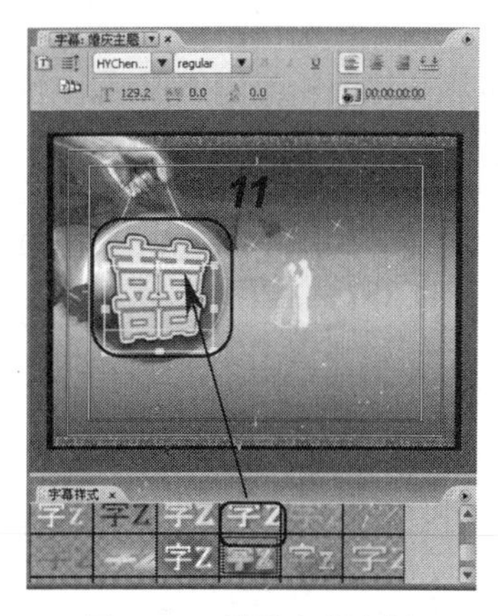


图 9-40　编辑字幕素材

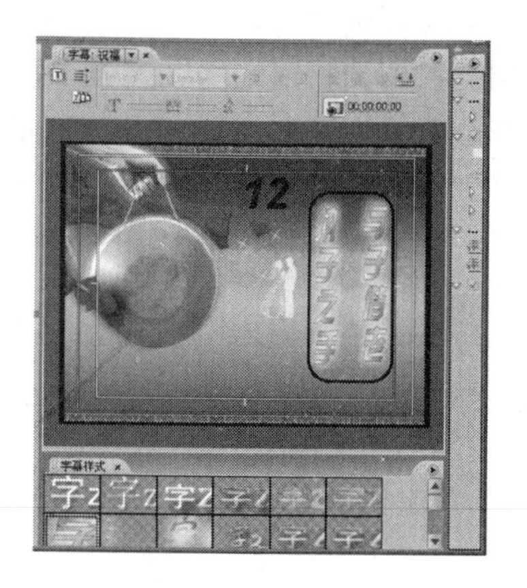


图 9-41　制作字幕素材

（9）在左侧“效果”面板中展开“视频切换效果”文件夹下的“3D 运动”文件夹，在其中将“窗帘”特效效果拖动到“时间线”面板的“视频 1”轨道素材的最左边，当鼠标指针变成⊫时释放鼠标，如图 9-43 所示。

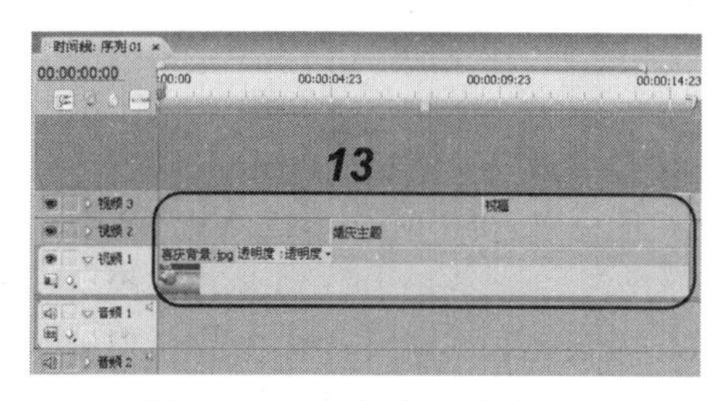


图 9-42　“时间线”面板

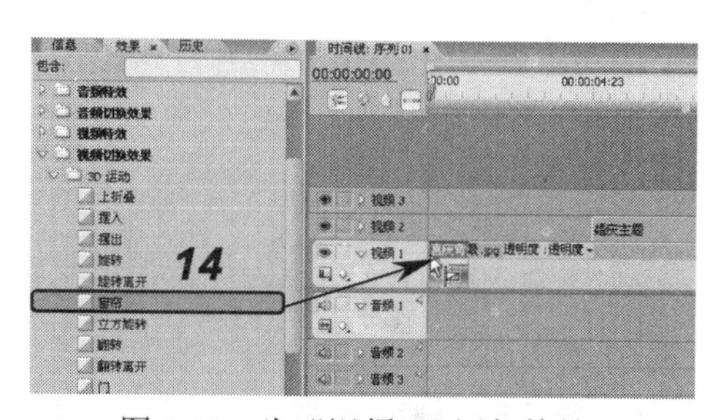


图 9-43　为“视频 1”添加特效

（10）展开“滑动”文件夹，将“漩涡”特效拖到“时间线”面板的“视频 2”轨道素材的最左边，当鼠标指针变成⊫时释放鼠标。

（11）展开“缩放”文件夹，将“交叉”特效拖到“时间线”面板的“视频 3”轨道素材的最左边，当鼠标指针变成⊫时释放鼠标，效果如图 9-44 所示。

（12）通过在“监视器”面板中单击“播放”按钮▶观看效果，调整好各视频及特效的长短，完成后的效果如图 9-45 所示。

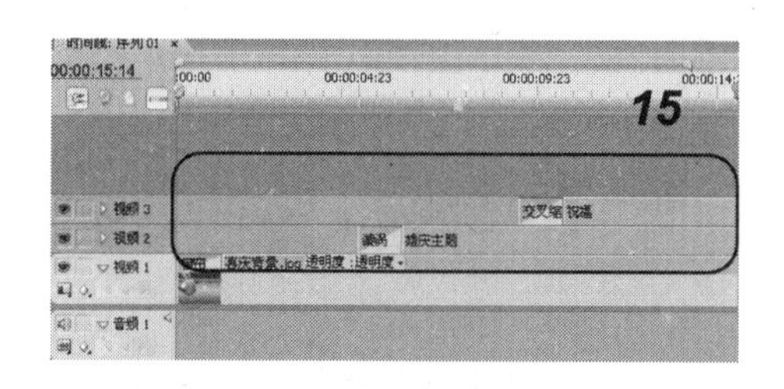


图 9-44　添加特效

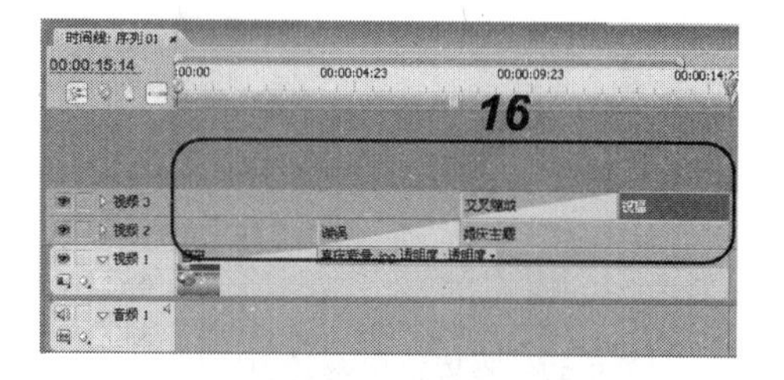


图 9-45　调整视频及特效长短

（13）在“项目”面板的空白处双击，在打开的“导入”对话框中导入音频素材“背景音乐 1”（立体化教学:\实例素材\第 9 章\背景音乐 1.wav），单击 打开(O) 按钮。将导入的音频素材拖到“时间线”面板的音频轨道上。

（14）在工具箱中选择“剃刀工具”，对齐视频素材的最后位置单击，将音频素材多余的部分剪掉，按 Delete 键删除截剪的部分，效果如图 9-46 所示。

（15）至此，完成本例视频的制作，保存项目后按空格键预览其效果（立体化教学:\源文件\第 9 章\婚庆片头.prproj）。

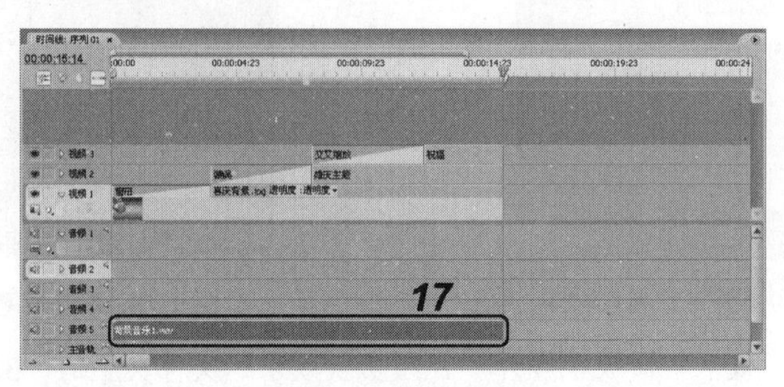


图 9-46　添加音频素材

## 2. 输出影片

下面将本例制作的影片输出为 AVI 视频格式，操作步骤如下：

（1）在“婚庆片头.prproj”项目文件中，选择“文件/导出/影片”命令，打开“导出影片”对话框，单击 设置... 按钮，打开“导出影片设置”对话框。

（2）在“常规”栏中的“文件类型”下拉列表框中选择 Microsoft AVI 选项，选中 输出视频(V) 和 输出音频(A) 复选框。

（3）在左侧列表框中选择“视频”选项，在“帧速率”下拉列表框中选择 29.97 选项。

（4）单击 确定 按钮，返回“导出影片”对话框，选择保存位置后输入文件名为“婚庆片头.avi”，如图 9-47 所示。

（5）单击 保存(S) 按钮，开始输出 AVI 视频并显示进度，完成后打开设置的保存文件夹，便可看到输出的“婚庆片头.avi”文件，如图 9-48 所示，双击该视频文件便可播放。

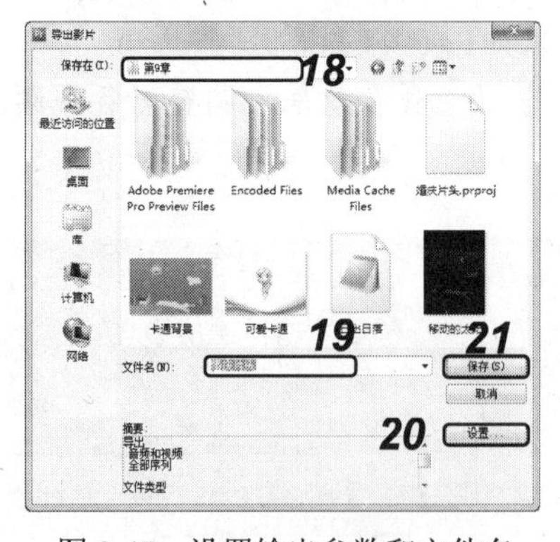


图 9-47　设置输出参数和文件名

图 9-48　输出的 AVI 视频文件

### 9.3.2　制作和输出“幼儿识物课件”GIF 动画

综合利用本章和前面所学知识，制作“幼儿识物课件”视频，每播放一张图片将播放其对应的声音文件并显示相应的提示文字，最后将其输出为 GIF 格式的视图，最终效果如图 9-49 所示（立体化教学:\源文件\第 9 章\幼儿识物课件.prproj）。

图 9-49　“幼儿识物课件”视频播放效果

本练习可结合立体化教学中的视频演示进行学习（立体化教学:\视频演示\第 9 章\制作和输出“幼儿识物课件”GIF 动画.swf）。主要操作步骤如下：

（1）选择“文件/新建/项目”命令新建一个项目，名称为“幼儿识物课件”。

（2）选择“文件/导入”命令，导入需要的图片素材（立体化教学:\实例素材\第 9 章\识物图片）和声音素材（立体化教学:\实例素材\第 9 章\声音）。

（3）将导入的图片素材和声音素材分别拖动到“时间线”面板的视频和音频轨道上，并调整好素材的长短，如图 9-50 所示。

（4）选择“字幕/新建字幕/默认静态字幕”命令，在打开的“字幕”面板中用文字工具输入第一张图片的提示文字“菠萝”，并调整其样式和大小。

（5）用同样的方法创建其他图片的字幕，完成后将字幕添加到图片素材上方的视频轨道上，并使其与相对应音频的入点对齐，如图 9-51 所示。

图 9-50　导入和编辑素材

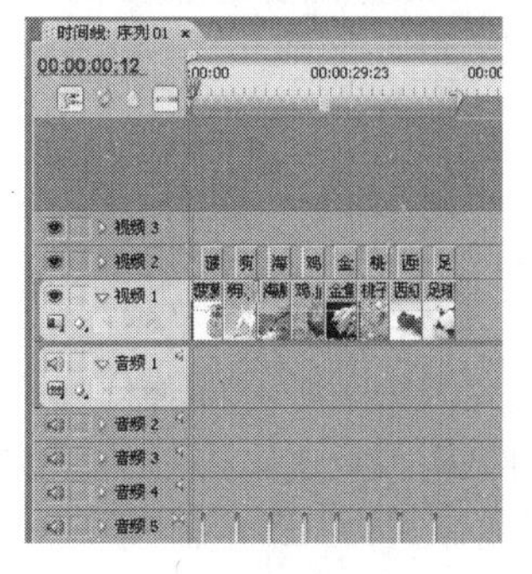

图 9-51　编辑字幕

（6）选择“文件/导出/影片”命令，设置影片输出参数，将影片输出为 GIF 格式视频文件并进行保存（立体化教学:\源文件\第 9 章\幼儿识物课件.gif），完成本例的制作。

# 9.4　练习与提高

（1）练习制作一个倒计时效果（立体化教学:\源文件\第 9 章\倒计时.prproj），然后将其输出为 GIF 动画（立体化教学:\源文件\第 9 章\倒计时.gif），效果如图 9-52 所示。

提示：新建一个预设的倒计时素材并设置各对象颜色，然后拖至视频轨道上进行输出。

图 9-52　制作的倒计时及其输出效果

（2）综合运用前面和本章所学知识，制作一个关于美味点心的宣传片（立体化教学:\源文件\第 9 章\美味点心.prproj），然后将其输出为 AVI 视频文件（立体化教学:\源文件\第 9 章\美味点心.avi），效果如图 9-53 所示。

提示：先导入“美味点心”文件夹中的图片素材和声音素材（立体化教学:\实例素材\第 9 章\美味点心、背景音乐 2.wav），然后将导入的素材分别拖动到“时间线”面板中，将第一张图片作为片头背景，调整大小后为其添加字幕，使背景音乐从第二张图片开始播放，最后输出为 AVI 格式的视频文件。本练习可结合立体化教学中的视频演示进行学习（立体化教学:\视频演示\第 9 章\制作“美味点心”宣传片.swf）。

图 9-53　制作的“美味点心”视频及其输出效果

总结输出为音频和视频格式的技巧

本章主要介绍了视频的输出操作，为了提高工作效率，课后可总结一些实用技巧或方法，下面总结几点供大家参考或探索。

- 了解常用的视频和音频文件格式，掌握不同格式的特点，并了解相关格式的转换。
- 可以通过在网上搜索的方式查询有哪些常用的视频和音频文件格式，并搜索相关的视频和音频转换软件（如格式工厂等），以便于制作视频过程中随时进行素材格式的转换操作，从而提高工作效率。

# 第 10 章　项目设计案例

## 学习目标

☑ 为九寨沟制作宣传片，要求画面清新淡雅，并重点突出景点的风光。

☑ 为某公司制作宣传片头，要求画面着重体现科技和时尚。

☑ 制作某电视新闻栏目的片头视频，要求画面充满节奏感，并突出栏目标题。

## 目标任务&项目案例

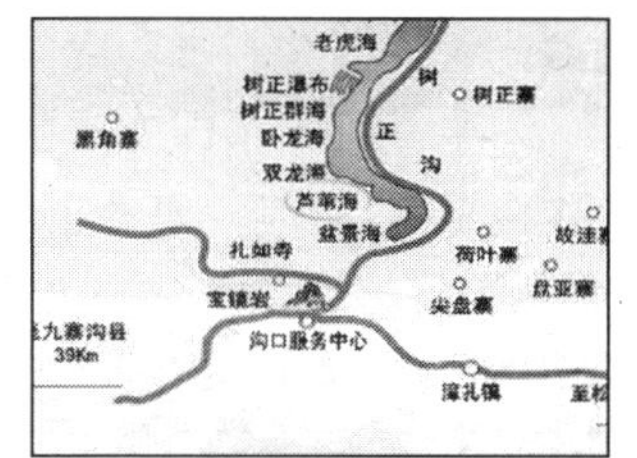

旅游宣传片

企业宣传片

新闻片头

通过完成上述项目设计案例的制作，可以进一步巩固本书前面所学知识，并实现由软件操作知识向实际设计与制作的转化，提高大家独立完成设计任务的能力，同时学会创意与思考，以完成更多、更丰富、更有创意的作品。

# 10.1 神奇的九寨沟

## 10.1.1 项目目标

本例将练习制作如图 10-1 所示的旅游宣传片——神奇的九寨沟（立体化教学:\源文件\第 10 章\神奇的九寨沟.avi）。整个影片主要分为片头、主体内容和片尾 3 个部分。片头部分由一张背景图、一张风景图、一张遮罩图以及一个字幕构成，并制作相应的特效以产生动态效果；主体内容部分由一张景点地图和多张风景图片构成，首先在景点地图上标示出景点的位置，然后再过渡到该景点图片；片尾部分由一个过渡到黑场的过渡效果和一个滚动字幕构成。

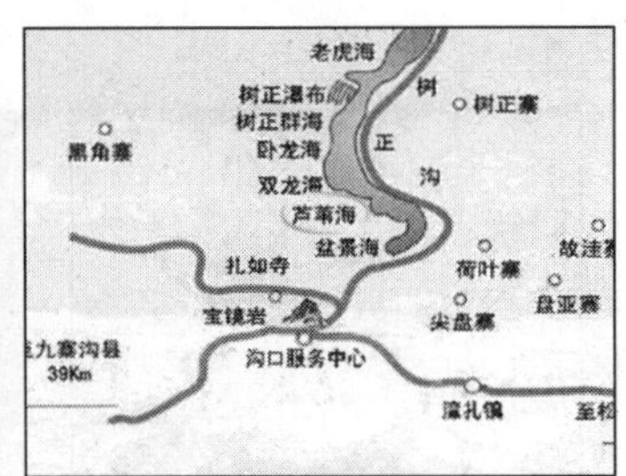

图 10-1 神奇的九寨沟

## 10.1.2 项目分析

旅游景点宣传片主要用于宣传旅游景点的自然风光、人文景观和风土人情等。本例的具体制作分析如下。

- **准备工作**：在制作之前，首先要准备好所需要的各种素材，然后在 Premiere 中新建一个项目并导入素材。
- **制作片头部分**：将所需的图片素材添加到时间轴中，制作字幕，并添加遮罩、镜头光晕等效果。
- **制作主体内容部分**：先制作一个景点的内容，添加景点地图和图片到时间轴中，并添加缩放、过渡等效果。由于每一个景点的结构相同，其他景点的内容可以通过复制再替换素材的方法制作。

- **制作片尾部分**：在最后一个景点图片的末尾添加一个过渡到黑场的过渡效果，再制作一个滚动字幕并添加到时间轴中。
- **制作背景音乐**：添加音乐素材到音频轨道中，然后调整音频素材的播放时间以及制作淡入和淡出效果。
- **输出视频**：将制作好的项目输出为视频文件。

## 10.1.3 实现过程

根据案例制作分析，本例分为 6 个部分，即新建项目并导入素材、制作片头、制作主体内容、制作片尾、制作背景音乐和输出视频。下面将分别进行讲解。

### 1. 新建项目并导入素材

新建一个项目并导入所需的素材，操作步骤如下：

（1）启动 Premiere Pro CS3，在打开的“欢迎使用 Adobe Premiere Pro”对话框中单击“新建项目”按钮。

（2）打开“新建项目”对话框，在左侧的列表框中依次展开 DVCPRO50 和 480i 文件夹，再选择“DVCPRO50 24p 标准”选项，单击 浏览(B)... 按钮，在打开的“选择文件夹”对话框中设置保存项目文件的位置，在“名称”文本框中输入“神奇的九寨沟”，单击 确定 按钮，如图 10-2 所示。

（3）选择“文件/导入”命令，在打开的“导入”对话框中选择“立体化教学:\实例素材\第 10 章\神奇的九寨沟”文件夹下的所有素材文件。

（4）单击 打开(O) 按钮，将所有选择的素材文件导入到项目中，如图 10-3 所示。

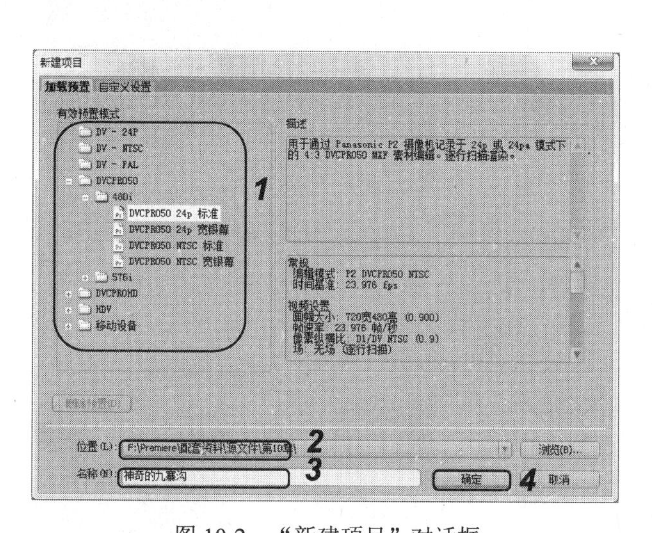


图 10-2　“新建项目”对话框

图 10-3　导入素材

### 2. 制作片头

分别将“背景.jpg”、“箭竹海.jpg”和“遮罩.jpg”添加到“视频 1”、“视频 2”和“视频 3”轨道中，并为“箭竹海.jpg”添加“轨道蒙版键”和“镜头光晕”效果，然后制作一个字幕添加到“视频 4”轨道中并添加“透明”和“紊乱置换”效果。操作步骤如下：

（1）将“背景.jpg”素材拖动到“视频 1”轨道中、将“箭竹海.jpg”素材拖动到“视频 2”轨道中，将“遮罩.jpg”素材拖动到“视频 3”轨道中，效果如图 10-4 所示。

（2）在“效果”面板中依次展开“视频特效”、“键”文件夹，从中选择“轨道蒙版键”选项，如图 10-5 所示，然后将其拖动到“视频 2”轨道中的“箭竹海.jpg”素材上。

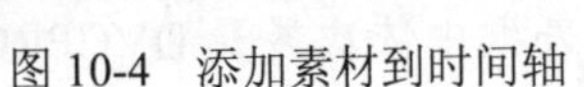
图 10-4　添加素材到时间轴

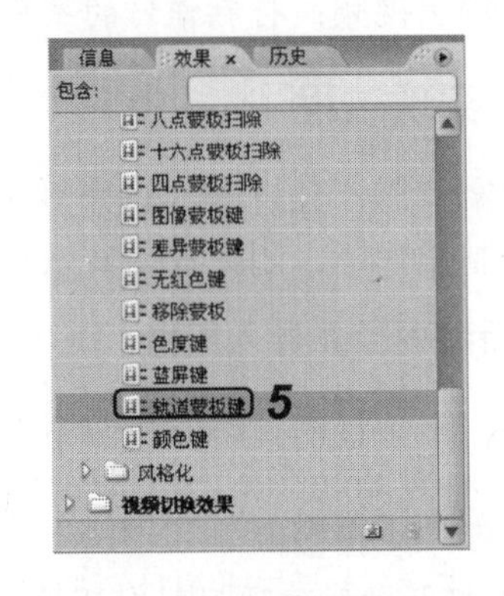


图 10-5　选择“轨道蒙版键”效果

（3）在“效果控制”面板中展开“轨道蒙版键”选项，在“蒙版”下拉列表框中选择“视频 3”选项，在“合成使用”下拉列表框中选择“蒙版亮度”选项，选中☑反转复选框，如图 10-6 所示，效果如图 10-7 所示。

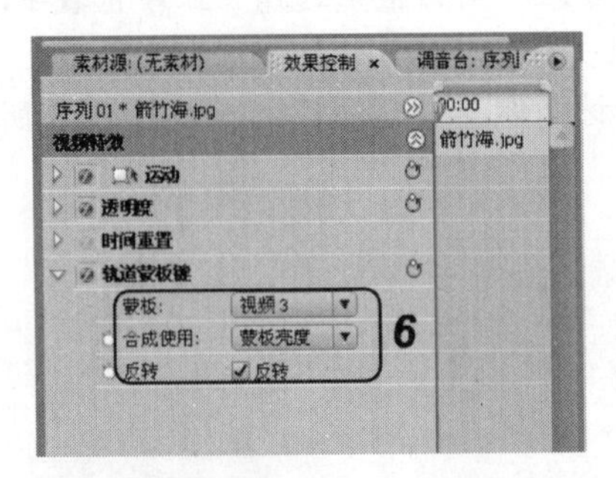


图 10-6　设置“轨道蒙版键”效果

图 10-7　设置后的效果

（4）选择“视频 3”轨道中的“遮罩.jpg”素材，在“效果控制”面板中展开“透明度”选项，将透明度设置为 70%，如图 10-8 所示，效果如图 10-9 所示。

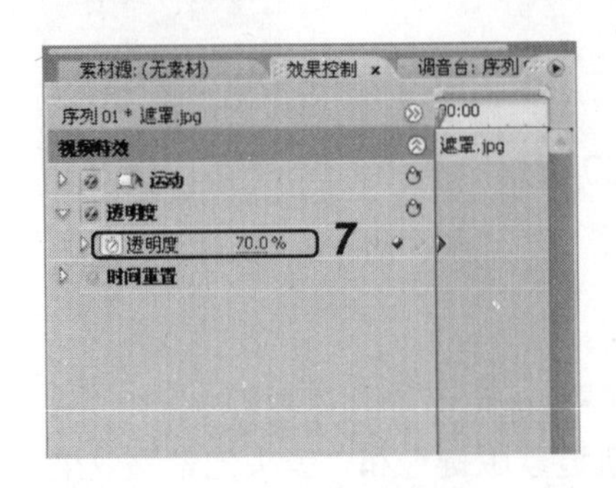


图 10-8　设置透明度

图 10-9　设置后的效果

（5）在“效果”面板中依次展开“视频特效”、“生成”文件夹，从中选择“镜头光晕”选项，如图 10-10 所示，然后将其拖动到“视频 2”轨道中的“箭竹海.jpg”素材上。

（6）在“效果控制”面板中展开“镜头光晕”选项，单击“光晕中心”选项前的“切换动画”按钮，然后设置光晕中心的坐标为 100，50，如图 10-11 所示，效果如图 10-12 所示。

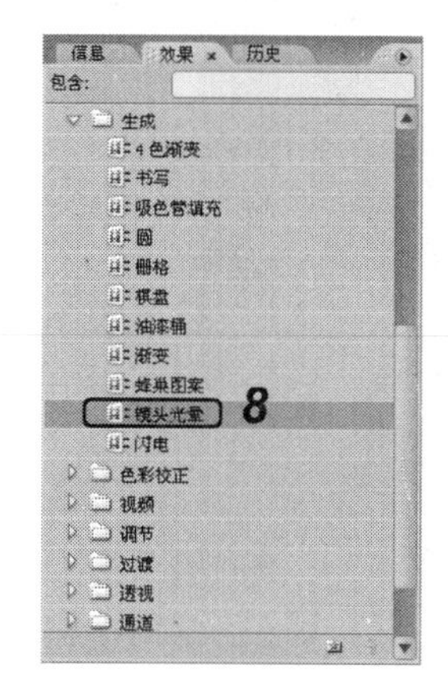


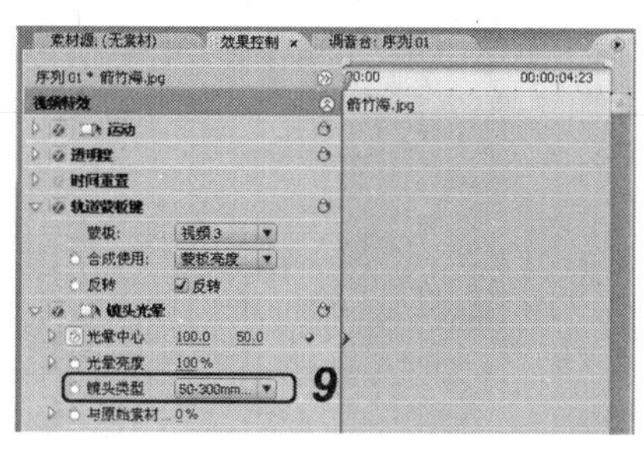

图 10-10　“效果”面板　　图 10-11　设置“镜头光晕”效果　　图 10-12　设置后的效果

（7）拖动时间指针到素材的结尾处，然后修改光晕中心的坐标为 600，100，如图 10-13 所示，效果如图 10-14 所示。

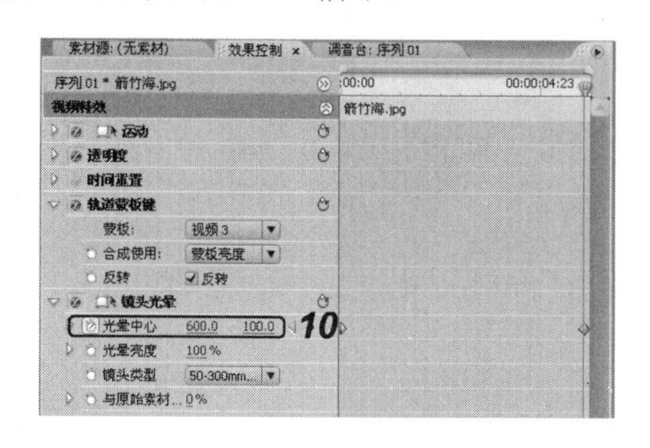

图 10-13　设置“镜头光晕”效果　　图 10-14　设置后的效果

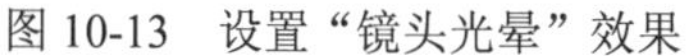

（8）选择“字幕/新建字幕/默认静态字幕”命令，在打开的“新建字幕”对话框中的“名称”文本框中输入“神奇的九寨沟”，如图 10-15 所示。

（9）单击 确定 按钮，新建字幕并打开“字幕”窗口。使用文字工具在编辑区中输入“神奇的九寨沟”，设置其字体大小为 90、字距为 10，然后在“字幕样式”面板中单击“方正黄草金质”选项，如图 10-16 所示。

（10）单击窗口右上角的“关闭”按钮，关闭“字幕”窗口。

（11）在“时间轴”面板的轨道名称处单击鼠标右键，在弹出的快捷菜单中选择“添加轨道”命令，如图 10-17 所示。

（12）打开“添加视音轨”对话框，如图 10-18 所示，在“视频轨”栏的“添加”文本框中输入 1，单击 确定 按钮，添加“视频 4”视频轨道。

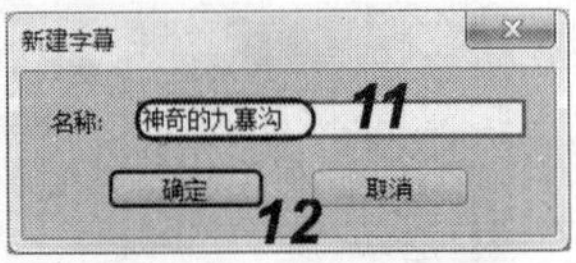

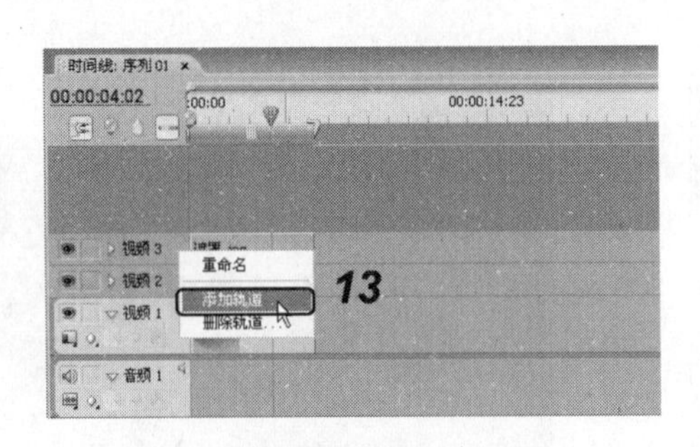

图 10-15 “新建字幕”对话框

图 10-16 制作字幕

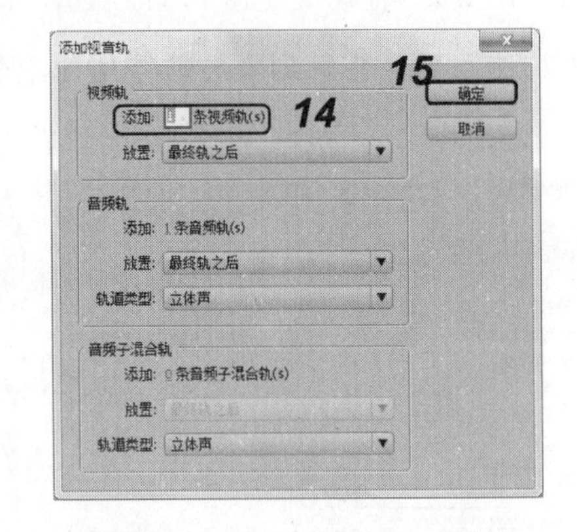

图 10-17 选择“添加轨道”命令

图 10-18 “添加视音轨”对话框

(13)将“神奇的九寨沟”字幕添加到“视频 4”轨道中，如图 10-19 所示。

(14)在“效果控制”面板中展开“透明度”选项，添加 4 个关键帧，分别设置透明度为 0%、100%、100%和 0%，以实现字幕的淡入和淡出效果，如图 10-20 所示。

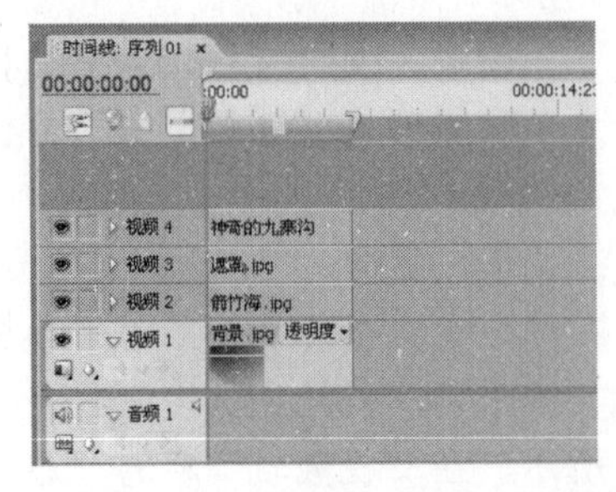

图 10-19 添加字幕到“视频 4”轨道

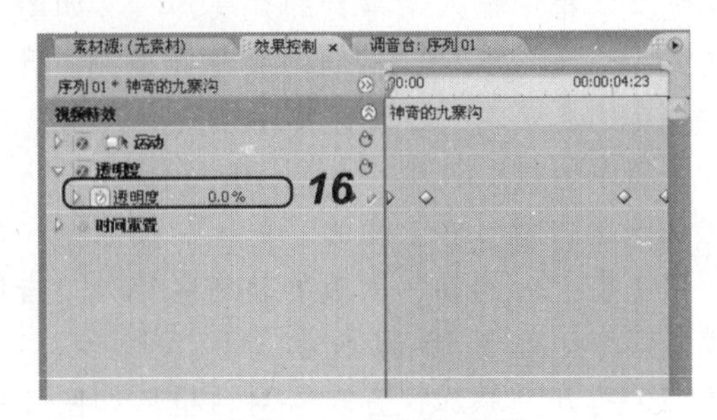

图 10-20 设置透明度

（15）在“效果”面板中依次展开“视频特效”、“扭曲”文件夹，从中选择“紊乱置换”选项，如图 10-21 所示，然后将其拖动到“视频 4”轨道中的“神奇的九寨沟”字幕上。

（16）在“效果控制”面板中展开“紊乱置换”选项，单击“数量”选项前的“切换动画”按钮，然后添加 4 个关键帧，分别设置“数量”为 50、-50、50 和 0，如图 10-22 所示，效果如图 10-23 所示。

图 10-21　“效果”面板

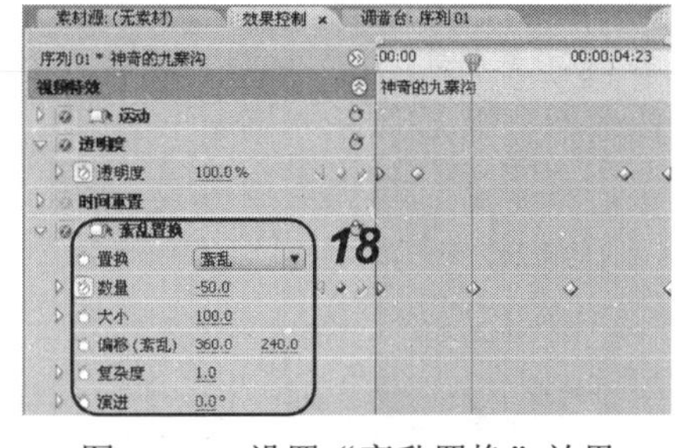


图 10-22　设置“紊乱置换”效果

图 10-23　设置后的效果

### 3．制作主体内容部分

首先添加景点地图到“视频 1”轨道中并设置“运动”效果，然后制作一个字幕以指示景点的位置，再添加景点图片到“视频 1”轨道中并添加视频特效以及过渡效果，最后选择景点地图和景点图片并复制多次，再修改景点地图的位置以及替换景点图片。操作步骤如下：

（1）将“九寨沟旅游图.jpg”素材拖动到“视频 1”轨道中，如图 10-24 所示。

（2）在“效果控制”面板中展开“运动”选项，单击“位置”和“比例”前面的“切换动画”按钮，设置位置的坐标为（415，10）、比例为 50，如图 10-25 所示，效果如图 10-26 所示。

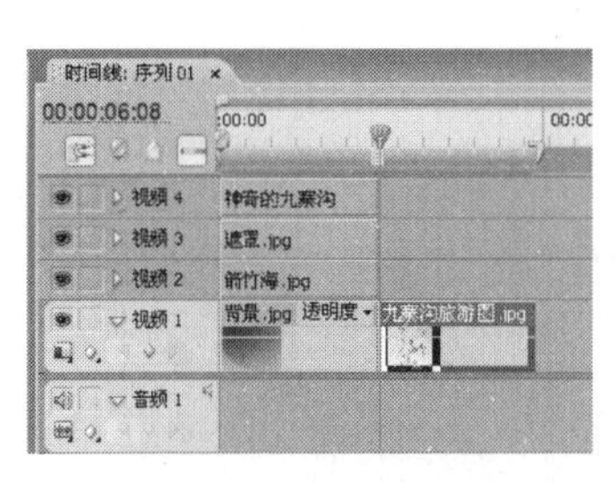


图 10-24　添加素材到时间轴

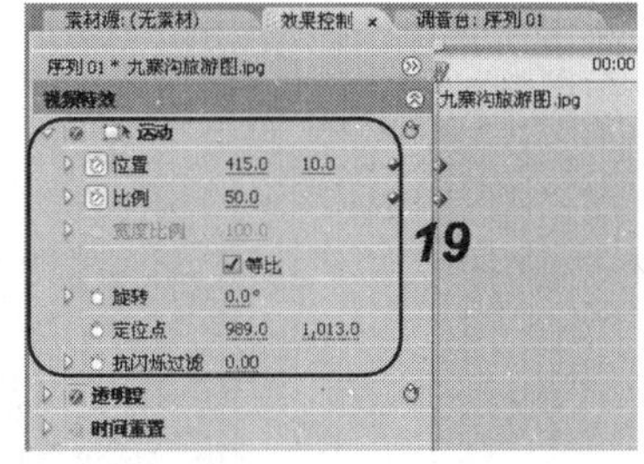


图 10-25　设置“运动”效果

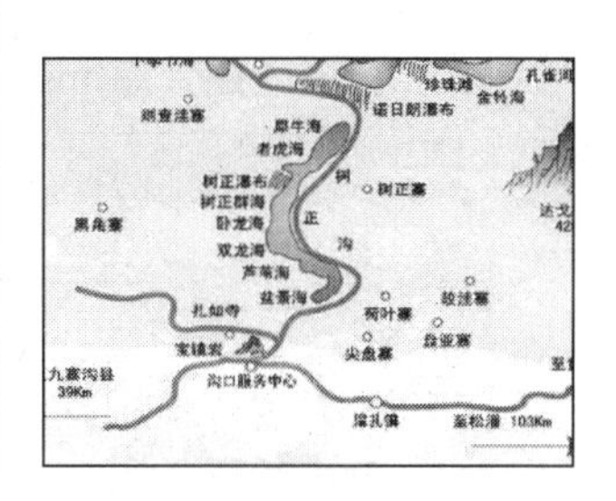

图 10-26　设置后的效果

（3）移动时间指针到素材的中间位置，然后设置位置的坐标为（450，-190），比例为 80，如图 10-27 所示，效果如图 10-28 所示。

（4）选择“字幕/新建字幕/默认静态字幕”命令，在打开的“新建字幕”对话框中的“名称”文本框中输入“椭圆”，如图 10-29 所示。

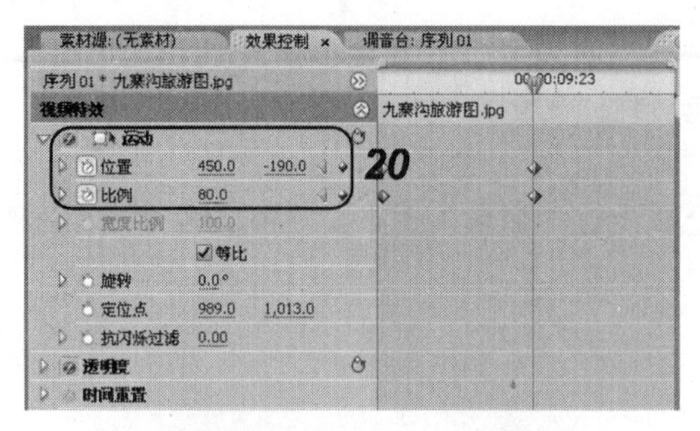

图 10-27　设置“运动”效果

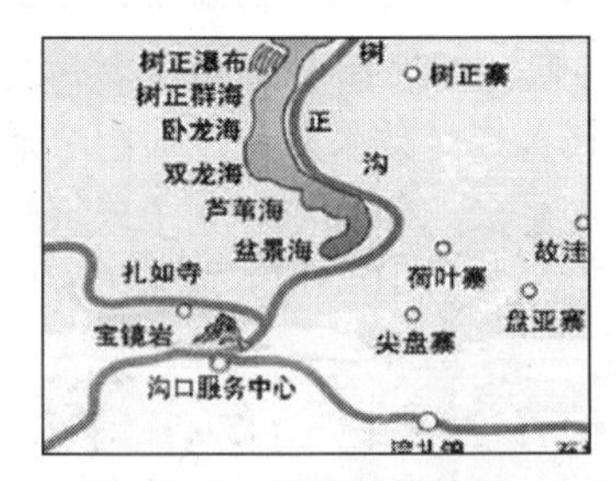

图 10-28　设置后的效果

（5）单击 确定 按钮，新建字幕并打开“字幕”窗口。使用椭圆工具在编辑区中绘制一个椭圆，取消选中 填充 复选框，然后展开“描边”选项，单击“外侧边”选项后的“添加”超链接添加一个外侧边，再设置“填充类型”为实色、“色彩”为橙色。

（6）选中 光泽 复选框，然后设置光泽的“色彩”为白色、“透明度”为 80%、“大小”为 80、“角度”为 45°，如图 10-30 所示。

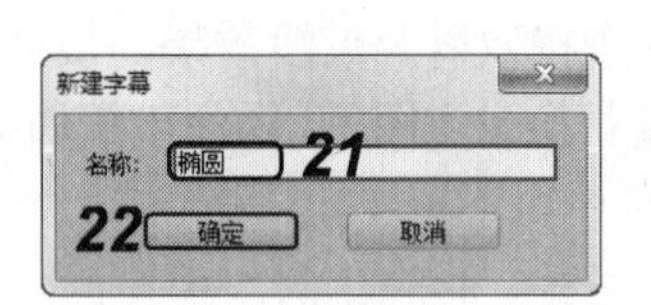

图 10-29　“新建字幕”对话框

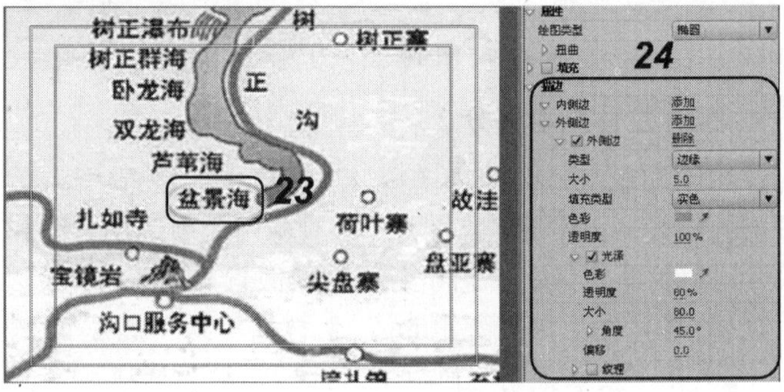

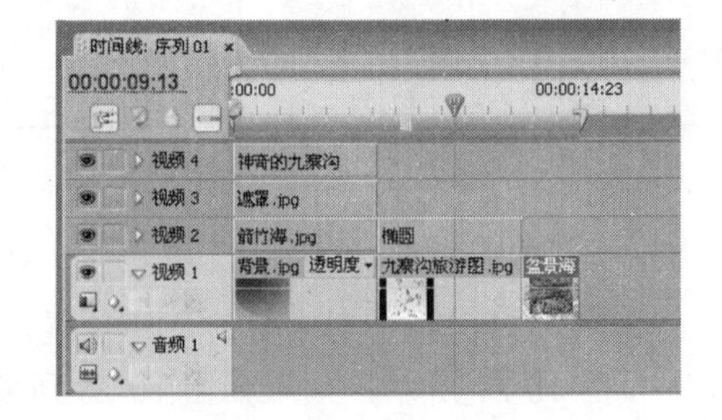

图 10-30　制作“椭圆”字幕

（7）单击窗口右上角的“关闭”按钮，关闭“字幕”窗口。将“椭圆”字幕添加到“视频 2”轨道中，如图 10-31 所示。

（8）添加“盆景海.jpg”素材到“视频 1”轨道中，并缩短其持续时间，如图 10-32 所示。

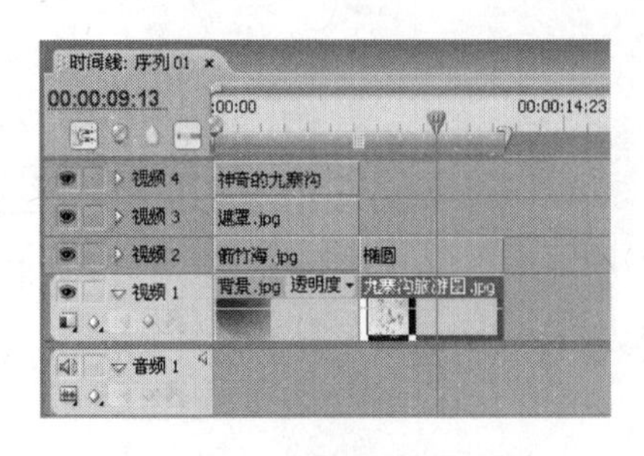

图 10-31　添加字幕到时间轴

图 10-32　添加素材到时间轴

（9）在“效果”面板中依次展开“视频特效”、“风格化”文件夹，从中选择“查找边缘”选项，如图 10-33 所示，然后将其拖动到“视频 1”轨道中的“盆景海.jpg”素材上，

效果如图 10-34 所示。

（10）在“效果”面板中依次展开“视频特效”、“调节”文件夹，从中选择“电平”选项，如图 10-35 所示，然后将其拖动到“视频 1”轨道中的“盆景海.jpg”素材上。

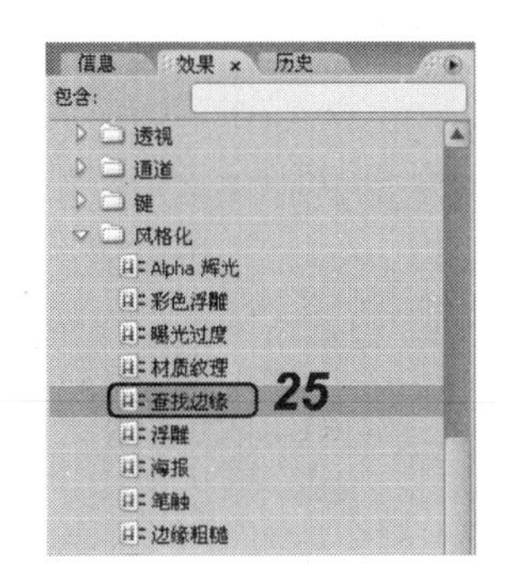


图 10-33　选择“查找边缘”效果

图 10-34　设置后的效果

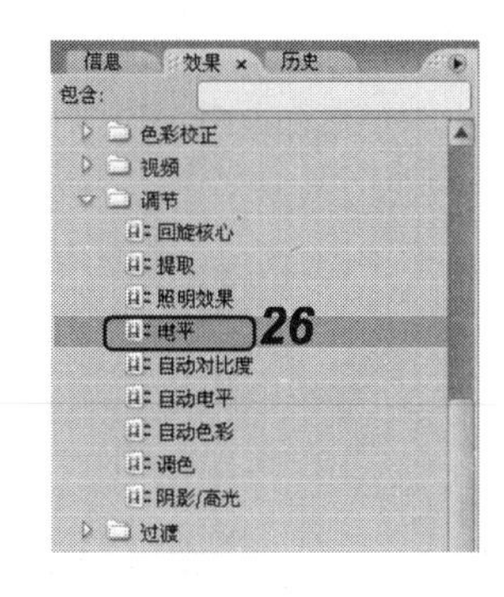


图 10-35　选择“电平”效果

（11）在“效果控制”面板中单击“电平”选项后的“设置”按钮，打开“电平设置”对话框，设置输入电平分别为 0、2.5 和 170，如图 10-36 所示。单击 确定 按钮，应用设置，效果如图 10-37 所示。

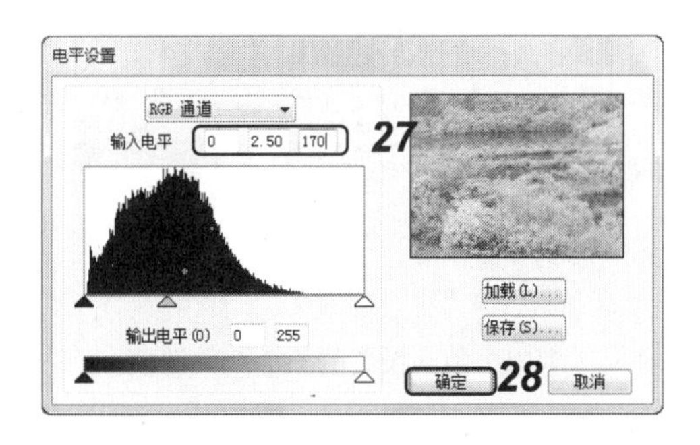


图 10-36　“电平设置”对话框

图 10-37　设置后的效果

（12）在“效果”面板中依次展开“视频特效”、“色彩校正”文件夹，从中选择“着色”选项，如图 10-38 所示，然后将其拖动到“视频 1”轨道中的“盆景海.jpg”素材上。

（13）在“效果控制”面板中展开“着色”选项，将“映射黑色到”设置为棕色，如图 10-39 所示，效果如图 10-40 所示。

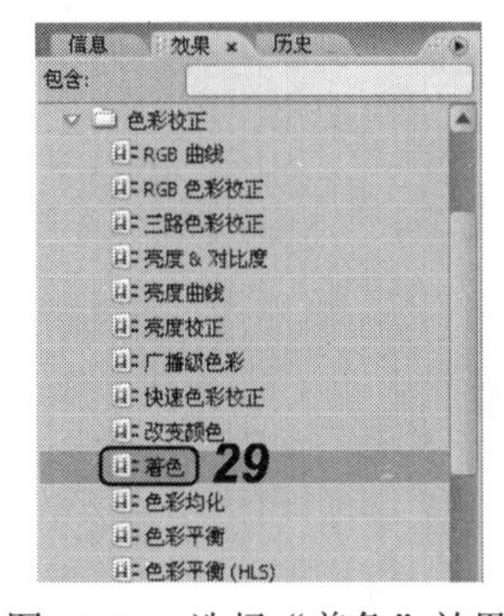


图 10-38　选择“着色”效果

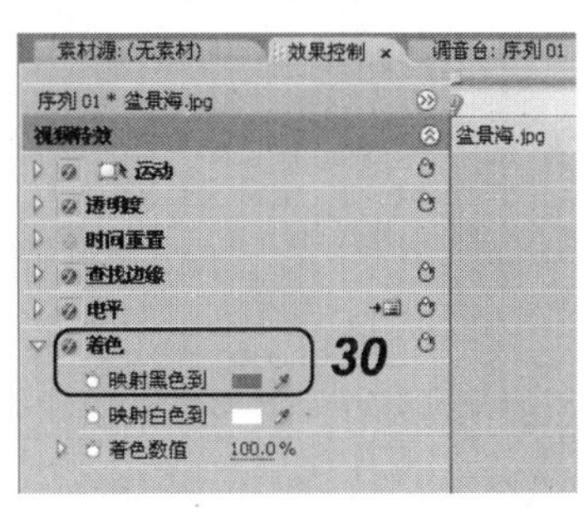


图 10-39　设置“着色”效果

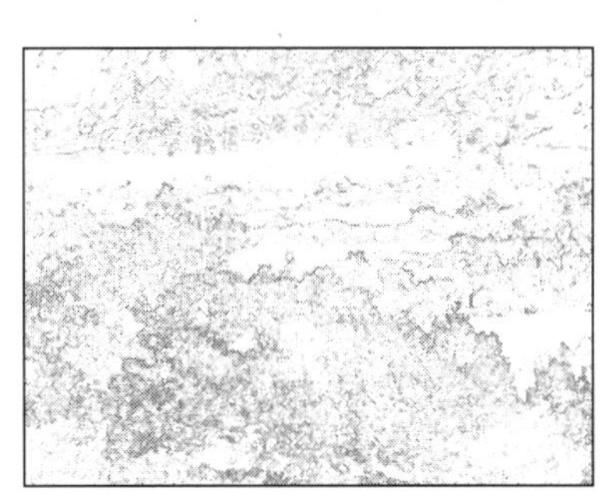

图 10-40　设置后的效果

（14）在“效果控制”面板中展开“运动”选项，将“比例”设置为120%，如图10-41所示。

（15）再添加一个“盆景海.jpg”素材到“视频1”轨道中，如图10-42所示。

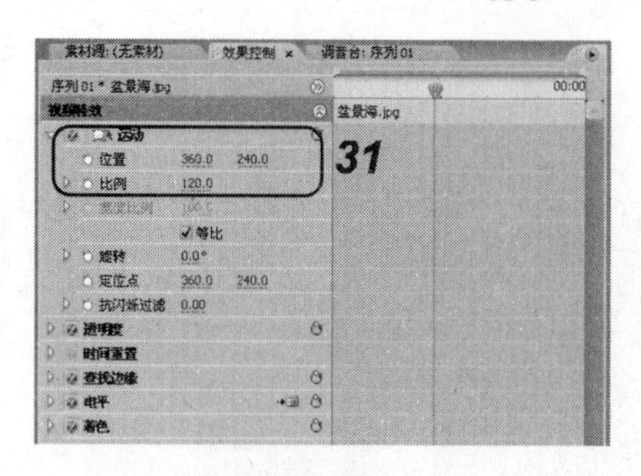


图10-41　设置比例

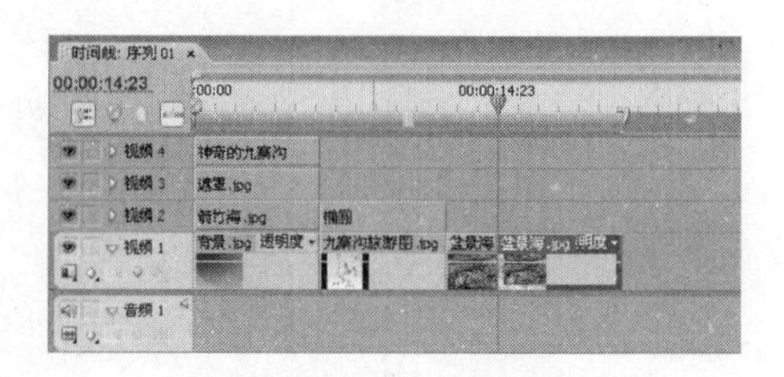

图10-42　添加素材到时间轴

（16）在“效果控制”面板中单击“比例”前面的“切换动画”按钮，设置“比例”为120%，如图10-43所示。

（17）将时间指针移动到素材的尾部，然后设置“比例”为100%，如图10-44所示。

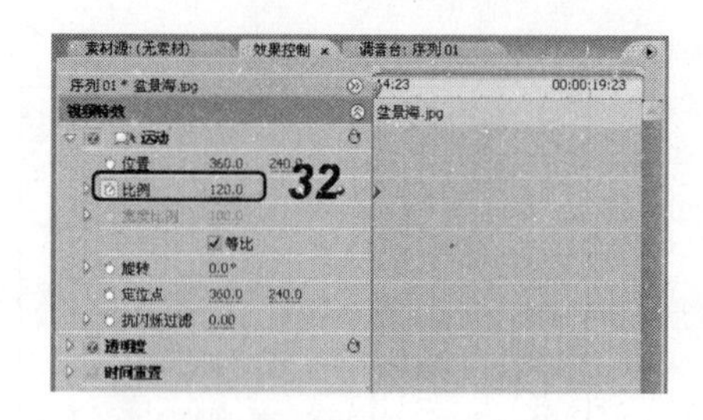


图10-43　设置的第1个关键帧

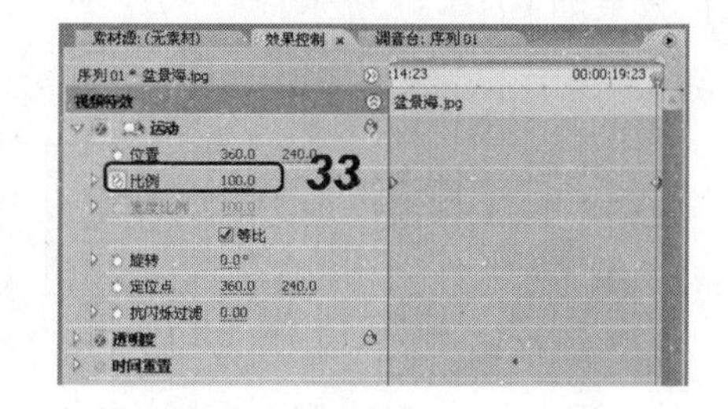


图10-44　设置的第2个关键帧

（18）在“效果”面板中依次展开“视频切换效果”、“叠化”文件夹，从中选择“叠化”选项，如图10-45所示。

（19）拖动“叠化”效果到“视频1”和“视频2”轨道需要进行过渡的两个素材之间，如图10-46所示。

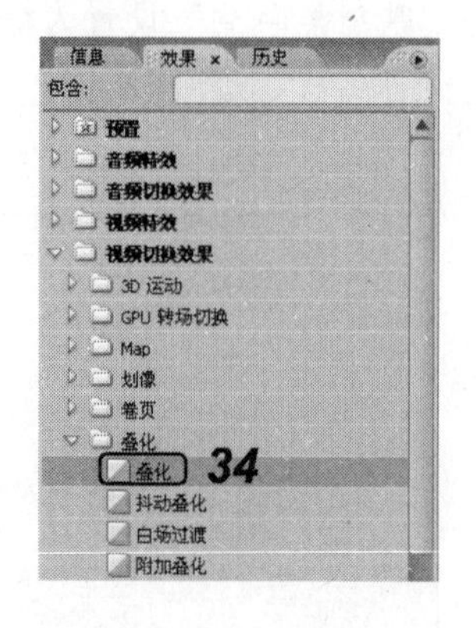


图10-45　选择“叠化”效果

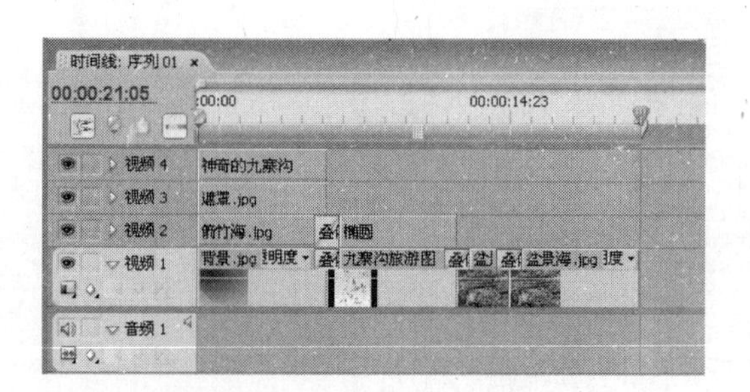

图10-46　添加“叠化”效果

（20）选择“视频 1”轨道中的“九寨沟旅游图.jpg”素材、两个“盆景海.jpg”素材和“视频 2”轨道中的“椭圆”字幕，按 Ctrl+C 键复制。

（21）将时间指针移动到第 2 个“盆景海.jpg”素材的末尾，然后按 Ctrl+V 键粘贴，如图 10-47 所示。

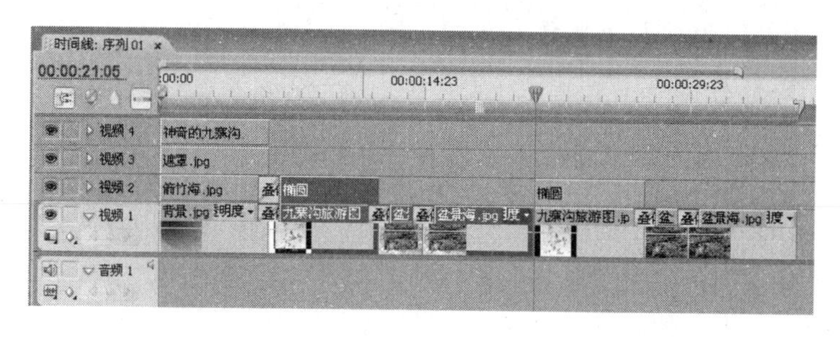


图 10-47　复制素材

（22）选择复制的“九寨沟旅游图.jpg”素材，然后在“视频控制”面板中展开“运动”选项，在“位置”文本框中将第 2 个关键帧的值修改为 490、−140，如图 10-48 所示，效果如图 10-49 所示。

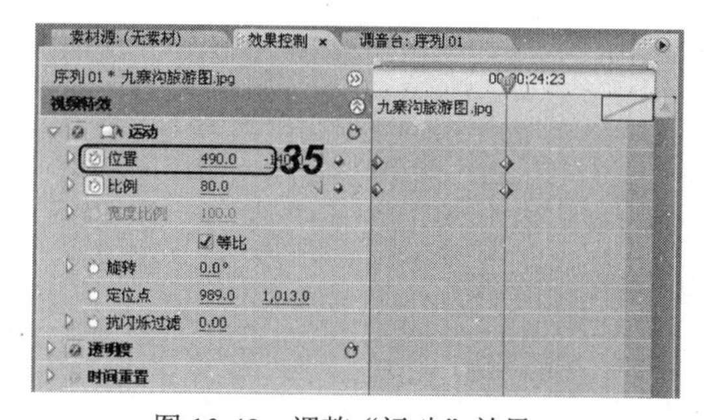


图 10-48　调整“运动”效果

图 10-49　调整后的效果

（23）在复制后的“九寨沟旅游图.jpg”素材前添加一个“叠化”过渡效果，然后按住 Alt 键不放，分别拖动“芦苇海.jpg”素材到复制后的两个“盆景海.jpg”素材上，释放鼠标，用“芦苇海.jpg”素材替换“盆景海.jpg”素材，如图 10-50 所示。

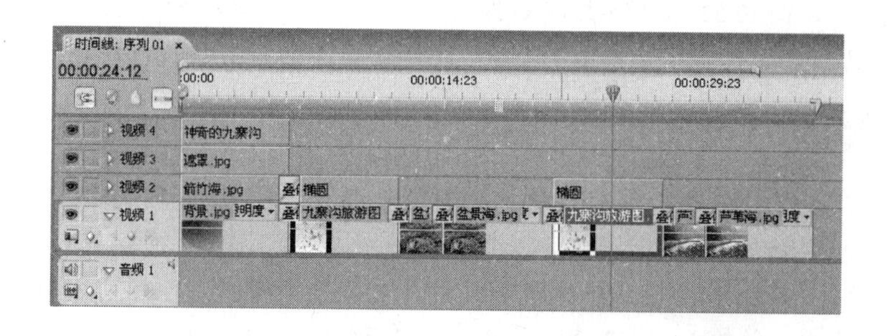


图 10-50　替换素材

（24）使用相同的方法制作其他景点的内容，如图 10-51 所示。

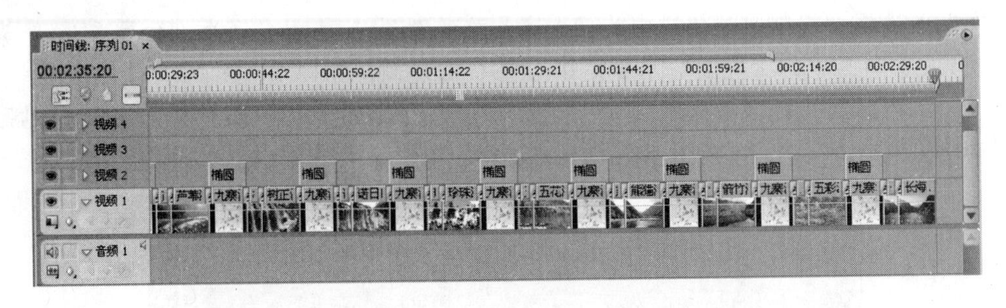


图 10-51　制作其他景点内容

## 4．制作片尾部分

在最后一个景点图片的末尾添加一个过渡到黑场的过渡效果，再制作一个滚动字幕并添加到时间轴中。操作步骤如下：

（1）将鼠标指针移动到最后一个景点图片“长海.jpg”素材的右侧，按住鼠标左键不放向右拖动，以延长素材的持续时间，如图 10-52 所示。

（2）在“效果”面板中依次展开“视频切换特效”、“叠化”文件夹，从中选择“黑场过渡”选项，如图 10-53 所示。

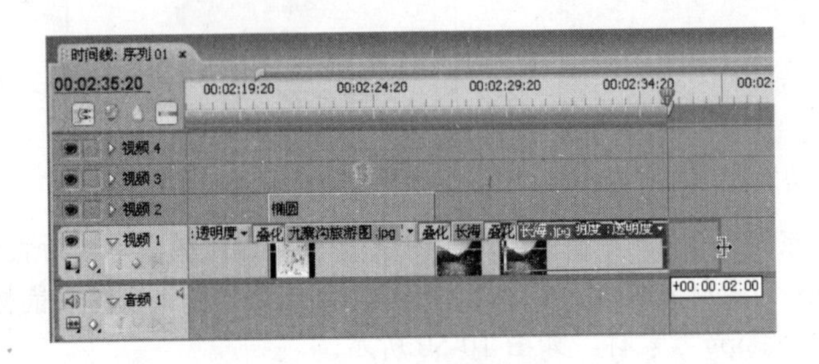


图 10-52　调整素材持续时间

图 10-53　选择“黑场过渡”效果

（3）拖动“黑场过渡”效果到“长海.jpg”素材的末尾处，将鼠标指针移动到“黑场过渡”效果的左侧，按住鼠标左键不放向左拖动，以延长“黑场过渡”的持续时间，如图 10-54 所示。

（4）选择“字幕/新建字幕/默认滚动字幕”命令，在打开的“新建字幕”对话框中的“名称”文本框中输入“完”，如图 10-55 所示。

（5）单击 确定 按钮，新建字幕并打开“字幕”窗口。使用文本框工具在编辑区中绘制一个文本框，并输入“完”和“谢谢观赏”两行文字，设置其字体为 FZDaHei-B02S（方正大黑简）、大小为 80、字距为 50，行距为 100，如图 10-56 所示。

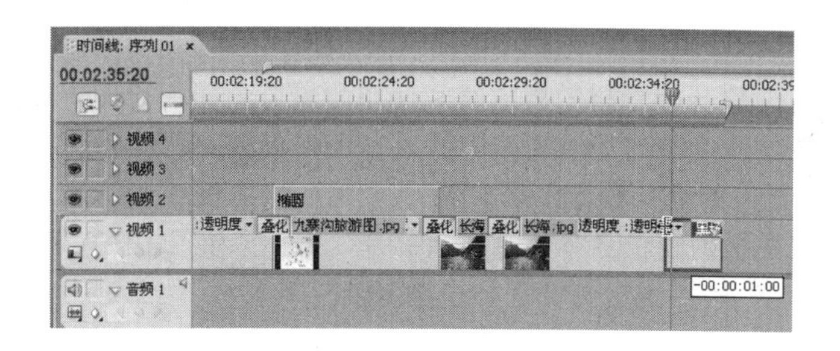

图 10-54 调整过渡持续时间

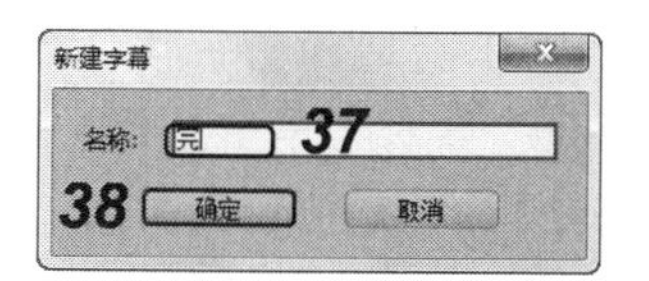


图 10-55 “新建字幕”对话框

（6）在“字幕属性”面板中选中 ☑阴影 复选框添加阴影，然后设置阴影颜色为黑色，“透明度”为 75%、“角度”为-225°、“距离”为 5、“扩散”为 20，如图 10-57 所示。

图 10-56 输入文本并设置格式

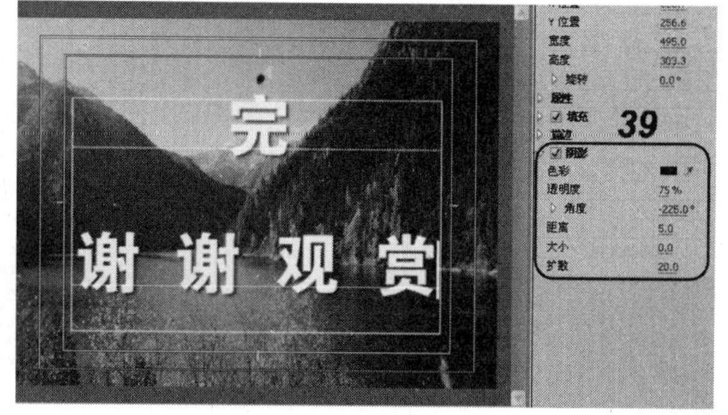


图 10-57 设置阴影

（7）单击字幕属性栏中的“滚动/游动选项”按钮，打开“滚动/游动选项”对话框，选中 ☑开始于屏幕外 复选框，在“缓出”文本框中输入 20，在“后卷”文本框中输入 50，单击 确定 按钮，如图 10-58 所示。

（8）单击窗口右上角的“关闭”按钮，关闭“字幕”窗口，然后将“椭圆”字幕添加到“视频 2”轨道中。

（9）将鼠标指针移动到“完”字幕的左侧，按住鼠标左键不放向右拖动，以缩短“完”字幕的持续时间，如图 10-59 所示。

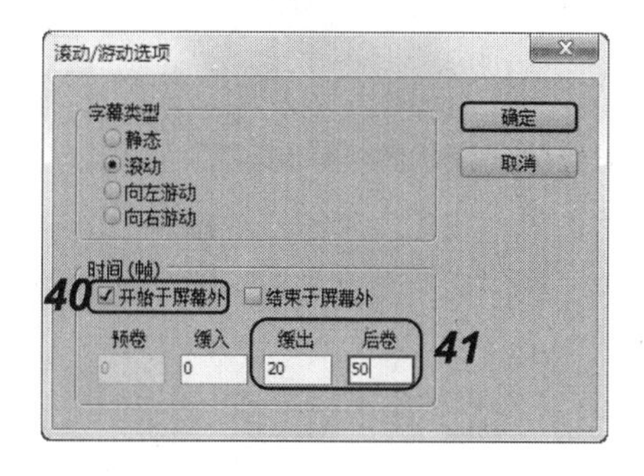


图 10-58 “滚动/游动选项”对话框

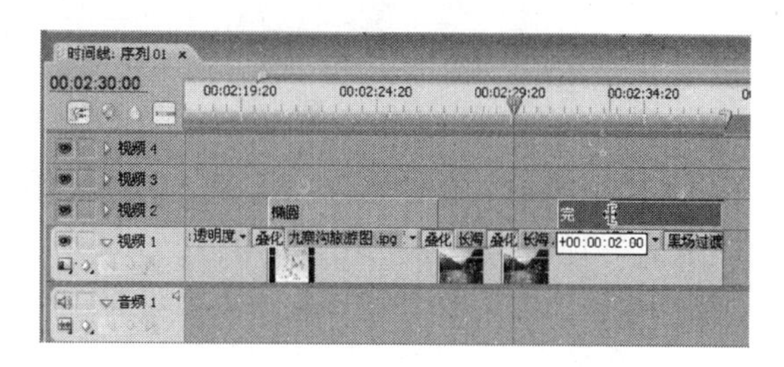

图 10-59 调整字幕持续时间

## 5. 制作背景音乐

添加音乐素材到音频轨道中，调整音频素材的播放时间使其和整个画面的长度一致，然后降低背景音乐开头和结尾的音量，以制作淡入和淡出效果。操作步骤如下：

（1）将时间指针移动到整个音频的开始位置处，然后在“项目”面板中的“背景音乐.wma”素材上单击鼠标右键，在弹出的快捷菜单中选择“覆盖”命令，如图 10-60 所示。

（2）系统将自动添加一个“音频 5”轨道，将“背景音乐.wma”素材添加到该轨道中，如图 10-61 所示。

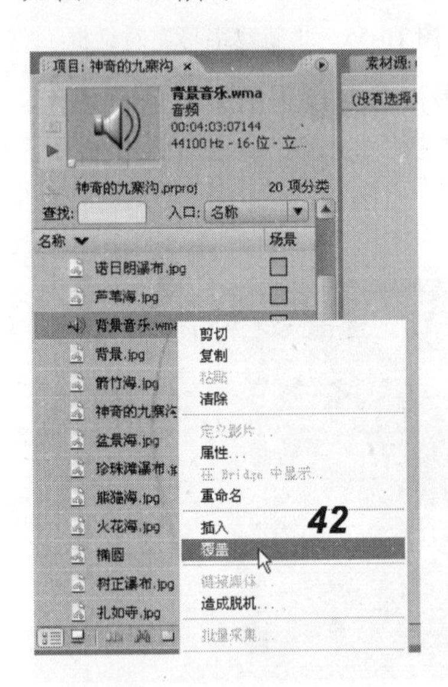

图 10-60　选择“覆盖”命令

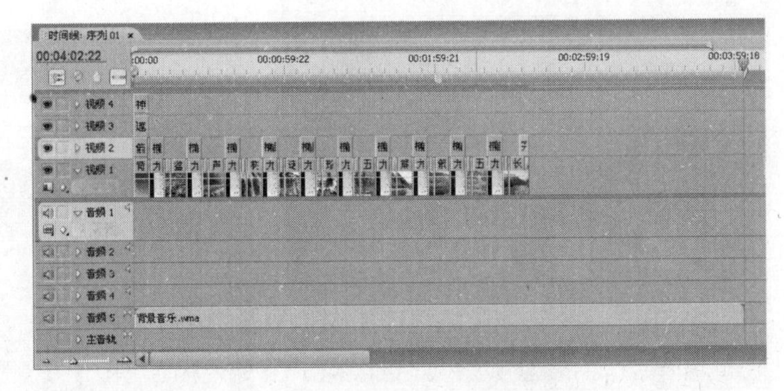

图 10-61　添加音频素材到时间轴

（3）将鼠标指针移动到“背景音乐.wma”素材的右侧，按住鼠标左键不放向左拖动，当其长度与整个画面的长度一致时释放鼠标，如图 10-62 所示。

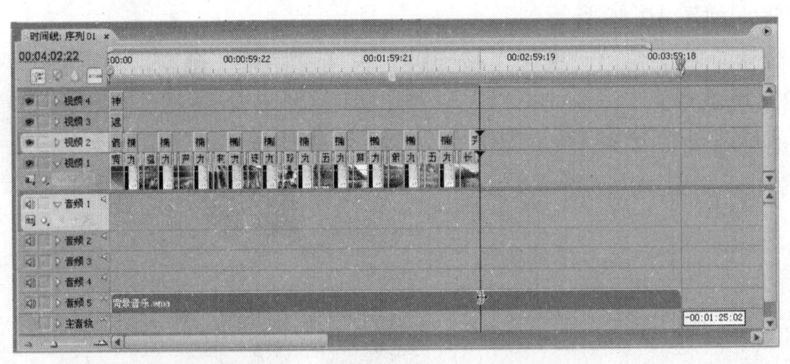

图 10-62　调整音频素材持续时间

（4）在“效果”面板中依次展开“音频切换效果”和“交叉淡化”文件夹，从中选择“恒定放大”选项，如图 10-63 所示。

（5）拖动“恒定放大”效果到“音频 5”轨道中的“背景音乐.wav”素材的开始位置，如图 10-64 所示。

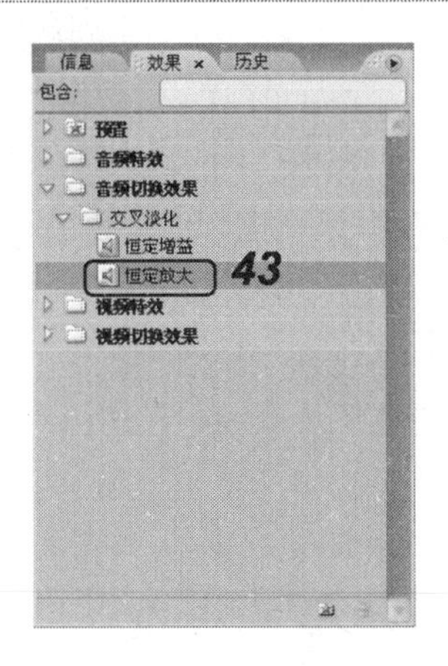


图 10-63　选择“恒定放大”效果

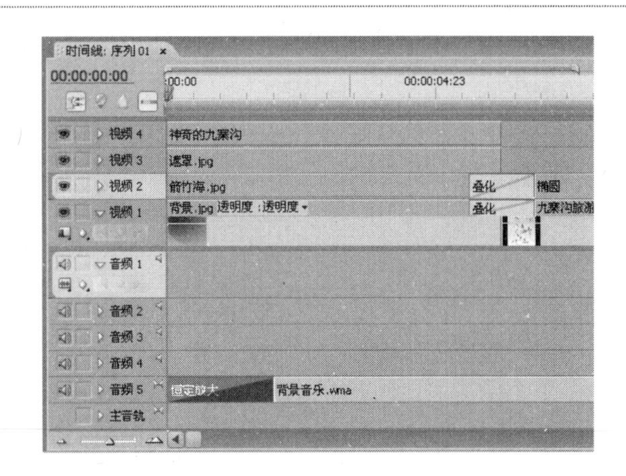


图 10-64　添加“恒定放大”效果

（6）在“效果控制”面板中设置效果的持续时间为 2 秒，如图 10-65 所示。

（7）使用相同的方法在“背景音乐.wav”素材的结束位置再添加一个“恒定放大”效果，如图 10-66 所示。

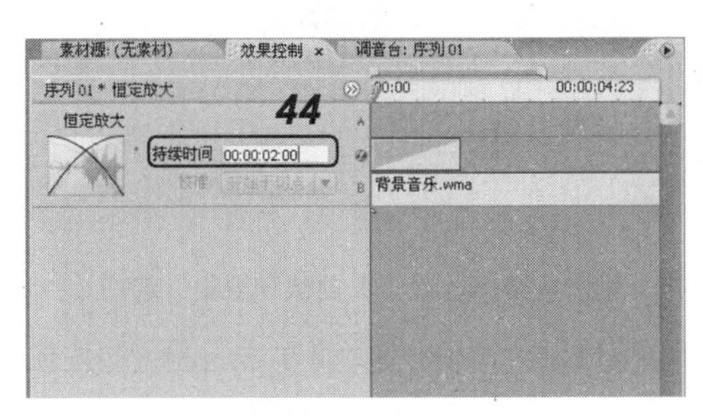


图 10-65　修改持续时间

图 10-66　添加“恒定放大”效果

## 6. 输出视频

最后，将项目输出为视频文件。操作步骤如下：

（1）选择“文件/输出/视频”命令，打开“导出影片”对话框，在“文件名”文本框中输入“神奇的九寨沟”，如图 10-67 所示。

（2）单击 设置... 按钮，打开“导出影片设置”对话框，在左侧的列表框中选择“常规”选项，在右侧的“文件类型”下拉列表框中选择 Microsoft DV AVI 选项，如图 10-68 所示。

（3）在左侧的列表框中选择“视频”选项，在右侧的“压缩”下拉列表框中选择 DV PAL 选项，在“帧速率”下拉列表框中选择 25 选项，在“像素纵横比”下拉列表框中选择 D1/DV PAL(1.067)，如图 10-69 所示。

（4）在左侧的列表框中选择“关键帧和渲染”选项，在右侧选中 使用项目设置(U) 单选按钮，在“场”下拉列表框中选择“无场（逐行扫描）”选项，选中 优化静帧(O) 复选框，如图 10-70 所示。

图 10-67 “导出影片”对话框

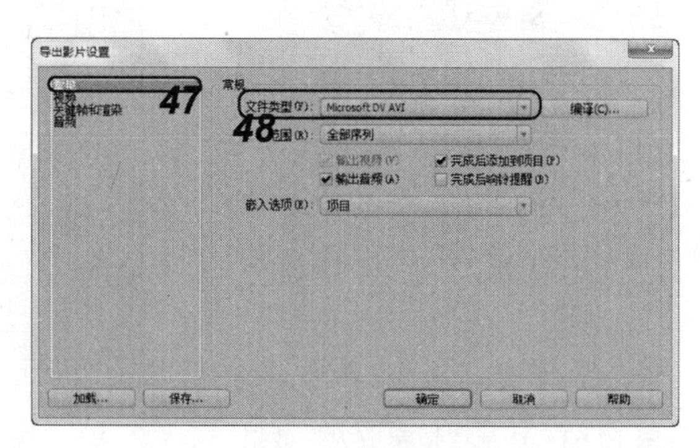


图 10-68 设置“常规”选项

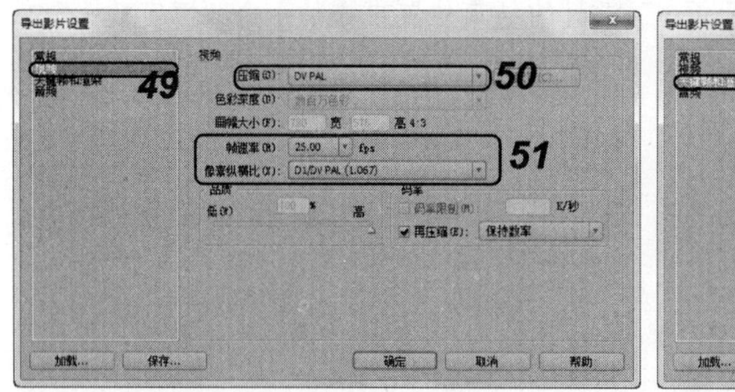


图 10-69 设置“视频”选项

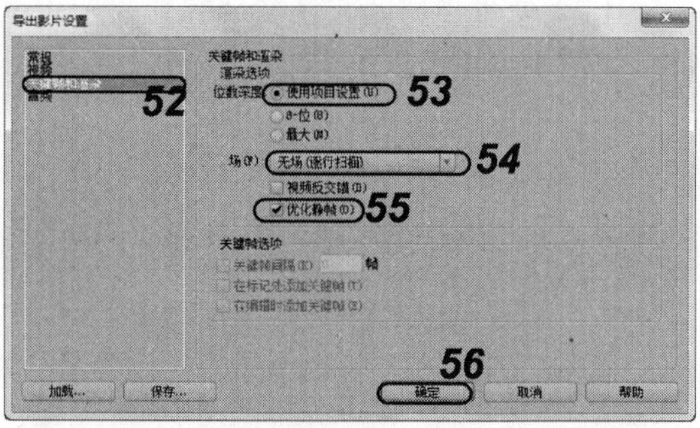

图 10-70 设置“关键帧和渲染”选项

（5）单击 确定 按钮应用设置并返回“导出影片”对话框，再单击 保存(S) 按钮，此时系统会对影片进行渲染，并打开一个对话框显示渲染进度，如图 10-71 所示。

（6）渲染完成后，会将生成的视频文件添加到“项目”面板中。双击该视频文件，在打开的“素材源”面板中单击“播放”按钮，即可查看视频文件的效果，如图 10-72 所示。

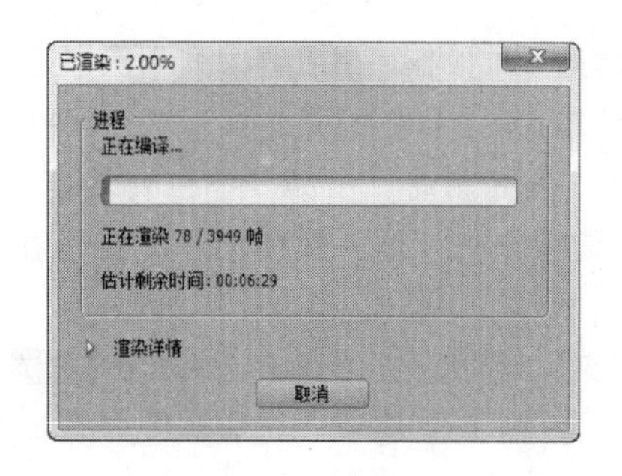


图 10-71 渲染视频

图 10-72 观看生成的视频

## 10.2　练习与提高

（1）制作一个“企业宣传片”视频，其效果如图 10-73 所示（立体化教学:\源文件\第 10 章\企业宣传片.prproj）。

提示：

① 新建一个项目文件，导入“立体化教学:\实例素材\第 10 章\企业宣传片”文件夹下的所有素材文件。

② 将 city.wmv 素材添加到“视频 1”和“视频 2”轨道中，将“遮罩 1.bmp”、“遮罩 2.bmp”、“遮罩 3.bmp”和“遮罩 4.bmp”4 个素材添加到“视频 2”轨道中。

③ 为“视频 1”轨道中的 city.wmv 素材添加“调色”效果，将视频颜色调亮。

④ 为“视频 2”轨道中的 city.wmv 素材添加“调色”效果，将视频颜色调暗。

⑤ 为“视频 2”轨道中的 city.wmv 素材添加“轨道蒙版键”效果，设置轨道为“视频 3”。

⑥ 制作 4 个字幕文件，添加到“视频 4”轨道中，并根据需要分别添加相应的特效。

⑦ 添加“背景.jpg”素材到“视频 1”轨道中并设置“运动”和“调色”效果。

⑧ 制作一个字幕，输入公司名称并将其添加到“视频 2”轨道中，然后添加“摄像机模糊”效果。

⑨ 在各个素材之间添加过渡效果。

⑩ 添加背景音乐.wav 到“音频 5”轨道中，并在两端添加“恒定放大”效果。

本练习可结合立体化教学中的视频演示进行学习（立体化教学:\视频演示\第 10 章\制作企业宣传片.swf）。

图 10-73　企业宣传片效果

（2）制作一个“新闻片头”视频，其效果如图 10-74 所示（立体化教学:\源文件\第 10 章\新闻片头.prproj）。

提示：

① 新建一个项目文件，导入“立体化教学:\实例素材\第 10 章\新闻片头”文件夹下的所有素材文件。

② 将“新闻.mpg”素材添加到“视频 1”轨道中，并调整大小，以使画面满屏显示。

③ 制作一个字幕，输入“新闻时报”并添加到“视频 2”轨道中，然后设置“重复”和“基本 3D”效果。

④ 将“新闻 01.jpg”、“新闻 02.jpg”、“新闻 03.jpg”和“新闻 04.jpg”4 个素材分别添加到“视频 3”、“视频 4”、“视频 5”和“视频 6”轨道中，并添加“运动”和“透明”效果。

⑤ 制作一个字幕文件，绘制两条直线，并添加到“视频 7”轨道中。

⑥ 将“横条.tga”素材添加到“视频 3”轨道中，添加“透明度”和“基本 3D”效果。

⑦ 制作一个字幕，输入“新闻时报”，设置“填充”、“描边”和“阴影”效果，然后将其添加到“视频 4”轨道中，并添加“运动”和“透明度”效果。

⑧ 在需要的位置添加过渡效果。

⑨ 添加背景音乐到“音频 1”轨道中，并在两端添加“恒定放大”效果。

本练习可结合立体化教学中的视频演示进行学习（立体化教学:\视频演示\第 10 章\制作新闻片头.swf）。

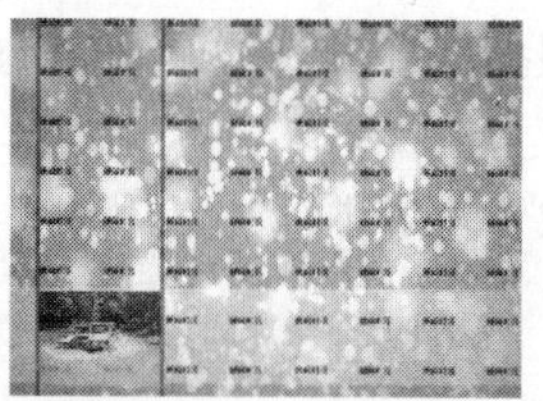
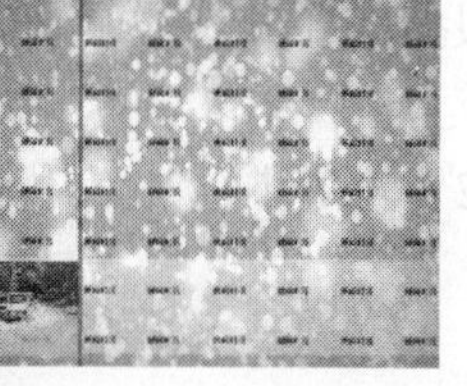

图 10-74 新闻片头效果

## 经验技巧 总结进行视频设计的技能

在实际工作中使用 Premiere 进行视频设计时，还需要学习和总结一些行业相关知识和技能，才能制作出更具有商业价值和更具有创意与创新的作品。下面总结几点供大家参考。

- 设计前必须对项目尺寸、视频长度、目标格式和视频质量等有充分的认识和了解。
- 充分了解客户的企业文化及产品特点，这将有助于进行创意和作品色彩运用。
- 掌握和了解视频制作的工作流程以及视频的发布、刻录和播放方面的知识，可以更好地实现作品的效果。
- 在生活和工作中随时搜集一些好的视频和音频素材，以备设计时使用。